HOLZMERKMALE DER BÄUME

Christoph Richter

Beschreibung der Merkmale • Ursachen • Vermeidung

Auswirkungen auf die Verwendung des Holzes

Technologische Anpassung

HOLZMERKMALE DER BÄUME

Christoph Richter

DRW

Abbildungsnachweis

Soweit nicht anders angegeben: Alle Abbildungen von Christoph Richter, Tharandt
Leider war es nicht in allen Fällen möglich, die Inhaber der Bildrechte zu ermitteln.
Bei berechtigten Ansprüchen wenden Sie sich bitte an den Verlag.

D R W

www.drw-verlag.de

DRW-Verlag Weinbrenner GmbH & Co. KG,
Leinfelden-Echterdingen

Umschlaggestaltung / Layout: DCC Kästl, Ostfildern
Druck: Silber Druck, Lohfelden

ISBN 978-3-87181-935-3

Vorbetrachtung

Vor über 50 Jahren entdeckte ich in der näheren Umgebung einen von menschlichen Einflüssen nahezu unberührten Wald. Er befindet sich innerhalb eines seit langem geschützten Biotops. Mitten im Bestand von uralten Buchen, eingestreuten Eschen und Bergahornen lag eine zusammengebrochene mächtige Buche. Sie hat ein Lichtloch im Kronendach hinterlassen. Nun spielen Sonnenkringel über den Gräsern und Kräutern am Boden. Überall entdecke ich die Keimblätter aus Samen, die zu Tausenden von den Mutterbäumen ausgestreut worden sind, die aber nur in diesem Lichtloch keimen können.

Nach wenigen Jahren hat sich aus den Keimlingen ein Teppich von kniehohem Aufwuchs aus Buchen, Eschen und Ahornen entwickelt. Einziges Ziel der Bäumchen ist, gegenüber ihren Nachbarn einen Wuchsvorsprung zu erreichen, indem sie ihre Blätter und Ästchen vorteilhaft dem Licht zuwenden. Während dessen beginnt sich das Blätterdach des Oberbestandes allmählich wieder zu schließen.

Einigen der jetzt mannshohen Eschen und Ahorne wurden die Terminalknospen vom Rehwild verbissen. Deren gegenständige Knospen wuchsen als *Zwiesel* weiter. Das konnten die konkurrierenden Buchenstämmchen mit ihren wechselständigen Knospenansätzen zu einem Höhenvorsprung nutzen.

Inzwischen ist die Kronenlücke von einst nahezu geschlossen. Unter den aufwachsenden jungen Stämmen haben die Eschen aus Lichtmangel schon keine Chance mehr zu überleben. Von den Ahornen wetteifern nur noch diejenigen ums Licht, deren Terminaltrieb unverletzt geblieben ist. Alle Stämme haben sich in Richtung der größten Helligkeit gekrümmt.

In der Folgezeit erreichten zwei Buchen, die eine *grobastig*-vital, die andere *schlankwüchsig* emporwachsend und ein Ahorn gegenüber ihren Mitbewerbern einen Wuchsvorsprung. Trotz dauerhaften Lichtmangels waren die Schattenblätter dieser drei Bäume in der Lage, die geringe Lichtausbeute für eine ausreichende Assimilation zu nutzen. Junge Bäume haben ihre Blätter in der Evolution an die dauerhafte Beschattung durch einen dichten Oberbestand angepasst.

Ein Sturm brach die Krone einer Altbuche teilweise ab. Sie fiel seitlich in den Verjüngungskern. Dabei schlug sie Äste von der grobastigen jungen Buche und verletzte die Rinde des Bergahorns. Der Ahorn bildete erfolgreich *Wundholz*. Die Astabbrüche an der Buche wurden nach Jahren überwallt. Unter einer Astüberwallung hatte sich eine *Fäule* gebildet.

Ein Lichtloch im Kronendach führt zu einer Initialzündung in der Regeneration dieser Naturwaldparzelle aus Buchen, Eschen und Ahornen, Edle Krone, Sachsen, Deutschland.

In diesem, vom Menschen unbeeinflussten Urwald wachsen in 2200m Höhe Sitka-Fichten, Douglasien, Felsengebirgs-Tannen, Ebereschen, Weiden und Aspen. In ihrem Wettbewerb um Licht und Wuchsraum gibt es stets Gewinner und Verlierer, Grand-Teton-Nationalpark, Wyoming, USA.

Das neu entstandene Lichtloch konnte der Ahorn am besten nutzen. Der Stamm *krümmte* sich und richtete seine Krone optimal auf die neue Helligkeitsquelle aus. Die schlanke Buche krümmte sich ebenfalls stark zum Licht. Sie veränderte dabei ihren Stammquerschnitt mit *Zugholz* oval. Der untere Astbereich der starkästigen Buche wurde derartig beschattet, dass die Äste keine Assimilate an den Stamm abgeben konnten. *Hohlkehlen* unter den Astansätzen am Stammmantel waren die Folge.

Inzwischen haben die drei Bäume erste *Trockenäste* abgeworfen und die Abbruchstellen überwallt. Zurück bleiben *Astnarben*, die auch nach Jahrzehnten noch Auskunft geben, wann der Ast abgestorben ist, wie dick er gewesen ist und in welchem Winkel er am Stamm angelegt war.

In den kommenden Jahrzehnten werden die drei Bäume unter sich entscheiden, wer die besten standörtlichen Voraussetzungen für eine Kronendominanz erhält oder vielleicht durch Stürme oder Fäulen Überlebensnachteile hinnehmen muss. Irgendwann wird von den drei Bäumen wieder ein Stamm den Platz einnehmen, den ihm einst die zusammengebrochene Altbuche überlassen hat: Ein Baum unter vielen Tausenden anderer keimfähiger, aber letztlich nicht konkurrenzfähiger Mitbewerber.

Diese Schilderung verdeutlicht den engen Zusammenhang zwischen den vielfältigen Einflüssen auf das Wachstum von Bäumen und der Reaktion der Bäume auf diese Einflüsse. Genau genommen wird das charakteristische Aussehen von Bäumen und ihre Fähigkeit zu überleben von fünf Faktorengruppen bestimmt:

Die zwei „inneren", vom Baum selbst ausgehenden Faktoren sind seine *genetische Veranlagung* und deren mögliche *genetische Veränderung* (Mutation) und die Veränderungen der im Baum stattfindenden *physiologischen Prozesse* (Assimilation, Stofftransport, chemische Reaktionen).

Die drei „äußeren", auf den Baum einwirkenden Faktoren sind *Licht / Strahlung* (Heliotropismus), *Krafteinwirkungen* (Geotropismus, Wind, einseitige Belastung) und *Verletzungen / Infektionen*. In ihrem Zusammenspiel bewirken diese Faktoren das charakteristische Aussehen, aber auch die Auffälligkeiten und Besonderheiten eines Baumes – seine *Holzmerkmale*.

Holzmerkmale sind das Ergebnis einer lebenslangen Auseinandersetzung der Bäume mit ihrer Umwelt.

Dies gilt natürlich nicht nur für Bäume in Urwäldern, sondern auch für Bäume in Wäldern, die einer geregelten Forstbewirtschaftung unterliegen. Was unterscheidet die Wachstumsabläufe eines vom Menschen unbeeinflussten Urwaldes von forstwirtschaftlich genutzten Wäldern?

Im Prinzip geht es in der Wald*bewirtschaftung* darum, die Bäume schon vor ihrem natürlichen Absterben zu ernten und die Konkurrenz zwischen den Bäumen mittels Durchforstungen zu mindern. Dabei besteht die Kunst darin, in Wirtschaftswäldern die Balance zwischen Holzentnahme und Biodiversität dieser Wälder zu erhalten, inbegriffen ihre Schutz-, Erholungs- und Bildungsfunktionen.

Ein Vorteil einer geregelten Forstbewirtschaftung gegenüber einem natürlichen Waldökosystem besteht darin, dass sich Holzmerkmale, die die Verwendbarkeit des Holzes einschränken würden, durch Bestandespflege- und Durchforstungsmaßnahmen weniger ausbilden oder vermieden werden können.

Um von der äußeren Erscheinung zum Wesen von Holzmerkmalen zu gelangen, kann man sich der erprobten Methodik ärztlicher Diagnostik bedienen. Sie besteht aus den folgenden fünf Schritten:

1. Anamnese: *Beschreibung* des gegenwärtigen Zustandes des Holzmerkmals
2. Diagnose: Beschreibung der *Ursachen* für die Entstehung des Holzmerkmals auf der Grundlage wissenschaftlich begründeter Fakten
3. entweder Prophylaxe: Vorschläge zur *Vermeidung* der Merkmalsentstehung
4. oder Folgenabschätzung: Prüfung der *Auswirkung* des Holzmerkmals *auf die beabsichtigte Verwendung*
5. Therapie: Minimierung ungünstiger Merkmalseinflüsse im Holzprodukt mit *technologischer Anpassung*

Alle Merkmalsbeschreibungen im Buch folgen dieser gedanklichen Gliederung.

Nachdem die dritte Auflage der „Holzmerkmale“ von 2010 vergriffen ist, die Holzmerkmale 2015 als „Wood Characteristics“ erschienen sind, ermunterte mich Herr Schreiner, Verlagsleiter des DRW- Verlages Weinbrenner, zu einem neuen Buch. In ihm werden Holzmerkmale von Bäumen der borealen, gemäßigten und tropischen Klimazonen miteinander verglichen.

Plenterwaldartige Bestockung aus Buchen und Fichten in einem wirtschaftlich genutzten Wald im Westharz, Seesen, Deutschland.

Diese Plastik „Yin und Yang – Betrachtung nach dem Tode“ ist eine Wurzelarbeit des Künstlers Ketut Muja (Bali, Indonesien). Sie lebt von den vorgefundenen Holzmerkmalen: Wurzelanlauf, unregelmäßiger Faserverlauf, Faulkern, Insektenbefall, Trockenriss und Wundholz. Der Künstler hat sie zu einem Gesamtkunstwerk verarbeitet, Daetz-Stiftung Lichtenstein, Sachsen, Deutschland.

Dies ist der Versuch nachzuweisen, dass alle Bäume dieser Erde auf äußere Einflüsse mit gleichen Holzmerkmalen, wenn auch mit unterschiedlicher Intensität reagieren.

Mit dem nun vorliegenden Fachbuch „Holzmerkmale der Bäume“ ist beabsichtigt, Menschen anzusprechen, die sich beruflich mit Holz beschäftigen: Forstleute, Gärtner und Baumpfleger wollen anhand der äußeren Gestalt von Bäumen auf ihre innere Beschaffenheit schließen und die Ursachen von Holzmerkmalen erkennen. Daraus können sie schlussfolgern, auf welche Weise bestimmte ungünstige Merkmale während des Baum- und Bestandeswachstums zu vermeiden bzw. günstige Merkmale besonders zu fördern sind.

Mit diesem Fachbuch wende ich mich aber auch an Holztechnologen. Sie wollen die Auswirkungen ungünstiger Holzmerkmale auf die Verarbeitungseigenschaften ausschließen oder aber günstige Holzmerkmale besonders wirken lassen. Schließlich wird über technische Anpassungsmöglichkeiten bei der Be- und Verarbeitung von Holz bezüglich bestimmter Holzmerkmale informiert.

Dem Botaniker und Dendrologen wird nahegebracht, wie Holzmerkmale entstehen, wie sie am lebenden Baum zu erkennen sind und wie sie sich auf sein weiteres Wachstum auswirken können.

Mein besonderer Dank gilt an dieser Stelle den 350 namentlich genannten Fachkolleginnen und Fachkollegen aus Forstwirtschaft, Holzindustrie und Umweltwissenschaften und 31 Autorengruppen aus den verschiedensten Fachdisziplinen. Sie haben mit ihren wissenschaftlichen Beiträgen die Aussagen im Buch wesentlich erweitert und abgesichert.

Für die gelungene Gestaltung des Buches danke ich Herrn Müller, dem technischen Koordinator, sowie den Herstellern im DRW-Verlag Weinbrenner. Sie haben aus Hunderten Zeichnungen, Bildern und Manuskriptseiten ein Buch geschaffen, das seinen künftigen Besitzern zum treuen Wegbegleiter werden kann.

Meiner Tochter Bettina Hennig danke ich für die kritische Durchsicht des Manuskripts und meiner Frau Dorothea für ihr geduldiges Verständnis.

Tharandt, im Frühjahr 2019
Christoph Richter

INHALT

Vorbetrachtung 5

Teil I
Holz, der wunderbare Werkstoff

1 Der anatomische Bau des Holzes 15

2 Holzmerkmal oder Holzfehler? 19

3 Allgemeine Faktoren, die zu Holzmerkmalen führen 27

3.1 Die fünf allgemeinen Faktoren 28

3.2 Genetische Veranlagung, genetische Veränderung 28

3.3 Beeinflussung der im Baum stattfindenden physiologischen Prozesse 29

3.4 Licht / Strahlung 31

3.5 Krafteinwirkungen 40

3.6 Verletzungen 44

Teil II
Übersicht der Holzmerkmale

4 Übersicht der Holzmerkmale 51

Teil III
Beschreibung der Holzmerkmale

5 Im natürlichen Wachstum des Baumes begründete Holzmerkmale 57

5.1 Formveränderungen des Stammes 57

5.1.1 Abholzigkeit 57
5.1.2 Krummschaftigkeit 64
5.1.3 Zwieselbildung 75
5.1.4 Unrundigkeit 83
5.1.4.1 Ovalität / exzentrischer Wuchs 83
5.1.4.2 Hohlkehle, Spannrückigkeit, starker Wurzelanlauf 92

5.2 Astigkeit 101

5.2.1 Lebendast, Totast, Wasserreiser, Klebast 101
5.2.2 Astnarbe, Astbeule 120

5.3 Anatomischer Bau 138

5.3.1 Unregelmäßiger Jahrringbau / Zuwachszonen 138
5.3.2 Orientierung des Faserverlaufs 152
5.3.2.1 Drehwuchs 152
5.3.2.2 Wimmerwuchs, Riegelung, Haselwuchs 168

6	Biotisch verursachte Holzmerkmale	145
6.1	Einfluss durch Mikroorganismen	181
6.1.1	Nekrosen	181
6.1.2	Kropf, Knolle, Hexenbesen	186
6.2	Einfluss durch Tiere / Menschen	206
6.2.1	Verbiss-, Fege -, Schlag-, Mal- und Schälschäden	206
6.2.2	Einwirkungen von Vögeln	220
6.2.3	Forstlicher Betriebsvollzug: Fäll- und Rückeschäden, (pflanzliche Exsudate)	230
6.2.4	Splitterbefall	245
6.3	Einfluss durch Pflanzen: Epiphyten und Kletterpflanzen (Lianen)	256
7	Abiotisch verursachte Holzmerkmale	269
7.1	Temperatur- Feuchte- Einwirkung	269
7.1.1	Rindenbrand / Sonnenbrand / Sonnennekrose	269
7.1.2	Blitz: Blitzrinne, Blitzloch	274
7.1.3	Waldbrand	281
7.1.4	Frostriss, Frostleiste	293
7.2	Wind- und Schneeeinwirkungen	299
7.2.1	Faserstauchung, Faserbruch (Stauchbruch)	299
7.2.2	Schubspannungsriss	307
8	Übersicht der Rissformen und -ursachen	312
9	Quellenverzeichnis	327
10	Sachwortverzeichnis	345

Teil I

HOLZ, DER WUNDERBARE WERKSTOFF

1 Der anatomische Bau des Holzes

2 Holzmerkmal oder Holzfehler?

3 Allgemeine Faktoren, die zu Holzmerkmalen führen

1. Der anatomische Bau des Holzes

Aus der Strukturierung der vielfältigen Zelltypen, der Anordnung der Jahrringe bzw. Zuwachszonen, ergeben sich die physikalischen und mechanischen Eigenschaften des Holzes, leitet sich die Anisotropie des Holzes ab. Diese Eigenschaften widerspiegeln sich letzten Endes auch in den Besonderheiten von Holzmerkmalen der Bäume.

Holz besteht aus verschiedenen Zellarten, die Leit-, Festigungs- und Speicherfunktionen ausüben. Schon bei 20facher Vergrößerung eines **Nadelholz**würfels ist zu erkennen, dass die Zellarten miteinander in einer bestimmten Struktur verwachsen sind (Bild 1.1). Die am häufigsten auftretenden Längstracheiden leiten das Wasser in Stammlängsrichtung und festigen den Holzkörper. Holzstrahltracheiden unterstützen den Nährstofftransport in radialer Richtung. Lebende Längsparenchymzellen speichern Reservestoffe; lebendes Holzstrahlparenchym dient dem Stoffaustausch in radialer Richtung und zu den benachbarten Tracheiden.

Bei den entwicklungsgeschichtlich jüngeren **Laubhölzer**n sind die Zellarten stärker spezialisiert (Bild 1.2). Die Gefäßzellen sind leistungsfähige, zu Röhren verbundene Wasserleitbahnen. Die englumigeren Gefäßtracheiden unterstützen den Wassertransport. Fasertracheiden festigen den Holzkörper. Holzfasern haben ausschließlich Festigungsaufgaben. Die lebenden Längs- und Markstrahlparenchymzellen leiten und speichern Nährstoffe gleichermaßen.

Die Zellen sind vorzugsweise in Baumlängsrichtung angeordnet. Dies führt zu einer Anisotropie, zu ungleichen Eigenschaften des Holzes in longitudinaler, radialer und tangentialer Richtung. Mechanisch betrachtet führt dies auch zu unterschiedlicher Stabilität. So ist die Zugfestigkeit des Holzes in Faserrichtung etwa doppelt so groß wie seine Druckfestigkeit. Die Biegefestigkeit als kombinierte Festigkeit aus Zug- und Druckfestigkeit liegt dazwischen. Wesentlich stärker unterscheiden sich die Festigkeiten längs und quer zur Faserrichtung. Das Verhältnis der Zugfestigkeiten längs und quer zur Faser beträgt Baumart übergreifend 100 : 3 ... 4 und das Verhältnis der Druckfestigkeiten längs und quer zur Faser beträgt 100 : 14 ... 21 (Niemz 1993).

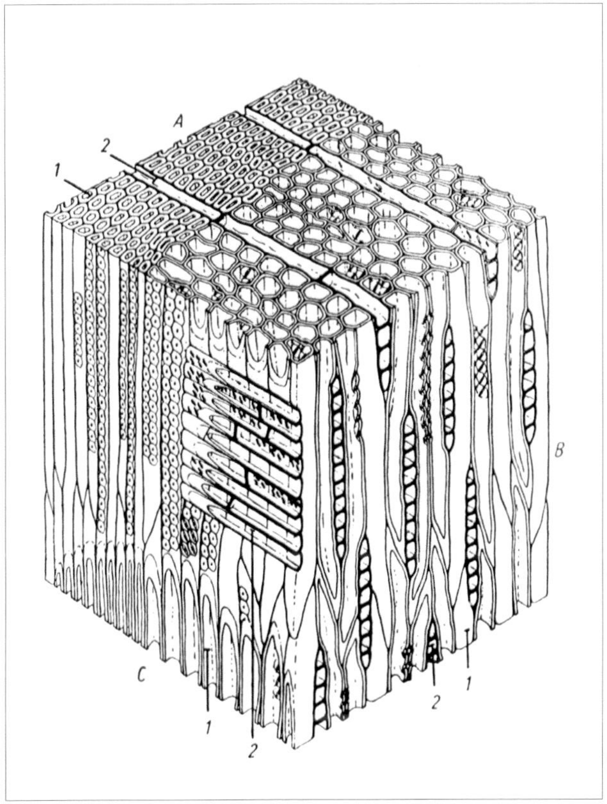

A Querschnitt
B Tangentialschnitt
C Radialschnitt

1 Tracheiden
2 Holzstrahlen

Bild 1.1
Mikroskopischer Bau des Nadelholzes (Aus: Wagenführ (1966) nach Tortorelli)

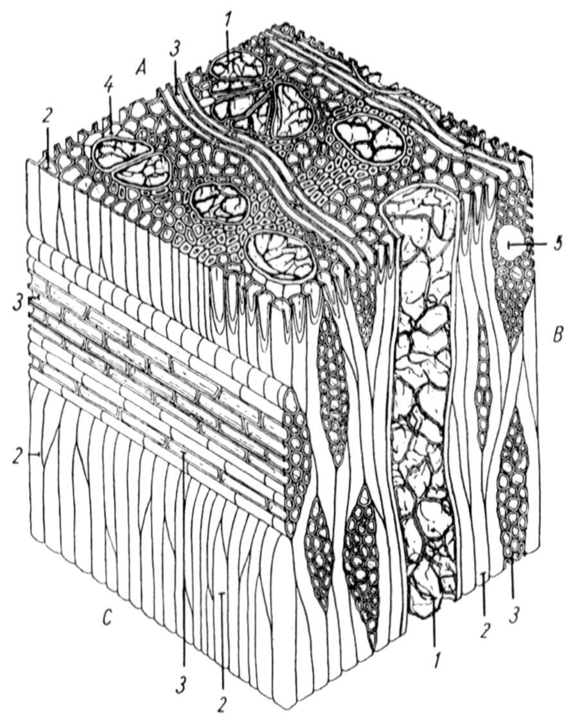

Bild 1.2
Mikroskopischer Bau des Laubholzes (Aus: Wagenführ (1966) nach Tortorelli)

A Querschnitt
B Tangentialschnitt
C Radialschnitt

1 Gefäße mit Thyllen
2 Libriformfasern
3 Holzstrahlen
4 Längsparenchym
5 Lentizellen

Makroskopisch setzt sich die Anisotropie des Holzes in den Jahrringen von **Bäumen der gemäßigten und borealen Breiten** fort. So werden in der Vegetationsperiode vom Kambium neue Zellschichten angelegt. Bei ringporigen Hölzern werden zu Beginn der Vegetationsperiode weitlumige Gefäße gebildet, im weiteren Wachstumsgang englumigere. Bei den weitaus häufigeren zerstreutporigen Laubhölzern sind die Gefäße kleiner, aber gleichmäßig über den Jahrring verteilt. Im Jahrring der Nadelhölzer unterscheiden sich die weitlumigen Frühholztracheiden stark von den englumigen Spätholztracheiden (Bild 1.3).

Bäume der Tropen bilden Zuwachszonen aus, die bei gleichmäßig feucht-warmem Klima häufig nicht voneinander abzugrenzen sind (Bild 1.4). Wechseln Regen- und Trockenzeiten einander ab, werden Ruhephasen eingelegt oder die Blätter abgeworfen, dann markieren sich die Grenzen der Zuwachszonen mehr oder weniger deutlich an unterschiedlichen Gefäßgrößen, eingestreuten Parenchymbändern und Dichteunterschieden im Grundgewebe (Sachsse 1991). Auf Grund der unterschiedlichen Wachstumsbedingungen und der großen Artenvielfalt in tropischen und subtropischen Wäldern ist es noch nicht gelungen, das Alter von Tropenbäumen zweifelsfrei anhand der Zuwachszonen zu bestimmen (Harzmann 1988).

Der einzelne Jahrring bzw. die Zuwachszonen sind in ihrer Breite und Struktur wesentlich von der Wuchskraft der Baumart, dem Nährstoffangebot, dem Temperaturgang und Niederschlag in der Vegetationsperiode, sogar von Samenjahren und von Störeinflüssen wie Trockenstress und Insektenkalamitäten abhängig.

Die Anisotropie des Holzes hat jeder, der einmal Holz gehackt hat, bereits ausgenutzt. In Längsrichtung spaltet Holz am leichtesten, weil es entlang der Gefäße bzw. Tracheiden reißt. Gefällte Bäume reißen durch die freigesetzten inneren Spannungen des Holzes deshalb auch bevorzugt, am Fällschnitt beginnend, in Längsrichtung auf. Die in radialer Richtung verlaufenden Holzstrahlen sorgen ebenfalls für eine relativ gute Spaltbarkeit von der Mantelfläche aus in Markrichtung. Frostrisse an Bäumen, die den Stammmantel aufreißen, belegen dies eindrucksvoll. Dagegen ist Holz quer zur Faserrichtung nicht spaltbar. Die „Strukturbausteine“ des Baumes sind so angeordnet, dass die höchste Stabilität in Richtung der Stammachse entsteht.

Die große Druckfestigkeit und die etwa doppelt so große Zugfestigkeit in Faserrichtung sorgen für die erforderliche Stabilität der Stämme gegenüber der Schwerkraft und anderen äußeren Krafteinwirkungen. So kann z. B. die Schnee- und Eislast auf einer Altfichte *(Picea abies)* im Gebirge mehrere Tonnen betragen. Wirkt noch böiger Wind auf den Stamm ein, dann wird deutlich, warum der Baum in Faserrichtung die größte Stabilität besitzen muss.

In tropischen Primär- und Sekundärwäldern führt die starke Kronenkonkurrenz zu schlanken, vollholzigen Bäumen. Krafteinwirkungen auf die belaubten Baumkronen rufen starke Biege- und Torsionskräfte hervor, denen der Baum mit der Herausbildung von Reaktionsholz, einem wechseldrehwüchsigen Faserverlauf oder speziell ausgeformten Stammumrissen begegnet.

Erst die Kenntnis der anatomischen Struktur des Holzes führt zum Verständnis für die Entstehungsursachen von Holzmerkmalen und ihren Auswirkungen auf die Holzverwendung. Letzten Endes ist jede Frage zu einem Holzmerkmal gleichzeitig mit einer holzanatomischen Fragestellung verknüpft.

Beim Vergleich des anisotropen Werkstoffes Holz mit anderen Werkstoffen fällt auf, dass letztere eine homogene mikroskopische Struktur aufweisen (Metalle, Gläser) oder dass die Strukturelemente (Späne, Fasern bei Plattenwerkstoffen oder die Mineralanordnung in Schichtgesteinen wie Schiefern und Gneisen) mehr oder weniger in zwei Ebenen homogen verteilt sind. Diese homogene Struktur von amorphen Werkstoffen oder die Schichtstruktur von Partikelwerkstoffen und Gesteinen wird wegen der guten Einschätzbarkeit der Werkstoff- und Verarbeitungseigenschaften häufig als Vorzug gegenüber Holz genannt. Diese Werkstoffe sind „berechenbar".

Umgekehrt gilt aber auch, dass „fehlerfreies" Holz, sachkundig eingesetzt, hervorragende Gebrauchseigenschaften besitzt. So beträgt beispielsweise die Reißlänge von Holzfasern (Länge, bei der ein Holzstab durch das Eigengewicht reißt) 15.000 m; bei Stahl St37 mit gleichem Querschnitt beträgt sie lediglich 4.700 m (Bosshard 1984a).

Die größten freitragenden Hallendächer sind aus Holz, nicht aus Beton. Der Weltrekord im Lufttransport der größten Nutzlast wurde von einem amerikanischen Holzflugzeug („Spruce goose") aus dem zweiten Weltkrieg aufgestellt (Matzek 1985).

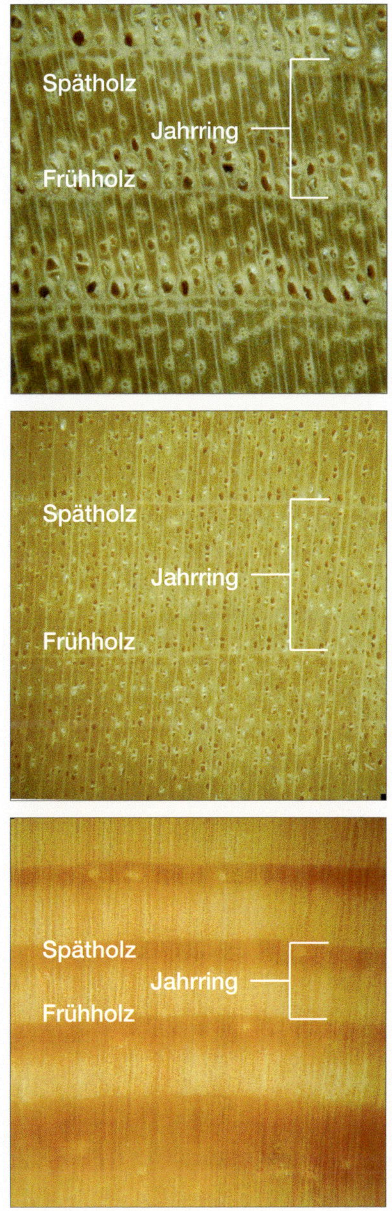

a: Esche
(Fraxinus excelsior)

b: Birke
(Betula pendula)

c: Kiefer
(Pinus sylvestris)

Bild 1.3
Querschnitt durch ein ringporiges (a), ein zerstreutporiges Laubholz (b) und ein Nadelholz (c)
Vergr.: 1:4 (Fotos: E. Bäucker)

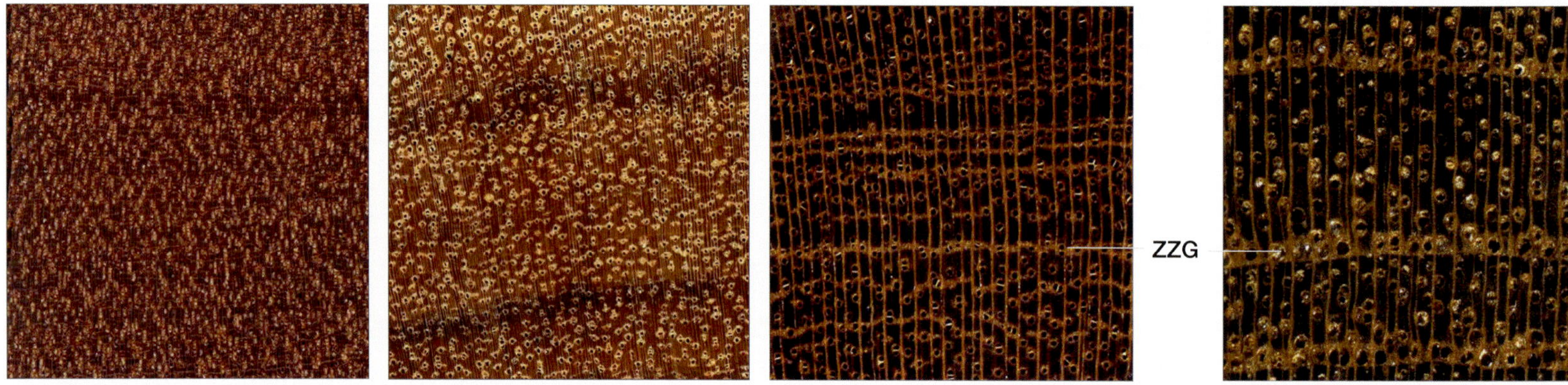

a: Massaranduba *(Manilkara bidentata)* ZZG nicht erkennbar bzw. nur angedeutet durch Dichteunterschiede im Grundgewebe

b: Cumarú *(Dipteryx odorata)* ZZG undeutlich bzw. nicht erkennbar (nicht mit der dunkelbraunen Streifung verwechseln!)

c: Sapeli *(Entandrophragma cylindricum)* ZZG durch schmale Parenchymbänder markiert

d: Teak *(Tectona grandis)*, eines der wenigen Ringporer unter den Tropenhölzern; ZZG deutlich erkennbar an größeren Poren im Anfangsholz

Bild 1.4 Querschnitte durch tropische Hölzer mit verschiedenen Ausprägungen der Zuwachszonengrenzen (ZZG) Vergr.: 1:10 (Fotos: Richter, H. G. und Oelker, M. (2003)

Erst der aus High- Tech- Werkstoffen hergestellte Airbus A 380 mit einer Ladefähigkeit von 853 Personen überbietet diesen Rekord sechs Jahrzehnte später (Spiegel 2006).

Das Lob der vorzüglichen Verwendungseigenschaften von Holz wird aber im täglichen Gebrauch jäh unterbrochen, wenn im Holz plötzlich ein Merkmal zu Tage tritt, das die beabsichtigte Verwendung erschwert oder gar unmöglich macht: Ein Ast im Tragwerk verringert die berechnete Dauerfestigkeit, ein ausstreichender Faserverlauf in einer Leiste lässt sie bei Biegebeanspruchung brechen, verfärbte Furnierblätter sind als Deckfurnier ungeeignet. Solche oft unvermutet auftretenden Fehler drohen immer wieder den Ruf des Holzes zu beeinträchtigen. Diese im Holz verborgenen, häufig aber auch an der Stammoberfläche sichtbaren Merkmale, die vom „normalen“ Wuchs des Baumes bzw. von der „normalen“ Struktur des Holzaufbaus abweichen, können bestimmte Holzverwendungen entscheidend beeinflussen. Deshalb ist es für jeden, der sich mit Holz beschäftigt, sinnvoll, wichtige Holzmerkmale, ihre Entstehung, ihre Vermeidung und ihre Auswirkung auf die Produktqualität sowie die Möglichkeiten technischer Anpassungen zu kennen. In diesem Kapitel wurde nur ein kurzer Überblick zum anatomischen Bau des Holzes gegeben, der für das Verständnis bei der Beschreibung der Holzmerkmale erforderlich ist. Für umfangreichere holzanatomische Untersuchungen sei auf spezielle Literatur verwiesen: Sachsse (1984, 1991), Wagenführ (2007), Schweingruber (2007), Frommhold (2014) und Bäucker et al. (2015).

2. Holzmerkmal oder Holzfehler?

Die äußere Erscheinung und innere Beschaffenheit der Bäume wird – neutral ausgedrückt – von Merkmalen geprägt. Diese Merkmale bilden sich während des natürlichen Baumwachstums aus. Hierzu gehören Stammform, Äste, Rindenmerkmale sowie der anatomische Bau und die Farbe des Holzes. Außerdem wirken auf die Bäume äußere Einflüsse im jahreszeitlichen Rhythmus wie Temperaturänderungen, Regen, Schnee, Wind und elektrische Entladungen. Hinzu kommen biotische Schäden durch Pilz- und Insektenbefall, Tiere und Pflanzen sowie menschliche Tätigkeiten.

Jeder Baum erhält durch seine charakteristischen Holz- und Rindenmerkmale eine unverwechselbare, individuelle Gestalt. Diese Merkmale sind nicht automatisch Holzfehler. Erst die Sichtweise entscheidet darüber, ob es ein (neutrales) Merkmal oder ein Fehler ist.

Aus der „Sicht“ des Baumes kann nur dann von einem Holzfehler gesprochen werden, wenn er dessen natürliche Lebenserwartung wesentlich beeinträchtigt.

So verringert eine Fäule die Standfestigkeit des Baumes oder unterbindet die Lebensfunktionen. Ein tief ansetzender Schaftbruch lässt den Stamm absterben, weil er seine Krone samt Blattwerk verloren hat (Bild 2.1). Keine Fehler wären demnach eine ungewöhnliche Stammform, eine Beule oder gar die Äste als unverzichtbare Träger der Assimilationsorgane.

Aus der Sicht eines Holzverwenders wird dann von Holzfehlern gesprochen, wenn der beabsichtigte Verwendungszweck des Holzes eingeschränkt bzw. unmöglich gemacht wird. (Bild 2.2)

Demzufolge ist ein Holzmerkmal kein Holzfehler, wenn der beabsichtigte Verwendungszweck nicht beeinträchtigt wird bzw. wenn es einen besonderen Verwendungszweck zulässt. (Bild 2.3)

Bild 2.1
Der Zwieselabbruch an dieser Buche *(Fagus sylvatica)* (li.) und die tief reichende Stammfäule an einem Gronfolo *(Qualea rosea)* (re.) im tropischen Regenwald sind aus der „Sicht“ dieser Bäume lebensbedrohliche Holzfehler

Bild 2.2
Ast ist nicht gleich Ast: Aus dieser astigen Fichte *(Picea abies)* können (nur) Bretter mit fest verwachsenen und Schwarzästen geschnitten werden. Der Ast tritt – zumindest bei dem toten Schwarzast – als Holzfehler auf

Bild 2.3
Aus dem Eibenstamm *(Taxus baccata)* mit vielen kleinen Ästen (Wasserreisern) kann wertvolles Maserfurnier hergestellt werden. Die Ansammlung von Wasserreisern ist hier ein erwünschtes Holzmerkmal.

Bild 2.4
Diese ältesten Eichen Deutschlands *(Quercus robur)* stehen nach 1000-jährigem Wachstum jenseits aller Zweckmäßigkeitsbetrachtungen, Ivenack, Mecklenburg-Vorpommern.

Glücklich sind Ökologen und Ästheten. Sie kennen keine Holzfehler, sondern nur Holzmerkmale, die infolge der Wechselwirkungen innerhalb von Biogeozoenosen an Bäumen entstehen. Sie erfreuen sich an ihnen, da sie Ausdruck des Natürlichen sind: Formenreichtum, Urwüchsigkeit, Lebenskraft, Werden und Vergehen (Bild 2.4).

In den folgenden Ausführungen werden in der Regel Holzmerkmale aus der Sicht des Holzverwenders beurteilt. Hierbei wird der neutrale Begriff „Holzmerkmal" benutzt. Nur dann, wenn ein Merkmal einen bestimmten Verwendungszweck beeinträchtigt oder unmöglich macht, wird der negativ besetzte Begriff „Holzfehler" benutzt.

Die Ansichten darüber, wie ein Baumstamm oder ein Stück Holz geformt sein sollte und welche Gebrauchseigenschaften es besitzen müsse, ist seit Urzeiten vom vorbestimmten Einsatzzweck abhängig. Bei einem Steinzeitmenschen sollte ein Speer schlank, elastisch und gerade, ein Axtstiel für die Aufnahme einer Feuersteinklinge hingegen musste zäh und hakenförmig gebogen sein. Der Zimmermann des Mittelalters legte beim Einbau der Deckenbalken Wert auf breite Jahrringe der Eichenbalken wegen deren größerer Biegefestigkeit. Der Lappe fertigte seine bruchfesten Schlittenkufen aus säbelwüchsigen Stammanläufen. Einen Höhepunkt in der Ausnutzung der Festigkeit des natürlich gewachsenen Holzes bildete der Schiffsbau bis ins 19. Jahrhundert hinein (Bild 2.5).

In der Neuzeit, im Zusammenhang mit den zunehmend perfektionierten technischen Bearbeitungsmöglichkeiten des Holzes, hat sich als vorteilhafteste Stammform die aus einem vollholzigen, geradschaftigen, astarmen Baum durchgesetzt. Die Ansprüche an die Schaftqualität sind bei Messerfurnier- Holz am größten (Bild.2.6).

Der Qualitätsbegriff ist nichts Abstraktes, sondern immer auf die Verwendbarkeit des Holzes für einen speziellen Zweck bezogen. Die Verwendungsabsicht entscheidet also darüber, ob ein Holzmerkmal als Fehler, als unbedeutende Holzveränderung oder gar als vorteilhafte Holzeigenschaft eingeschätzt wird. **Deshalb hat Holz dann „Qualität", wenn es für einen vorgesehenen Verwendungszweck geeignet ist.**

Da Holzmerkmale aber in unterschiedlicher Weise einen Verwendungszweck beeinträchtigen können, müssen sie in ihren Ausprägungen **quantifiziert** werden. Aus diesem Grunde sind in den letzten hundert Jahren – im Zusammenhang mit der Vereinheitlichung des überregionalen Holzhandels – **Sortiervorschriften** entstanden. In ihnen werden Güteklassen definiert. Schon in der Reichs-Homa von 1936 (Speer 1936) wurden **4 Güteklassen** für Stammholz festgelegt: Gut (A), mittel (B), schlecht (C) und krank (C+). Überstiegen qualitätsbestimmende Holzmerkmale eine definierte Grenze, wurden sie zum Holzfehler. Das konnte zur Absortierung in eine schlechtere Güteklasse führen, in der diese Holzfehler noch toleriert wurden. Dieses Sortierprinzip gilt bis heute.

Stehendsortierung

Verschiedene Holzmerkmale sind bereits am stehenden Baum direkt zu erkennen oder indirekt abzuleiten (Stammform, Astigkeit). Deshalb wird auf diese Merkmale besonders eingegangen. Das ist auch deshalb geboten, weil einerseits ein rechtzeitig erkannter Fehler bei der nächsten Durchforstungsmaßnahme berücksichtigt werden kann, bzw. überflüssige Arbeit am unbearbeiteten Rohholz erspart. Andererseits kann ein rechtzeitig erkanntes vorzügliches Holzmerkmal zu einer wesentlich hochwertigeren Holzverwendung führen.

Von Forstleuten und Holztechnologen ist immer wieder versucht worden, geeignete Verfahren zur Stehendsortierung von Bäumen zu entwickeln, mit deren Hilfe mit einer bestimmten Wahrscheinlichkeit von der Güte des stehenden Baumes auf die Güte des verarbeiteten Holzes geschlossen werden kann. Einfache Verfahren, wie die Schweizer Holzhandelsgebräuche oder das Schweizer OPS-Verfahren, bei denen die Schaftgüte im unteren Schaftbereich (bis ca. 8 m Höhe) in drei Qualitätsgruppen *„Optimal“, „Passabel“* und *„Schlecht“* eingeteilt werden, erklären aber nur 10–30% der später tatsächlich im Brett aufgefundenen Fehler (Stepien et al. 1998).

Stepien et al. (1998) erreichten mit Hilfe eines multiplen Regressionsmodells bei Stehendansprachen hiebsreifer Buchen, Fichten, Tannen und Kiefern *(Fagus, Picea, Abies, Pinus)* ca. 60% und bei Lärchen *(Larix)* ca. 45% Übereinstimmung in der Qualität der untersuchten Bäume mit der daraus hergestellten Schnittware.

Bild 2.5
Im Schiffsbau wurde darauf geachtet, dass für die verschiedensten Bauteile eines Schiffes natürlich gewachsenes Holz – Astgabeln (rote Markierungen), Krummäste, gebogene Stämme – eingesetzt werden. Die im Bild (re.) aus einer Eiche *(Quercus spec.)* gefertigten Spanten und der Achtersteven wurden für den Nachbau eines Wikingerschiffes verwendet.

Bild 2.6
Diese Eichen *(Quercus petraea)* aus dem Spessart, Deutschland, sind wegen ihrer Geradschaftigkeit, der Astreinheit, des gleichmäßigen Jahrringbaus und des fleischfarbenen Holzes begehrt, weil sich aus ihnen erstklassige Messerfurniere herstellen lassen

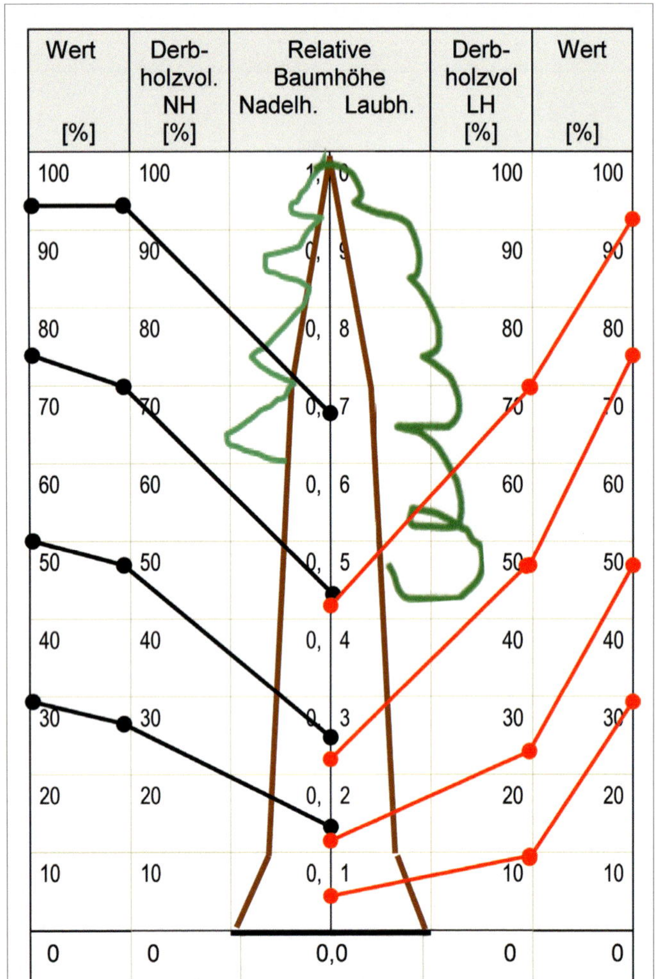

Bild 2.7 Verhältnis zwischen Volumen- und Wertverteilung hiebsreifer Laub [LH]- und Nadelhölzer [NH] in Abhängigkeit von der relativen Baumhöhe (Richter 2000 nach Bachmann 1970)

Beurteilt wurden die 10 äußerlich sichtbaren Baummerkmale *Ast, Klebast, Astnarbe, Beule, Krümmung, Knicke, Drehwuchs, Riss, Nekrose, Krebs, (Grobborkigkeit* nur bei Lärche). In die Untersuchungen wurden nur die ersten 9 Meter des Stammes einbezogen, weil in diesem Stammabschnitt 50–70% des Wertes bei Nadelholz und 80–95% des Wertes von Laubholz, insbesondere Buche, liegen (Bachmann 1970). Vergleiche hierzu Bild 2.7.

Untersuchungen von Schütt et al. (2005), Holzmerkmale am stehenden Stamm mit Hilfe von Laserscans zu erkennen und zu klassifizieren, weisen auf eine allgemeine Tendenz hin: mit Hilfe künstlicher Intelligenz die qualitative Beschaffenheit von Waldbeständen zu quantifizieren. Das Prinzip besteht darin, dass die äußere Erscheinung der Bäume mit einer Vielzahl von Bildern von bereits diagnostizierten Holzmerkmalen automatisiert verglichen wird. Die Trefferwahrscheinlichkeit würde mit der Anzahl der richtig detektierten Bäume wachsen.

Liegendsortierung

An einem gefällten Baum können an Fäll- und Zopfschnitten und an Astabschlagstellen weitere, sonst verborgene Merkmale zur Gütebeurteilung einbezogen werden wie: *fakultative Farbveränderungen, Fäulen, Markröhrenverlagerungen, Jahrringanomalien, Reaktionsholz* und *Harzgallen*. Zusammen mit möglichst vielen äußerlich sichtbaren Holzmerkmalen, kann dann von der Güte des Rundholzes mit einer relativ hohen Wahrscheinlichkeit auf die Güte des zu erwartenden Schnittholzes oder höherwertiger Produkte geschlossen werden (eigene Schätzung ca. 60–80%). Das Dilemma besteht darin, dass einerseits der Sortieraufwand mit umfangreicher werdender Gütebeurteilung exponentiell steigt. Andererseits führt aber der Verzicht auf eine exakte Gütesortierung in der Regel zu Erlösverlusten. Nur Sachkenntnis bei der Beurteilung der Holzmerkmale vermag diesen Widerspruch abzuschwächen.

Genauere Verfahren zur Güteansprache am liegenden Holz (z. B. Laserscanning, 3D-Computertomografie), versprechen bessere Voraussagen über die zu erwartenden Qualitäten des zu Furnier oder Schnittware zu verarbeitenden Holzes (Schute 1972a, b, Richter 2000, Willmann et al. 2001, Sauter et al. 2016).

Weltweit gibt es unterschiedlichste Vorstellungen zur Beurteilung der Güte von Rundholz. Die einfachste Sortierung ist die Dimensionssortierung, bei der allein die Länge und vor allem der Mittendurchmesser von Rundholz als Gütemerkmale angesprochen werden. Diese Sortierpraxis wird nur noch in Ländern mit (vermeintlichem) Holzüberschuss bei gleichzeitig fehlendem Holzabsatz ausgeübt (Bild 2.8).

Je größer die Holznachfrage, desto stärker werden Holzmerkmale in jeweils zulässigen Grenzen in Sortiervorschriften eingebunden. In Gebrauchssortierungen werden die Merkmale, die sich für bestimmte Verwendungszwecke ungünstig auswirken, als Holzfehler definiert. Merkmale, die besondere Verwendungen ermöglichen, werden als vorteilhaft hervorgehoben.

Auf dem überregionalen und internationalen Holzmarkt ist der spezielle Verwendungszweck des Holzes in der Regel nicht bekannt. Deshalb werden für die Gütebestimmung des Rundholzes zulässige Ausprägungen von Holzmerkmalen in **absoluten Sortierungen** festgelegt. Sortiervorschriften nach Dimension, Güte und Verwendungszweck unterstützen die Preisfindung auf dem internationalen Holzmarkt.

Die **Rohholzsortierung hat in Deutschland** eine lange Geschichte (Übersicht 2.1), die mit den quantifizierten Aussagen der in Deutschland seit 2015 gültigen Sortiervorschrift *„Rahmenvereinbarung für den Rohholzhandel in Deutschland"* (RVR) ihren vorläufigen Abschluss findet.

In der RVR gelten folgende **4 Qualitätsklassen** für Stammholz (RVR 2015, S. 13):

A: Stammholz von ausgezeichneter Qualität. Es ist fehlerfrei oder weist nur unbedeutende Qualitätsmerkmale auf, die seine Verwendung kaum beeinträchtigen.

B: Stammholz von normaler Qualität mit wenigen und/ oder mäßig ausgeprägten Qualitätsmerkmalen.

C: Stammholz von normaler Qualität mit vermehrt vorkommenden und/ oder stärker ausgeprägten Holzmerkmalen.

D: Stammholz, das wegen seiner Merkmale nicht den Klassen A, B, C angehört, aber als Stammholz nutzbar ist.

Bild 2.8
Verkauf eines Greenheart-Stammes *(Chlorocardium rodiei)* nach Volumen. Maßvergütungen werden bei Hohlkern gewährt, indem der Stammfußdurchmesser um den Betrag des Hohlkerndurchmessers verringert wird, statt nur dessen Flächenanteil zu reduzieren! (Surinam)

Übersicht 2.1
Entwicklungslinien der Rohholzsortierung in Deutschland

1925–1935 Anwendung der Preußischen Holzmessanweisung (HOMA)

1927–1935 Anwendung der Bayrischen Holzsortierungsanweisung (HSA 1935)

1936–1945 Sortierung nach Reichs-HOMA (Speer 1936). Überwiegend absolute Sortierung nach Dimension und Qualität. Im Zusammenhang mit der Kriegsvorbereitung verstärkte Verwendungssortierung, verbunden mit Preisreglementierung

Ostdeutschland

1945–1955 Entwicklung der HOMA56 aus der Reichs-HOMA, vorwiegend als Gebrauchssortierung mit 61 Sorten in 4 Güteklassen. Preisbindung durch Preisanordnung eingeführt.

1956–1966 Weiterentwicklung der HOMA mit umfangreicher Quantifizierung der Holzfehler in Tabellenform, Krippelscher Durchmesserrundung (1,5% statt 3–5% Volumendifferenz wie bei forstüblicher Abrundung) Preisbindung für alle Holzsorten

1967–1989 TGL 15799 (TGL 1988). Reduzierung der Gebrauchssorten auf 22. Neuregelung von Festpreisen für Rohholz, gestaffelt nach Wirtschaft, Mittelstand/Bauwesen, Bevölkerung. Festlegung einer Lagerordnung

1990 wird in den 5 neuen Bundesländern die HKS als verbindliche Sortiervorschrift übernommen.

Westdeutschland

1945–1953 Übernahme der Reichs-HOMA. Überwiegende Anwendung der absoluten Sortierung bei Freigabe der Holzpreise. Wiedereinführung der Stärke- und Gütemesszahlen

1954–1969 Diskussion über verbesserte (absolute) Sortierung mündet in die EWG-Richtlinie, präzisiert als Handelsklassenverordnung (HKIV): Einfache, übersichtliche Sortenbildung, aber fehlende Präzisierung der Güteklassen (keine Quantifizierung der Holzfehler)

1969–2008 Herausbildung regionaler Sortierrichtlinien (HKS 2002) zur Präzisierung der Sortenabgrenzung auf der Grundlage der Handelsklassenverordnung (HKIV). Sortiermerkblätter in den Bundesländern

Ab1995 Erarbeitung europäischer Normen (EN-Normen) für Rund- und Schnittholz durch das Europäische Komitee für Normung (CEN) der EU, Brüssel. Normen werden von der Bundesrepublik Deutschland als DIN-Normen in deutsches Recht übernommen. Erweisen sich als kompliziert, nicht praktikabel. Die EWG-Richtlinie wird 2008 außer Kraft gesetzt.

Ab 2015 gilt die Rahmenvereinbarung für den Rohholzhandel in Deutschland (RVR 2015). Vereinheitlichung der bisher unterschiedlichen Sortiervorschriften der Bundesländer. Die RVR ist für Vertragspartner nicht zwingend anzuwenden. Sie unterliegt dem Privatrecht. Außerdem bestehen zwischen Holzabnehmern und Holzverkäufern noch bilateral festgelegte Sortiervorschriften, die den Holzeinkauf regeln.

Im Vergleich der Sortiervorschriften (HOMA (1936), HKS (2002), TGL15799 (1988), CEN (1995 ff.) und RVR (2015) fällt auf, dass sich nach 1945 bis heute in den Hauptholzarten die Güte- bzw. Qualitätsklassenanteile für C- und D- Holz z. T. wesentlich vergrößern, dass sich der B-Anteil verringert und Qualitätsklasse A fast vollständig aus den Statistiken herausfällt (Tabelle 2.1). Der logische Schluss müsste folgerichtig lauten: Die nach 1945 von der Forstwirtschaft herangezogenen Wälder haben in ihrer Qualität immer mehr zu wünschen übriggelassen. Die regelmäßig erscheinenden Waldzustandsberichte widersprechen aber dieser Vermutung.

Betrachtet man hingegen die Verarbeitung des Rohholzes zu Holzprodukten aus technisch-technologischer Sicht, so verläuft der Trend umgekehrt: Das jetzt als C- und D- Qualität gekaufte Holz kann mit modernen Technologien häufig so veredelt werden, dass es für höherwertige Zwecke, die früher der A- und B-Qualität vorbehalten waren, eingesetzt werden kann (z. B. Zwischenlagen bei Furnierlagenholz, kantelverleimtes Holz, keilzinkenverleimtes Holz). Für anspruchsvolle Verwendungen (z. B. Konstruktionsholz) muss nach wie vor auf A- und B-Ware zurückgegriffen werden.

Diese beschriebene Situation macht die unterschiedliche Argumentationskraft der Marktteilnehmer in den zurückliegenden Jahrzehnten sichtbar. Es ist aber zu erwarten, dass sich der bisherige Angebotsmarkt von Rohholz angesichts der heutigen Rohstoffsituation mittelfristig in einen Nachfragemarkt wandelt. Dadurch könnte der jahrzehntelange Trend einer immer schärferen Beurteilung gleichstark ausgeprägter Holzmerkmale gestoppt werden.

Es ist nicht möglich, die Beurteilung von Holzmerkmalen in allen weltweit praktizierten Sortiervorschriften einzuschätzen. Deshalb werden Holzmerkmale von Hölzern aus den gemäßigten Breiten mit den quantifizierten Aussagen der in Deutschland jetzt gültigen Sortiervorschrift *„Rahmenvereinbarung für den Rohholzhandel in Deutschland“* (RVR 2015) verglichen. Das erscheint auch deshalb gerechtfertigt, weil in Deutschland bereits seit dem 15. Jahrhundert Erfahrungen zur Sortierung von Rohholz vorliegen, mit denen dem ständig vorhandenen Holzmangel begegnet werden sollte (Willing 1989).

Baum-arten-gruppe	**Qualitäts-klasse**	**Qualitätsklassenanteile [%]**			
		Baden-Württemberg (Mahler 1995)		Niedersachsen (Jänich (2009)	
		1953 (Fi ab 1955)	1994	1991	2008
Fichte/ (Tanne/ Dougl.)	A B C/D	0 99 1	0 77 23	0 4 58 (24[1] /34[2])	0 25 75 (6[1] /69[2])
Kiefer	A B C/D	10 70 20	2 15 83	0 25 75 (11[1] /64[2])	0 26 74 (13[1] /61[2])
Buche[3])	A B C/D	12 76 12	1 42 57	1 7 92 (12[1] /80[2])	1 8 91 (14[1] /77[2])
Eiche	A B C, CGW/D	10 73 17	1 26 73	1 13 86 (35[1] /51[2])	1 12 87 (27[1] /60[2])

[1]) C, Pal/SW, CGW (nach HKS),
[2]) D-Holz, incl. Industrieholz, Brennholz,
[3]) Buche, einschl. sonst. LH

Tabelle 2.1
Verschiebung der Qualitätsklassenanteile von Stammholz zwischen 1953 und 2015 (Mahler 1995, Jänich (2018)

Für die **Sortierung tropischer Rundhölzer** gelten allgemein drei Sortierempfehlungen (Lohmann 2005, S. 87–89):

1. Französische Klassifizierungsempfehlung der *Association Technique Internationale des Bois Tropicaux* ***(ATIBT),*** die auf einem Strafpunkte-System beruht. Für fünf Güteklassen von Stämmen bestimmter Länge werden Höchststrafpunktzahlen festgelegt, die bei der Beurteilung von maximal 15 Holzmerkmalen in verschieden starken Ausprägungen auftreten dürfen. Dieses Strafpunktesystem wird allgemein als zu kompliziert betrachtet. Dennnoch wird es als bisher einziges Sortierhilfsmittel verwendet.
   Bei Maplesden und Johnson (2016, S. 3169ff.) wird eine sechste Güteklasse hinzugefügt. Für Rundholzlängen von bis zu 6 m sind Strafpunktzahlen zwischen 2 und 16 zulässig. Für weitere 3 m -Längen können 2 bis 6 Zusatzpunkte vergeben werden. Das Hinzufügen einer sechsten Strafpunktzahl-Klasse ist der international gestiegenen Holznachfrage geschuldet.

2. Französische Klassifizierung nach „guter Kaufmannsware" *(Loyale et Marchande* ***[L&M]***). Die in fünf Güteklassen gestaffelten Verkaufspartien müssen 100%, 87,5%, 75%, 62,5% oder 50 % fehlerfreies Nutzholz enthalten. Mischpartien sind möglich.

3. Englische Klassifizierung nach „guter Durchschnittsqualität" *(Fair Average Quality* ***[FAQ]****).* Die in 5 Güteklassen gestaffelten Verkaufspartien müssen 100%, 90%, 80%, 70% oder 60 % fehlerfreies Nutzholz enthalten. Mischpartien sind möglich.

Seit 2012 (ATIBT 2012) werden die im internationalen Holzhandel allgemein gebräuchlichen Klassifizierungen L&M sowie FAQ um eine sechste Güteklasse mit bis zu 25% fehlerfreiem Nutzholz erweitert, um der gestiegenen Holznachfrage gerecht zu werden.
Langfristig haben sich Sortiervorschriften mit ihren Zuordnungen von Holzmerkmalen in Qualitätsklassen stets den Marktbedingungen angepasst. Das kann dazu führen, dass ein und dieselbe Merkmalsausprägung bei großer Holznachfrage womöglich toleriert, bei geringer Nachfrage sortierentscheidend wird. Sortiervorschriften können deshalb auf dem Holzmarkt nur bedingt zur Preisfindung herangezogen werden.

Aus diesem Grund ist eine Beurteilung der Holzmerkmale unabhängig von veränderlichen Marktbedingungen wichtig. Sie lässt ein eigenes, unbeeinflusstes Urteil über die für eine bestimmte Verwendung erforderliche Qualität des Rohholzes zu. Damit ist eine sachliche Basis für eine einvernehmliche Preisgestaltung zwischen Holzverkäufer und Holzverwender geschaffen.

3. Allgemeine Faktoren, die zur Ausbildung von Holzmerkmalen führen

3.1 Die fünf allgemeinen Faktoren

Holzmerkmale sind schier unendlich vielfältig in ihrer Gestalt, so dass man daraus schließen könnte, die auslösenden Faktoren für deren Entstehung könnten ebenfalls so zahlreich sein. Genauer betrachtet bleiben aber lediglich fünf „Auslöser" übrig.

Die zwei „inneren" auslösenden Faktoren sind:

- **genetische Veranlagungen** und **genetische Veränderungen** im Baum (Mutation, genetische Defekte)
- **Veränderungen der** im Baum stattfindenden **physiologischen Prozesse** (Assimilation, Stofftransport, chemische Reaktionen)

Die drei „äußeren" auslösenden Faktoren sind:

- **Licht / Strahlung** (Heliotropismus),
- **Krafteinwirkungen** (Geotropismus, Wind, einseitige Belastung)
- **Verletzungen / Infektionen**

Diese fünf Faktoren können sich in der Natur in ihren Wirkungen derart überlagern, dass ein einfacher Ursache- Wirkungs- Zusammenhang schwer zu erkennen ist. Dennoch soll versucht werden, die prinzipiellen Reaktionen von Bäumen auf die fünf genannten auslösenden Faktoren zu beschreiben, bevor auf die einzelnen Holzmerkmale in ihrer Vielfalt näher eingegangen wird.

Die genannten Faktoren gelten sowohl für Bäume aus der borealen, der gemäßigten als auch für jene aus der tropischen Klimazone. Lediglich in der Intensität ihrer Ausprägung sind Unterschiede erkennbar (Richter 2012).

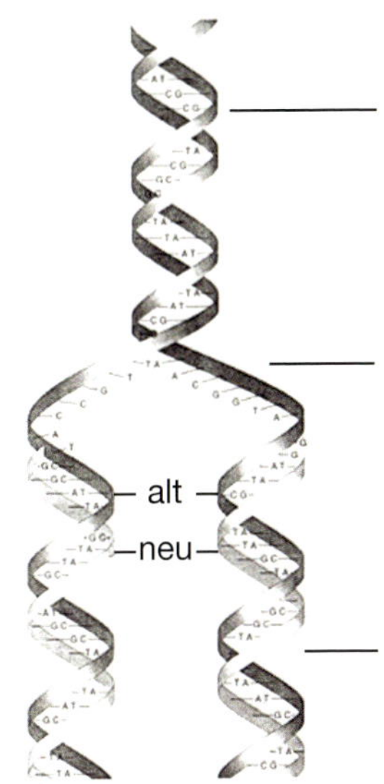

Die Erbinformationen eines Baumes sind in seinen Genen, in Desoxyribonukleinsäure-Molekülen (DNA), fixiert.

Bei ihrer Vervielfältigung teilt sich die Doppelhelix normalerweise in zwei neue, identische Stränge.

Kommt es zu Defekten während der Teilung der Doppelhelix, führt dies zu verändertem Wachstum. Bleiben diese Defekte auch in den Nachkommen erhalten, spricht man von einer Mutation

Bild 3.1 Vervielfältigung der DNA (Strukturmodell eines Abschnittes einer DNA-Doppelhelix) (Buchner 2008)

Bild 3.2 (li.) Genetisch bedingte Verzwieselungsneigung von Birke *(Betula pendula)* und wipfelschäftige Birken. Erzgebirge, Deutschland

Bild 3.3 (re.) Genetisch fixierte Schmalkronigkeit bei Engelmannfichten *(Picea engelmannii)*, Yukon- Territorium, Kanada

Bild 3.4 (li.) Spannrückigkeit an Hainbuche *(Carpinus betulus)*, Deutschland

Bild 3.5 (re.) Spannrückigkeit an Zwart Parelhout *(Aspidosperma excelsum)*, Surinam

Bild 3.6 (li.) Brettwurzeln an Flatterulme *(Ulmus laevis)*, Oberlausitz, Deutschland

Bild 3.7 (re.) Brettwurzeln an Djadidja *(Sclerolobium melinonii)*, (Surinam)

Bild 3.8 (li.) Haselwuchs an Fichte *(Picea abies)*, Deutschland

Bild 3.9 (re.) Haselwuchs an Sali *(Tetragastris ssp.)* (Surinam)

3.2 Genetische Veranlagung, genetische Veränderungen

Das Wachstum aller Bäume ist *genetisch fixiert*. Erbinformationen steuern ihren inneren Aufbau, ihre äußere Gestalt und die im Baum ablaufenden biochemischen Prozesse (Bild 3.1).

Wird unterstellt, dass Bäume unter normalen Standortsbedingungen (Klima, Boden und Bestandesstruktur) wachsen, dann könnten die Holzverwender i. d. R. mit der Morphologie der meisten Bäume zufrieden sein. Einzelne Individuen bzw. Provenienzen können aber durch *genetische Veränderungen* von der „Normalform", die für eine Baumart typisch ist, abweichen. So sind z. B. äußere Merkmale wie die Verzwieselungsneigung bestimmter Birken *(Betula pendula)* (Bild 3.2) oder die extreme Schmalkronigkeit von Engelmannfichten *(Picea engelmannii)* (Bild 3.3) genetisch bedingt.

Gleiches gilt für die Spannrückigkeit von Hainbuchen *(Carpinus betulus)* (Bild 3.4) oder die tropische Baumart Zwart Parelhout *(Aspidosperma exelsum)* (Bild 3.5), die Ausbildung von Brettwurzeln an Flatterulme *(Ulmus laevis)* (Bild 3.6) und Djadidja *(Sclerolobium melinonii)* (Bild 3.7) oder der Haselwuchs an Fichte *(Picea abies)* (Bild 3.8) und Basra locus *(Dicorynia guianensis)* (Bild 3.9).

Möglich sind aber auch sprunghafte Veränderungen in Morphologie und Physiologie eines Baumes durch Mutation. Ein bekanntes Beispiel einer Mutation aus neuerer Zeit mit Überlebenschancen ist der Korkenzieherwuchs von Süntelbuchen *(Fagus sylvatica, var. Tortuosa)*, der erstmals um 1850 im Süntelgebirge (Weserbergland, Niedersachsen) nachgewiesen und beschrieben worden ist (Bild 3.10).

Auch das abnorme Zellwachstum in Fichten (Vogeltritt) rechnet dazu (Bild 3.11) oder gar der spontane Übergang von Breit- zu Schmalkronigkeit einer Fichte *(Picea abies)* (Bild 3.12).

Fazit:

Bäume sind an ihre genetische Fixierung gebunden. Deshalb muss der Holzverwender mit ihrer genetischen Vielfalt leben. Zufällige genetische Veränderungen in jede nur denkbare Richtung muss er akzeptieren – es sei denn, er züchtet mit Hilfe *künstlicher Auslese* oder *gesteuerter Veränderung der Erbanlagen* Bäume, die seinen Vorstellungen entsprechen.

Bild 3.10 (li.)
Mutation an Buche *(Fagus sylvatica, var. Tortuosa)* führt zu Korkenzieherwuchs „Süntelbuchen" Tharandt, Deutschland.

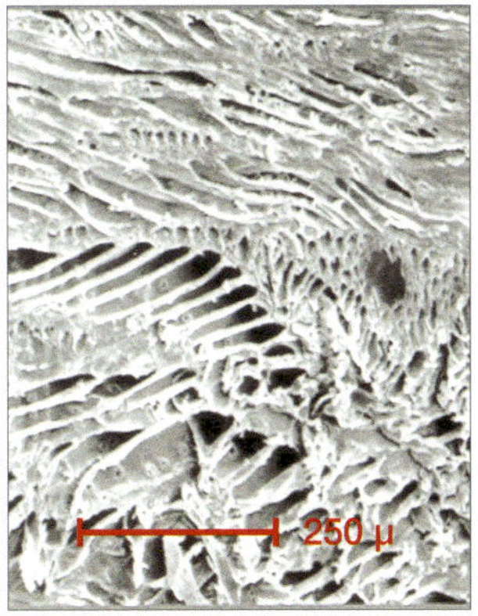

Bild 3.11 (re.)
REM-Aufnahme von abnorm gewachsenen Tracheiden in einer Fichte *(Picea abies)* (Foto: E. Bäucker)

Bild 3.12.
Nordische Fichte *(Picea abies)* mit plötzlichem Übergang von Breit- zu Schmalkronigkeit , könnte genetische Ursachen haben. Schweden, Strömsund

3.3 Beeinflussung der im Baum stattfindenden physiologischen Prozesse

Die Lebensfunktionen eines Baumes und seine Wuchsleistung werden vom Standort, auf dem er gedeiht (Klima, Boden, Kronen- und Wurzelkonkurrenz), maßgeblich beeinflusst. Insbesondere ist es die Verfügbarkeit von Wasser, Nährstoffen und Licht, die seine im Inneren ablaufenden biochemischen Prozesse bestimmen.

Auf *Mangelerscheinungen* reagiert er mit verändertem Wachstum, z. B. bildet sich unter „Hungerästen" eine Hohlkehle, wenn der Ast die produzierten Assimilate selbst verbraucht und diese nicht für das Dickenwachstum im darunter liegenden Stammsegment zur Verfügung stehen (Bild 3.13, Bild 3.14).

Bild 3.13 (li.)
Hohlkehle an Buche *(Fagus sylvatica)* unter „Hungerästen", Deutschland (li.)

Bild 3.14 (re.)
Hohlkehle an Bolletrie *(Manilkara bidentata)*, Surinam

Bild 3.15 (li.)
Fakultativer Rotkern, als Wolkenkern ausgeprägt, sowie pathologischer Spritzkern (schwarz verfärbt) an Buche *(Fagus sylvatica)*

Bild 3.16 (re.)
Unvollständige Verkernung an Eiche *(Quercus robur)* (re.)

Bild 3.17 (li.)
Fehlende Verkernung an Lärche *(Larix decidua)*, als „Mondring" ausgebildet, Deutschland

Bild 3.18 (re.)
Mondring mit unbekannter Ursache an Kopi *(Goupia glabra)*, (Surinam)

Bild 3.19
Maserknolle (Knospensucht) an Eiche *(Quercus ssp.)* Gran Canaria, Spanien

Bei *Luftzutritt* in das Stamminnere (Astabbruch, Austrocknung des Stamminneren) können oxidative Prozesse zu fakultativen Kernbildungen führen. Häufig ist der Rotkern der Buche *(Fagus sylvatica)* (Bild 3.15).

Klimatische Einflüsse (z. B. Frühfröste) können verhindern, dass sich Zellinhaltsstoffe, die zur Verkernung benötigt werden, einlagern. So entstehen unvollständige Verkernungen (Bild 3.16), oder „Mondringe" (Bild 3.17) die sich hell vom dunkleren Kernholz absetzen. Unbekannt sind die Ursachen der unvollständigen Verkernung des in Bild 3.18 abgebildeten Tropenholzes Kopi *(Goupia glabra)*.
Auch *Mikroorganismen* können Wachstumsabläufe in Bäumen zu ihren Gunsten umsteuern, gut zu sehen an Knollen, Kröpfen und Hexenbesen (Bild 3.19).

Fazit:

Der Baum kann die Standortsbedingungen, unter denen er gedeiht, – wenn überhaupt – nur langfristig beeinflussen. Deshalb sind Holzmerkmale, die auf diesen Bedingungen beruhen, vom Baum selbst nicht zu verhindern. Gleiches trifft auf Holzmerkmale zu, die auf Grund des *Infektionsdrucks von Mikroorganismen* entstehen.

Der Mensch kann aber die Standortsbedingungen für den Baum mittelfristig mit *bodenverbessernden und waldbaulichen Maßnahmen* verändern, so dass physiologisch begründete Holzmerkmale in ihrer Entstehung beeinflusst werden können.

3.4 Licht / Strahlung

Sonneneinstrahlung und Ausrichtung des Baumes zum Licht

Der wichtigste Einfluss auf das Pflanzenwachstum überhaupt ist die *photosynthetisch wirksame direkte und diffuse Strahlung* der Wellenlängen zwischen 400nm und 700nm (Promis 2009). Der Baum richtet sich darauf ein, seine Assimilationsorgane, die Nadeln bzw. Blätter, maximal zu belichten. Dieses unbändige Streben nach Licht wird als Heliotropismus bezeichnet. Dieser wirkt im Baum auf verschiedene Weise:

1. Blätter und nicht verholzte Triebe reagieren auf Lichtveränderungen im Tageslauf mit *Wachstumsbewegungen* oder *Turgorveränderungen* in den Blattstielen (Bild 3.20).
2. Junge, verholzte Triebe können sich mit gerichteten *Wachstumsbewegungen* den veränderten Strahlungsbedingungen anpassen.
3. Der (stärkere) Ast reagiert mittelfristig auf andauernde Änderungen des Lichteinfalls, indem er *Reaktionsholz* bildet, *Druckholz* auf der Astunterseite der Nadelhölzer und *Zugholz* auf der Astoberseite der Laubhölzer (Bild 3.21).
4. Der Stamm reagiert langfristig auf andauernde Änderungen des Lichteinfalls, indem er im lebenden Splint *Reaktionsholz* bildet. Die *Jahresringe verbreitern sich auf der druckbelasteten Stammseite bei Nadelhölzern bzw. auf der zugbeanspruchten Stammseite bei Laubhölzern* (Knigge 1958; Mette 1984) (Prinzipdarstellungen: Bild 3.22, Bild 3.23).

Bild 3.20
Kronendraufsicht auf optimal zum Licht ausgerichtete Blätter von Linde *(Tilia)*, Buche *(Fagus)* und Esche *(Fraxinus)* kurz nach Laubausbruch). Hainich, Thüringen

Bild 3.21
Astwerk, Kronen und Stämme eines Feldgehölzes richten sich mit Hilfe des Reaktionsholzes auf optimalen Lichteinfall aus, Erzgebirge, Sachsen.

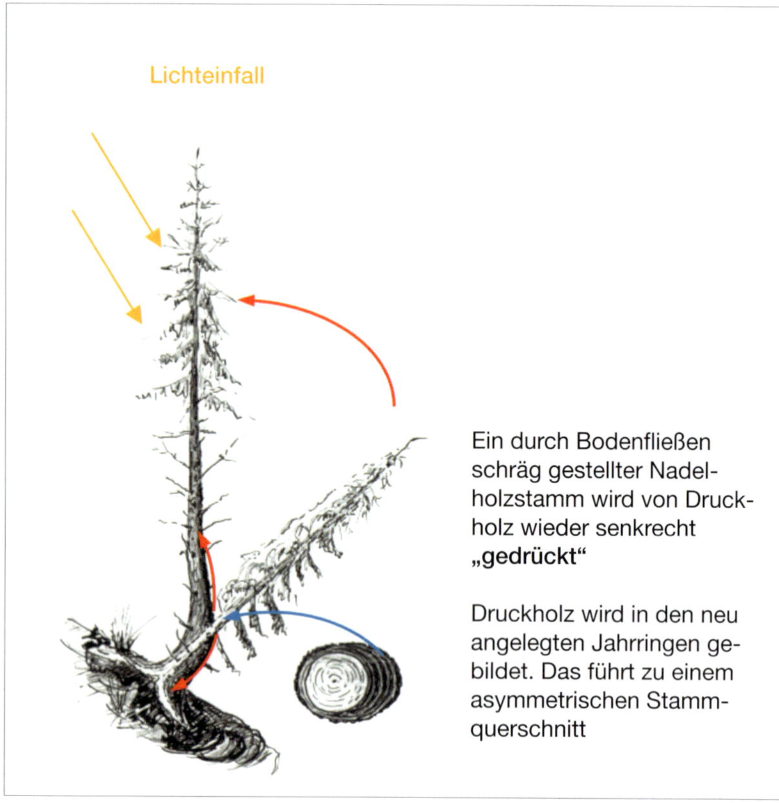

Bild 3.22 (li.) Prinzip der Richtungsänderung bei Nadelhölzern: Reaktionsholz wird als Druckholz ausgebildet mit gleichzeitiger Veränderung des Stammquerschnitts

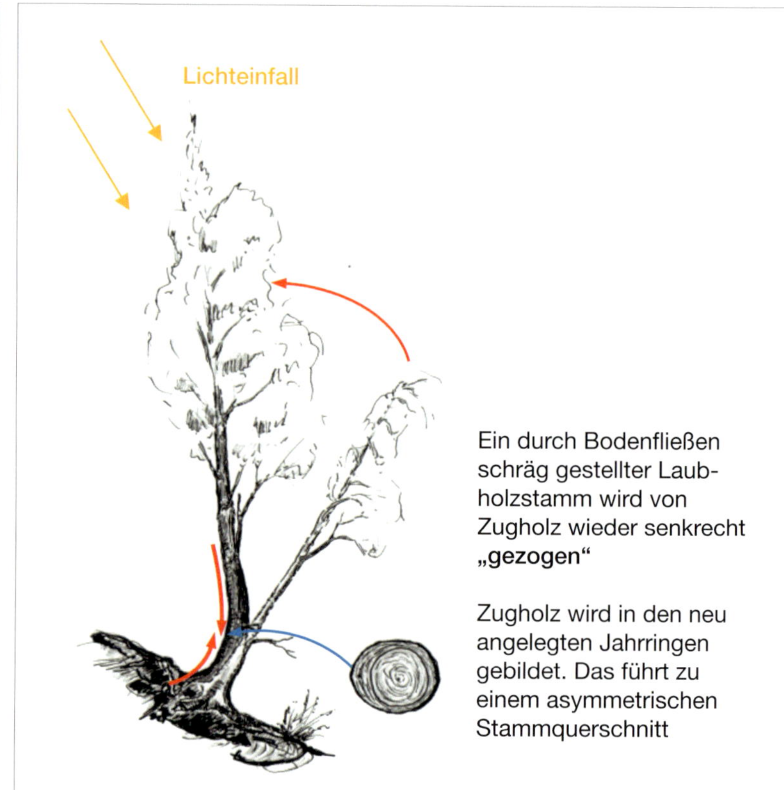

Bild 3.23 (re.) Prinzip der Richtungsänderung bei Laubhölzern: Reaktionsholz wird als Zugholz ausgebildet, mit gleichzeitiger Veränderung des Stammquerschnitts

Wirkt auf den Baum ein mit zunehmendem Alter abnehmender, *unterschiedlich starker Konkurrenzdruck* der Nachbarbäume, dann strebt sein Terminaltrieb mit großem Längenzuwachs nach oben oder in seitliche Lücken des Kronendaches. Dabei überlagert der Fototropismus (Schrägstellung von Ast und Stamm) den negativen Geotropismus (Bestreben, den Massenschwerpunkt ins Stammzentrum zu verlagern) (Strasburger 1978). Stark beschattete Äste sterben aus Lichtmangel bereits als Feinäste ab (Bild 3.24, Bild 3.25).

Bild 3.24
Starke Kronenkonkurrenz bei Küstenmammutbäumen *(Sequoia sempervirens)* führt zu schmalkronigen, vollholzigen Stämmen. Redwood National Park, Kalifornien, USA.

Bild 3.25
Rode Kabbes-Stamm *(Andira ssp.)* in einem tropischen Primärwald, vollholzig und unter der Krone astfrei. KABO, Surinam

Bild 3.26
Korrektur der Stammform an Roteichen *(Quercus rubra)* bei längerfristig sich verändernden Lichtverhältnissen

Bild 3.27
Veränderte Beschattung einer zwischenständigen Eiche *(Quercus robur)* führt zu Richtungswechseln des Terminaltriebs, damit zur Knickigkeit des Stammes.

Bild 3.28
Extremer Richtungswechsel eines Kiefernastes *(Pinus sylvestris)* (Wegfall der Apicaldominanz; negativer Geotropismus; starker Heliotropismus)

Bild 3.29
Western juniper (*Juniperus occidentalis)* wächst wegen fehlender Kronenkonkurrenz abholzig und breitkronig auf. Idaho, USA

Je länger Äste belichtet werden, desto mehr können sie sich zu Starkästen verdicken. Dadurch kann es am Stamm zu einer unterschiedlich großen Lastverteilung kommen, auf die der Stamm mit *Reaktionsholz*, verbunden mit einer *asymmetrischen Jahrringbildung*, reagiert. Stammkrümmungen sind die Folge (Bild 3.26, Bild 3.27, Bild 3.28).

Ein Baum, der *ohne Kronenkonkurrenz* aufwächst, kann sein Höhenwachstum reduzieren und seine Äste optimal zum Licht ausrichten. Er entwickelt *Starkäste*, relativ breite, *symmetrische Jahrringe*; sein Stamm ist *abholzig* (niedriges Höhen-Durchmesser-Verhältnis). So optimiert der Baum mit minimalem Energieaufwand seine Lebensfunktionen (Bild 3.29).

Tageslicht (Sonnenscheindauer [Std.]) / Strahlungsrichtung zur Tag-und-Nacht-Gleiche sowie Sommer- und Wintersonnenwende		Tropen	Gemäßigte Breiten	Boreale Zone
		(Äquator / Belém)	(45° nördl. Breite / Lyon)	(60° nördl. Breite / Helsinki)
		ganzjährig	Vegetat.-Periode Mai – 30. Sept.	Vegetat.-Periode Juni – 15. Sept.
		4.400 Std.	2.100 Std.	1.700 Std.
Vertikale Strahlungsrichtung (Vertikalwinkel)	21.03./ 23.09.	90°	44°	30°
	21.06.	67°	67°	53°
	21.12.	67°	Vegetationsruhe	
Horizontale Strahlungsrichtung (Horizontalwinkel)	21.03./ 23.09.	180°	180°	180°
	21.06.	133°	240°	290°
	21.12.	227°	Vegetationsruhe	

Tabelle 3.1
Sonnenscheindauer, vertikale und horizontale Strahlungswinkel in Abhängigkeit von der geografischen Breite (cgi Deutschland 2012; Oke 1987)

Sonneneinstrahlung und Astigkeit

Im **borealen Nadelwald** liegt die sommerliche vertikale Strahlungsrichtung des Lichtes nur zwischen 30°und 53°. Dafür ist der Horizontalwinkel der täglichen Sonneneinstrahlung groß (s. Tabelle 3.1) Wenn auch die Energiesumme der Globalstrahlung hier unter 35% liegt, (bezogen auf die wolkenfreien Subtropen [Hatzianastassiou et al 2005]), wird dies durch die fast 24 Stunden dauernde Sonneneinstrahlung zur Zeit der Sommersonnenwende wett gemacht. (Bild 3.30).

Die Bäume reagieren auf den schrägen Lichteinfall mit tiefreichender, vertikal orientierter Beastung und mit Lichtstellung (Bild 3.31). Außerdem begegnen Nadelbäume der kurzen Vegetationszeit bei niedrigen Temperaturen mit frühzeitig einsetzender Photosynthese. Fichte fixiert CO_2 bereits bei -5°C (Matyssek et al. 2010).

In den **sommergrünen Wäldern der gemäßigten Breiten** liegt der Einfallswinkel des Lichtes während der Vegetationszeit bereits zwischen 44° und 67° (Bild 3.32). Die Energiesumme der Globalstrahlung beträgt zwischen 35–60%, bezogen auf die wolkenfreien Subtropen.

Im Frühling entfalten sich die Schattenblätter im Ober- und Unterbestand eher als die Sonnenblätter der äußeren Baumkronen. Da die Photorezeptoren in Schattenblättern den Dunkelrot-Anteil des Lichtes rationeller nutzen können und Schattenblätter eine größere spezifische Blattfläche (SLA = specificleaf area in [m^2/kg atro]) als Sonnenblätter besitzen (Matyssek et al. 2010), erhält der Unterstand einen zeitweiligen Assimilationsvorsprung. Lichtblätter besitzen mit ihrem ausgeprägten, chloroplastenreichen Palisadenparenchym wohl eine höhere CO_2-Aufnahmerate (Strasburger et al. 1978), altern aber auch schneller als Schattenblätter. Deshalb kann im Herbst das Blattwerk der Innenkrone und des Unterstandes durch eine längere Assimilationszeit das während der langen Sommertage entstandene Assimilationsdefizit zumindest teilweise kompensieren. Bei Buchenprimärwäldern kann beispielsweise der Zeitunterschied zwischen dem Vergilben der Sonnen- und Schattenblätter mehrere Wochen betragen (Bild 3.33). Auf diese Weise gelingt es Schattenästen und Wasserreisern in den gemäßigten Breiten, ihr Existenzminimum zu sichern.

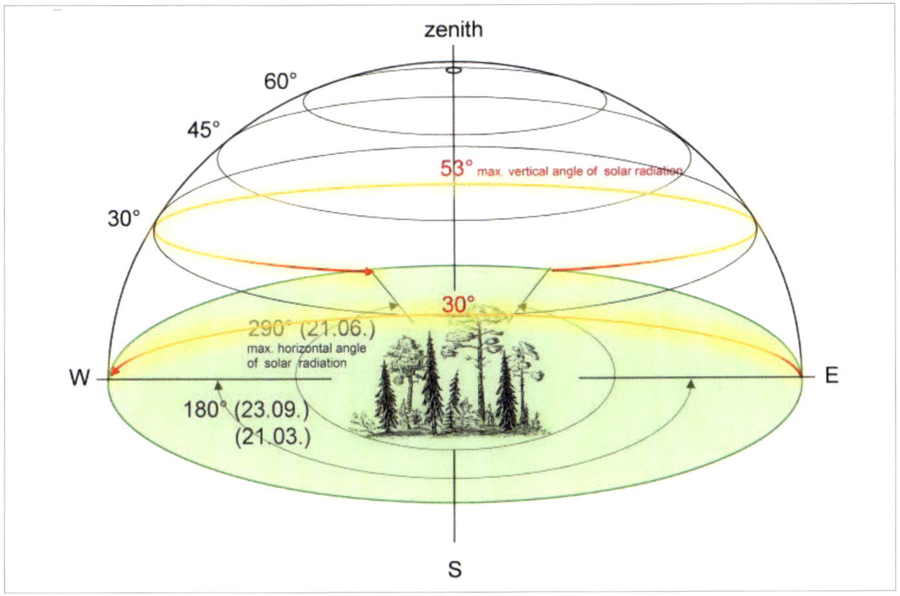

Bild 3.30 (li.)
Sonneneinstrahlung in sommergrünen Wäldern am 60. Breitengrad zur Sommersonnenwende (21.06.) und an der Tag- und Nacht-Gleiche (23.09./ 21.03.)

Bild 3.31 (re.)
Das schräg einfallende Licht in der Nähe des Polarkreises führt zur Lichtstellung der Bäume, zu tief beasteten Kronen, vor allem bei Fichten *(Picea abies)*. Börningsberget, Schweden, 62° nördl. Breite

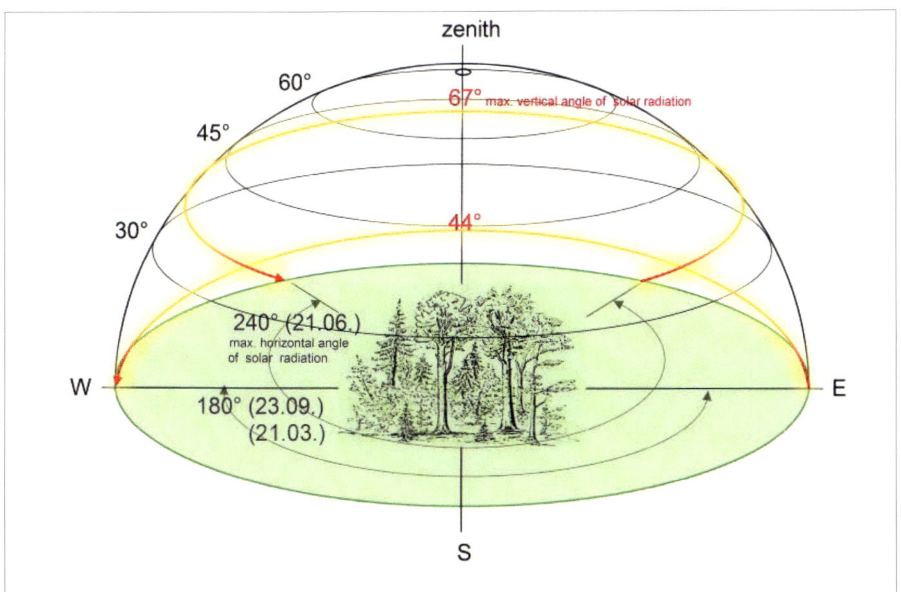

Bild 3.32 (li.)
Sonneneinstrahlung in sommergrünen Wäldern am 45. Breitengrad zur Sommersonnenwende (21.06.) und an der Tag- und Nacht-Gleiche (23.09./ 21.03.)

Bild 3.33 (re.)
Kroneninneres, Wasserreiser und Unterstand profitieren in den gemäßigten Breiten vom früheren Laubausbruch sowie vom zeitigen Laubfall im Oberbestand. Tharandt, Deutschland, 51° nördl. Breite

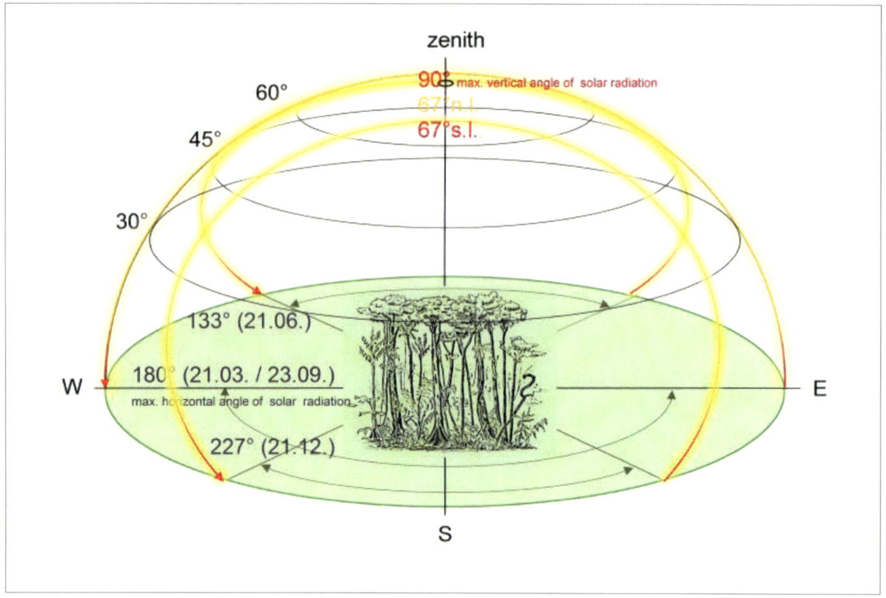

Bild 3.34 (li.) Sonneneinstrahlung in immergrünen Wäldern am Äquator zur Sommersonnenwende (21.06.), zur Wintersonnenwende (21.12.) und an der Tag- und Nacht- Gleiche (21.03. und 23.09.)

Bild 3.35 (re.) Starke Kronenkonkurrenz im tropischen Primärregenwald engt die Kronen der Bäume pilzhutförmig ein. Überlebenschancen haben nur die Bäume, deren Kronenwachstum mit dem der Bestandesnachbarn dauerhaft konkurrieren kann, KABO, Surinam.

In **tropischen Primärwäldern** wirkt das Sonnenlicht mit ganzjährig steilem Einfallswinkel zwischen 67°–90° auf die immergrünen Baumkronen. Das führt zu starker Kronenkonkurrenz (Bild 3.34). Obwohl die Energiesumme der Globalstrahlung 60–75% der Strahlung (bezogen auf wolkenfreie Subtropen) beträgt, dringt sie nur gedämpft durch das dichte, mehrschichtige Kronendach, so dass sich Schattenäste und Wasserreiser kaum entwickeln können (Bild 3.35).

Dieses Phänomen tritt nicht bei geometrisierten Baumabständen in Holzplantagen auf. In diesen muss u. U. sogar geastet werden, wenn die natürliche Astreinigung auf Grund des ausreichenden seitlichen Streulichtes zu spät einsetzt.

Abhängig von der geografischen Lage in Äquatornähe verhindern in dichten Waldbeständen mit großer Kronenkonkurrenz die gleichmäßig 12stündige Sonnenscheindauer, der steile Vertikalwinkel und der relativ geringe Horizontalwinkel der Einstrahlung eine längere Lebensdauer von beschatteten Ästen und Wasserreisern (Bild 3.36).

Konstruktionsprinzipien von Bäumen zum Erreichen günstiger Höhen-Durchmesser-Verhältnisse bei minimalem Stoffeinsatz

Bäume stehen in dichten Waldbeständen im Wettbewerb um das Licht unter besonders starker Kronenkonkurrenz. Einen Standortsvorteil können diejenigen Bäume erwerben, denen es gelingt, Holzmasse zu Gunsten eines verstärkten Höhenwachstums zu bilden. Sie erreichen dies mit einem geringen Stammquerschnitt bei großer Stammlänge (großes Höhen-Durchmesser-Verhältnis). Um die hierzu erforderliche Biegesteifigkeit zu erhalten, haben sich entwicklungsgeschichtlich fünf unterschiedliche *Konstruktionsprinzipien* im anatomischen Bau der Bäume herausgebildet (Richter 2016a):

1. **Vorspannung des Stammmantels**
   Der Stammmantel wird unter große *Zugspannung*, das Stammzentrum unter große *Druckspannung* versetzt. Bei starker Biegebelastung reicht in der Regel diese Vorspannung aus, um Faserstauchungen oder einen Stammbruch zu verhindern (Prinzip des Spannbetonbaus). Soll die Richtung der Stammachse verändert werden, sorgen neu gebildete Zugholzzonen am entsprechenden Sektor des Stammmantels für die erforderliche Korrektur (Bild 3.37).

2. **Bandagierung des Stammes**
   Während des Dickenwachstums ändert sich periodisch die Faserrichtung zur Stammachse. Dieser *Wechseldrehwuchs* erhöht die Biegesteifigkeit des Stammes (Prinzip der kreuzweisen Bandagierung) (Bild 3.38). Richtungsänderungen der Stammachse werden von Zugholz veranlasst.

3. **Segmentierung des Stammquerschnittes**
   Der Stamm wird auf eine „Konstruktion" von rundstabförmigen, *kraftschlüssig miteinander verbundenen Holzsträngen* reduziert (Prinzip der Fachwerkskonstruktion). An jedem einzelnen Holzstrang kann Zugholz angelegt werden, um die Richtung der Stammachse zu korrigieren (Bild 3.39).

Bild 3.36
Der steile Lichteinfallswinkel und starke Kronenkonkurrenz im tropischen Primärwald verhindern an den meisten Bäumen weitgehend Wasserreiser und tief ansetzende Äste. Nur Spezialisten wie dieser Palme reicht das Streulicht zum Überleben aus, Witagron, Surinam, 4° nördl. Breite.

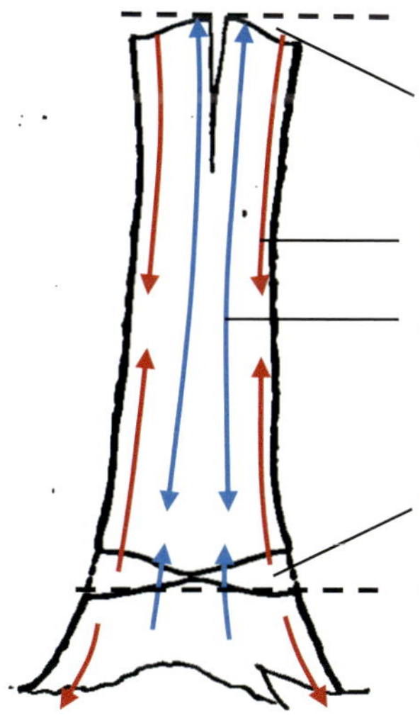

Bild 3.37
Wachstumsspannungen im Laubholz: Zugspannungen im Splint, Druckspannungen im Stammzentrum. Wird der Stamm gefällt und abgezopft, kommt es zum Spannungsausgleich. Die damit verbundene Dekompression im Stamminneren führt häufig zu Spannungsrissen.

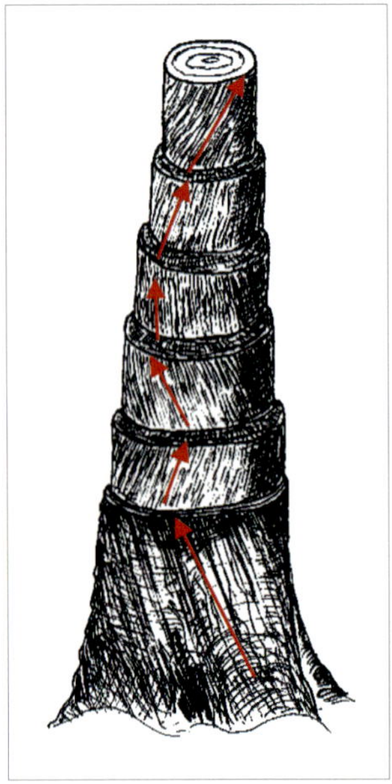

Bild 3.38 (li.)
Periodisch wechselnder Drehwuchs. Die sich überlappenden Faserverläufe erschweren nach dem Fällen das Aufreißen des Stammes.

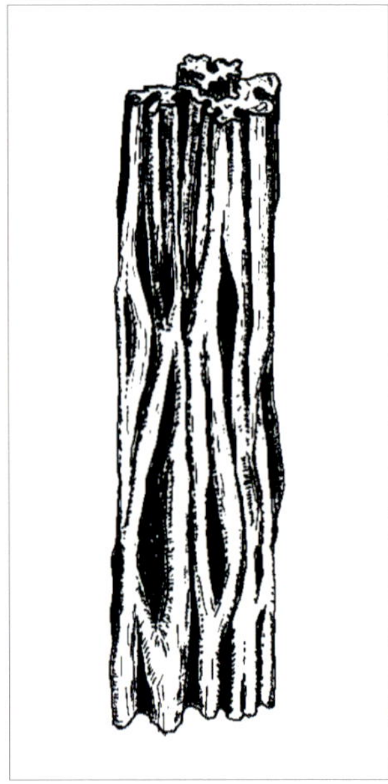

Bild 3.39 (re.)
Der Stamm wird aus miteinander verbundenen, stabförmigen Strängen gebildet.

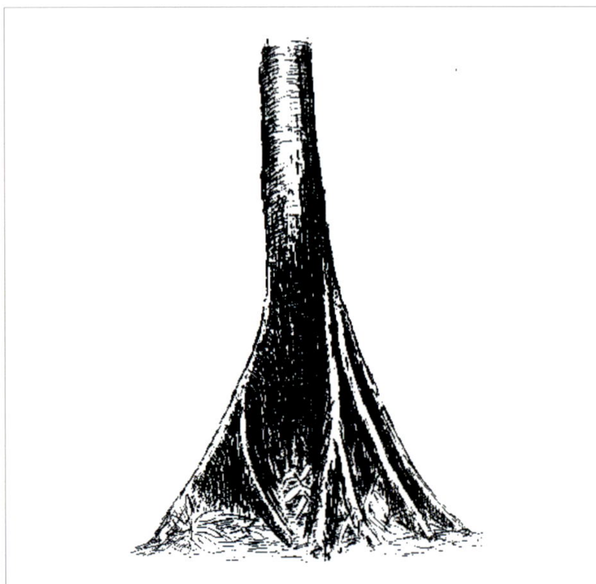

Bild 3.40
Die Standfestigkeit dieses vollholzigen Stammes wird mit Brettwurzeln verbessert.

4. **Stabilisierung der Stammbasis**

Am Stammfuß werden weit ausladende *Brettwurzeln* gebildet (Prinzip der Fundamentvergrößerung), die die Standfestigkeit des Stammes verbessern (Bild 3.40).

Ein weiteres, von vorgenannten abweichendes Konstruktionsprinzip besteht weniger darin, einem Baum zu besonderer Stabilität zu verhelfen, sondern darin, dass sich ein Keimling in seinen ersten Lebensmonaten durch besonders rasches Höhenwachstum einen Wachstumsvorsprung gegenüber Konkurrenten verschafft.

5. **Wachstumsvorsprung durch Leichtbauweise**

Der Schössling bildet eine *vergrößerte Markröhre* aus, die von *juvenilem, unverkerntem Holz umschlossen* wird. Auf diese Weise kann der Schössling in der ersten Wuchsperiode mehrere Meter Höhe erreichen (Prinzip der verlorenen Schalung in Leichtbauweise).

In der Folgezeit lagert das heranwachsende Stämmchen zugunsten eines raschen Höhenwachstums keine konservierenden und stabilisierenden Kerninhaltsstoffe ein. Erst mit zunehmendem Alter bildet der Stamm dauerhaftes adultes Holz.

Im Laufe seines Lebens wird der wenig widerstandsfähige juvenile Kern von Mikroorganismen zersetzt. Zurück bleibt eine sehr stabile „Baumröhre“ aus adultem Holz (Bild 3.41).

Diese fünf Konstruktionsprinzipen treten auch kombiniert auf. Sie sind in allen Klimazonen anzutreffen. Am stärksten ausgeprägt sind sie in den Tropen.

Fazit

Die Bäume sind fähig, auf Veränderungen von Licht und Strahlung aktiv zu reagieren, indem sie Reaktionsholz bilden. Dies erklärt viele Holzmerkmale, vor allem diejenigen, die sich in der Stammform der Bäume abzeichnen (Krümmung, Unrundigkeit).

Abhängig von der Kronenkonkurrenz und der geografischen Breite wirken Sonnenscheindauer sowie vertikale und horizontale Strahlungsrichtung der Sonne auf die Ast- und Wasserreiserbildung von Bäumen ein.

Auf starke Kronen- und Lichtkonkurrenz haben sich Bäume in ihrer Entwicklungsgeschichte mit *materialsparenden Bauweisen im Stamm zugunsten des Höhenwachstums* eingestellt.

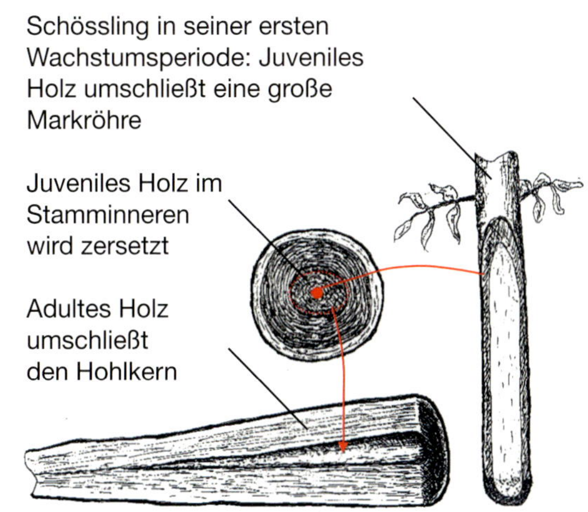

Bild 3.41
Prinzip der „verlorenen Schalung“

Bild 3.42 (li.)
Windbelastete Douglasien *(Pseudotsuga menziesii)* richten sich durch Druckholzbildung entgegen der seitlichen Krafteinwirkung auf.

Bild 3.43 (re.)
Entgegen der Schwerkraft wirkende starke Zugholzbildung bei schräg stehendem Djadidja-Stamm *(Sclerobium melinonii)*, Surinam.

Bild 3.44
Stetiger Wind über den Nordseedeich hinweg beugt diese Buchenkrone *(Fagus sylvatica)*. Die seitliche Krafteinwirkung überdeckt den Einfluss des Geotropismus und teilweise des Heliotropismus. Niedersachsen, Deutschland.

3.5 Krafteinwirkungen

Wirken auf einen Baum Kräfte ein, die ihn einseitig belasten oder aus der Lotrechten bringen (horizontale Windbelastung, Schneedruck, Bodenfließen, einseitige Bekronung), dann bildet er *Reaktionsholz*. Reaktionsholz setzt diesen Kräften Widerstand entgegen. Es ist in der Lage, den Stamm wieder optimal zum Licht (Fototropismus) und entgegen der Schwerkraft (negativer Geotropismus) auszurichten sowie die auf den Stamm bzw. Ast wirkenden Kräfte günstiger zu verteilen (Knigge 1958; Mette 1984) (Bild 3.42, Bild 3.43). Mattheck (1997 S. 14) bezeichnet dieses Bestreben als „Axiom der konstanten Spannung“, obwohl dies eigentlich nur für isotrope Körper und nicht für einen lebenden Baum als anisotropen Körper gilt (Sinn 2009).

Starke seitliche Krafteinwirkungen können den Einfluss des negativen Geotropismus´ völlig und den Einfluss des Heliotropismus´ teilweise überdecken (Bild 3.44).

Nach Rosenthal (2009) und Rosenthal und Bäucker (2012) ist der Winkel der Mikrofibrillen in der Zellwand am Entstehen sowohl von Druck- als auch Zugholz ausschlaggebend. Der „lignin swelling theory“ entsprechend füllen Ligninmoleküle die vorhandenen Hohlräume zwischen den bereits bestehenden Mikrofibrillen. Dabei entstehen Druckspannungen rechtwinklig zur Mikrofibrillenrichtung. Liegt nun der Mikrofibrillenwinkel – wie bei Druckholz typisch – zwischen 30 und 50°, bezogen auf die Zelllängsrichtung, dann führen die durch Ligninquellung hervorgerufenen Druckspannungen zur Streckung der Zellwand; es entsteht ***Druckholz*** (Bild 3.45).

Sind aber die Mikrofibrillen nicht oder nur schwach zur Zelllängsrichtung geneigt, dann führen die durch Ligninquellung hervorgerufenen Druckspannungen zur Zellwandverdickung. Zusätzlich verkürzt eine zwischen der Sekundärwand S2 und dem Zelllumen eingelagerte, stark quellbare gelatinöse Substanz beim Aufquellen die Zellwand (Matyssek et al. 2010). Dies führt zur Cellulosekontraktion (Wagenführ 1966). Es entsteht ***Zugholz*** (Bild 3.46).

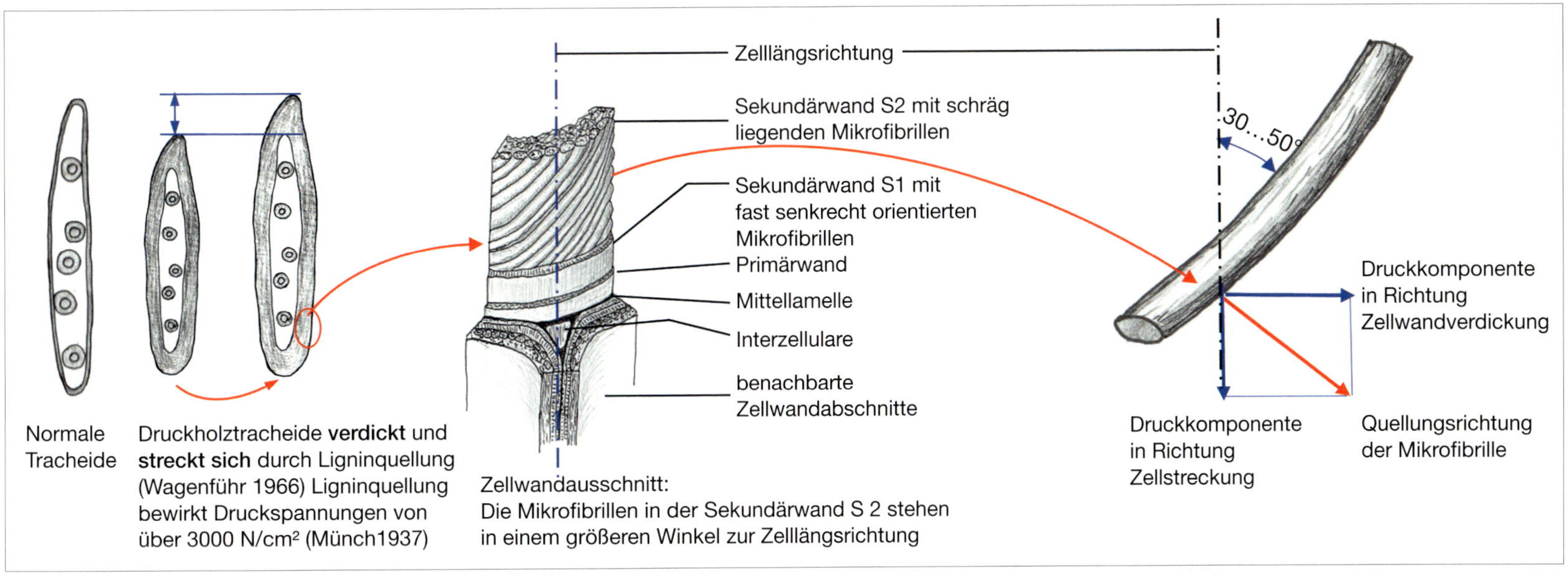

Bild 3.45
Prinzip der Längenänderung im Druckholz der Nadelhölzer

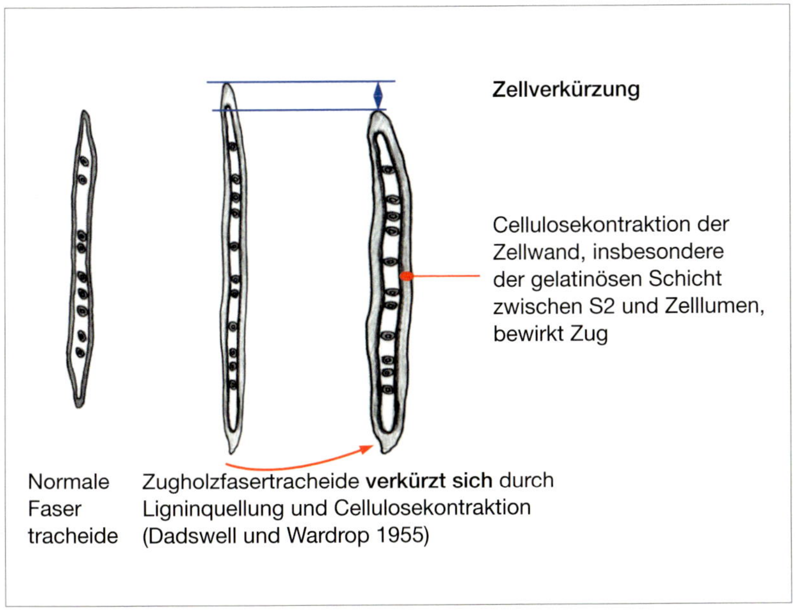

Bild 3.46
Prinzip der Längenänderung im Zugholz der Laubhölzer

Bild 3.47
Extrem exzentrischer Wuchs des Stammfußes einer Kiefer *(Pinus sylvestris)* infolge Jahrzehnte langer einseitiger Windbelastung, Deutschland

Bild 3.48
Zugholz richtet Buchen *(Fagus sylvatica)* wieder auf, die durch Bodenfließen auf Molasseboden schräg gedrückt worden sind. Nördliche Kalkalpen, Deutschland.

Bild 3.49
Zugholz in einem Pappelbrett *(Populus ssp.)* mit wolliger Faserstruktur und Spannungsriss

Das *Druckholz* der Nadelbäume (auch Buchs bzw. Rotholz genannt) bildet sich auf der der Krümmungsbewegung abgewandten Seite der Äste, des Wurzelanlaufs und des Stammes. Die Zellwände der relativ kurzen, im Querschnitt rundlichen Tracheiden sind besonders dickwandig. Zusätzlich eingelagertes Lignin färbt die auf der druckbeanspruchten Seite relativ breiten Jahrringe rotbraun, so dass die Unterscheidung zwischen Früh- und Spätholztracheiden schwierig wird. Alle Nadelhölzer neigen unterschiedlich stark zur Druckholzbildung (Bild 3.47).

Das *Zugholz* der Laubbäume (auch Weißholz genannt) bildet sich auf der der Krümmungsbewegung zugewandten Seite (Bild 3.48). Zugholz ist schwer zu erkennen. Mechanisch bearbeitet, zeigt sich eine „wollige" Oberfläche (Bild 3.49). Chemisch lässt sich Zugholz auf Grund seines hohen Cellulosegehaltes mit Astrablau nachweisen.

Unter den Laubhölzern der gemäßigten Breiten neigen besonders Buchen *(Fagus)*, Pappeln *(Populus)*, Eichen *(Quercus)* und Ulmen *(Ulmus)* dazu, Zugholz zu bilden (Mette 1984).

Laubhölzer der Tropen bilden Zugholz auch an den Stammabschnitten aus, die kurzfristig gestärkt werden müssen, weil sie auf sich schnell verlagernde Schwerpunkte ihrer Kronen reagieren müssen, dies besonders in Primärwäldern mit großer Kronenkonkurrenz (Bild 3.50).

Die phylogenetisch älteren Nadelbäume belasten im Reaktionsholz die Holzfaser auf Druck, die phylogenetisch jüngeren Laubbäume auf Zug. Da die Druckfestigkeit von Holzfasern nur etwa die Hälfte ihrer Zugfestigkeit beträgt, muss bei gleicher Beanspruchung etwa doppelt so viel Druckholz ausgebildet werden wie Zugholz. Deshalb ist der Unterschied in der Reaktionsholzbildung an der geringeren Veränderung des Stammquerschnitts der Laubbäume gegenüber den Nadelbäumen zu erkennen (Bild 3.51, Bild 3.52)

Bild 3.50
Ausgeprägte Reaktionsholzbildung an Watra Bebe *(Pterocarpus officinalis)* im tropischen Primärwald, Surinam

Bild 3.51
Schnee hat den Wipfeltrieb der Kiefer *(Pinus sylvatica)* gebrochen. Unter Bildung von Druckholz bei starker Querschnittsänderung richtet sich der Stamm wieder auf, Finnmark, Norwegen.

Bild 3.52
Schnee hat den Wipfeltrieb der Birke *(Betula pubescens)* gebrochen. Zugholz stabilisiert den aus einem Seitenast gebildeten Stamm, Finnmark, Norwegen.

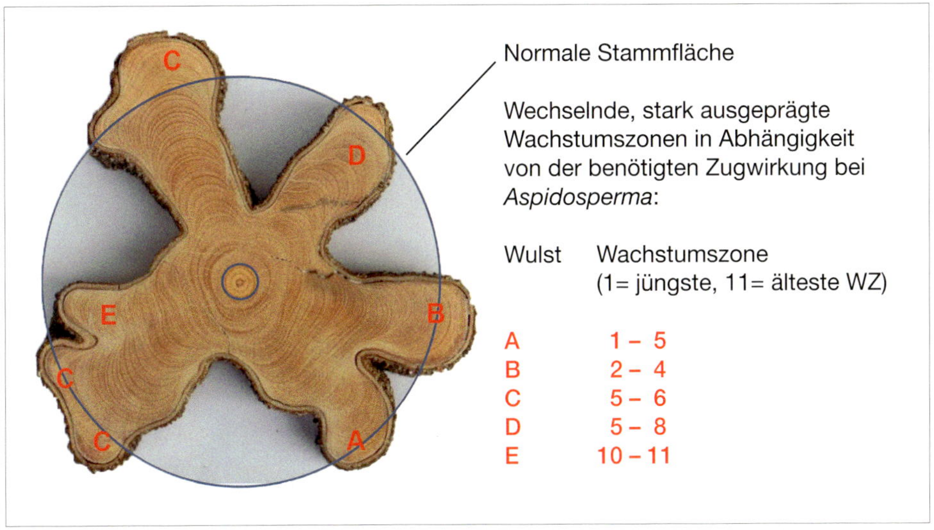

Bild 3.53
Die tropische Baumart Zwart Parelhout (*Aspidosperma excelsum*) bildet verstärkt an denjenigen Wulstenden Zugholz aus, die den Stamm und seine Krone kurzfristig geo- und phototropisch positionieren sollen.

Die Laubhölzer sind in der Lage, Richtungsänderungen mit weniger Materialeinsatz zu bewirken als Nadelhölzer. Beispielsweise ist bei der tropischen Baumart Zwart Parelhout *(Aspidosperma excelsum)* diese Fähigkeit besonders stark ausgeprägt: Der normalerweise runde bis ovale Stammumriss löst sich in spannrückige Sektoren auf. Nur noch bestimmte Wulstenden bilden bei rasch wechselnden Zugbeanspruchungen Wachstumszonen aus (Bild 3.53).

Fazit

Bäume sind fähig, auf Krafteinwirkung aktiv zu reagieren, indem sie Reaktionsholz bilden. Dies erklärt viele Holzmerkmale, vor allem diejenigen, die sich in der Stammform der Bäume abzeichnen (Krümmung, Unrundigkeit, Rissanfälligkeit).

Bild 3.54
Diese alte Harzlachte an einer Kiefer *(Pinus sylvestris)* verharzt an der Wundoberfläche und wird seit 15 Jahren seitlich überwallt. Das verwundete Holz verkient innerlich und schottet sich so vor Infektionen ab. Brandenburg, Deutschland

Bild 3.55
Die frische Wunde an einem Hoogland-Mataki *(Symphonia globulifera)* wird sofort von Latexmilch verschlossen, Surinam

3.6 Verletzung

Bäume reagieren auf eine Verletzung am Stammmantel kurzfristig mit einem ***Wundverschlussmittel.*** Diese Exsudate können als wasserunlösliche Harze bei Nadelbäumen, aber auch bei tropischen Baumarten auftreten (Bild 3.54). Vor allem Tropenhölzer schützen Wundoberflächen mit wasserlöslichen bzw. wasserquellbaren Gummen, gerbstoffhaltigen Kinos oder polyterpenhaltigen Latices (Lange (1998a, b, c) (Bild 3.55).

Gleichzeitig reagiert der Baum innerlich auf eine Verwundung am Stamm, aber auch bei Astabbrüchen mit einer ***Abschottung*** des gesunden Gewebes (Kompartimentierung) wie folgt (Dujesiefken und Liese 2006):

Phase 1: Luft dringt in das verletzte Gewebe ein und trocknet dieses aus. In die Holzgrenzschicht zum getrockneten Gewebe werden akzessorische Bestandteile (chemische Substanzen) eingelagert. Wundperiderm wird gebildet, welches die wasserleitenden Zellen schützt. In Laubhölzern verthyllen randständige Gefäße. Nadelhölzer verschließen die Hoftüpfel der noch intakten Tracheiden. Nadelhölzer mit Harzkanälen reagieren mit Harzanreicherung. Am Wundrand wird Wundkallus gebildet, der die Wunde überwallen soll.

Phase 2: Wundperiderm und Holzgrenzschicht hemmen Schaderreger am weiteren Eindringen.

Phase 3: Schaderreger breiten sich im Holz aus. Wird eine Holzgrenzschicht von ihnen durchbrochen, können sich weitere Grenzschichten bilden, in denen sich erneut akzessorische Bestandteile einlagern.

Phase 4: Die Wunde wird vom vertikalen Wundrand her mit ***Wundholz*** vollständig überwallt, dabei werden die Schaderreger eingekapselt.

Anatomisch unterscheidet sich Wundholz vom Normalholz dadurch, dass weitgehend Holzfasern, Libriformfasern bzw. Tracheiden fehlen. Dafür werden verstärkt Parenchymzellen ausgebildet. Das Holz ist deshalb von geringer Festigkeit (Sinn 2009).

Das gesunde Gewebe schottet sich anfangs vor Luft und später vor Mikroorganismen in longitudinaler, tangentialer und radialer Richtung, sowie an den Grenzflächen des neu gebildeten Wundholzes unterschiedlich stark ab (Bild 3.56).

Gemäß dem CODIT- Modell *(Compartimentalization of Damage in Trees – Abschottung von Schäden in Bäumen)* von Shigo (1990) verbessert sich die Abschottung wie folgt:

Zone1: *Geringste Abschottung longitudinal* in Richtung der Leitgefäße bzw. Tracheiden (wenige hemmende Zellquerwände)

Zone 2: *Geringe Abschottung tangential nach innen*, entlang der Jahrringe (viele Tüpfelübergänge zu benachbarten Zellen)

Zone 3: *Gute radiale Abschottung* (relativ wenige Holzstrahlen)

Zone 4: *Sehr gute Abschottung tangential nach außen.* Diese Barriere schützt das junge, überwallende Wundgewebe vor dem Angriff pathogener Pilze.

Je größer der Anteil von Parenchymzellen im im Holz ist, desto wirksamer ist der Wundverschluss. Nach Pietzarka (2015) steigt der Parenchymanteil in den Baumarten wie folgt:
Birke *(Betula pendula)* 11 %, Bergahorn *(Acer pseudoplatanus)* 17 %, Buche *(Fagus sylvatica)* 22 %, Eiche *(Quercus ssp.)* 34 %, Sommerlinde *(Tilia platyphyllos)* 12–40 %.

Dementsprechend starke Kompartimentierer sind:
Eiche *(Quercus ssp.)*, Linde *(Tilia platyphyllos)*, Ulme *(Ulmus glabra)*, Hainbuche *(Carpinus betulus)*, Platane *(Platanus)*, Bergahorn *(Acer pseudoplatanus)*, Lärche *(Larix decidua)*, Kiefer *(Pinus sylvestris)*, Eibe *(Taxus baccata)*.

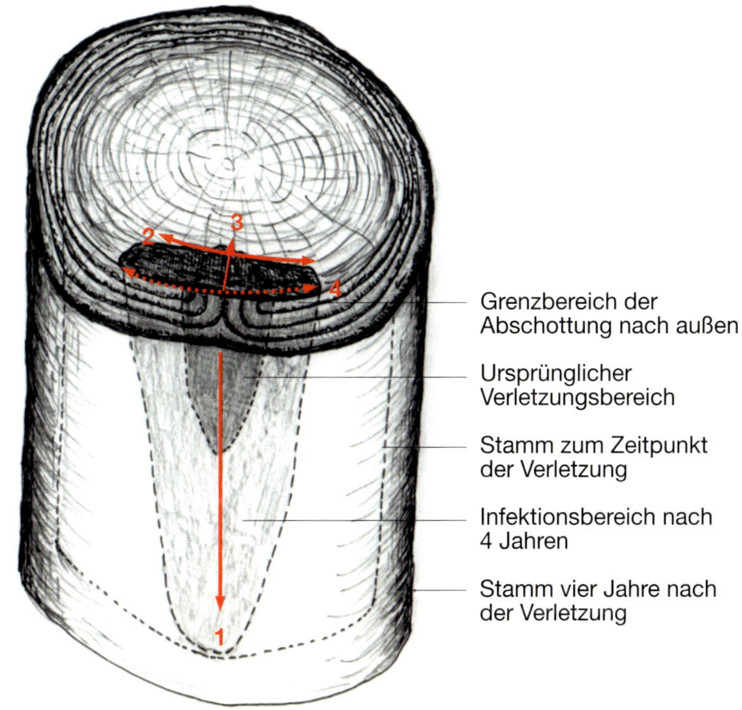

Richtungen unterschiedlich starker Abschottung

1 longitudinal sehr schwache Abschottung
2 tangential, entlang der Jahrringe schwache Abschottung
3 radial, entlang der Holzstrahlen starke Abschottung
4 Wundholzgrenzfläche zwischen Wunde und Überwallung ausgezeichnete Abschottung

Bild 3.56
Wundholz schottet eine Verletzung in den verschiedenen Schnittebenen nach einem Schadeinfluss unterschiedlich gut ab (Shigo 1990)

Bild 3.57 (li.)
Die Verletzung dieser Buche *(Fagus)* wird von Wundgewebe überwallt und kompartimentiert. Hinter der Verletzung bildet sich ein Rotkern (oxidative Verfärbung und Verthyllung durch Austrocknung).

Bild 3.58 (re.)
12 Jahre nach einem Rückeschaden sind bei diesem Stamm in einem tropischen Regenwald alle Wundholzgrenzflächen durchbrochen, Surinam.

Bild 3.59 (li.).
Rotfäule *(Heterobasidion annosum)* befällt nur das tote Reifholz dieser Fichte *(Picea)*.

Bild 3.60 (re.)
Die Fichte kann die Rotfäule nicht abschotten. Der Baum kann nur durch starkes Dickenwachstum überleben (Flaschenformbildung).

Schwache Kompartimentierer sind:
Spitzahorn (*Acer platanoides*), Rosskastanie *(Aesculus hippocastanum)*, Birke *(Betula pendula)*, Erle *(Alnus glutinosa)*, Esskastanie *(Castanea sativa)*, Esche *(Fraxinus escelsior)*, Apfel *(Malus sylvestris)*, Pappel *(Populus ssp.)*, Fichte *(Picea abies)*, Roteiche *(Quercus rubra)*, Weide *(Salix ssp.)*, Eberesche *(Sorbus aucuparia)*.

Wie wirksam die Abschottungsreaktionen sind, ist noch abhängig von der Jahreszeit des Schadeintritts. Im Frühjahr und Spätsommer schotten die Bäume besser ab, als in ihrer Ruhephase (Dujesiefken und Liese 2006). Im günstigen Fall der Wundheilung verfärbt sich der Wundbereich; der Faserverlauf ist wesentlich gestört. (Bild 3.57)

Unter tropischen Klimabedingungen haben Stammverletzungen und Astabbrüche wegen des ständigen großen Infektionsdruckes häufig schwerwiegende Folgen (Bild 3.58). Im ungünstigen Fall kommt es zu umfangreichen Fäulen, die der Baum nicht mehr abzuschotten vermag (Dujesiefken und Liese 2011).
Das Dickenwachstum und die fortschreitende Fäule stehen im gegenseitigen Wettbewerb. Solcherart geschädigte Bestandesglieder haben keinen Wertzuwachs mehr (Bild 3.59, Bild 3.60)!

Eine besondere Art des Wundholzes ist das anatomisch ähnlich gebaute **Wulstholz.** Gebildet wird Wulstholz als Reaktion auf *Faserstauchungen* und *Faserbrüche* im Stamm, nachdem die Druckfestigkeit der Holzfasern überschritten worden ist (Bild 3.61, Bild 3.62, Bild 3.63).

Die Zellwände von Wulstholz besitzen ebenso wie Druckholz einen sehr großen Mikrofibrillenwinkel, verbunden mit verringerter Steifigkeit (Trendelenburg 1941; Rosenthal 2009) Faserstauchungen und Faserbrüche treten sowohl in Bäumen der gemäßigten Breiten als auch der Tropen auf.
Wulstholz bildet sich aber auch als Frostleiste (Bild 3.64) oder als Überwallung einer Blitzrinne (Wagenführ 1966). Diese Überwallung schottet die Wunde gut gegen Schaderreger ab, verhilft aber dem Baum nicht zu mehr Stabilität.

Fazit

Bäume sind fähig, aktiv auf Verletzungen des Stammmantels mit Exsudaten und mit der Bildung von Wund- bzw. Wulstholz zu reagieren. Nach innen werden die Verletzungen durch Kompartimentierung abgeschottet. Dies erklärt viele Holzmerkmale, vor allem diejenigen, die sich in der Stammform (Unrundigkeit, Beuligkeit), in Verfärbungen und Fäulen der Bäume abzeichnen.

Zusammenfassung der allgemeinen Faktoren, die zur Ausbildung von Holzmerkmalen führen:

Bäume können nicht aktiv auf die zwei holzmerkmalsbildenden „inneren" Faktoren, **die genetische Veranlagung bzw. genetische Veränderung** und die **physiologischen Bedingungen**, denen sie unterworfen sind, reagieren. Deshalb „erleiden" Sie damit im Zusammenhang stehende Holzmerkmale.

Bäume verfügen aber über zwei Wirkprinzipe, mit denen sie aktiv auf die drei „äußeren" Faktoren **Licht, Krafteinwirkungen** und **Verletzungen** reagieren können:

1. Auf Licht- und Kraftreize reagieren sie mit der Ausbildung von **Reaktionsholz.**
2. Verletzungen schotten sie nach außen mit **Exsudaten**, **Wundholz bzw. Wulstholz** und nach innen durch **Kompartimentierung** ab.

Nachdem die allgemeinen Faktoren für die Entstehung von Holzmerkmalen vorgestellt worden sind, folgt in Teil II eine systematische Zusammenschau der Einzelmerkmale.

In Teil III wird schließlich der komplexe Einfluss dieser Faktoren auf die Ausbildung von Einzelmerkmalen dargestellt.

Bild 3.61 (li.) Wulstholz, 5 Jahre nach einem Sturm in einem 70-jährigen Fichtenbestand *(Picea)*.

Bild 3.62 (re.) Die Faserstauchung an dieser Fichte *(Picea abies)* wurde von elastischem Wulstholz überdeckt.

Bild 3.63 Faserbruch im Wurzelanlauf von Zwart Riemhout *(Micropholis guyanensis, var. commixta)*

Bild 3.64 Von Wulstholz überwachsener Frostriss an Esche *(Fraxinus excelsior)*

Teil II

ÜBERSICHT DER HOLZMERKMALE

4 Übersicht der Holzmerkmale

- Im natürlichen Wachstum des Baumes begründete Holzmerkmale
- Biotisch verursachte Holzmerkmale
- Abiotisch verursachte Holzmerkmale
- Rissformen und Rissursachen
- Holzmerkmalskombinationen am toten Holz

4. Übersicht der Holzmerkmale

Vorbemerkungen

Eigentlich beginnt – geschichtlich gesehen – jede entstehende naturwissenschaftliche Disziplin mit der Systematisierung ihres Stoffgebietes. Dies ist einerseits geboten, weil man einen Überblick zum gegenwärtigen Umfang desselben gewinnen will. Andererseits möchte man eine Übereinkunft über sachlich sinnvolle Strukturen dieses Stoffgebietes erzielen. Außerdem soll im wissenschaftlichen Arbeiten ein in sich schlüssiges und erweiterungsfähiges Gedankengebäude entstehen, das die Kommunikation zwischen den Nutzern vereinfacht.

Carl von Linné (1735) begann als erster in seiner *„Systema Naturae"* die damals bekannte Pflanzen- und Tierwelt zu klassifizieren. Seitdem haben alle Spezialdisziplinen ihre Fachsystematiken erstellt. So gliedert z. B. die Deutsche Bodenkundliche Gesellschaft alle Böden in hierarchischer Struktur auf sechs Ebenen (N.N 2018), oder die Pflanzengesellschaften Deutschlands werden nach pflanzensoziologischen Einheiten gegliedert (Oberdörfer 2001).

Auf forstlichem und holztechnologischem Gebiet weist eine systematische Klassifizierung der Holzmerkmale noch Schwachstellen auf. Das ist dem Umstand geschuldet, dass bislang stets der negativ besetzte Begriff des „Holzfehlers" anstelle des neutralen Begriffes des Holzmerkmals verwendet worden ist. Besteht noch weitgehende Übereinstimmung in den Merkmalen, die sich in den **„Formveränderungen des Stammes"** wiederfinden, weichen in der Literatur die Vorstellungen bei der Zuordnung von anatomisch bedingten und – stärker noch – von biotisch und abiotisch bedingten Merkmalen voneinander ab. Das hat dazu geführt, dass bestimmte unabdingbare Merkmale des Baumes von vornherein als Fehler stigmatisiert werden oder äußerlich ähnliche Schadbilder einander zugeordnet werden, obwohl sie auf unterschiedlichen Ursachen beruhen:

So kann z. B. eine „Wundfläche" sowohl durch ein Rückefahrzeug als auch durch Rotwildschälung oder Steinschlag entstanden sein. Der Begriff wird aber unter *„Abweichungen vom idealen Holzaufbau"* genannt (Knigge, Schulz 1966). Mette (1984) ordnet wegen seines ähnlichen Schadbildes den abiotisch hervorgerufenen *„Rindenbrand"* der biotisch verursachten *„Rindennekrose"* zu. Dies unter der Rubrik *„Schaden durch Witterungseinflüsse"*.

Oder: Kann die Astigkeit als Voraussetzung für das Baumwachstum überhaupt unter *„Fehler der Struktur"* eingeordnet werden (Wagenführ, Scheiber (1989)? Wäre dann die anisotrope Struktur des Holzes nicht auch von vornherein ein Fehler, weil der Baum nun einmal aus verschiedenen Zellarten zusammengesetzt ist?

Wenn Holztechnologen über „Holzfehler" sprechen, dann folgt die Aufzählung der Merkmale i. d. R. einer Hierarchie, die der Häufigkeit der Fehler auf den herzustellenden Gegenstand folgt und weniger den Ursachen, die ein Merkmal hervorrufen (Willing 1989, Nutsch et al. 2003).

Diese wenigen Beispiele mögen verdeutlichen, dass es sinnvoll ist, sich im künftigen Sprachgebrauch von Forstleuten und Holztechnologen auf den neutralen Begriff des Holzmerkmals zu einigen. Das ermöglicht erstens eine wertungsfreie Beschreibung des Merkmals und ordnet seine Entstehung den dafür verantwortlichen Ursachen zu.

Eine sinnvolle Gliederung ergibt sich erstens aus den Merkmalen zur äußeren Gestalt des Baumes, seiner Stammform und Astigkeit. Zweitens folgen die Merkmale des inneren Aufbaus des Stammes in seiner Anatomie. Drittens wirken biotische und abiotische Einflüsse auf die Entsteehung von Merkmalen im Stamm und auf seiner Oberfläche.

In einem nächsten, davon unabhängigen Arbeitsschritt sollte entschieden werden, ob das Merkmal **für den vorgesehenen Verwendungszweck** als Fehler eingeschätzt werden muss oder ob es als unbedeutend, ja sogar als vorteilhaft gelten kann.

Im natürlichen Wachstum des Baumes begründete Holzmerkmale

- **Formveränderungen des Stammes**
  - Abholzigkeit **
  - Krummschaftigkeit **
  - Zwieselbildung
    - Verwachsungszwiesel **
    - echter Zwiesel **
  - Unrundigkeit
    - Ovalität **
    - exzentrischer Wuchs **
    - Hohlkehle **
    - Spannrückigkeit / starker Wurzelanlauf **
- **Astigkeit**
  - Äste
    - lebende Äste **
    - Totäste **
    - Wasserreiser / Klebäste **
  - Astnarben
    - „Rosen“ (grobrindige Baumarten) **
    - „Chinesenbärte“ (glattrindige Baumarten) **
    - Astbeulen **
- **Anatomischer Bau**
  - Unregelmäßiger Jahrringbau **
  - Orientierung des Faserverlaufs
    - Drehwuchs **
    - Wimmerwuchs **
    - Riegelung **
    - Haselwuchs **
  - Reaktionsholz
    - Druckholz der Nadelbäume **
    - Zugholz der Laubbäume **
  - Wundholz / Wulstholz **
  - Einwüchse
    - Harzgallen *
    - Rindengallen *
    - Mineralgallen *
  - Wachstumsspannungen / Spannungsrisse **
- **Farbveränderungen**
  - Echter Kern *
  - Fakultativer Kern
    - Rotkern / Graukern / Olivkern / Braunkern *
    - Spritzkern *

Die Holzmerkmale werden in folgende Merkmalsgruppen gegliedert:
In der **ersten Gruppe** werden **die im natürlichen Wachstum des Baumes** begründeten Holzmerkmale behandelt. Hier werden diejenigen Merkmale zusammengefasst, die in einem Baum genetisch fixiert bzw. physiologisch bedingt sind und die der Baum während seines Wachstums natürlicherweise ausbildet. So besitzt jeder Baum Äste als Träger der Assimilationsorgane.

Ein Baum reagiert aber auch auf Lichtreize, Standorts- und Klimaeinflüsse, veränderte Nährstoffversorgung, Krafteinwirkungen und Stress: Seine Stammform passt sich an. Äste wachsen besonders stark oder sterben ab. Der Faserverlauf, die Jahrringstruktur, bzw. die Anordnung der Wachstumszonen und die Holzfarbe können sich ändern. Einige dieser Merkmale kann der Mensch mit waldbaulichen Maßnahmen beeinflussen.

Wichtige Holzmerkmale, vor allem diejenigen, die bereits am stehenden Stamm zu erkennen sind, werden in den nachfolgenden Übersichten mit zwei Sternen (**) hervorgehoben. Holzmerkmale, die in keinem Kapitel extra beschrieben werden, auf die aber in den Beschreibungen verwiesen wird, werden mit einem Stern (*) markiert.

Die zweite Gruppe von Holzmerkmalen umfasst **biotisch verursachte Holzmerkmale** durch die lebende Umwelt. Hierzu gehören Mikroorganismen und Tiere, denen Baumbestandteile vorzugsweise als Nahrungsquelle oder als Brutstätte dienen. Einflüsse des Menschen erstrecken sich auf Schäden, die er im Zusammenhang mit seiner Berufstätigkeit im Wald, aber auch durch Kampfhandlungen, Gedankenlosigkeit, Mutwillen oder Interessengruppen verursacht. In den Tropen sind Pflanzen von größerer Bedeutung, die parasitisch oder saprophytisch an Bäumen leben oder die den Baum als Kletterhilfe benutzen.

Der Mensch kann mit geeigneten Forstschutzmaßnahmen den schädigenden Einfluss von Mikroben, Insekten und Wirbeltieren auf das Holz mindern, teilweise sogar verhindern. Sachkenntnis im forstlichen Betriebsvollzug und Aufklärung können Gefährdungen durch Menschen einschränken.

In tropischen Primär- und Sekundärwäldern ist menschlicher „korrigierender" Einfluss auf die empfindlichen Ökosysteme immer problematisch.

Biotisch verursachte Holzmerkmale

- **Einfluss durch Viren, Bakterien, Pilze**
  - Moderfäulen
    - Bläue *
    - Rotstreifigkeit *
  - Weißfäulen
    - Rotfäule an Fichte *
    - Zunderschwamm *
  - Braunfäulen
    - Kiefernbaumschwamm *
    - Bienrösigkeit *
    - Hallimasch *
  - Rostpilze *
  - Nekrosen **
  - Krebse *
    - Knollen / Rindenknollen **
    - Kröpfe **
    - Hexenbesen **
- **Einfluss durch Tiere / Menschen**
  - Mollusken
  - Insektenschäden
    - Fraßschäden durch Rindenbrüter *
    - Fraßschäden durch Holzbrüter *
  - Wirbeltiere
    - Vögel **
    - Verbissschäden **
    - Fegeschäden **
    - Schälschäden **
    - Nageschäden *
  - Forstlicher Betriebsvollzug
    - Fällschäden **
    - Rückeschäden **
    - Harzungsschäden **
  - Splitterbefall
    - Kampfhandlungen **
    - Gedankenlosigkeit/ Mutwillen **
    - Betriebsorganisation/Jagdausübung/Naturschutz **
    - Interessengruppen **
- **Einfluss durch Pflanzen**
  - (Halb-) Parasiten **
  - Ranker / Schlinger / Wurzelkletterer / Flechten **

Abiotisch verursachte Holzmerkmale

- Temperatur-Feuchte-Einwirkung
  - Rindenbrand **
  - Trockenriss *
  - Saugspannungsriss *
  - Blitzschlag
    - Blitzrinne **
    - Blitzloch **
  - Waldbrand **
  - Frostriss / Frostleiste **
  - Frostkern *
  - Mondring *
  - Hagel
  - Wasserschäden
- Wind und Schneeeinwirkungen
  - Faserstauchungen / Faserbruch (Stauchbruch) **
  - Schubspannungsriss **
  - Astabriss
  - Schaftbruch *
- Steinschlag *

Rissformen mit unterschiedlichen Ursachen

- Kernriss, Kreuzriss, Sternriss **
- Querschnittsflächenriss **
- Ringriss **
- Spinne“ **
- Mantelriss **
- Tangentialriss / Schilferriss **
- Faserriss **

Holzmerkmalskombinationen am toten Holz (*)

Die dritte Gruppe von Holzmerkmalen umfasst abiotisch verursachte Holzmerkmale aus der unbelebten Natur. Temperaturverlauf, Niederschlag, elektrische Entladungen, Wind und Schnee können kaum beeinflusst werden. Der Mensch kann aber einige dieser potentiellen Gefährdungen mit vorausschauender Waldbewirtschaftung verringern. Hierzu gehören die Auswahl geeigneter Baumarten unter Berücksichtigung des Standortes und eine sachgemäße räumliche Ordnung der Waldbestände und der einzelnen Bestandesglieder.

Für tropische Regenwälder ist besonders starker Niederschlag, verbunden mit heftigen Stürmen, maßgeblich an abiotischen Schäden beteiligt.

Der Sprachgebrauch bei der Beschreibung der **vierten Gruppe** von Holzmerkmalen, den Rissen, ist bisweilen unscharf, weil nicht exakt zwischen den Rissformen und den zu Grunde liegenden Rissursachen unterschieden wird. Einerseits können gleiche Rissformen unterschiedliche Ursachen haben. Z. B. kann ein Kreuzriss durch Austrocknung oder durch Wachstumsspannungen hervorgerufen werden. Andererseits können gleiche Ursachen zu unterschiedlichen Rissformen führen. Z. B. können Wachstumsspannungen zu Querschnittsflächenrissen, Kreuzrissen oder Sternrissen führen. Mit der Übersicht zu den Rissformen soll dieser Zusammenhang eindeutig dargestellt werden.

Genau genommen gibt es noch eine **fünfte Gruppe** von Holzmerkmalen: Ist Holz abgestorben, wird es in verschiedenen Zersetzungsstufen in seine elementaren Bestandteile abgebaut. Dieser Prozess wird im weitesten Sinne durch komplexe biotische und abiotische Einflüsse bestimmt und wird als Vermorschung bezeichnet. Selbst dieses Holz muss aber nicht unbedingt „fehlerhaft“ sein, wenn es noch eine spezielle Verwendung findet.

Teil III

BESCHREIBUNG DER HOLZMERKMALE

(Richter 2010, 2015, 2016)

5 Im natürlichen Wachstum des Baumes begründete Holzmerkmale

6 Biotisch verursachte Holzmerkmale

7 Abiotisch verursachte Holzmerkmale

8 Übersicht der Rissformen und -ursachen

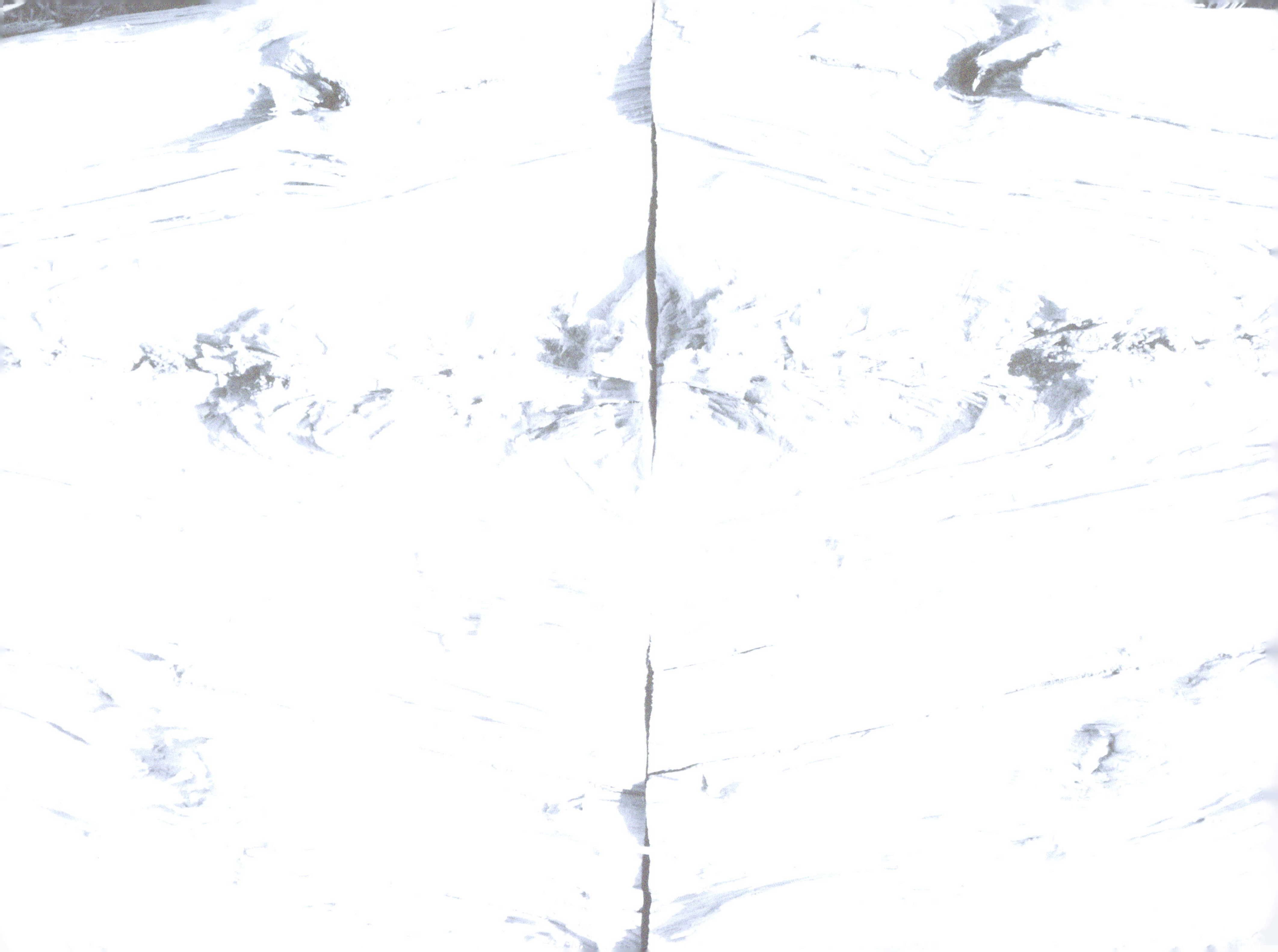

5. Im natürlichen Wachstum des Baumes begründete Holzmerkmale

5.1 Formveränderungen des Stammes

5.1.1 Abholzigkeit

Beschreibung des Merkmals

Unter Abholzigkeit wird die Durchmesserabnahme des Rundholzes, bezogen auf die gesamte Stammlänge, bezeichnet. Diese Höhen- Durchmesser- Beziehung (H/D-Verhältnis) beeinflusst erheblich die Holzausbeute. Beim Einschnitt abholziger Stämme entsteht großer Verschnitt an Schwarten und Seitenware; entweder erreichen Bretter mit bestimmter Breite bei vorgegebenem Zopfdurchmesser nicht die gewünschte Länge oder bei vorgegebener Länge nicht die gewünschte Breite. Dieses Problem besteht in der Holzverarbeitung seit alters her. Deshalb entwickelten sich im Zusammenhang mit einem überregionalen Holzhandel (Holländerhandel) Vorläufer von Rundholzsortierungen nach Länge und Zopfdurchmesser, erstmalig festgeschrieben in der *„Gengenbacher Sägeordnung“* von 1430 und in der *„Württembergischen Floßordnung“* von 1588 (Willing 1989)

Die Sortierung des Rohholzes mündete schließlich in die *„Heilbronner Sortierung“* nach Mindestlänge und Mindestzopfdurchmesser, die sich um 1900 in Süddeutschland durchsetzte (Tabelle 5.1), während in Norddeutschland die Sortierung nach dem Festgehalt – die Mittenstärkesortierung – allgemein gebräuchlich wurde. Gegenwärtig wird in Deutschland in der Regel nach Mittenstärke sortiert.

Klasse	Mindestlänge	Mindest-Zopfdurchmesser
H 1	8 m	10 cm
H 2	10 m	12 cm
H 3	14 m	14 cm
H 4	16 m	17 cm
H 5	18 m	22 cm
H 6	18 m	30 cm

Tab. 5.1 Heilbronner Sortierung für Fichte *(Picea abies)*, Tanne *(Abies alba)*, Douglasie *(Pseudotsuga menziesii)* (Helm 1982)

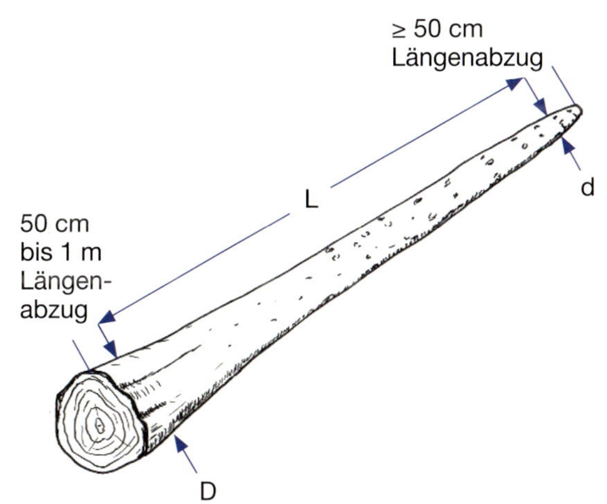

Entfernungen

Messpunkt-Fällschnitt: 1 m bei Erdstammstück; ≥ 50 cm bei Trennschnitt am stärkeren Ende

Messpunkt-Zopf: ≥ 50 cm Trennschnitt am schwächeren Ende

Bild 5.1 Vermessung eines abholzigen Fichten Erdstammes *(Picea)* nach *„Rahmenvereinbarung für den Rohholzhandel in Deutschland“* (RVR 2015)

Bild 5.2
Fichte *(Picea abies)* in exponierter Kammlage

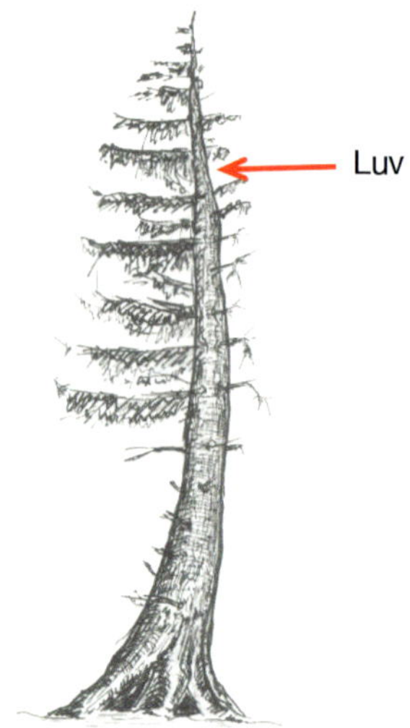

Bild 5.3
Sumpfzypresse *(Taxodium distichum)* auf morastigem Boden

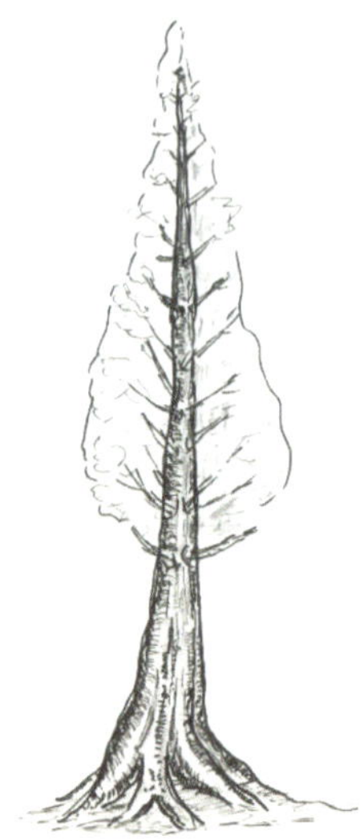

Äußere Krafteinwirkungen und Standortsbedingungen beeinflussen das H/D- Verhältnis.

Messung der Abholzigkeit:

Nach der *„Rahmenvereinbarung für den Rohholzhandel in Deutschland“* (RVR 2015) wird die Abholzigkeit bestimmt, indem die Stammdurchmesser **D** und **d** mindestens 50 cm von den Stammenden her gemessen werden. Die Bezugslänge **L** liegt zwischen den Messstellen der Durchmesser.

Abholzigkeit [cm/m] = (D – d) : L

Bei Erdstammstücken liegt die Messstelle 1 m vom stärkeren Ende entfernt, um den Einfluss des Wurzelanlaufs möglichst auszuschließen.

Am dünneren Ende liegt die Messstelle *„mindestens“* 50 cm vom Trennschnitt entfernt. Das bedeutet, dass die Messstelle bei einer stark abholzigen Krone auch weiter vom Trennschnitt entfernt liegen kann, um ihren überproportionalen Einfluss bei der Messung zu mindern (Bild 5.1).

Nutzholz gilt als stark abholzig, wenn der Durchmesser des Stammes mehr als 1 cm je Meter abnimmt.

Fototafeln zur Abholzigkeit siehe Bildteil 5.1.1

Ursachen

Verschiedene Baumarten, z. B. Hainbuche *(Carpinus betulus)*, Eibe *(Taxus baccata)*, Sumpfzypresse *(Taxodium distichum)*, Lebensbaum *(Thuja ssp.)*, besitzen eine Veranlagung zur Abholzigkeit.

Je stammzahlreicher ein Waldbestand ist, desto stärker wirkt die Kronenkonkurrenz und das Bestreben des einzelnen Baumes, aus dieser durch verstärktes Längenwachstum auszubrechen. Dies geschieht aber auf Kosten des Dickenzuwachses und der Bestandesstabilität. Umgekehrt bilden Bäume ohne Kronenkonkurrenz eine ausladende Krone. Das Dickenwachstum wird aus „Sicht“ des Baumes zu Gunsten der Standsicherheit verstärkt.

Weitständige Bestandsbegründungen fördern das Wachstum ausladender Kronen. Dies führt zu niedrigen H/D- Verhältnissen. Gleiches gilt für Solitärstämme mit tiefer Bekronung. Sie wachsen stärker in die Breite bei reduziertem Höhenwachstum.

Mit nachlassendem Höhenwachstum bilden die meisten Baumarten abholzige Stammkronen aus. Auf ungünstigen Standorten mit starkem Windeinfluss (Kammlagen, Bergrücken, Bestandesränder) oder instabilen Bodenverhältnissen (anmoorige Böden) verbessern Bäume ihre Standfestigkeit, indem sie das Dickenwachstum im unteren Stammbereich verstärken (niedriges H/D- Verhältnis) (Bild 5.2. und 5.3.).

Allgemein gilt: Je jünger und je standfester der Baum, je größer die Kronenkonkurrenz, desto schlanker ist der Stamm (H/D50...>80). Je älter und je wurfgefährdeter der Baum, je geringer die Kronenkonkurrenz, desto abholziger ist der Stamm (H/D<50) (Rust et al. 2011)

Physikalisch lässt sich starke Abholzigkeit damit erklären, dass sich bei einem Baum mit zunehmendem Stammfußdurchmesser bei gleicher Stammhöhe die Biegespannung in der 3. Potenz verringert (Mattheck 1997).

$$\sigma = \frac{4M}{\pi * R^3} \quad [N : m^2]$$

Legende:
σ = Biegespannung
M = Biegemoment (F * L)
F = Flächenlast der Krone
L = Lastarm (Stammlänge)
R = Durchmesser am Stammfuß

Das heißt z. B. für einen Stamm, der seinen Stammfußdurchmesser bei gleichbleibenden Windbelastungen verdoppelt, dass sich die Biegespannungen auf 1/8 verringern. Dadurch erhöht sich für ihn die Überlebenswahrscheinlichkeit.

In tropischen Primär- und Sekundärwäldern bilden Bäume i. d. R. vollholzige Stämme aus (H/D>80). Mit raschem Höhenwachstum versuchen sie auf Kosten des Stammdurchmessers und der Kronengröße, der Kronenkonkurrenz zu begegnen. Um dennoch standfest zu bleiben, haben sich in der Phylogenese von Bäumen verschiedene „Konstruktionsprinzipien" herausgebildet (vgl. Kapitel 3.3 Licht / Strahlung).

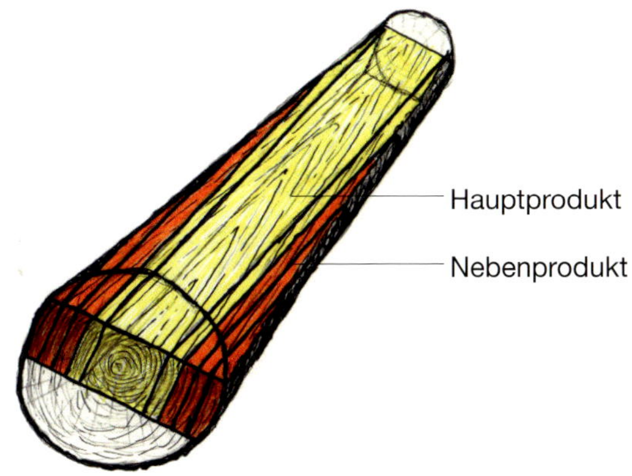

Bild 5.4
Gattersägeschnitt: Ausbeuteverluste an stark abholzigem Rundholz. Breit- und Schmalseiten der Bretter mit ausstreichendem Faserverlauf

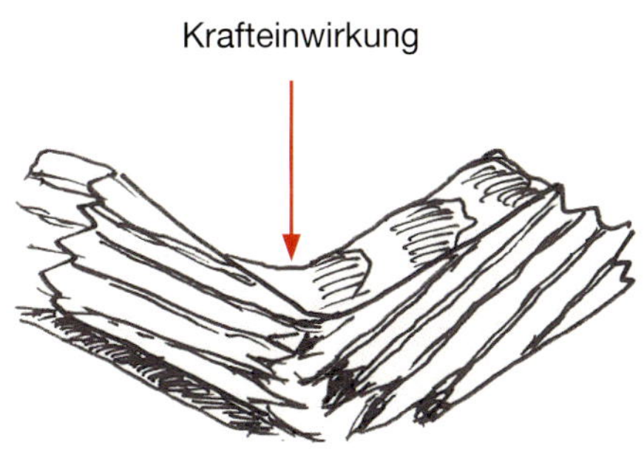

Bild 5.5
Minderung der Biegefestigkeit wegen ausstreichenden Faserverlaufs

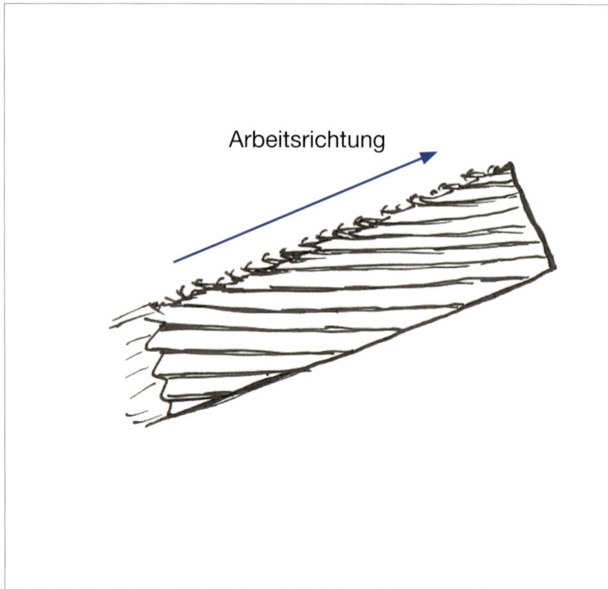

Bild 5.6
Oberflächenrauigkeit entsteht beim Hobeln gegen die Faser

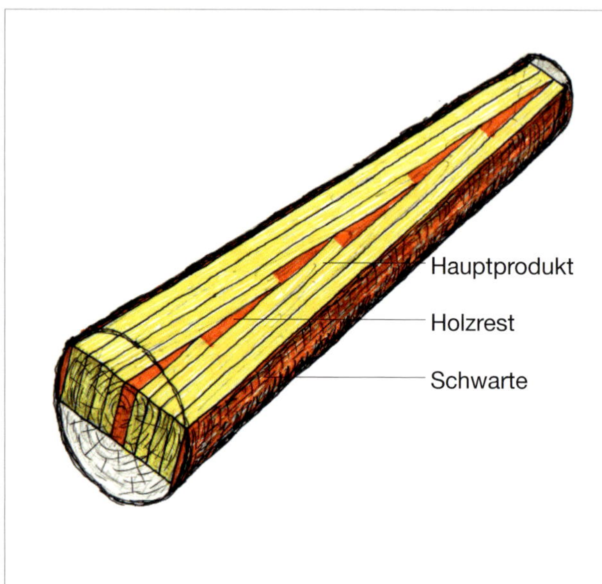

Bild 5.7
Schnittführung beim Kegelschnitt mit Bandsäge. Breitseite der Bretter faserparallel, Schmalseiten mit ausstreichenden Fasern

Vermeidung

Waldbaulich kann über die Regulierung der Bestandesdichte bzw. des Standraumes für den Einzelstamm auf das H/D- Verhältnis der Bäume eingewirkt werden. In stammzahlreichen Beständen bewirkt die verstärkte Kronenkonkurrenz ein rasches Höhenwachstum, verbunden mit einem günstigen Höhe-Durchmesser-Verhältnis. Gleichzeitig verringern sich aber Dickenwachstum und Standsicherheit dieser schlanken Stämme. Die Kunst des Waldbaus besteht darin, zwischen diesen gegenläufigen Tendenzen einen ausgewogenen Kompromiss zu finden.

Auswirkungen auf die Verwendung

Die Ausbeute beim Einschnitt von Rundholz sinkt, da die abholzige Stammform zu kürzeren Brettlängen bzw. -breiten führt. Der Anteil von Schwarten und Säumlingen (Verschnitt) steigt (Bild 5.4).

Der ausstreichende Faserverlauf in der Schnittware vermindert deren Festigkeitseigenschaften. So vermindert eine Faserabweichung von 5° zur Oberfläche einer Laufbohle die Biegefestigkeit schon um 20%. Bei 10° Faserneigung sind es bereits kritische 40% (Bild 5.5) (Pope et al. 2005).

Die Oberflächengüte verschlechtert sich, wenn gegen den ausstreichenden Faserverlauf gehobelt wird (Bild 5.6).

Die Auswirkungen der Abholzigkeit von Nadelholz auf die Qualitätsklassen werden nach der deutschen Rahmenvereinbarung Rohholz (RVR 2015) quantifiziert (Tabelle 5.2).

Technologische Anpassung

Die Bandsägentechnologie ermöglicht Einschnittoptimierungen, indem faserparallel zur Stammoberfläche, im Kegelschnitt eingeschnitten wird (Bild 5.7).

Holzart	Mittendurch-messer	Qualitätsklasse nach RVR			
		A	B	C	D
Fichte *(Picea)* Tanne *(Abies)* Kiefer *(Pinus)* Douglasie *(Pseudotsuga)* Lärche *(Larix)*	Ø<20 cm	–	≤1,3 cm/m	≤1,6 cm/m	unbegrenzt
	Ø≥20<35cm	unbegrenzt	≤1,5 cm/m	≤2,5 cm/m	unbegrenzt
	Ø≥35 cm	unbegrenzt	≤2 cm/m	≤3 cm/m	unbegrenzt

Tabelle 5.2
Auswirkungen der Abholzigkeit von Nadelholz auf Qualitätsklassen nach RVR (2015)

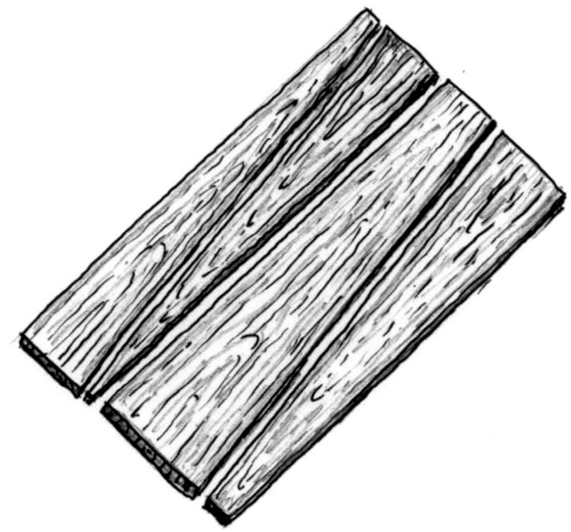

Bild 5.8
Bretter werden im Einfachschnitt aus einem abholzigen Stamm gesägt und parallel zur Waldkante besäumt

Im Einfachschnitt hergestellte Bretter können parallel zur Waldkante besäumt werden. Dieses Material sparende Besäumen erfüllt im Allgemeinen die Forderungen für Schalhölzer (Dachschalungen) (Bild 5.8).

Die aufwändige und ungenaue händische Vermessung im Wald wird weitgehend von modernen Vermessungsanlagen übernommen, die das im Werk angelieferte Rundholz mit (teil)automatisierten optoelektronischen Messverfahren erfassen. Dabei wird die Stammkontur – abhängig von der gewünschten Sortenlänge – in vielen gleichmäßig verteilten Messbereichen „abgetastet“. Die Anlagen sind geeicht und sichern eine den Sortierrichtlinien konforme Vermessung. (Rahmenvereinbarung Werksvermessung 2005, Anlage 8.5, Version vom 06.07.2007).

Bildteil 5.1.1 – 1
Abholzigkeit: Erscheinungsbilder, Auswirkungen bei der Holzverarbeitung

Extreme Abholzigkeit an Sibirischer Lärche *(Larix sibirica)*. Hubsugul Nur, Mongolei (Foto: M. Bürger)

Abholzige Sitka-Fichte *(Picea sitchensis)* als Solitärstamm in einer Erstaufforstung in Island

Stark abholzige Krone einer 250 Jahre alten freistehenden Kiefer *(Pinus sylvestris)*. Hamra Nationalpark, Schweden

Stark abholzige Kronen von Stieleichen *(Quercus robur)* in einem stark aufgelichteten Altbestand eines Feldgehölzes, Osterzgebirge, Sachsen

Urweltmammutbaum *(Metasequoia glyptostroboides)* mit Veranlagung zur Abholzigkeit

Zwei alte, abgestorbene Gelb-Kiefern *(Pinus ponderosa)* auf gleichem Standort, aber mit unterschiedlicher Wachstumsgeschichte: links abholzig, rechts vollholzig, Utah, USA

Starke Fladerung in einem Buchenbrett *(Fagus sylvatica)* aus einem abholzigen Stamm

Entlang der Waldkante besäumte Bretter aus einem abholzigen Fichtenstamm *(Picea abies)*

Bildteil 5.1.1 – 2
Abholzigkeit: Vollholzigkeit als Gegensatz zur Abholzigkeit

Vollholzige 180-jährige Stieleichen *(Quercus robur)* im milden Klima der Insel Visingsö im Vetternsee, Schweden

Vollholzige Esche *(Fraxinus excelsior)* im Bachtälchenstandort. Im Vergleich zu anderen einheimischen Laubhölzern überdurchschnittlicher H/D-Wert

Unter mehrhundertjährigem Konkurrenzdruck stehende vollholzige Küstenmammutbäume *(Sequoja sempervirens)*, Kalifornien

100–120 Jahre alter vollholziger Buchenbestand *(Fagus sylvatica)*, Heilige Hallen Tharandt

Ein Rode Kabbes-Stamm *(Andira coriacea)* hat seine Konkurrenten durch rasches Wachstum unter sich gelassen.

Rechts: Auf Grund der starken Kronenkonkurrenz.wachsen im tropischen Primärwald vollholzige, schlanke Stämme. Vielfach werden die Stämme durch Brettwurzeln stabilisiert. Links: Brettwurzel-Stockabschnitt von Bosmahoni *(Martiusia parviflora)*, Surinam

Dieser vollholzige Minquartia-Stamm *(Minquartia guianensis)* wurde bei Holzeinschlagsarbeiten freigestellt.

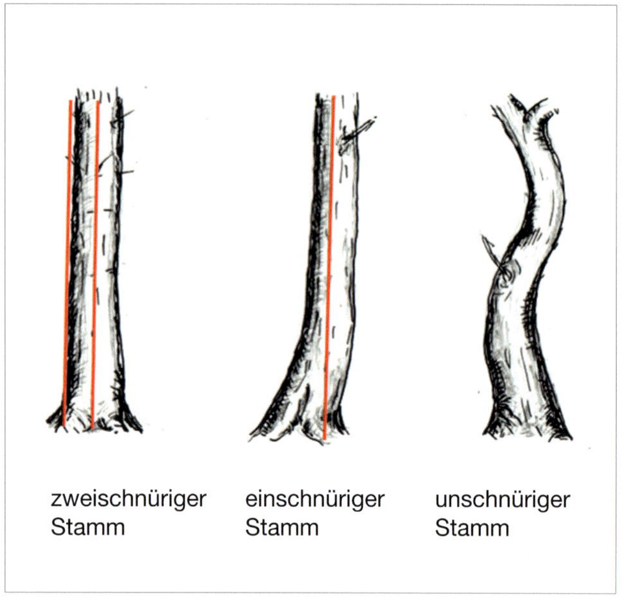

Bild 5.9 Charakterisierung der Stammkrümmungen

Bild 5.10 Aushaltung von Schiffbauholz aus krummen Eichenstämmen *(Quercus)* Anfang des 19. Jahrhunderts (Radkau und Schäfer 1987)

5.1.2 Krummschaftigkeit

Beschreibung des Merkmals

Unter Krummschaftigkeit wird die Abweichung der Längsachse des Stammes von der Geraden bezeichnet. Ein gerader Stamm wird als zweischnürig, ein in einer Richtung gekrümmter Stamm als einschnürig und ein Stamm mit Krümmungen in verschiedenen Ebenen als unschnürig bezeichnet (Bild 5.9).

Der Begriff der „Schnürigkeit" rührt vom Schnurlot her, das an einem stehenden Stamm herabhängend, entweder am Stamm anliegt (schnürig) oder nicht anliegt (unschnürig) bzw. von einer Schnur, die über den liegenden Stamm im Krümmungsbereich gespannt ist.

In der Geschichte der Holzverwendung gab es für krumme Baumteile schon immer ausgezeichnete Verwendungsmöglichkeiten. Hatte die Krümmung eine für den Gebrauchsgegenstand geeignete Form, so konnte der Gegenstand daraus materialsparend und mit großer natürlicher Festigkeit gefertigt werden. Der Grabstock und die Beilschäftung der Steinzeitmenschen sind erste Belege für solcherlei Anwendungen. Dies setzte sich im mittelalterlichen Fachwerkbau und in vielen Holzgewerken, wie der Stellmacherei, fort. Mit Seitbeil und Dechsel konnten die meisten Formen aus dem Holz gearbeitet werden. Höhepunkt dieser Holzverwendungen war der Schiffsbau, der seit dem ausgehenden Mittelalter vor allem in Frankreich, England, Holland, Portugal, Spanien und Venedig riesige Holzmengen verschlang. 80% dieses Holzes war Krummholz und nur 20% musste geradschaftig sein (Fleischer 2009) (Bild 5.10). In dieser Zeit entstanden die ersten strengen Gebrauchssortierungen, in denen die Anforderungen an einen bestimmten Verwendungszweck des Holzes niedergeschrieben wurden.

Der Wunsch nach geradschaftigem Holz ging einher mit dem zunehmenden Einsatz von Sägemaschinen, für die Kurvenschnitte nicht möglich waren. Wichtige Entwicklungsschritte auf diesem Weg waren das Klopfgatter (VILLARD DE HONNECOURT, 1230), das Bundgatter (STEPHANUS VINANDUS PIGHIUS, 1587), die Kreissäge (L. A. C. ALBERT, 1799), der Fräser (S. BENTHAM, um 1800) und die Bandsäge (Fa. PERMIN, 1852), (Finsterbusch und Thiele 1987).

Folgerichtig entstanden im ausgehenden 19. Jahrhundert *absolute Sortierungsvorschriften*, in denen z. B. maximal zulässige Krümmungen für eine bestimmte Güteklasse vorgeschrieben waren. In den Zusatzbestimmungen der Bundesländer zur HKS Deutschland wurde in den Güteklassen C und D ausdrücklich die „Sägefähigkeit" mit einer maximalen zulässigen Krümmung pro lfd. Meter gefordert (HKS 2002).

Messung der Krümmung:
Trotz unterschiedlicher Formulierungen in Sortierungsvorschriften ist das Messprinzip dasselbe: Die Pfeilhöhe P als größter Abstand zwischen der die Krümmung verbindenden Strecke L und der Stammoberfläche (bzw. der Stammmittellinie bei optoelektronischer Messung) wird ins Verhältnis zur Länge dieser Strecke gesetzt.

$$\text{Krümmung [cm/m]} = \frac{\text{P [cm]}}{\text{L [m]}}$$

Im Detail unterschieden sich aber die Krümmungsmessungen in verschiedenen Sortierungen. So sollte in der Rundholzsortierung der ehemaligen DDR, der TGL 15799, (TGL 1988) in der Regel der Krümmungsabschnitt von 1 m mit der stärksten Krümmung gemessen werden, da von ihm die Sägefähigkeit im Wesentlichen bestimmt worden ist (Bild 5.11).

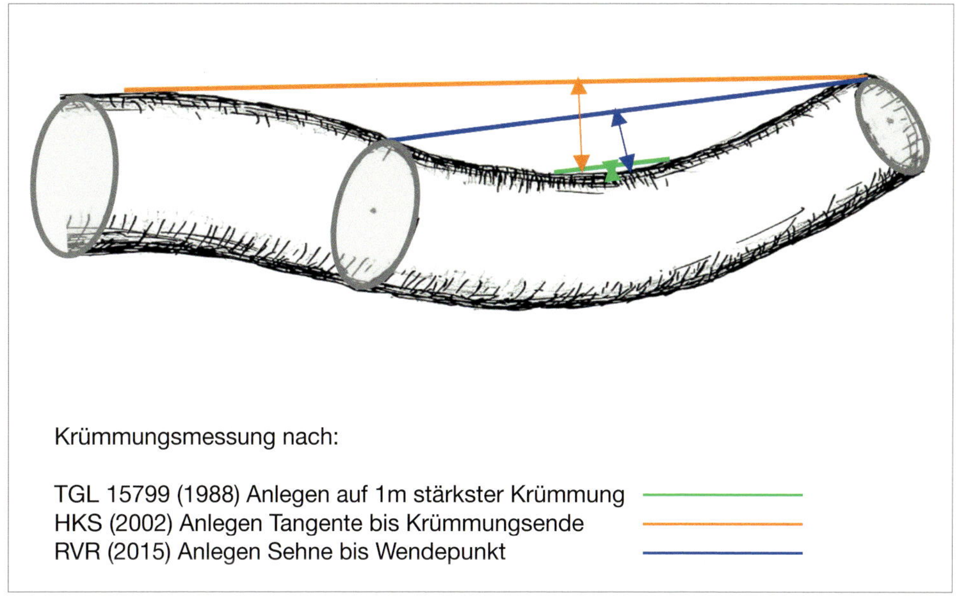

Bild 5.11 Verschiedene Messprinzipen bei der Krümmungsmessung führen zu unterschiedlichen Messergebnissen

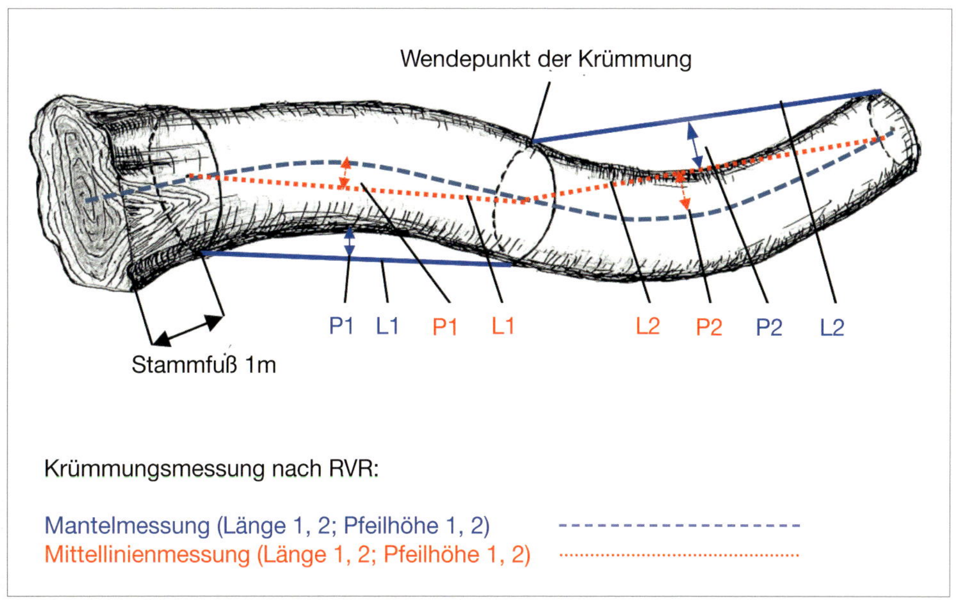

Bild 5.12 Krümmungsmessung nach RVR (Mantelmessung und optoelektronische Mittellinienmessung)

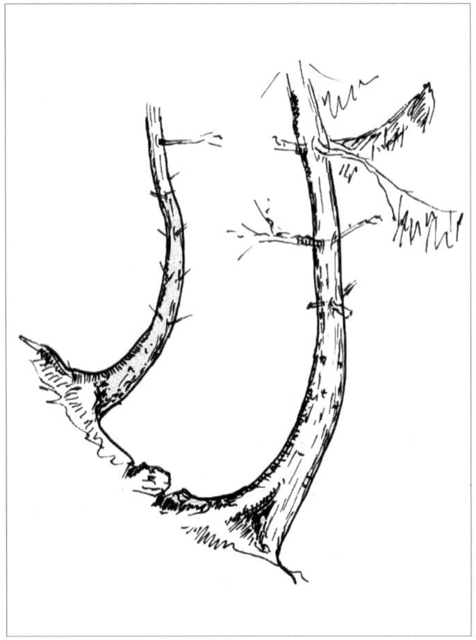

Bild 5.13
„Hakenfichten“ *(Picea abies)* an einem Steilhang (Bodenfließen)

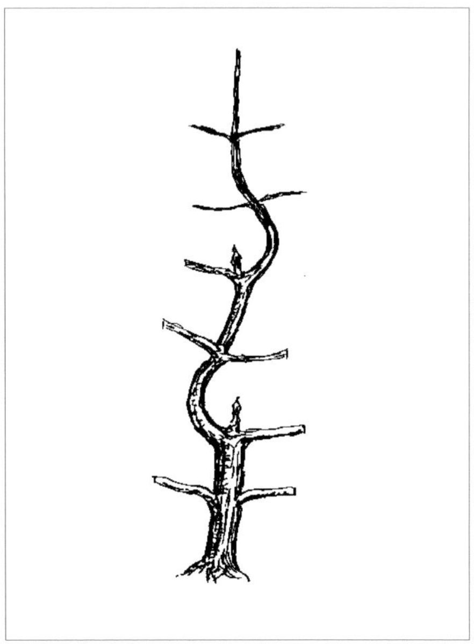

Bild 5.14
„Bajonettwuchs“ an Kiefer *(Pinus sylvestris)* nach Kronenbruch, hier: Schlag- bzw. Fegeschaden von Schalenwild

In der bis 2014 gültigen Handelsklassensortierung der Bundesrepublik Deutschland sollte die Pfeilhöhe durch den Abstand geteilt werden, *„... der die beiden Enden der Krümmung trennt...“* (HKS 2002, S. 10). Die Messstrecke wurde als Tangente über die Krümmung gelegt. Das hatte zur Folge, dass rechnerisch die Krümmung „kleingerechnet“ werden konnte. Zum Beispiel konnte ein starker Säbelwuchs an einer Lärche „gerade gemessen“ werden, wenn die Bezugslänge bis zum Krümmungsende gemessen wurde. In der jetzt gültigen „Rahmenvereinbarung“ (RVR 2015) wird die Krümmung berechnet, indem beide *Wendepunkte der Krümmung* durch eine Sehne verbunden werden. Die hierbei erzielten Messwerte liegen zwischen denen der 1-m-Messung der TGL und der Tangentenmessung der HKS.

Die Krümmung wird nach RVR wie folgt gemessen:

> *„Ermittlung des maximalen Abstandes in cm (Pfeilhöhe = P) zwischen der konkaven Mantelfläche und einer die innersten Punkte der Stirnenden verbindenden Geraden (L) in Meter; die Angabe erfolgt in Zentimeter pro Meter.*
> *Bei Erdstammstücken beginnt die Krümmungsmessung in 1 m Abstand vom Stammfuß.*
> *Bei mehrfacher Krümmung ist das Stammstück mit theoretischen Schritten (im Bereich des Wendepunktes der Krümmung) in einfach gekrümmte Abschnitte (L1, L2) zu unterteilen.*
> *Die Krümmungswerte der einzelnen Abschnitte sind getrennt nach den Regeln für die einfache Krümmung zu ermitteln.“* (RVR 2015, S. 63).

Für optoelektronisch gemessene und abgebildete Stammprojektionen gilt, dass *„... der maximale Abstand zwischen der angenommenen konkaven Mittellinie des Stammstückes und einer die Mittelpunkte der Stirnflächen verbindenden Geraden in Zentimeter je Meter Stammstücklänge zu messen (ist).“* (DIN 1998b, S. 11), (Bild 5.12). In Deutschland gilt für Krümmungsmessungen die *„Rahmenvereinbarung für die Werksvermessung von Stammholz“* (Rahmenvereinbarung Werksvermessung 2005).

Fototafeln zur Krummschaftigkeit siehe Bildteil 5.1.2.

Ursachen

Verschiedene Baumarten und deren Provenienzen haben die genetische Veranlagung zur Krummschaftigkeit („Darmstädter Kiefer" *[Pinus sylvatica]*) oder zum „Säbelwuchs" (verschiedene Lärchenprovenienzen *[Larix decidua]*). Aufsehen erregten im 19. Jahrhundert die im niedersächsischen Süntelgebirge wachsenden „Süntelbuchen" (*Fagus sylvatica var. tortuosa)*, eine Mutation der Rotbuche, die extrem unschnürig wächst.

Bäume, die durch Krafteinwirkungen aus der Senkrechten geraten (Bodenfließen an Steilhängen, Wind- und Schneedruck) richten sich infolge des Heliotropismus´ und Geotropismus´ wieder auf. Dabei wird die Stammachse gekrümmt (Bild 5.13). Die Fähigkeit zur Stamm- und Astkrümmung durch *Reaktionsholzbildung* ist für Bäume überlebenswichtig.

Reaktionsholz ist in den *Nadelbäumen als Druckholz* ausgebildet. In ihm sind die Zellwände verstärkt und der Ligninanteil erhöht. *Das Zugholz der Laubbäume* enthält in seinen Zellwänden einen höheren Celluloseanteil als in einer „normalen" Zelle.

Nach Wipfelbrüchen übernimmt ein Seitenast die Funktion des Wipfeltriebes („Posthornbildung" bzw. „Bajonettwuchs" bei Nadelhölzern) Fege- und Schlagschäden von Geweih tragendem Schalenwild führen besonders in Jungbeständen zu derartigen Schäden (Bild 5.14).

Minierende Insekten wie der Kiefernknospentriebwickler *(Rhyacionia buoliana)* verursachen Deformationen des Wipfeltriebes (Posthornbildung).

Bäume, die unter Kronenkonkurrenz aus dem Unter- und Zwischenstand herauswachsen, sind gezwungen, den Terminaltrieb immer auf die aktuell hellste Bestandeslücke auszurichten. Die dadurch entstehende Knickigkeit des Stammes kann sich mit zunehmendem Dickenwachstum auswachsen, hinterlässt aber im Stamminneren Spannungen (Bild 5.15). Besonders in tropischen Primär- und Sekundärwäldern kann dieser innere Fehler im Faserverlauf bei der späteren Verarbeitung beträchtliche Auswirkungen haben (Verwerfen, Rissbildung), (Harzmann 1988).

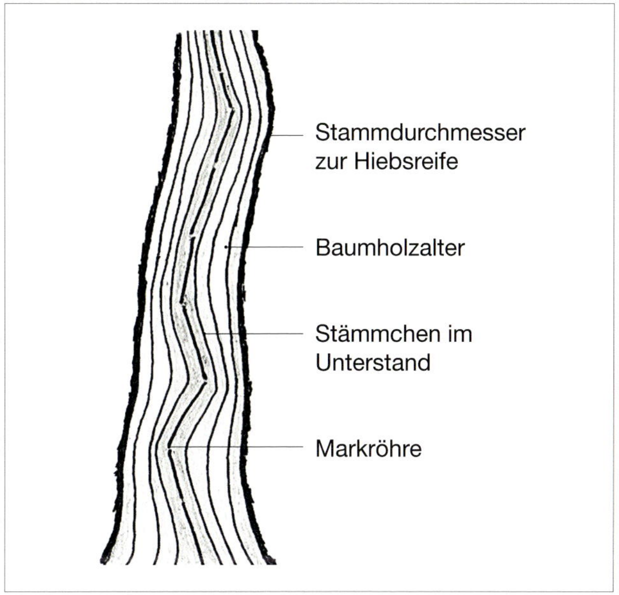

Bild 5.15
Knickigkeit kann sich während des Dickenwachstums auswachsen

Bild 5.16
Entfernen krummschaftiger Stämme in der Durchforstung

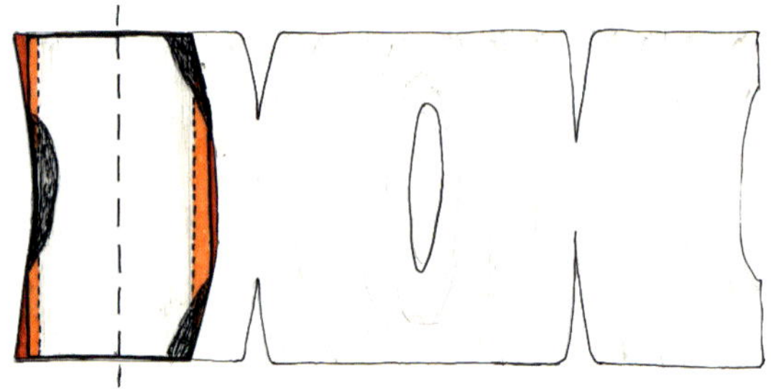

Bild 5.17
„Anschäler" im Schälfurnier aus einer gekrümmten Schälrolle

Bild 5.18
Verschnitt (rot) an zwei Bohlen aus einem gekrümmten Sägeblock

Vermeidung

Strenge Regelungen bei der Wahl des Saat- bzw. Pflanzgutes für die künstliche Bestandesbegründung sollen verhindern, dass zur Krummschaftigkeit neigende Provenienzen (z. B. „Darmstädter Kiefer") ihr genetisches Potential weiter vererben können.

Standraumregulierungen und Auslesedurchforstungen fördern gut veranlagte Bestandesglieder im Wachstum und in der Stammform (Bild 5.16).

Zwieselschnitte in der Jungwuchs- und Jungbestandespflege von Laubhölzern, die spätere Stammkrümmungen verhindern sollten, sind inzwischen unüblich, da sich gezeigt hat, dass sich die Terminaltriebe der Stämmchen später noch herausdifferenzieren. Bei Nadelhölzern empfiehlt es sich, diese Bäume zu entfernen, weil durch den Zwieselschnitt Rindeneinwachsungen und Fäulen entstehen können.

„Knickige" Stämme in jüngeren Beständen „ziehen sich gerade", wenn die Krone freigestellt wird. Dann werden besonders in der konkaven Seite der Krümmungen breite Jahrringe angelegt, die die Stammqualität bis zur Hiebsreife merklich verbessern können. Untersuchungen zu „Hähersaaten" von Eichen *(Quercus robur)* unter Kiefernaltbeständen *(Pinus sylvestris)* belegen dies eindrücklich (Bues und Weiß 2002).

Auswirkung auf die Verwendung

Allgemein: Stammkrümmungen sind stets mit der Ausbildung von Reaktionsholz verbunden (Druckholz der Nadelbäume, Zugholz der Laubbäume). Dies wirkt sich ungünstig auf die Bearbeitbarkeit und Formstabilität der Holzprodukte aus.

Wird Messerfurnier aus gekrümmten Stammabschnitten hergestellt, führt dies zu Zuschnittverlusten am Furnierpaket.

Bei der Herstellung von Schälfurnieren entstehen trotz automatischer Zentrierung der Schälrollen viele „Anschäler" (Bild 5.17). Die Holzfasern werden schräg angeschnitten. Dies mindert die Festigkeit und Formbeständigkeit des Furniers.

Bei der Schnittholzherstellung verringert der große Anteil von Seitenware und Säumlingen die Ausbeute (Bild 5.18). Bretter verwerfen. Der Anschnitt ausstreichender Holzfasern vermindert die Festigkeit der Holzprodukte und erhöht deren Oberflächenrauigkeit.

Farben und Lacke werden je nach Faserrichtung unterschiedlich vom Holz aufgenommen.

Kann für die Herstellung von Gegenständen die natürliche Krümmung genutzt werden, so führt dies zu erhöhter Festigkeit der Konstruktion (Schiffsspant, Schlittenkufe, Eishockeyschläger) (Bild 5.19).

Obwohl Forstleute einige Möglichkeiten haben, Stammkrümmungen entgegen zu wirken, sind die mannigfaltigen biotischen und abiotischen Einflüsse auf Bäume während ihrer meist über hundertjährigen Lebenszeit in der Regel so groß, dass Baumschäfte, die absolut rotationssymmetrisch geformt sind, eher die Ausnahme und nicht die Regel darstellen.

Die Auswirkungen der Krummschaftigkeit auf die Qualitätsklassen werden nach der deutschen Rahmenvereinbarung Rohholz (RVR 2015) wie folgt quantifiziert (Tabelle 5.3).

Technologische Anpassung

Stämme werden so getrennt, dass Stammabschnitte mit einfacher Krümmung entstehen, damit die Sägefähigkeit oder sonstige Verarbeitbarkeit des Holzes erhalten bleibt. Der Trennschnitt wird im Bereich des Wendepunkts der Krümmung geführt (Vergleiche Bild 5.12).

Inzwischen werden Einschnittsysteme verwendet, mit denen gekrümmte Stämme mit Hilfe hydraulischer Steuerungen der Gatter- bzw. Bandsäge zugeführt und – der Stammkrümmung folgend – verarbeitet werden (Bild 5.20). Allerdings wird es mit zunehmender Brett- und Bohlenstärke schwieriger, die Schnittware am Verwerfen zu hindern. Während der Trocknung muss der Holzstapel plan fixiert werden.

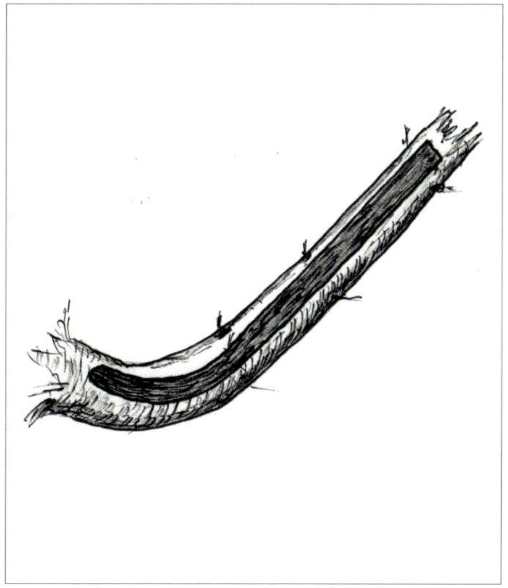

Bild 5.19
Schlittenkufe aus einem gekrümmten Stammanlauf. Lappland, Finnland

Bild 5.20
Hydraulisch gesteuerter Einschnitt eines gekrümmten Stammes

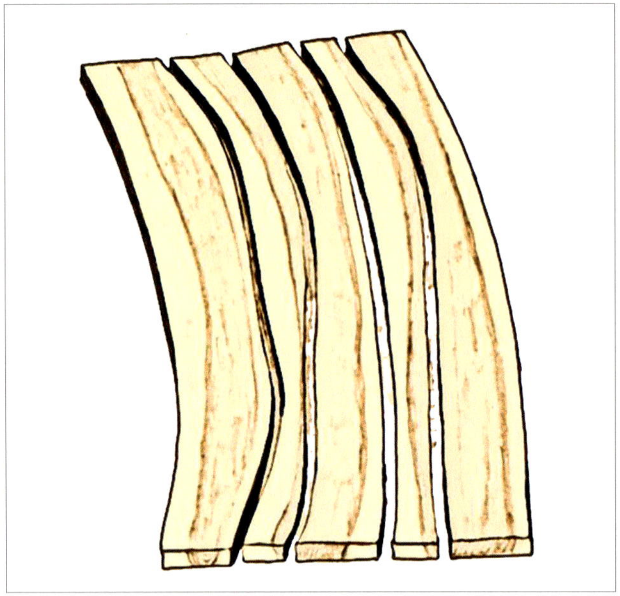

Bild 5.21
Krumme Bohlen aus Nussbaum *(Juglans regia)* werden passend an den Schmalseiten CNC-gefräst und zu Platten gefügt

Holzarten	Mittendurchmesser	Qualitätsklasse nach RVR			
		A	B	C	D
Fichte *(Picea)* Tanne *(Abies)*	Ø<20 cm	–	≤1	≤1,3	≤1,5
Kiefer *(Pinus)*	Ø≥20<35cm	≤1	≤1	≤2	≤2,5
Douglasie *(Pseudotsuga)* Lärche *(Larix)*	Ø≥35 cm	≤1	≤1,5	≤2	≤3
Eiche (*Quercus*) Buche *(Fagus)*	bis 4. Stkl. (C) ab 5. Stkl. (C)	≤2 ≤2	≤3 ≤3	≤4 ≤6	unbegrenzt

Tabelle 5.3
Auswirkungen der (einfachen) Krümmung in [cm/m] auf Qualitätsklassen nach RVR (RVR 2015)

Nach dem Prinzip: "Kannst du einen Fehler nicht beseitigen, so mache ihn dir zunutze", werden in einem schweizerischen Unternehmen mit Hilfe einer, dem natürlichen Wuchs von krummen Edelholz-Bohlen folgenden, programmierten CNC-Schmalseitenfräsung die einzelnen Bohlen zu Platten gefügt. Neben der Materialersparnis überzeugt die Harmonie der aneinander gefügten Bohlen (Bild 5.21).

Die Krümmungsmessung stellt neben der Messung der Abholzigkeit und der Unrundigkeit für den industriellen Verarbeiter ein Problem dar, das er versucht, mit Hilfe (teil)automatisierter optoelektronischer Messverfahren zu lösen. Deshalb wird in modernen Vermessungsanlagen die Stammkontur des angelieferten Rundholzes – abhängig von der gewünschten Sortenlänge – in vielen gleichmäßig verteilten Messbereichen „abgetastet". Die Anlagen sind geeicht und sichern eine den Sortierrichtlinien konforme Vermessung. (Rahmenvereinbarung Werksvermessung 2005, Anlage 8.6, Version vom 06.07.2007).

Die Werksvermessung dient i. d. R. als Abrechnungsgrundlage für eingekauftes Holz.

Bildteil 5.1.2 – 1
Krummschaftigkeit: Erscheinungsbilder (1)

Einschnürige Starkbuche *(Fagus sylvatica)*, auf dauerhafte, wechselnde Kronenkonkurrenz reagierend

„Süntelbuche" *(Fagus sylvatica, var. tortuosa)* mit genetisch verursachter Krümmungsneigung. Tharandt, Deutschland

180-jährige unschnürige Eiche *(Quercus robur)*, Jahrzehnte lang unter Kronenkonkurrenz, Cottas Grab, Tharandt

Einschnürige Eiche *(Quercus robur)*, richtet sich bei starker Hangneigung auf (Geotropismus).

Einschnürig gekrümmter Bergahorn *(Acer pseudoplatanus)* unter Altbuchen richtet sich nach einer Lichtung aus (Fototropismus).

Dieser krummschaftige Eichen-, Ahorn- und Eschenbestand *(Quercus, Acer, Fraxinus)*, der aus einem Mittelwald erwachsen ist, ist ohne Pflegemaßnahmen aufgewachsen, Erzgebirge, Deutschland.

Fjellbirken *(Betula pubescens var. tortuosa)* werden in jedem Winter vom Schnee niedergedrückt, Finnmark, Norwegen.

Krummschaftiger Hutewald aus Kernwüchsen und Stockausschlag von Eiche, Buche und Hainbuche *(Quercus, Fagus, Carpinus)*. Diese Bewirtschaftungsform besteht hier seit ca. 400 n. C, Steenshuvud, Südschweden.

Bildteil 5.1.2 – 1
Krummschaftigkeit:
Erscheinungsbilder (2)

Krummwüchsige Kiefernprovenienz *(Pinus sylvestris)* aus ungeeignetem Saatgut auf Lößlehm (Ackeraufforstung) in einem Bauernwald

Primärwald von Seekiefern *(Pinus pinaster)* auf Dünensand werden von Atlantikwinden schräg gedrückt und richten sich ständig wieder auf (Heliotropismus, Geotropismus), Gironde-Mündung bei Rojan, Frankreich.

Säbelwüchsige Douglasie *(Pseudotsuga menziesii)*, durch Bodenfliesen verursacht, Montana, USA)

Bajonettwuchs einer Kiefer *(Pinus sylvestris)*, entstanden durch Kriegseinwirkung, Halbe-Teupitz, Brandenburg

Bergkiefer *(Pinus mugo)* wächst nach Beschädigung des Wipfeltriebes zum Licht, Slowenien.

Schräg geschobene Fichten *(Picea abies)* auf Molasse richten sich infolge Foto- und Geotropismus´ wieder auf, Kalkalpen, Deutschland.

Nachdem ein Konkurrent umgestürzt ist, erreicht die Krone dieses knickig gewachsenen Baumes das Kronendach (Primärwald Surinam).

Nach Holzeinschlag in einem tropischen Primärwald sichtbar: Zwischenständige Bäume wachsen knickig im Bestreben, das Kronendach zu erreichen. Surinam.

Bildteil 5.1.2 – 2
Krummschaftigkeit: Auswirkungen auf die Verarbeitung (1)

Dieser einschnürige Rüsterstamm *(Ulmus glabra)* findet wegen seiner Seltenheit auf einer Submission seinen Käufer, Deutschland.

Diese einschnürige Kiefer *(Pinus sylvestris)* wird mit einem Trennschnitt an der stärksten Krümmung „gerade geschnitten".

Gekrümmtes, mit Druckholz durchsetztes Fichtenbrett *(Picea abies)* platzt im Bereich der größten Druckspannung.

Brett aus gekrümmtem Pappelstamm (*Populus ssp.)* mit Zugholz reißt im Bereich der größten Zugspannung auf.

Buschtamarinde *(Mimosa guianensis)* ist so wertvoll, dass selbst zurecht gehauene krumme Stammstücke eingeschnitten werden.

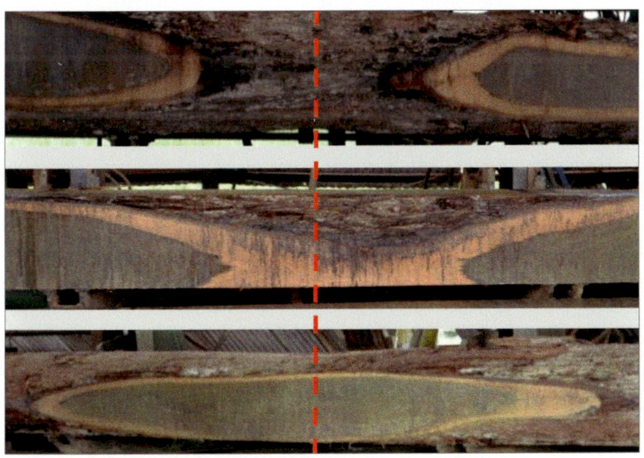

Ausbeuteverluste an wertvollem, aber gekrümmtem Greenheart-Stamm *(Chlorocardium rodiei)* auf Grund eines falsch gesetzten Trennschnittes – drei Seitenansichten des Stammes, jeweils mit großen Schwartenanteilen, Surinam

Großer Verschnitt an einem gekrümmten, zu besäumenden Buchenbrett *(Fagus sylvatica)*

Markierung der Waldkante und raue Brettoberfläche (Fladerschnitt) an einem Brett aus einem gekrümmten Kiefernstamm *(Pinus sylvestris)*

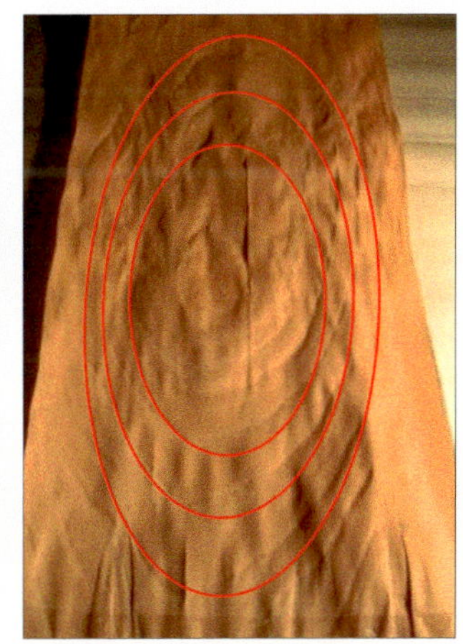

Buchen-Messerfurnier *(Fagus sylvatica*) mit elliptischem Jahrringverlauf, hergestellt aus einem gekrümmten Furnierblock

Bildteil 5.1.2 – 2
Krummschaftigkeit: Auswirkungen auf die Verarbeitung (2)

Ständer und Streben des Fachwerkhauses sind aus krummen Stämmen gefertigt. Kulturinsel Kodersdorf, Lausitz, Deutschland.

Holzbrücke von 1720 mit natürlich gekrümmten Knaggen, Aarberg, Schweiz

Holzschuppen mit Halbhölzern aus einem gekrümmten Stamm, Niedersachsen, Deutschland

Steert einer Bockwindmühle aus einem Eichenstamm *(Quercus ssp.)* mit geeigneter Krümmung, Öland, Schweden

5.1.3 Zwieselbildung

Beschreibung des Merkmals

Zwiesel werden unterschieden in *unechte* und *echte Zwiesel*.

Der **Unechte Zwiesel**, auch Verwachsungszwiesel genannt, besteht aus zwei oder mehreren Stämmen, deren Stammfüße während ihres Dickenwachstums miteinander verwachsen und gemeinsame Jahresringe ausbilden. Eine echte Verwachsung ist nur zwischen Bäumen der gleichen Art möglich. Zwischen verschiedenen Baumarten treten nur gegenseitige Stammverformungen aber keine echten Verwachsungen auf.

Verwachsungen mehrerer Stämmlinge werden als Garbenwuchs bezeichnet (Bild 5.22).

Der **Echte Zwiesel**, auch Gabelungszwiesel genannt, besteht aus mindestens zwei Stämmlingen ähnlicher Dimension, die aus einem Baumschaft hervorgehen. Vor der Teilung weist der Baumschaft nur eine Markröhre auf (Bild 5.23).

Ist der Gabelungswinkel so groß, dass das Dickenwachstum in der Zwieselkehle fortgesetzt werden kann, so führt das zu größerer Stabilität der Stämmlinge, weil die von den Kronenlasten ausgeübten Zugkräfte zwischen ihnen aufgenommen werden können. Dieser U-förmige Zwieseltyp wird deshalb auch als Zugzwiesel bezeichnet (Mattheck 1997).

Der Gabelungszwiesel, als U-Zwiesel ausgebildet, wurde noch bis in die Neuzeit als ausgezeichnetes Konstruktionselement verwendet, bei dem der natürliche Faserverbund eine kraftschlüssige Verbindung zwischen zwei Schenkeln bildet. Der Zwiesel wurde besonders im Schiffbau und im bäuerlichen Bereich eingesetzt (Bild 5.24).

Bei kleinem Gabelungswinkel besteht die Gefahr, dass das Dickenwachstum der Stämmlinge schneller voranschreitet als das vertikale Wachstum in der Zwieselkehle. In diesem Falle wird die Rinde der Stämmlinge in der zunehmend größer werdenden Berührungszone zusammengedrückt. Die Rinde verhindert, dass die Stämmlinge weiter miteinander verwachsen können.

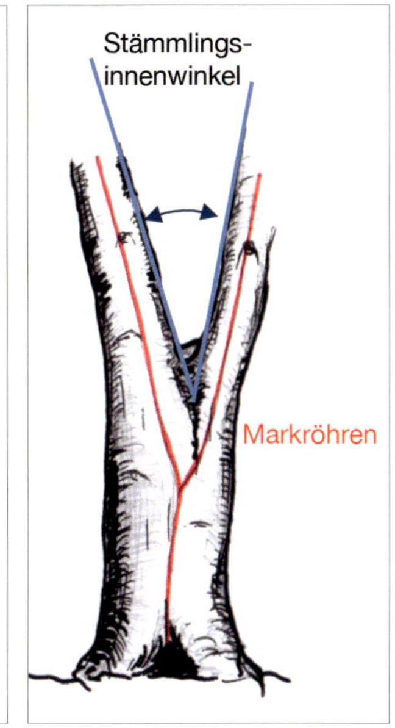

Bild 5.22 (li.)
Unechter Zwiesel / Verwachsungszwiesel (hier Garbenwuchs)

Bild 5.23 (re.)
Echter Zwiesel / Gabelungszwiesel (Markröhren rot)

Bild 5.24
Verwendung von Verzwieselungen, Wurzel-, Stamm- und Astkrümmungen im Schiffbau (Nachbau eines Wikingerschiffes, Roskilde, Dänemark.

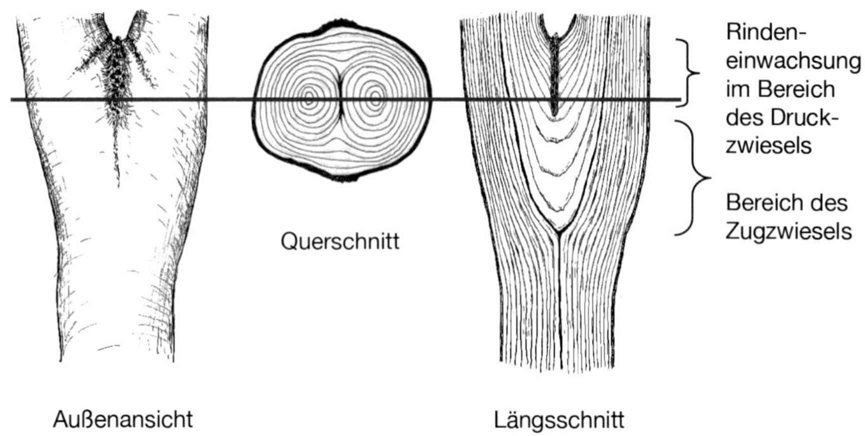

Bild 5.25
Verschiedene Ansichten eines Zwiesels an der Verzwieselungsstelle

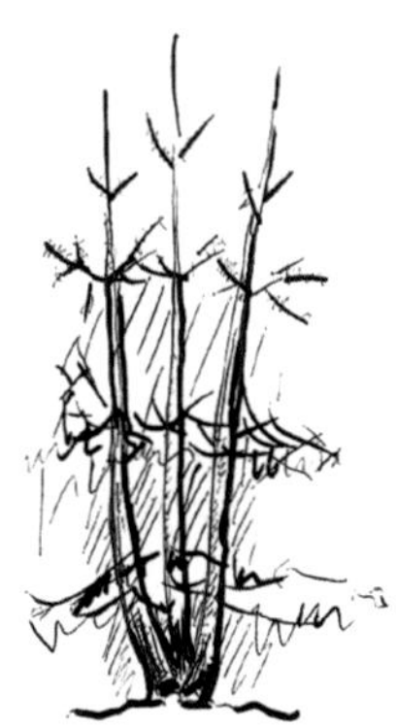

Bild 5.26 (li.)
Büschelpflanzung von Fichten *(Picea abies)*

Bild 5.27 (re.)
Links, genotypisch bedingte Verzwieselung an Birke *(Betula pendula)*, rechts wipfelschäftige Birke

Wegen der auftretenden Druckkräfte an der Quetschzone der Stämmlinge wird dieser zum Auseinanderbrechen neigende Zwieseltyp auch als Druckzwiesel bezeichnet (Mattheck1997).

Mit dem weiteren Dickenwachstum der Stämmlinge bilden sich senkrechte Wülste im Gabelungsbereich aus. Diese Quetschfalten werden auch „Elefantenohren“ oder „Nasen“ genannt. Je markanter und stärker diese Wülste ausgeprägt sind, desto größer ist die Bruchgefahr, auch dann, wenn sich im äußeren Bereich der Wulst wieder gemeinsame Jahresringe ausbilden. Der Übergang vom Zugzwiesel in den Druckzwiesel ist in Bild 5.25 dargestellt.

Untersuchungen von Funke et. al. (2011) zufolge können sich bei Buche *(Fagus sylvatica)* Rindeneinschlüsse bilden, wenn sich der Innenwinkel des Stämmlings auf unter ca. 30° verengt (vgl. Bild 5.23).

Die Längenmessung an einem Stamm, der an einem Zwiesel abgezopft wird, beginnt bzw. endet am Punkt der Markröhrenteilung.

Ursachen

Unechte Zwiesel können aus Büschelpflanzungen, Stockausschlägen (Niederwaldbetrieb) oder ungepflegten Naturverjüngungen hervorgehen. Aber auch keimende Samen aus Vorratslagern von Eichhörnchen können später zu Verwachsungszwieseln führen (Bild 5.26).

Echte Zwiesel sind häufig genotypisch bedingt. So neigen z. B. bestimmte Individuen von Laubhölzern (Birken *[Betula pendula]*, Buchen *[Fagus sylvatica]*) zur Zwieselung (Bild 5.27).

Wird die Terminalknospe oder der junge Terminaltrieb zerstört, dann übernehmen in der Regel mehrere Seitenzweige die Funktion des Terminaltriebes. So minieren Insekten in der Terminalknospe (Eschenzwieselmotte *[Prays fraxinella]*, Kiefernknospentriebwickler *[Rhyacionia buoliana]*). Aber auch Vögel benutzen die frisch austreibenden Blättchen von Trieben als feuchtwarme Nesteinlage, um die Brutbedingungen zu verbessern.

Terminaltriebe werden auch von Schnee und Eisanhang abgebrochen.

Wildverbiss, Fege- und Schlagschäden von Geweih tragendem Wild führen zu tief ansetzenden Zwieseln. Besonders bei Baumarten mit gegenständigem Knospenansatz wachsen sich Seitentriebe zu Zwieseln aus. Stark „zwieselgefährdet“ sind deshalb Nadelhölzer und Laubhölzer wie Ahorne *(Acer ssp.)*, Esche *(Fraxinus excelsior)* und Rosskastanie *(Aesculus hippocastanum)*, während Baumarten mit wechselständigen Knospen wie Eichen *(Quercus ssp.)*, die Buche *(Fagus sylvatica)* und Linden *(Tilia ssp.)* weniger gefährdet sind.

In Primär- und Sekundärwäldern der Tropen können sich im unteren Stammbereich nur dann Zwiesel ausbilden, wenn sie der soziologischen Konkurrenz der Nachbarbäume gewachsen sind. Als Solitärbäume bilden Tropenhölzer aber ebenfalls Zwiesel, so, wie Laubbäume in den gemäßigten Breiten.

Bild 5.28 (Verspätete) Entnahme tief ansetzender Zwiesel im Rahmen einer Buchen-Hochdurchforstung

Vermeidung

Für den Bestandesaufbau sind standortsgerechte und wipfelschäftige Baumarten bzw. Provenienzen zu wählen.

Zwiesel sind vorrangig bereits bei der Jungbestandespflege und Durchforstung (negative Auslese) von Waldbeständen zu entnehmen (Bild 5.28).

Gegen Wildverbiss und Insekten sind Forstschutzmaßnahmen durchzuführen *(Vgl. 6.2.1 Wirbeltiere: Verbiss-, Fege-, Schälschäden)*.

Zwieselschnitte sind in jungen Laubhölzern meist nicht erforderlich, da sich die Wipfeltriebe noch differenzieren. Bei gegenständiger Astanordnung (Ahorne *[Acer]*, Eschen *[Fraxinus]*) kann er sinnvoll sein.

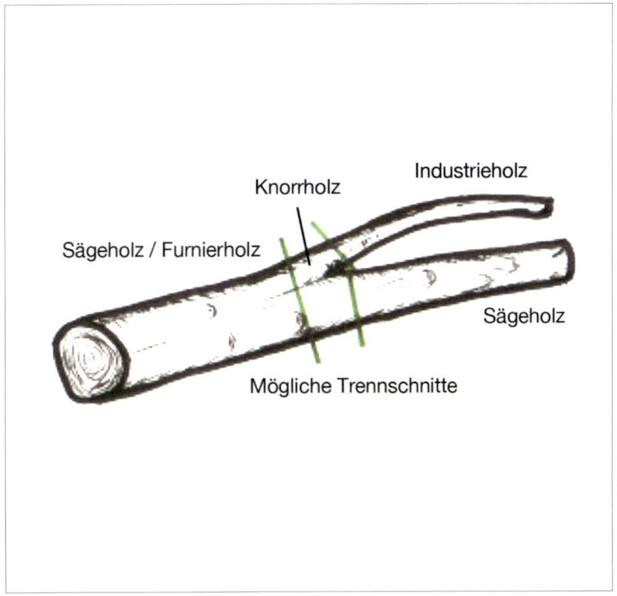

Bild 5.29 Mögliche Aushaltung eines verzwieselten Stammes

Auswirkungen auf die Verwendung

Verzwieselungen sind in der Regel Holzfehler, weil sie die Verwendung des Holzes wesentlich beeinträchtigen. Der Zwieselansatz ist nur dann nicht qualitätsmindernd, wenn er lediglich als Schutzstück am Stamm verbleibt und nicht mit in die Längenmessung einbezogen wird.

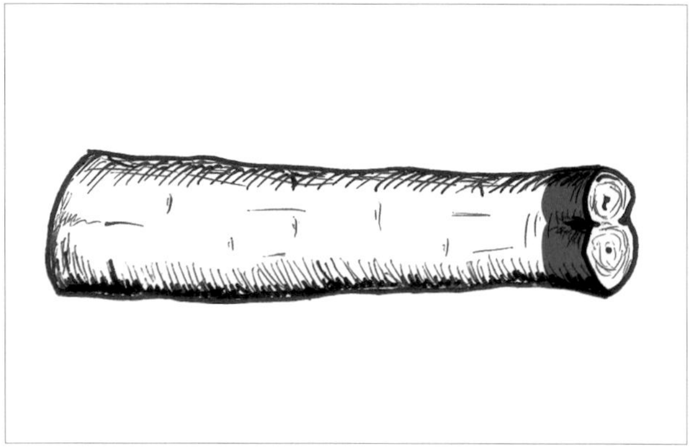

Bild 5.30
Zwieselansatz als Schutzstück an einem Furnierstamm

Bild 5.31
Schiffsspanten für den Nachbau eines Wikingerschiffs

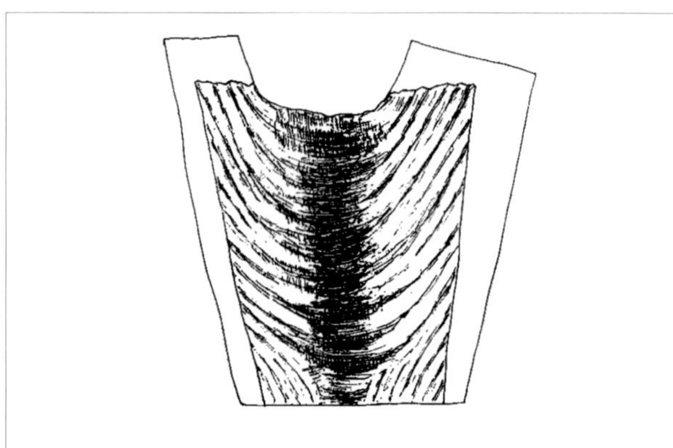

Bild 5.32
Lage des Pyramidenfurniers aus Palisander *(Dalbergia spec.)* im Zwiesel

Der Zwieselansatz markiert in der Regel eine Sortengrenze.

Zwiesel sind bei Sturm und Schneedruck verstärkt bruchgefährdet. Beim Holzeinschlag besteht erhebliche Bruch- und Splitterungsgefahr.

Die Nutzlängen für hochwertiges Säge- bzw. Furnierholz werden verkürzt. Der Anteil an Industrieholz / Schichtholz und Sägeholz minderer Qualität steigt (Bild 5.29).

Rindeneinwüchse oder „Wassertöpfe" im Zwieselansatz entwerten das Holz (Fäule).

Zwieselstämmlinge sind an ihrer Basis häufig unrund und krumm und bilden Reaktionsholz.

Technologische Anpassung

Bei höherwertigem Stammholz ist der Trennschnitt durch den Zwieselansatz zu führen. Der Zwieselansatz wird bis zur Weiterverarbeitung als Schutzstück belassen. Die Faserverwirbelungen verhindern, dass das Stammende aufreißt (Bild 5.30).

Traditionell wurden Zwiesel für konstruktive Zwecke vor allem im Schiffsbau als natürliche Knotenpunkte und Verbindungselemente (Spanten, Steven) und für Gegenstände im bäuerlichen Bereich verwendet (Griffe, Gabeln, Halterungen, Werkzeugschäftungen) (Bild 5.31).

In heutiger Zeit werden in der Hand des geschickten Holzgestalters künstlerisch anspruchsvolle Gebrauchsgegenstände aus Zwieseln hergestellt.

Trotz erheblicher Nachteile von Zwieseln für den technischen Gebrauch gibt es seltene Sonderanwendungen. So lassen sich interessante Texturen erzeugen, wenn gut verwachsene, starke Zwiesel gemessert werden. Daraus entsteht das begehrte Pyramidenfurnier, das besonders aus Starkzwieseln tropischer Baumarten hergestellt wird (Bild 5.32). Hervorzuheben sind das südamerikanische Swietenia Mahagoni *(Swietenia macrophylla)* und afrikanisches Khaya Mahagoni *(Khaya ivorensis)*. Bei letzterem können seltene Zwieselverwachsungen von über 2 m Länge auftreten. (Furniermagazin 2003).

Bildteil 5.1.3 – 1
Zwieselbildung:
Echte Zwiesel

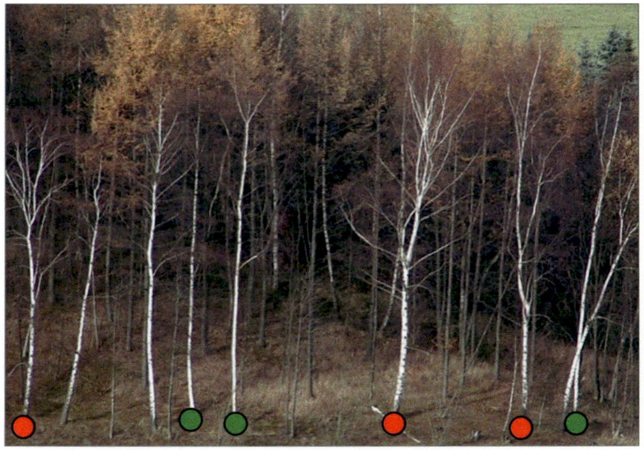

Besenkronige, zur Zwieselung neigende Birken *(Betula pendula)* und wipfelschäftige Birken am gleichen Wuchsort, Erzgebirge, Sachsen

Hoch ansetzender Zwiesel an Esche *(Fraxinus excelsior)*. Verursacher: Eschenzwieselmotte *(Prays fraxinella)*?

Ausgeprägter Zugzwiesel an Eukalyptus *(Eucalyptus spec.)*. Madeira, Portugal

Steilzwiesel (Druckzwiesel) an einer alten Buche *(Fagus sylvatica)* mit Überwallungswulst (Elefantenohr)

Selten gelingt es einem Baum in einem tropischen Primärwald, einen überlebensfähigen Zwiesel zu bilden (Swietbonki [*Inga ssp.*]), Surinam.

Beeindruckende ästhetische Wirkung von verzwieselten Zedern *(Cedrus)*. Chenonceau, Frankreich

Vor Jahrzehnten abgestorbener Zwieseleinwuchs an Gelbkiefer *(Pinus ponderosa)*, Utah, USA

Zugzwiesel in Form eines Bajonettwuchses an Kiefer *(Pinus sylvestris)*, entstanden durch Schneebruch des Terminaltriebes

Verzwieselung an Kiefer *(Pinus sylvestris)* nach Schlagschaden von Rentieren am Terminaltrieb, Lappland, Finnland

Bildteil 5.1.3 – 2
Zwieselbildung: Verwachsungszwiesel, unechte Zwiesel

Verwachsungszwiesel zweier Stieleichen *(Quercus robur)*

Lyrawuchs an einem Eschen-Stockausschlag *(Fraxinus excelsior)* im Niederwald

Verwachsungszwiesel zweier Eschen *(Fraxinus excelsior)* mit Wassertopf im Niederwald

Die Bergahorne *(Acer pseudoplatanus)* können wegen der Rindeneinschlüsse in der Quetschfalte nicht verwachsen.

Verwachsungszwiesel an mehrhundertjährigen Redwoods *(Sequoia sempervirens)*, Oregon, USA

Lärchen-Drillingsstämme *(Larix decidua)* im Bergell, Schweiz

Buchen-Stockausschläge von 1800, Stenshuvud, Schweden

„Garbenwuchs" von Lindenstämmen *(Tilia cordata)* aus einem Stockausschlag

„Falscher" Zwiesel zwischen Eiche *(Quercus robur)* und Birke *(Betula pendula)*

„Falscher" Zwiesel zwischen Eiche *(Quercus ssp.)* und Buche *(Fagus sylvatica)*

Bildteil 5.1.3 – 3
Zwieselbildung:
„Problemzwiesel"

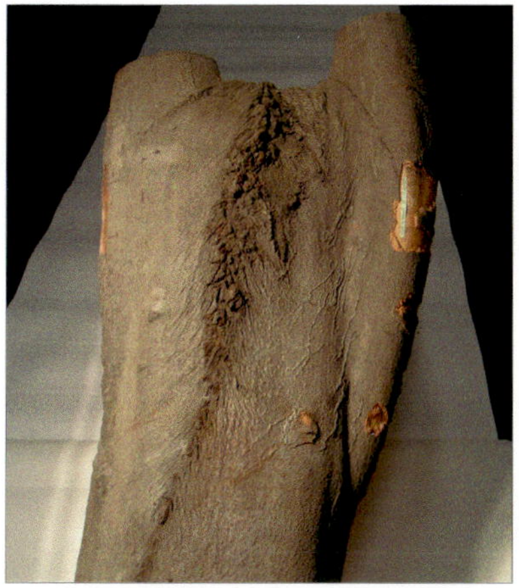
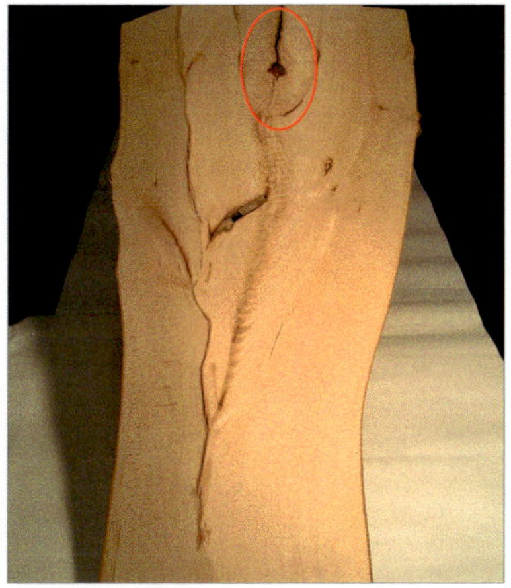

Schnitt durch einen Zwieselansatz von Buche *(Fagus sylvatica)*, links Rindenquetschfalte; rechts Zugzwieselstruktur: durchgängiger Jahrringverlauf im unteren und Druckzwieselstruktur im oberen Teil ◯

Der aufgerissene Steilzwiesel hat eine wertvolle Elsbeere *(Sorbus torminalis)* entwertet.

Abbruch eines Druckzwiesels an Buche *(Fagus sylvatica)*, sichtbar die Rindeneinwachsungen

Starke Holzentwertung an einem Wanakwari-Stamm *(Vochysia tomentosa)*. Der Stammmantel umschließt teilweise den steil abstehenden abgestorbenen Starkzwiesel.

Aufgerissener Buchenzwiesel *(Fagus sylvatica)* an einem Waldweg – eine Aufgabe für die Verkehrssicherung

Der Zwiesel an dieser Buche *(Fagus sylvatica)* hat beim Fällvorgang den ganzen Stamm gespalten.

Bildteil 5.1.3 – 4
Zwieselbildung:
Der Zwiesel als vorteilhaftes Merkmal

Entlastung von Stämmen zweier Ahorne *(Acer pseudoplatanus)* mit Hilfe einer künstlich hergestellten Astverwachsung, Tharandt

Entlastung eines Druckzwiesels durch Astverwachsung an Eiche *(Quercus ssp.)*

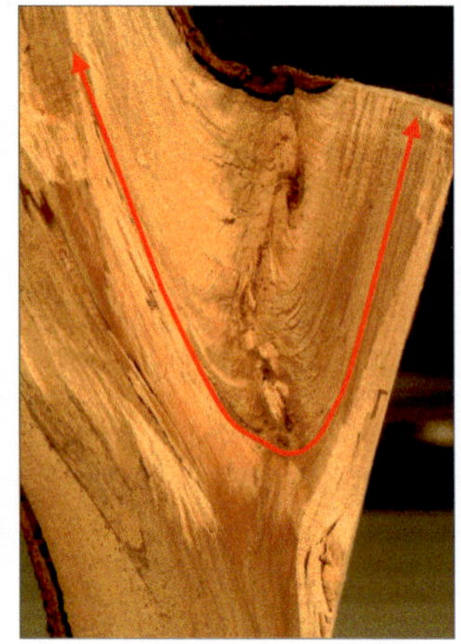

Stabiler Zugzwiesel einer Buche *(Fagus sylvatica)*; die Jahresringe bilden eine kraftschlüssige Verbindung.

Zopf- Schutzstück an Furnierstamm aus Kirsche *(Prunus avium)*. Richtiger Trennschnitt im Zwieselansatz mit Rindeneinwachsung

Zugerichteter Eichenbalken mit naturbelassenem Zwieselansatz, verwendet als Lagerholz in einem 200 Jahre alten Blockhaus aus Bayern

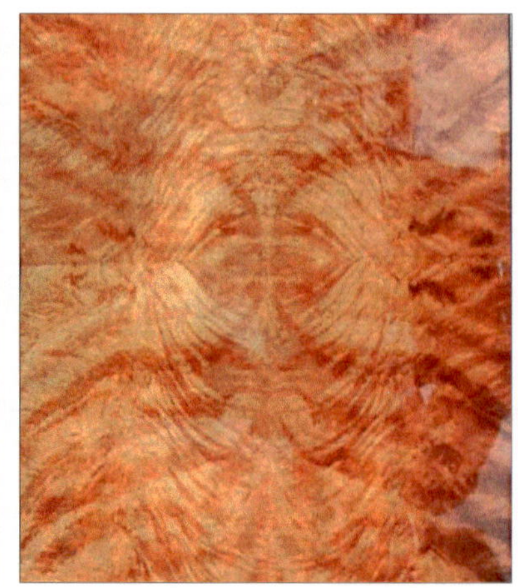

Pyramidenfurnier aus Eukalyptus, gestürzt *(Eucalyptus spec.)* (Foto: Danzer, Furniermagazin 2008, Seite 39. Supplement Holz-Zentralblatt)

Pyramidenfurnier aus amerikanischem Mahagoni *(Swietenia macrophylla)*

5.1.4 Unrundigkeit

5.1.4.1 Ovalität / exzentrischer Wuchs

Beschreibung des Merkmals

Ovalität ist eine deutliche Abweichung des Rundholzquerschnittes von der Kreisfläche. Die Markröhre liegt im Bereich des Flächenmittelpunktes (Bild 5.33, oben).

Bei **exzentrischem Wuchs** liegt die Markröhre außerhalb des Flächenmittelpunktes (Bild 5.33, unten).

Ein ovaler Querschnitt bedeutet nicht unbedingt eine exzentrisch gelegene Markröhre. Umgekehrt ist eine exzentrische Markröhre nicht unbedingt an eine ovale Stammform gebunden. Ovalität und Exzentrizität sind stets mit unterschiedlichen Jahrringbreiten und in der Regel mit Reaktionsholz verbunden, insbesondere mit dem Druckholz bei Nadelbäumen. Besonders an Laubbäumen tropischer Primär- und Sekundärwälder können ausgeprägte Zugholzwülste den Stammquerschnitt verformen (Bild 5.34).

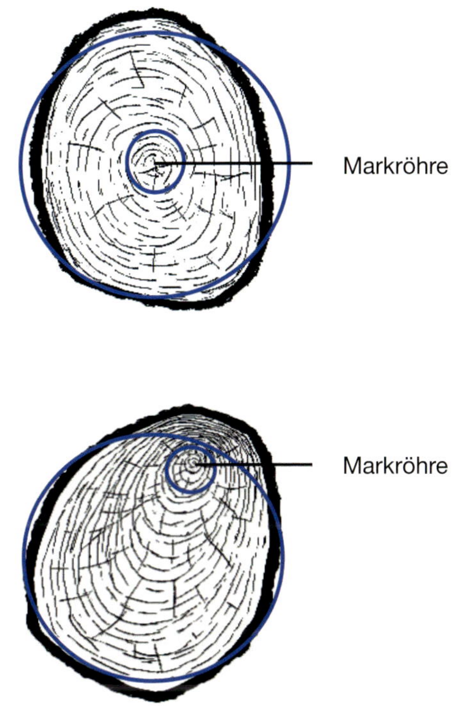

Bild 5.33
Ovaler Stammquerschnitt mit zentrisch (oben) und exzentrisch (unten) liegender Markröhre

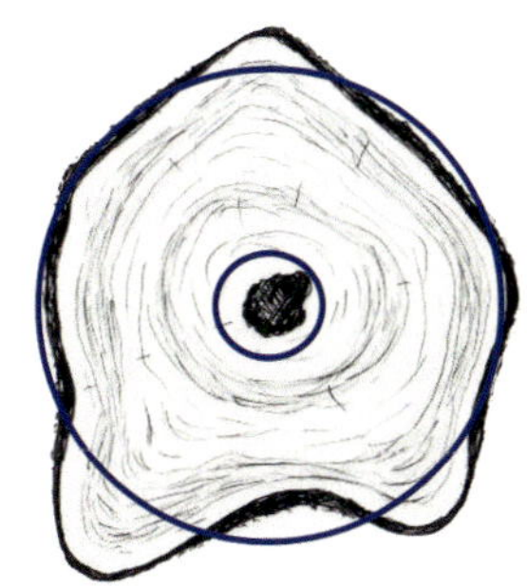

Bild 5.34
Querschnitt aus einem Kopi-Stamm *(Goupia glabra)* mit Hohlkern und Zugholzwülsten

Messung der Ovalität:

Grundsätzlich können zur Messung der Ovalität drei händische Verfahren angewendet werden (s. nachfolgende Gleichungen und Bild 5.35):

1. Berechnung der Differenz zwischen größtem Durchmesser (D) und kleinstem Durchmesser (d) (SSLEF 1997)
2. Berechnung des Quotienten zwischen kleinstem und größtem Durchmesser (Thüringer Landesforstdirektion (1997)
3. Berechnung des Verhältnisses zwischen Durchmesserdifferenz und größtem Durchmesser, ausgedrückt in Prozent (DIN 1997e, DIN 1998)

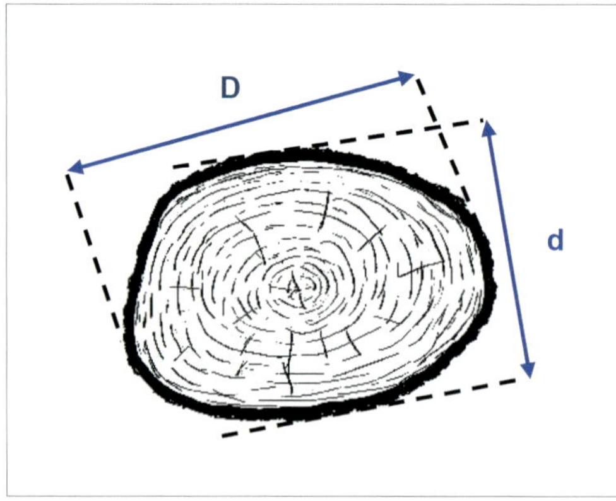

Bild 5.35
Messung der Ovalität

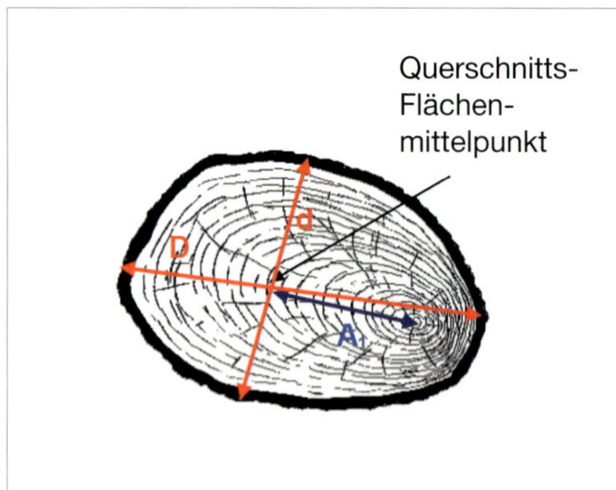

Bild 5.36
Messung der Exzentrizität der Markröhre (1)

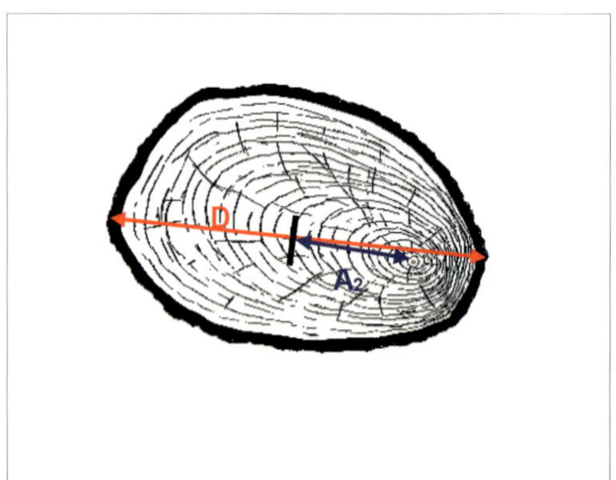

Bild 5.37
Messung der Exzentrizität der Markröhre (2)

Für die optoelektronische Werksvermessung von Stammholz gilt die Rahmenvereinbarung zwischen dem Deutschen Forstwirtschaftsrat (DFWR) und dem Verband der Deutschen Säge- und Holzindustrie e.V. (VDS), (N N 2015; Heymann 2007).

$$\text{Ovalität} = D - d \ \text{[cm]}$$
bzw.
$$\text{Ovalität} = d : D \ (d = 1)$$
bzw.
$$\text{Ovalität} = \frac{D - d}{D} \times 100 \ [\%]$$

Zur **Messung der Exzentrizität** der Markröhre gibt es zwei Auffassungen:

1. Die Exzentrizität kann gemessen werden als Abweichung der Markröhre (A_1) vom Schnittpunkt des größten (D) und des kleinsten Durchmessers (d) der Schnittfläche am stärkeren Ende des Stammes bzw. des Kurzholzes. A_1 wird ins Verhältnis gesetzt zum gemittelten Durchmesser der Schnittfläche, ausgedrückt in Prozent (DIN 2002), (Bild 5.36).

$$\text{Exzentrizität} = \frac{A_1 \times 100 \ [\%]}{\frac{D + d)}{2}}$$

Bezugspunkt für die Markabweichung ist hierbei der Querschnittsflächenmittelpunkt. Die RVR folgt dieser Argumentation, bei der zur Messung der *„geometrische Mittelpunkt"* als Bezugspunkt zur Markröhre dient (DIN 1997c, RVR 2015). Allerdings ergeben sich bei dieser Methode der Ermittlung rechnerisch etwas größere Markabweichungen als in der nachfolgend genannten Methode.

2. Exzentrizität kann mit einer messtechnisch vereinfachten Methode auch als die Abweichung der Markröhre (A_2) *vom Mittelpunkt des größten Stammdurchmessers* (D) am stärkeren Ende des Stammes gemessen werden. A_2 wird ins Verhältnis gesetzt zum größten Stammdurchmesser (D), ausgedrückt in Prozent (Frommhold 2001). Bezugspunkt für die Markabweichung ist hierbei die Streckenhalbierende von D (Bild 5.37).

$$\text{Exzentrizität} = \frac{A_2 \times 100\ [\%]}{D}$$

Bei Messungen am Wurzelanlauf sollte *„...eine gedankliche Wurzelreduzierung am Stammanlauf zur Findung des Mittelpunktes der Hirnfläche zugrunde gelegt werden, von der die Abweichung bestimmt wird“* (Weidner 2000, S. 1950; Weidner et al. 1999). Dieser pragmatische Vorschlag ist in verschiedenen außereuropäischen Ländern bei der Ermittlung des Schnittflächendurchmessers gängige Praxis.

Bei der Werksvermessung gilt in Deutschland die *„Rahmenvereinbarung für die Werksvermessung von Stammholz“* (Rahmenvereinbarung Werksvermessung 2005, S. 4). Danach werden *„... mehrere gleichmäßig verteilte Messpunkte, deren Anzahl von der Sortenlänge abhängig ist,* “... in die Messung einbezogen. Die dabei als *„... ovalitätsbedingt berechnete Kreisfläche (wird) zu der dimensionsermittlungsrelevanten Kreisfläche der Sortenmitte in Bezug ...“* gesetzt.

Ursachen

Ovale Stammquerschnitte mit zentrisch gelegener Markröhre sind wahrscheinlich, wenn eine Baumkrone von benachbarten, gegenüber liegenden Baumkronen über längere Zeit eingeengt wird. Die verringerte Blattmasse in den beeinträchtigten Kronenbereichen produziert weniger Assimilate, so dass das Dickenwachstum der darunter liegenden Stammsegmente gedämpft wird.

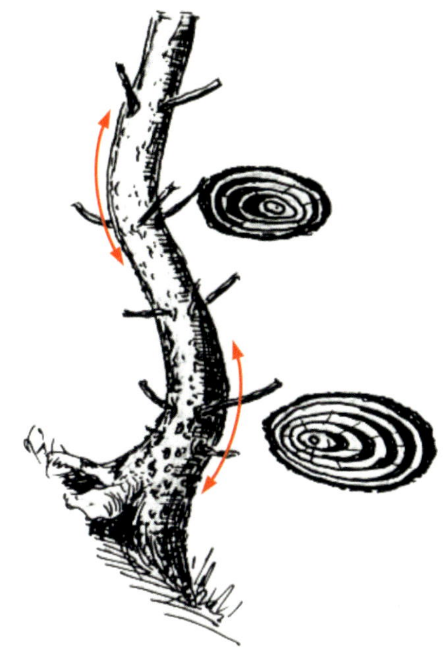

Bild 5.38
Exzentrische Querschnitte in einem Fichtenstamm (*Picea abies*), der sich mit Hilfe von Druckholz wieder aufrichtet

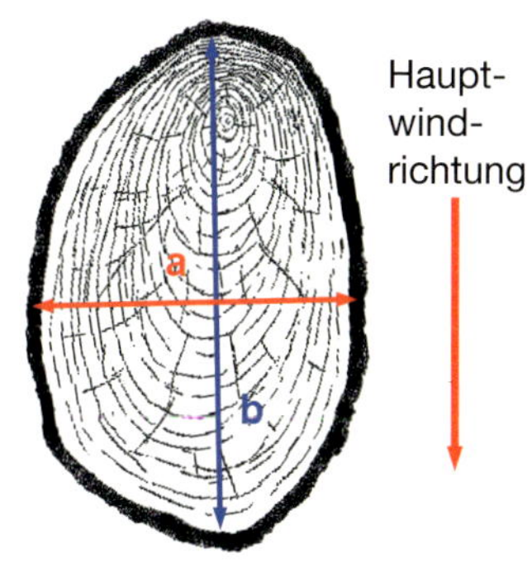

Bild 5.39
Querschnitt durch einen Kiefernstamm (*Pinus sylvestris*) mit Markröhrenverlagerung

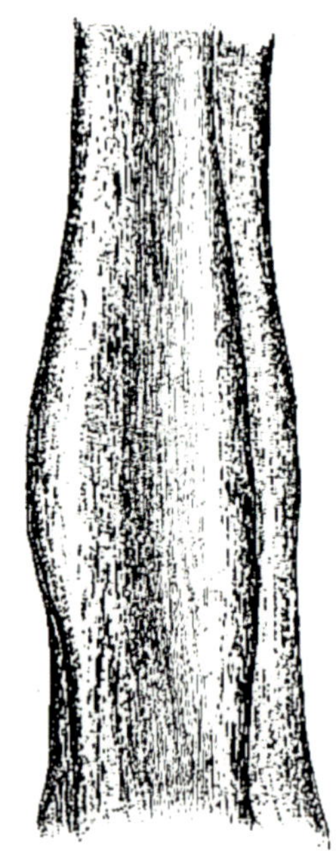

Bild 5.40
Zugholzwülste an einem Kopi-Stamm *(Goupia glabra)*

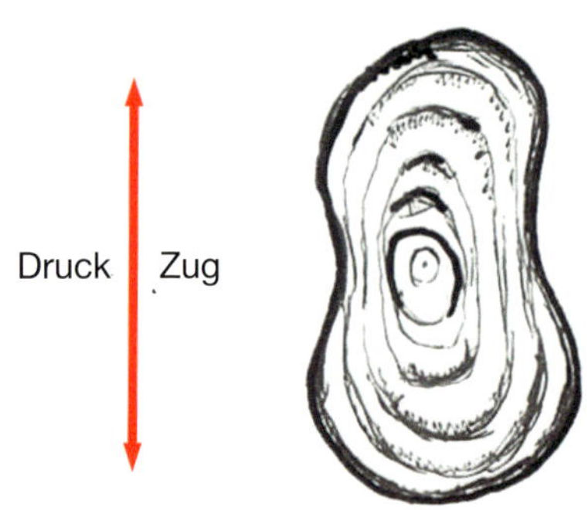

Bild 5.41
Querschnitt durch eine Fichtenwurzel *(Picea abies)* nahe des Wurzelhalses

An Hanglagen, Bestandesrändern und an Steilrändern (Femellöchern) bilden sich bei länger anhaltendem, einseitig verstärktem Lichtgenuss (Heliotropismus) asymmetrische Bekronungen aus. Windbeanspruchung aus Vorzugsrichtungen oder Schneelasten können Bäume aus der Lotrechten bringen. Laubbäume bilden dann Zugholz, Nadelbäume Druckholz, um die ungleichen Druck- bzw. Zugspannungen wieder auszugleichen (Bild 5.38).

Durchmesservergrößerungen sind bei vielen Baumarten in der Hauptwindrichtung nachzuweisen (Mette 1984). Der Baum reagiert bei Beanspruchungen aus einer Vorzugsrichtung mit einer mehr oder weniger exzentrischen Stammform (Bild 5.39). Das Flächenträgheitsmoment vergrößert sich bei elliptischem Querschnitt, je mehr der größere Durchmesser (b) gegenüber dem kleineren Durchmesser (a) wächst, weil b in der dritten Potenz in die Berechnung eingeht (Matthek 1997, Mattheck et al. 2014).

$$\text{Flächenträgheitsmoment} = \frac{\pi \times a \times b^3}{4} \ [\text{cm}^4]$$

Auch zwischen den Baumarten gibt es eine unterschiedliche Neigung zu exzentrischem Wuchs. Sie sinkt bei Baumarten der gemäßigten Breiten wie folgt (Grundner 1882):

Kiefer *(Pinus sylvestris)* > Lärche *(Larix decidua)* > Eiche *(Quercus ssp.)* > Buche *(Fagus sylvatica)* > Fichte *(Picea abies)*

Nach Mette und Boss (1964) vergrößert sich mit zunehmendem Stammdurchmesser auch die absolute Durchmesserabweichung.

Baumarten der Tropen müssen in Primär- und Sekundärwäldern in der Lage sein, rasch auf Veränderungen im Kronenraum (Lichtkonkurrenz) zu reagieren. Sie bilden dann Wülste aus Zugholz, die zu stark unrunden Querschnitten führen (Bild 5.40, vgl. Bild 5.34).
Die Unrundigkeit kann mit Erreichen der vorherrschenden Stellung eines Stammes überdeckt werden, tritt aber beim Einschnitt des Stammes wieder zu Tage (Harzmann 1988).

Besonders stark wirkt sich die Wechselbelastung auf Wurzelholz aus. (Bild 5.41).

Vermeidung

Ovalität kann mit einer frühzeitigen Standraumregulierung, verbunden mit regelmäßiger Kronenpflege während des gesamten Bestandeslebens weitgehend vermieden werden (Bild 5.42).

Um exzentrischen Wuchs möglichst auszuschließen, ist die Bestandespflege darauf auszurichten, dass die Kronenschwerpunkte der Bäume innerhalb des Schaftquerschnittes liegen.

Auf Deckungsschutz und richtige räumlichen Ordnung der Waldbestände ist zu achten.

In den Tropen führt die Wachstumsdynamik in Primär- und Sekundärwäldern häufig zu exzentrischem Wuchs von Bäumen. In Holzplantagen können geometrisierte Pflanzabstände der Bäume Unrundigkeiten der Stammumrisse verringern.

Auswirkungen auf die Verwendung

„Anschäler" bei Schälfurnier, verbunden mit unterschiedlich starker Fladerung, verringern Ausbeute und Furnierqualität (Bild 5.43).

Die Aufteilung in Flitches wird durch größere Markröhrenverlagerungen bei Stämmen in Messerfurnierqualität beeinträchtigt.

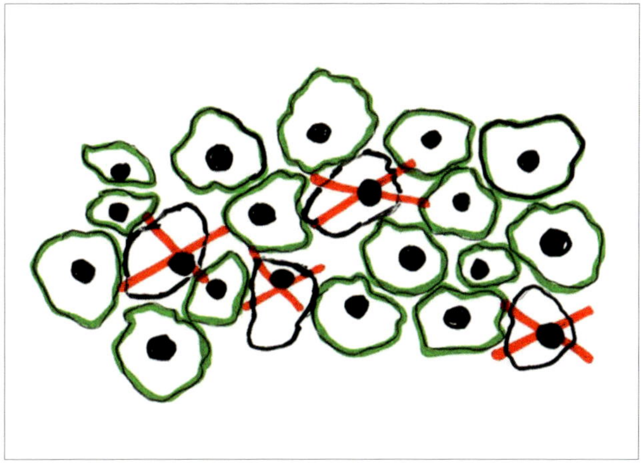

Bild 5.42
Standraumregulierung in einem Buchenbestand *(Fagus sylvatica)* zur Ausbildung von gleichmäßigen Kronen

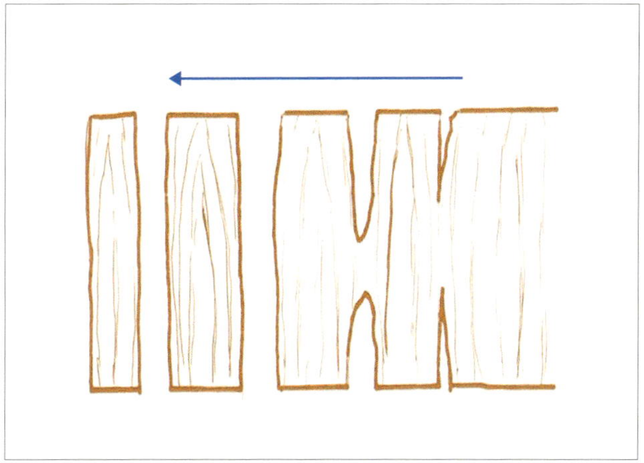

Bild 5.43
„Anschäler" mit unterschiedlicher Fladerung

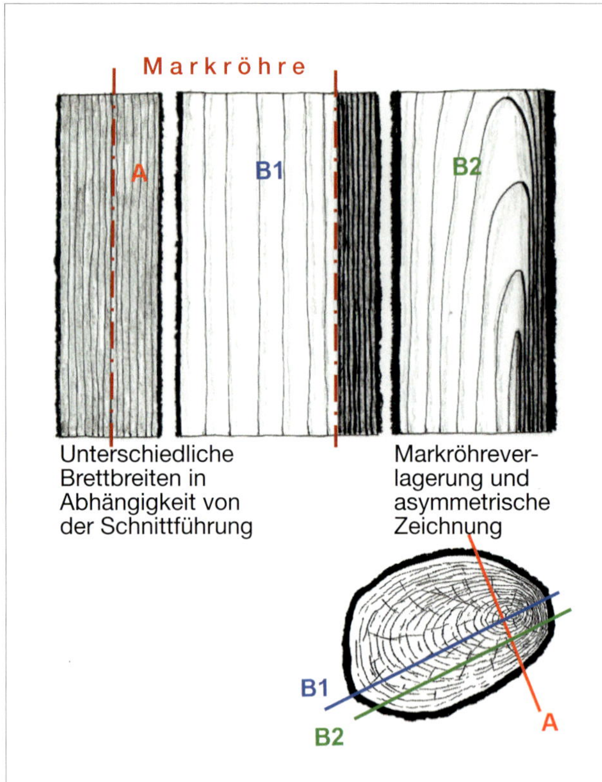

Bild 5.44
Einfluss der Schnittführung auf Jahrringverlauf und **Schnittholzabmessungen**

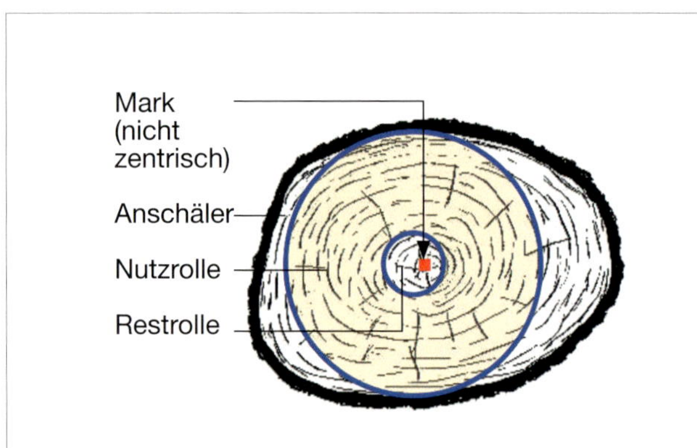

Bild 5.45
Optimierte Einspannung einer ovalen Schälrolle mittels Laserstrahl

Im Schnittholz führt die Markröhrenverlagerung zu unterschiedlichen Jahrringbreiten. Die tatsächlichen Brettbreiten unterscheiden sich von der Stärkeklasse des eingeschnittenen Stammes (Bild 5.44).

Da Markröhrenverlagerungen häufig im Zusammenhang mit der Bildung von Reaktionsholz stehen, führt dies zu unterschiedlichem Quell- und Schwindverhalten der Schnittware.

In der *Rahmenvereinbarung für den Rohholzhandel in Deutschland* (RVR 2015) wird die Ovalität nicht gemessen. Eine exzentrische Markröhre wird bei den Nadelhölzern berücksichtigt (Tabelle 5.4):

Baumart		Qualitätsklasse nach RVR			
		A	B	C	D
Fichte *(Picea abies)* Tanne *(Abies alba)*	Exzentrizität der Markröhre in (%)	≤10	≤15	unbegrenzt	unbegrenzt
Kiefer *(Pinus sylvestris)* Douglasie *(Pseudotsuga menziesii)* Lärche *(Larix decidua)*			≤20		

Tabelle 5.4
Auswirkung der Exzentrizität der Markröhre auf die Qualitätsklasse nach RVR (2015)

Technologische Anpassung

Bei der Herstellung von Schälfurnieren ist die Einspannvorrichtung automatisch auf die Flächenmittelpunkte der Stirnflächen der Schälrolle zu zentrieren, um eine maximale Ausbeute zu erzielen (Bild 5.45). Inzwischen ist die computergesteuerte XY-Zentrierung mittels Laserstrahl üblich.

Ein Stamm mit exzentrischer Markröhre wird beim Rundschnitt flachkant, mit „liegendem" größerem Durchmesser der Gattersäge zugeführt, damit Bretter mit symmetrischer Jahrringanordnung erzeugt werden können (Bild 5.46). Bei beabsichtigtem Modelschnitt ist der Vorschnitt hochkant durchzuführen (Lohmann 2005) (Bild 5.47).

Wird die Bandsägentechnologie mit Wendevorrichtungen für die Model angewendet, lassen sich Bretter mit symmetrischer Jahrringanordnung schneiden, wenn darauf geachtet wird, dass die Markröhre im dünner werdenden Model zentrisch liegt und im (Rest-)Kantholz verbleibt (Bild 5.48).

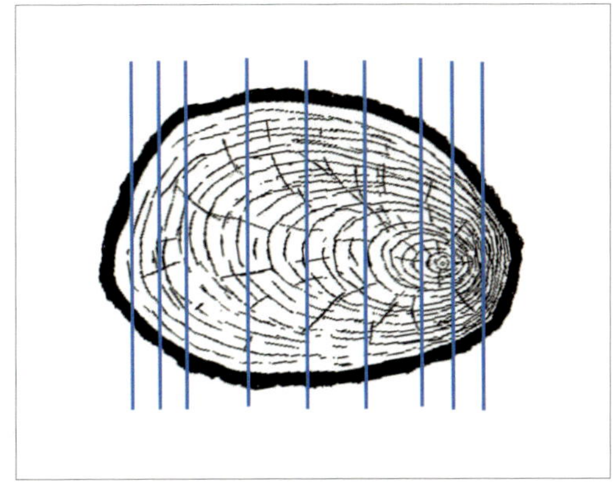

Bild 5.46 Rundschnitt, flachkant, mit anschließender Brettbesäumung bei einem Stamm mit exzentrischer Markröhre

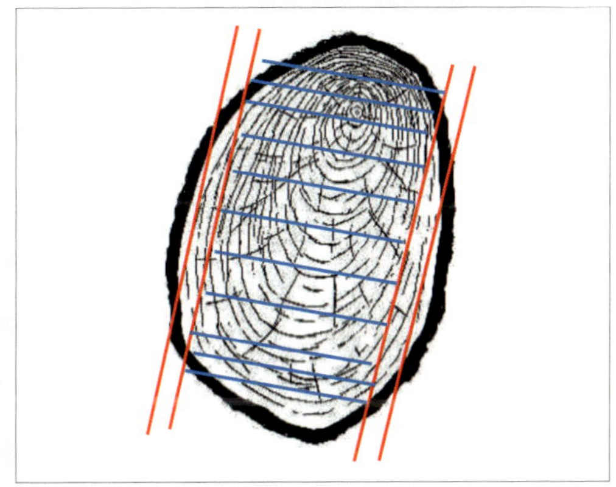

Bild 5.47 Vorschnitt, hochkant, mit nachfolgendem Modelschnitt bei einem Stamm mit exzentrischer Markröhre

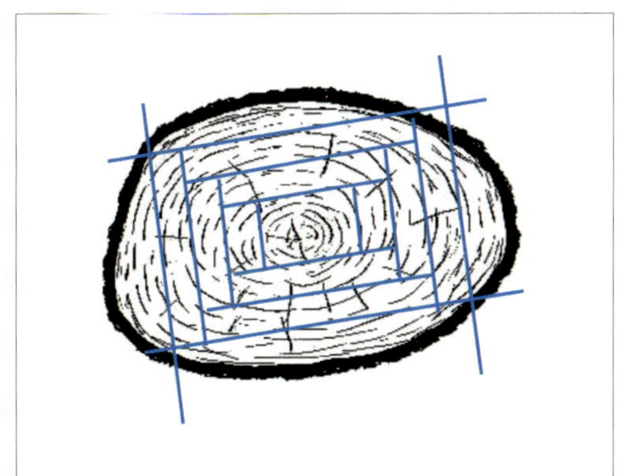

Bild 5.48 Bevorzugte Schnittführung in der Bandsägentechnologie bei einem ovalen Stamm mit zentrisch liegender Markröhre

Bildteil 5.1.4.1
Ovalität, exzentrischer Wuchs

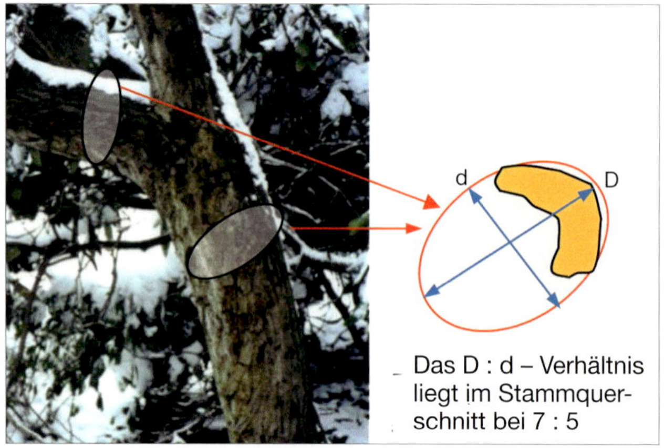

Exzentrischer Wuchs eines Ahornstammes *(Acer rufinerve)*. Jahrzehntelanger Schiefstand führte zur Ausbildung von Zugholz (orange).

Dieser Wipfel einer Fichte *(Picea abies)* verbog sich unter der Last von 20 kg Zapfen und verformte sich oval, indem er Druckholz ausbildete.

Lärche *(Larix decidua)* mit stark exzentrischem Wuchs am Stammfuß (Säbelwuchs)

Exzentrisch gewachsener Kiefernstamm *(Pinus sylvestris)* mit Druckholzzonen

Ovaler, kreisrunder und exzentrischer Querschnitt von Eichen- Stammabschnitten *(Quercus ssp.)* auf einer Submission.

Leichte Ovalität an einem Traubeneichen-Furnierstamm *(Quercus petraea)*

Starke Ovalität an einem Eichenstamm *(Quercus ssp.)*

Zugholz verursacht ovalen Stammquerschnitt an Esche *(Fraxinus excelsior)*.

Bildteil 5.1.4.1
Ovalität, exzentrischer Wuchs

Zugholzwülste an einem Kopi-Stamm *(Goupia glabra)* führen zu exzentrischem Wuchs.

Ausgeprägte Zugholzzonen im unteren Stammbereich von Bergigronfolo *(Qualea rosea)* verursachen exzentrischen Wuchs.

Exzentrisch gewachsene Ingipipa-Stämme *(Couratari stellata)* mit Zugholzwülsten

Extrem unrunder Kopi-Stamm *(Goupia glabra)*

Extreme Unrundigkeit: Quadratischer Querschnitt des Stammfußes einer tropischen Baumart

Unrunde Baboonwood-Schälfurnierrolle *(Virola surinamensis)* (blau) führt zu großem Anteil von Anschälern (rot).

Anschäler von Baboonwood *(Virola surinamensis)* (hell) und Walaba *(Eperua falcata)* (braun) vor der Heftung zu Furnierbahnen für Triplexplatten

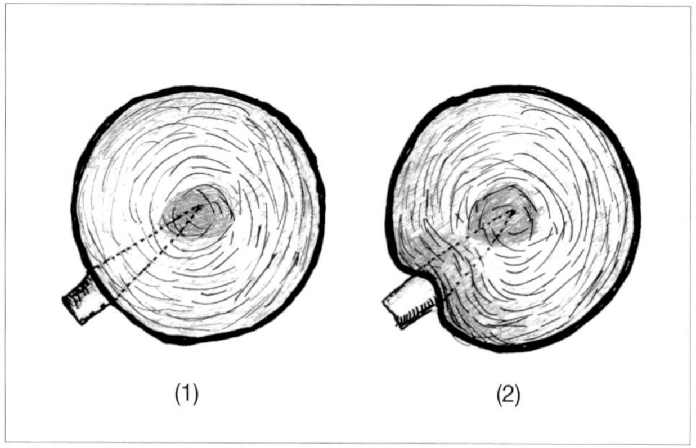

Bild 5.49
Stammquerschnitt einer Buche *(Fagus sylvatica)* oberhalb (1) und unterhalb einer Hohlkehle (2)

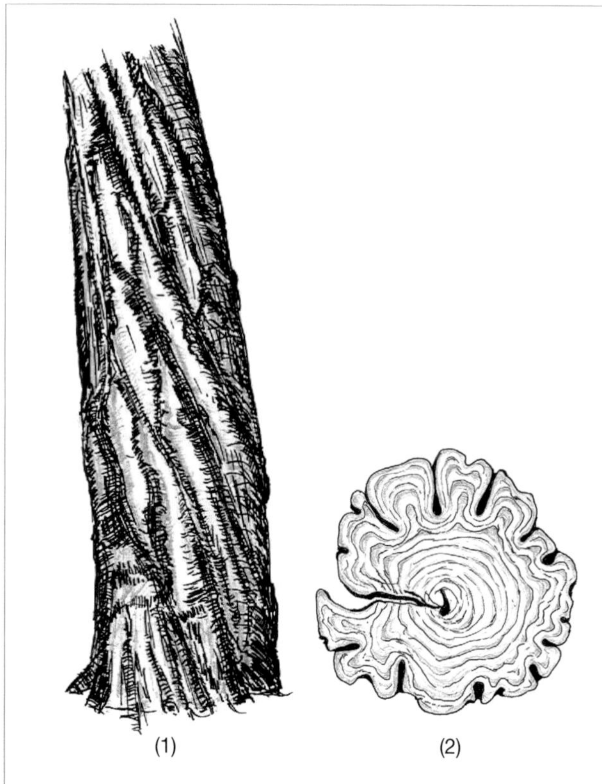

Bild 5.50
Spannrückiger Stammfuß und Stammquerschnitt einer Hainbuche *(Carpinus betulus)* (1) mit Rindeneinwachsungen (2)

5.1.4.2 Hohlkehle, Spannrückigkeit, starker Wurzelanlauf

Beschreibung des Merkmals

Hohlkehle, Spannrückigkeit und starker Wurzelanlauf gehören zusammen mit den Merkmalen Ovalität und Exzentrizität zur Merkmalsgruppe der „Unregelmäßigkeiten des Umrisses“.

In verschiedenen Sortiervorschriften (HKS 2002, DIN 1997e, DIN 1998) und in der gültigen RVR (2015) wird sich nicht oder nur unscharf zu Hohlkehle, Spannrückigkeit oder starkem Wurzelanlauf geäußert. Da deren Entstehungsursachen und ihre Auswirkungen auf die Holzverwendung aber recht unterschiedlich und erheblich sein können, erscheint eine vertiefende Betrachtung dieser Holzmerkmale notwendig.

Hohlkehlen sind rinnenartige Einbuchtungen auf dem Stammmantel, die dem Faserverlauf im Stamm folgen. Sie beginnen häufig unterhalb von Schattenästen und ziehen sich meist bis zum Wurzelanlauf hinab. Hohlkehlen in Verbindung mit Schattenästen sind besonders gut bei glattrindigen Baumarten wie Buche *(Fagus sylvatica)* (Bild 5.49), Birke *(Betula pubescens)* und Eibe *(Taxus baccata)* zu erkennen.

Die Fototafel zur Hohlkehle siehe Bildteil 5.1.4.2 – 1

Als **spannrückig** werden starke, wellenförmige Einbuchtungen und Erhebungen des Stammmantels parallel zur Stammachse bezeichnet. Die Einbuchtungen können bis zu Quetschfalten verengt sein. Häufig sind sie mit Rindeneinwüchsen im Bereich des Stammfußes verbunden, besonders bei Hainbuche *(Carpinus betulus)*. Die Stammoberflächen von Hainbuchen weisen häufig netzartig strukturierte Verdickungen auf. Ihre Jahrringe verlaufen wellenförmig (Bild 5.50). Spannrückige Stammanläufe sind auch an Buchen *(Fagus sylvatica)*, Birken *(Betula pubescens)*, Wachholder *(Juniperus communis)*, Eiben *(Taxus baccata)* und Sumpfzypressen *(Taxodium)* zu finden. Bei tropischen Baumarten, z. B. Zwart Parelhout *(Aspidosperma excelsum)* können sie extrem ausgebildet sein (Vergl. Bild 5.55).

Der Begriff „Spannrückigkeit" rührt vom Vergleich der wellenförmigen Erhebungen mit einem Fußrücken (Spann) her.

Die Fototafel zur Spannrückigkeit siehe Bildteil 5.1.4.2 – 2

Starke Wurzelanläufe sind brettwurzelartig ausgeprägte Stammfüße, die sich mehrere Meter am Stamm hinaufziehen können. Sie bilden dabei Hohlkehlen aus. Diese sind besonders bei Ulmen *(Ulmus ssp.)* (Bild 5.51 (1)), Sumpfzypressen *(Taxodium)* und Birken *(Betula pubescens)* sowie an vielen tropischen Baumarten anzutreffen z.B. Witte Pinto Locus *(Martiusia parviflora)* (Bild 5.51 (2)).

In Primär- und Sekundärwäldern der Tropen sind Hohlkehlen unter Schattenästen kaum zu finden, da diese Äste rasch unter dem Kronendach absterben. Weit verbreitet sind aber die Spannrückigkeit und der starke Wurzelanlauf, der häufig als Brettwurzel ausgebildet ist.

Die Fototafel zu starkem Wurzelanlauf siehe Bildteil 5.1.4.2 – 3

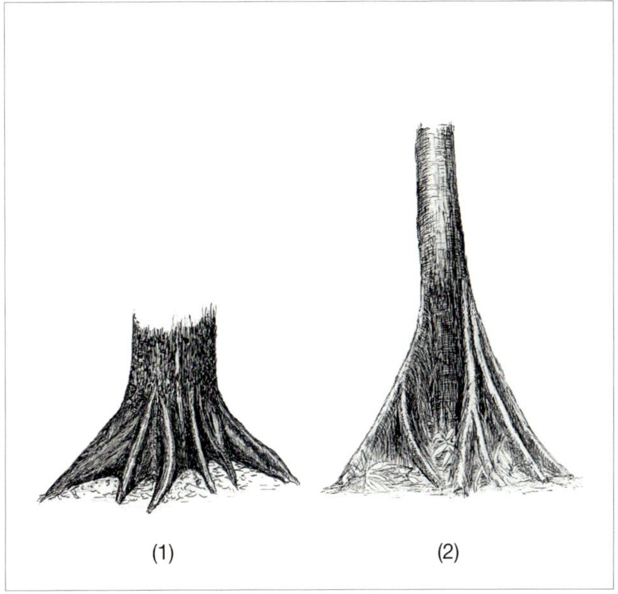

Bild 5.51
Brettwurzelartig ausgeprägte Wurzelanläufe an einer Ulme *(Ulmus laevis)* (1) und an Witte Pinto Locus *(Martiusia parviflora)* (2)

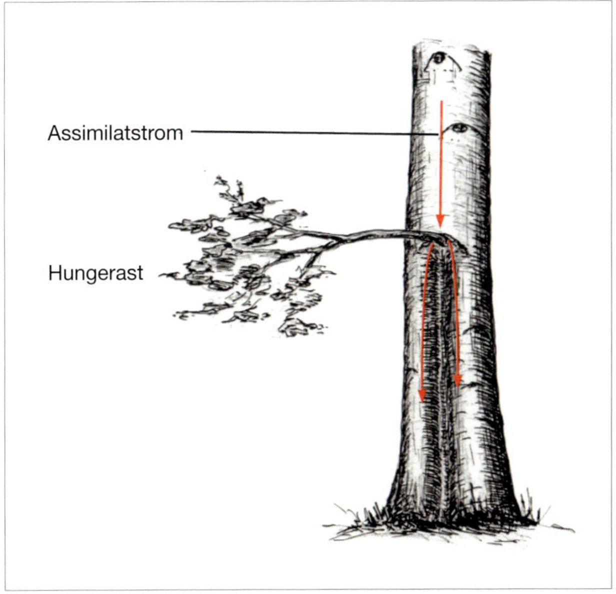

Bild 5.52
Schattenast („Hungerast") an Buche *(Fagus sylvatica)* verursacht eine Hohlkehle.

Messung (Mette 1984):

Zur Beurteilung einer **Hohlkehle** wird die Tiefe der Einbuchtung an der Stelle der größten Abweichung von der normalen Stammumfangslinie gemessen.

Zur Beurteilung der **Spannrückigkeit** wird die jeweils tiefste Einbuchtung an der Stelle der größten Abweichung von der normalen Stammumfangslinie in radialer Richtung gemessen, weil von ihr die Ausbeuteminderung maßgeblich beeinflusst wird.

Brettwurzelartige **Wurzelanläufe** sind bei zu schneiden, werden deshalb nicht gemessen.

Ursachen

Die Erscheinungsformen der Spannrückigkeit und der ausgeprägten Wurzelanläufe können – oberflächlich betrachtet – mit einer Ansammlung von Hohlkehlen verglichen werden. Diese äußeren Ähnlichkeiten haben aber verschiedene Entstehungsursachen, die ihrerseits weitreichende Auswirkungen auf die Verwendungsmöglichkeiten des Holzes haben können.

Bild 5.53
Sog. Zuwachsrüssel an Lebensbaum *(Thuja occidentalis)*

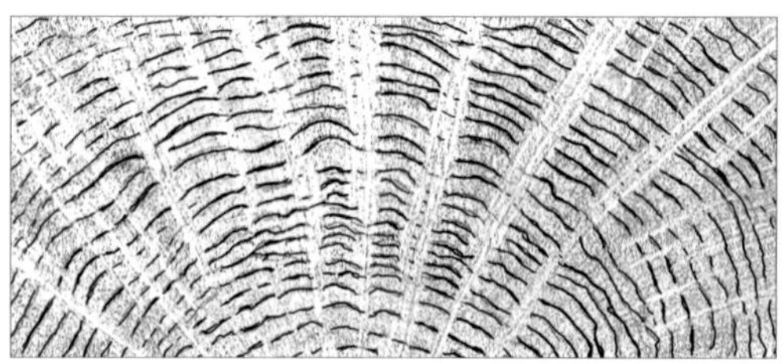

Bild 5.54
Welliger Jahrringverlauf in einer spannrückigen Hainbuche *(Carpinus betulus)*

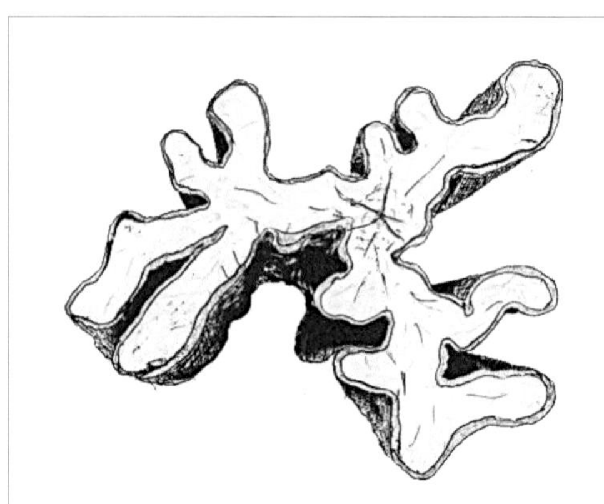

Bild 5.55
Extreme Spannrückigkeit unter Auflösung des Stammumrisses bei Zwart Parelhout *(Aspidosperma excelsum)*

Hohlkehlen sind häufig auf eine Unterversorgung von Stammteilen mit Assimilaten unterhalb von Schattenästen zurückzuführen. Die Äste (sog. „Hungeräste") benötigen die Assimilate für den Eigenverbrauch, so dass diese nicht für das Dickenwachstum des Stammes unterhalb des Astansatzes zur Verfügung stehen (Rubner 1910, Grüner und Metzler 2003). Der landläufige, auf aufmerksame Naturbeobachtung zurückzuführende Ausspruch: "Ich habe einen Hungerast" hat hier vermutlich seinen Ursprung.

Zusätzlich wird der Assimilatstrom aus höheren Baumregionen um den Astansatz herum gelenkt. Die damit verbundene Unregelmäßigkeit des Stammumrisses *beschränkt sich nur auf den unterhalb des Astes liegenden, eng begrenzten Stammbereich* (Bild 5.52).

Ein Gegenstück zum Hungerast mit Hohlkehle stellt der sog. „Zuwachsrüssel" dar. Er bildet sich unterhalb eines vom Licht besonders bevorzugten Astes. Dieser produziert reichlich Assimilate, die zur lokalen Stammverdickung beitragen. Diese Stammverdickung sorgt für zusätzliche Stabilität des auskragenden Starkastes (Bild 5.53).

Spannrückigkeit hat genetische Ursachen. Anatomisch wird sie durch breite Holzstrahlen, gehäuftes Holzstrahlparenchym (z. B. bei Buche *[Fagus sylvatica]*) bzw. Scheinholzstrahlen (z. B. bei Hainbuche *[Carpinus betulus]*) charakterisiert. Dadurch wird die Anlage von Leitgefäßen erschwert, so dass lokal die Nährstoffversorgung und damit regional das Dickenwachstum gehemmt wird. Es entsteht ein welliger Jahrringverlauf, *der den gesamten Stammbereich betrifft* (Bild 5.54). Nach Untersuchungen von Schweingruber (2007) können sich Zellen und Zellgruppen während ihres Wachstums autonom differenzieren, kann das Kambium lokal inaktiv werden, oder Korkbänder unterbrechen kleinflächig das Dickenwachstum.

Verschiedene tropische Baumarten sind genetisch auf Spannrückigkeit fixiert. Ihr Stamm löst sich im Extremfall in einzelne miteinander verwachsene Holzsegmente auf, die statisch perfekt aufeinander abgestimmt sind. Materialökonomie, verbunden mit statischer Festigkeit verleihen diesen Bäumen Konkurrenzvorteile: Sie sparen Stammvolumen zugunsten des Höhenwachstums ein (z. B. Zwart Parelhout *[Aspidosperma excelsum]* (Bild 5.55), Ostindischer Tintenbaum *[Semecarpus anacardium]*).

Starke, brettwurzelartige Wurzelanläufe haben häufig statische Ursachen. So kann eine regionale Zunahme des Dickenwachstums an den Wurzelanläufen (z. B. Ulme *(Ulmus laevis)*, Birke *(Betula pubescens)*, Sumpfzypresse *(Taxodium)*), besonders aber bei tropischen Baumarten die Standfestigkeit des Stammes auf weichen Böden erhöhen. Der stark eingebuchtete und aufgewölbte Jahrringverlauf *betrifft den gesamten Stammfuß*. Außerdem wird die genetische Veranlagung für die Ausprägung dieses Merkmals mit verantwortlich gemacht.

In den Regenwäldern der Tropen werden Nährstoffe rasch ausgewaschen. Deshalb sind die Bäume darauf angewiesen, mit ihren Feinwurzeln Nährstoffe unmittelbar zwischen Oberboden und Streuschicht aufzunehmen. Sie wurzeln flach. Die fehlende Standfestigkeit und Verankerung mittels tief reichender Wurzeln wird mit breit ausladenden Brettwurzeln wettgemacht (Bild 5.56).

Über die Anatomie von Brettwurzeln liegen noch keine hinreichenden Untersuchungen vor (Comvalius 2012). Wichtig aus anatomischer und bionischer Sicht wäre herauszufinden, wie die Zellen „konstruiert" sind und was den Zellverband zu solch stabilen Druck- *und* Zug-Festigkeiten in der Brettwurzel verhilft.

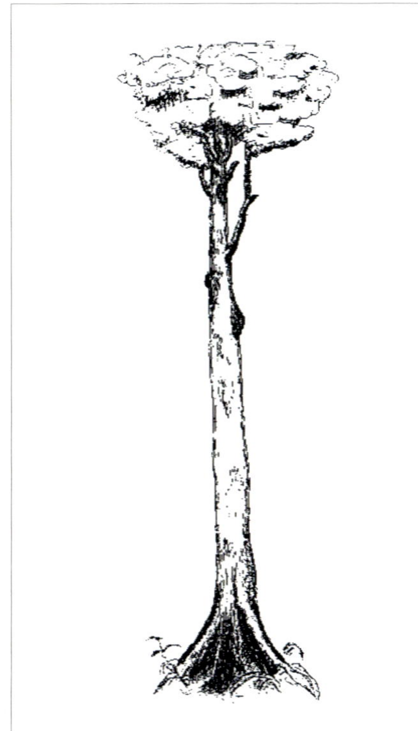

Bild 5.56 Brettwurzelartige Stammanläufe erhöhen die Standfestigkeit von Zwart Riemhout *(Micropholis guianensis)*

Vermeidung

In Auslesedurchforstungen werden bevorzugt Bäume mit tief ansetzenden Ästen und stärkerer **Hohlkehligkeit** entnommen. Waldbauliche Maßnahmen wie Schaftpflege durch Unterbau und Kronenschluss fördern die Astreinigung und schränken die Ausbildung von Hungerästen ein (Bild 5.57).

Bild 5.57 Unbefriedigende waldbauliche Situation nach verpasster negativer Auslese (Hohlkehlen verursachende Schattenäste)

Spannrückigkeit ist nicht zu beeinflussen. Deshalb sollten bei der Bestandesbegründung von vornherein Baumarten mit geringer Veranlagung zur Spannrückigkeit ausgewählt oder bei Durchforstungen die ungünstigen Phänotypen entnommen werden.

Ausgeprägte brettwurzelartige **Wurzelanläufe** lassen sich – wenn überhaupt – durch geeignete Standortswahl einschränken oder es wird auf Baumarten, die zu starken Wurzelanläufen neigen, verzichtet.

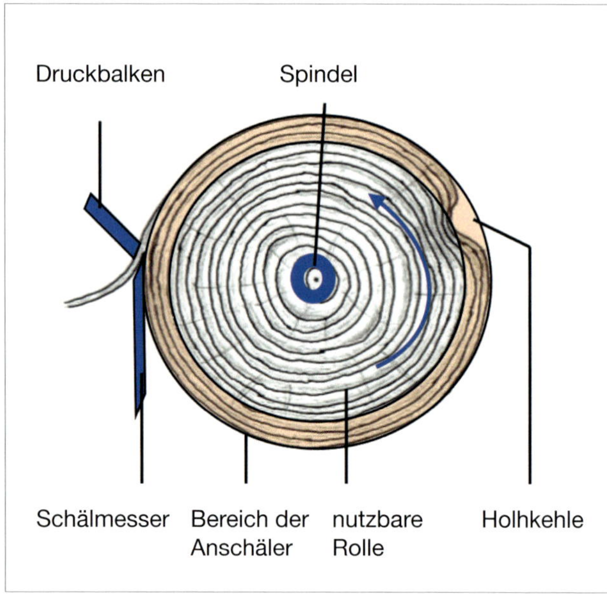

Bild 5.58
So entstehen „Anschäler“ an einer Schälfurnierrolle aus Buche *(Fagus sylvatica)*.

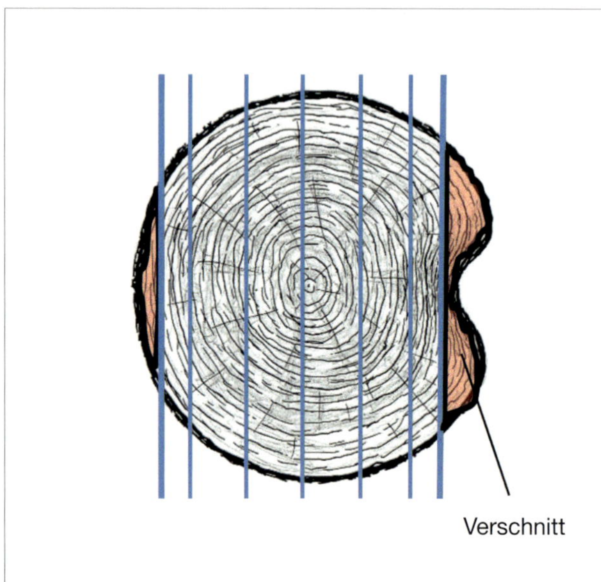

Bild 5.59
Verringerte Ausbeute beim Rundschnitt wegen des größeren Schwartenanteils

Auswirkungen auf die Verwendung

Hohlkehlen führen bei fast allen Verwendungsarten zu Ausbeuteverlusten. Bei der Schälfurnierherstellung entstehen sogenannte „Anschäler“ (Bild 5.58). Beim Sägeholzeinschnitt vergrößern sich die Zuschnittverluste. Außerdem wird der Faserverlauf im Bereich der Hohlkehle gestört (Bild 5.59).

Eine Hohlkehle beeinträchtigt bei ansonsten ausgezeichneten Qualitätseigenschaften des Stammabschnittes nicht die Herstellung von Messerfurnieren, wenn sie in die Messerebene gelegt wird.

Spannrückige Stämme sind für die Furnierherstellung untauglich. Beim Sägeholzeinschnitt vermindert ein großer Schwarten- und Spreißelanteil die Holzausbeute (Bild 5.60).
Der wellige Jahrringverlauf kann zum Verwerfen der Schnittware führen. Spannrückiges Holz spaltet wellig.

Starke Wurzelanläufe haben im Bereich des Stammfußes einen erheblich gestörten Jahrringverlauf. Dies kann dazu führen, dass sich die Schnittware verwirft und reißt. Starke Wurzelanläufe sind wegen ihres unregelmäßigen Jahrringverlaufs nicht furnierholztauglich.

Sind für die Entstehung von Hohlkehlen vorrangig ernährungsphysiologische Ursachen maßgebend, so ist die Spannrückigkeit in der Regel genetisch bedingt. Starke Wurzelanläufe können sowohl auf genetischen als auch physikalischen Ursachen zurückgeführt werden.

Obwohl Hohlkehlen, Spannrückigkeit und starke Wurzelanläufe einerseits die Eignung des Rundholzes für einen bestimmten Gebrauch erheblich stören, nehmen verschiedene Rohholzsortierungen (HKS 2002, DIN 1997e, DIN 1998, RVR 2015) nur allgemein und indirekt Stellung zu diesen Holzmerkmalen. Im Unterschied dazu wurde in der Rundholzsortierung der ehemaligen Deutschen Demokratischen Republik (DDR) (TGL 1977b) Messerfurnier von Buche *(Fagus sylvatica)* mit Hohlkehlen bis zu 5 cm Tiefe noch zugelassen. Spannrückigkeit wurde bei Birkenfurnier *(Betula ssp.)* ausdrücklich als unzulässig erklärt.

Bisher hat als einziges deutsches Bundesland, das Land Thüringen, in seinem bis zum Jahre 2015 gültigen Kommentar zur Handelsklassensortierung (Thüringer Landesforstdirektion 1997) den Einfluss der Hohlkehle auf die Güte des Buchenholzes *(Fagus sylvatica)* wieder quantifiziert und somit eine klare Verhandlungsgrundlage beim Holzverkauf geschaffen.

Nach der allgemeinen Beschreibung der Qualitätsklassen in der gültigen RVR (RVR 2015) können Hohlkehle und Spannrückigkeit nur gutachtlich beurteilt werden. Dies schafft für die Marktteilnehmer einen großen Interpretationsspielraum. Danach sind Rundhölzer aller Baumarten mit Hohlkehlen und Spannrückigkeit i. d. R. als *„... Rundholz von normaler Qualität mit vermehrt vorkommenden und / oder stärker ausgeprägten Qualitätsmerkmalen ...,* in die Qualitätsklasse C einzuordnen, es sei denn, dass diese Merkmale *„...durch die sonstige gute Qualität der betreffenden Klasse ausgeglichen werden.“* (RVR 2015, S. 13–14)

Mögliche Qualitätsbeeinflussungen durch starke Wurzelanläufe sind explizid nicht in der RVR genannt. Dem entsprechend wären Qualitätsbeurteilungen einvernehmlich zu vereinbaren.

Technologische Anpassung

Eine **Hohlkehle** beeinträchtigt bei ansonsten ausgezeichneter Stammqualität nicht die Herstellung von Messerfurnieren, wenn sie in die Messerebene gelegt wird.

Trennschnitte sind kurz über dem Astansatz, bei dem die Hohlkehle ansetzt, zu führen (Bild 5.61). Der Stamm sollte im Einfachschnitt verarbeitet werden, damit aus der gesamten Brettbreite Stiele, Kanteln, Parkett u. dgl. herausgeschnitten werden können (Bild 5.62).

Spannrückiges Rundholz sollte aus gleichen Gründen auch im Einfachschnitt eingeschnitten werden. Sorgfältiges Einstapeln und eine schonende Trocknung der Schnittware schränken das Verwerfen und Rissbildungen ein.

Starke Wurzelanläufe müssen beigeschnitten oder mit Wurzelreduzierer im Werk entfernt werden.

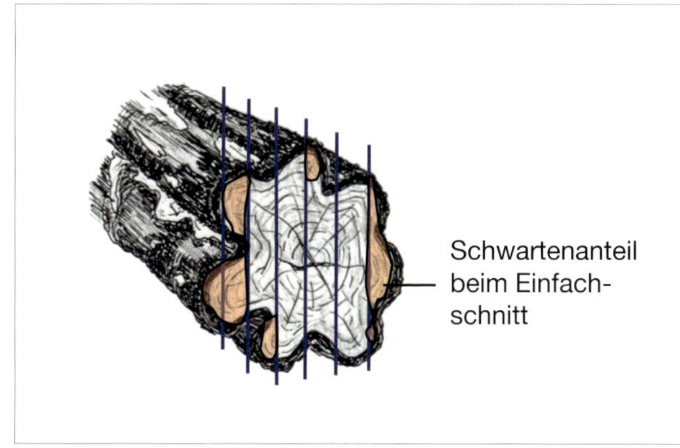

Bild 5.60
Verringerte Ausbeute wegen großen Verschnitts bei einer spannrückigen Birke *(Betula ssp.)*

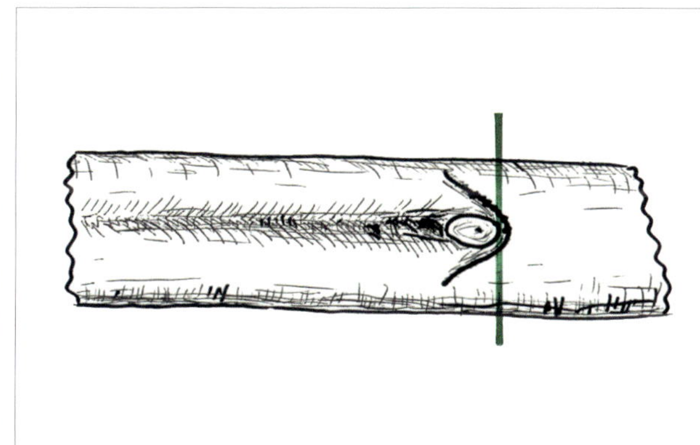

Bild 5.61
Führung des Trennschnittes oberhalb eines Astansatzes mit Hohlkehle

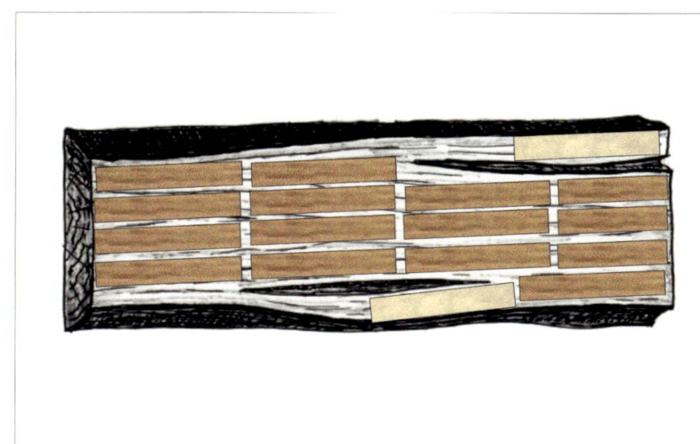

Bild 5.62
Einschnittraster auf einem spannrückigen Brett (Einfachschnitt), das zu Parkettkanteln geschnitten wird

Bildteil 5.1.4.2 – 1
Hohlkehle. Spannrückigkeit, starker Wurzelanlauf: Hohlkehle

Tiefe Hohlkehlen unter 150 Jahre alten Schattenästen einer Eibe *(Taxus baccata)*

Hohlkehlen unter „Hungerästen" an einer Kiefer *(Pinus sylvestris)*

Hohlkehlen unter den Astansätzen eines Urweltmammutbaums *(Metasequoia glyptostroboides)*

Hohlkehle unter „Hungerästen" an einer Altbuche *(Fagus sylvatica)*

Gegenstück zum „Hungerast" ist der „Zuwachsrüssel" an diesem Lebensbaum *(Thuja occidentalis)*.

Tiefe Hohlkehlen folgen dem stark linksdrehwüchsigen Faserverlauf dieser zweihundertjährigen Buche *(Fagus sylvatica)*.

Tiefe Hohlkehle mit Rindeneinwachsung am Stammfuß einer Buche *(Fagus sylvatica)*

Bergulme *(Ulmus glabra)* wird trotz Hohlkehle wegen ihrer Seltenheit versteigert.

Seltener „Hungerast" über Hohlkehle bei Bolletri *(Manilkara bidentata)* in einem tropischen Primärwald

Die Äste von diesem Stamm Zwart Parelhout *(Aspidosperma excelsum)* wachsen nur innerhalb der Hohlkehlen und nicht an den statisch wichtigen Stammwülsten - perfekte Optimierung von Stabilität und Materialökonomie.

Bildteil 5.1.4.2 – 2
Hohlkehle. Spannrückigkeit, starker Wurzelanlauf: Spannrückigkeit

Stark spannrückige Hainbuchen *(Carpinus betulus)*

Hainbuchenstämme *(Carpinus betulus)* auf einer Submission, begehrt bei Holzwarenherstellern

Bei Birken *(Betula ssp.)* überdecken sich mitunter Spannrückigkeit und starker Wurzelanlauf.

Brett aus spannrückigem Fukadi-Holz *(Buchenavia ssp.)* mit gestörtem Faserverlauf (helle Flecken)

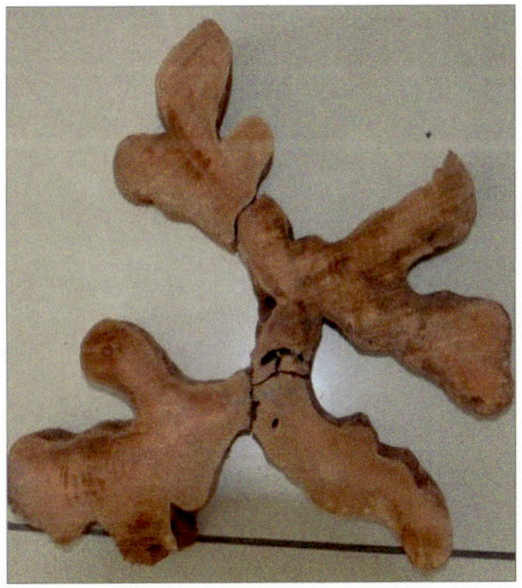

Verwendungsbeispiel: Die Baumart Zwart Parelhout *(Aspidosperma excelsum)* besteht aus miteinander verwachsenen Stammsegmenten (li.). Querschnitt durch einen jüngeren Stamm (halbli.). Dünnere Stämme werden als natürliches Konstruktionsholz verwendet (halbre.). Hervorragend geeignet zur Herstellung spezieller Möbel (re.), Surinam.

Bildteil 5.1.4.2 – 3
Hohlkehle. Spannrückigkeit, starker Wurzelanlauf: Starker Wurzelanlauf / Brettwurzel

Flatterulme *(Ulmus laevis)* mit Brettwurzeln auf einem Feuchtstandort (Hartholzaue). Rechts: Ein tiefer Fällschnitt durch den verwirbelten Faserverlauf im Stammfuß verhindert, dass der Stamm aufreißt.

Starker Wurzelanlauf an einer Hochlagenfichte *(Picea abies)* in windexponierter Lage im oberen Thüringer Wald

Starker Wurzelanlauf an 250-jähriger Tanne *(Abies alba)* aus dem Schwarzwald

Holzmarterl aus dem Wurzel anlauf einer Fichte *(Picea abies)*, Südtirol, Italien

Wurzelanlauf von Bergmammutbaum *(Sequoiadendron giganteum)*, Kalifornien, USA

Brettwurzeln von Ingipipa *(Couratari stellata)*, Surinam

Witte Pinto Locus *(Martiusia parvifflora)* mit ausgeprägten Brettwurzeln. Die Wachstumszonen verlaufen durch Stamm (rechts) und Brettwurzel (Mitte) gleichermaßen

5.2 Astigkeit

5.2.1 Lebendast, Totast, Wasserreiser, Klebast

Beschreibung des Merkmals

Unter **Astigkeit** werden alle auf dem Stammmantel sichtbaren Primär- und Sekundäräste sowie alle Äste und Astreste im Stamminneren verstanden (Bild 5.63).

Der Ast ist ein vom Schaft des Baumes abgehender notwendiger Seitentrieb, der sich im Zellaufbau (Reaktionsholz, Verkernung, Farbe und Dichte), im Faserverlauf und Jahrringbau vom Gewebe des Baumschaftes unterscheidet.

Nach ihrem *Ursprung* werden Äste in Primär- und Sekundäräste unterschieden: Der **Primärast** hat seinen Ursprung an der Markröhre.

Der **Sekundärast** (Wasserreis / Klebast) kann aus einer *Proventivknospe* („schlafendes Auge") austreiben. Die Knospe wird bereits bei der Zweiganlage des Schösslings gebildet und kann über Jahrzehnte im Stamm mitwachsen ohne auszutreiben. Sie „zieht" dabei die Markröhre mit sich. Bei Stammverletzungen oder Lichtreizen treibt die Knospe als „Ersatzzweig" aus. Im Unterschied zur Proventivknospe wird die *Adventivknospe* aus teilungsfähigem Gewebe (Wundkallus) spontan in der Rinde gebildet und treibt zum Wasserreis aus (Bild 5.64) (Dujesiefken und Liese 2008; Roloff 2015).

Vom Alter des Sekundärastes kann auf den Jahrring geschlossen werden, an dem die Wasserreiserknospe ausgetrieben hat. Stärkere Wasserreiser (>2cm Dm) werden als Klebäste bezeichnet. Sie reichen tiefer in den Stammmantel hinein.

Entsprechend ihrem *Gesundheitszustand* werden Äste wie folgt eingeordnet:

Grünäste sind lebende Seitentriebe, die mit dem Gewebe des Baumschaftes verwachsen sind (gesunde Äste), (Bild 5.65) oder noch teilweise verwachsen sind (absterbende Äste).

Totäste sind abgestorbene Seitentriebe, die nicht mehr mit dem Gewebe des Baumschaftes verwachsen sind.

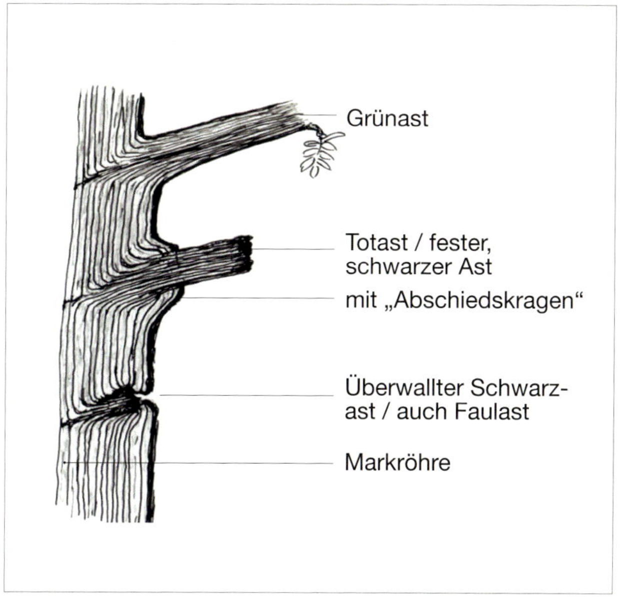

Bild 5.63 Leben, Absterben und Überwallen von Primärästen an einem Laubbaum

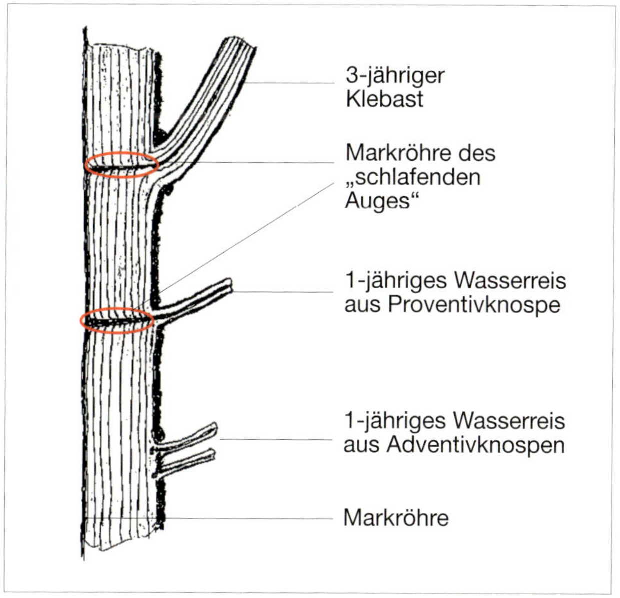

Bild 5.64 Prinzip der Entstehung von Sekundärästen: Klebast und Wasserreis aus Proventiv- und Adventivknospen

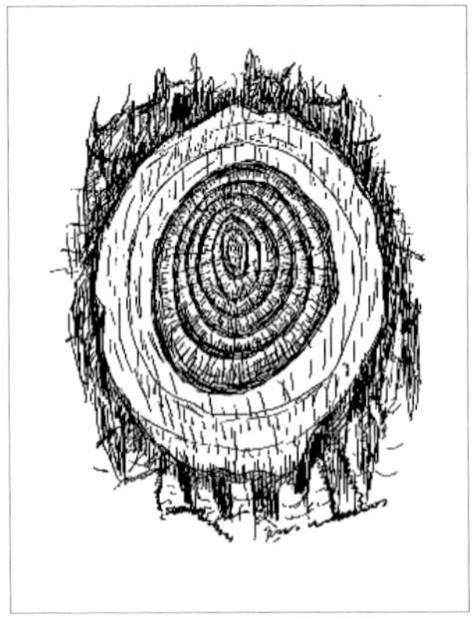

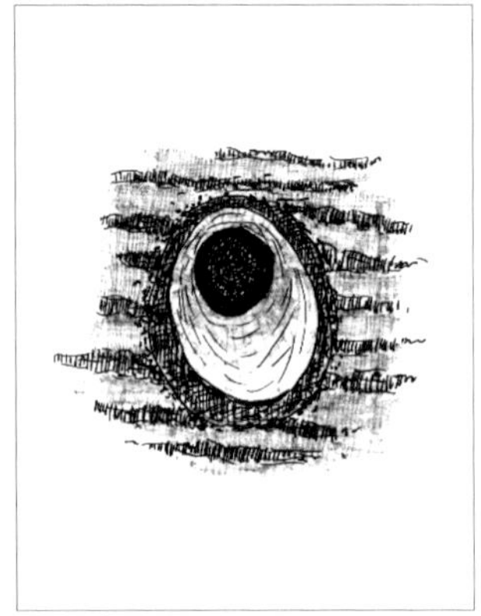

Bild 5.65 (li.) Gesunder Ast eines Ringporers, Eiche *(Quercus ssp.)*

Bild 5.66 (re.) Fester schwarzer Ast eines Halbringporers, Kirsche *(Prunus avium)*

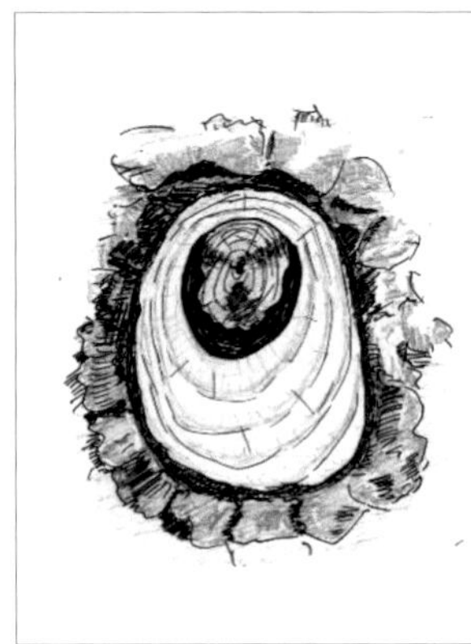

Bild 5.67 (li.) Angefaulter Ast <1/3 der Querschnittsfläche eines Nadelholzes, Fichte *(Picea abies)*

Bild 5.68 (re.) Angefaulter Ast >1/3 der Querschnittsfläche eines Zerstreutporers, Bergahorn *(Acer pseudoplatanus)*

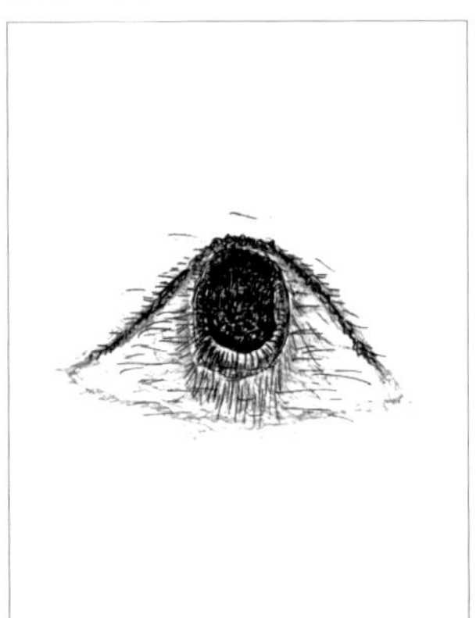

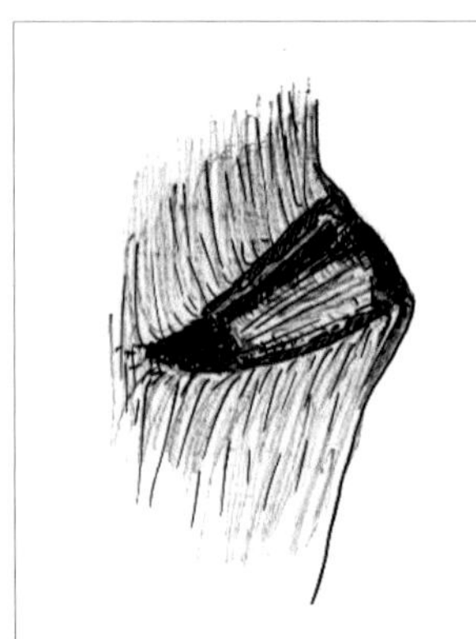

Bild 5.69 (li.) Faulast eines Zerstreutporers, Buche *(Fagus sylvatica)*

Bild 5.70 (re.) Tiefgehender Faulast eines Ringporers, Esche *(Fraxinus excelsior)*

Nach dem *Vermorschungsgrad* werden Totäste unterschieden in:

Feste schwarze Äste: Dunkel verfärbte oder schwarz umrandete Äste ohne erkennbare Zersetzungserscheinungen (Bild 5.66)

Angefaulte Äste: Fäule unter 1/3 der Astquerschnittsfläche (Bild 5.67)

Fauläste: Fäule über 1/3 der Astquerschnittsfläche (Bild 5.68, Bild 5.69)

Tiefgehende Fauläste: Fäule zieht tiefer als 20% des Stammdurchmessers an der Messstelle in den Stamm hinein (Bild 5.70)

Überwallte Äste: Vom Stammmantel überwallte Astabbrüche, erkennbar an der Astnarbe, die aus Astsiegel und Rindenquetschfalte besteht (siehe Kapitel **5.2.2 Astnarbe**).

Während ein fester schwarzer Ast aus totem, verfärbtem, aber noch festem Holz besteht (Lignin bräunt sich, Zellulose vergraut), ist das Holz eines Faulastes bereits von Mikroorganismen zersetzt und nur noch von geringer Festigkeit. Gleichsetzungen beider Asttypen sind bei Sortierungen üblich, aber aus biologischer und technologischer Sicht falsch.

Die Astigkeit wird in verschiedenen deutschen Sortiervorschriften teilweise unterschiedlich definiert (Tabelle 5.5).

Die Fototafel zur Charakterisierung der Astigkeit s. **Bildteil 5.2.1 – 1**

Vorgenannte Beschreibungen der Asttypen beziehen sich auf Bäume der gemäßigten Klimazonen. Prinzipiell gelten sie aber auch für tropische und subtropische Baumarten. Nur treten sie dort auf Grund der Klimabedingungen in viel mannigfaltigerer Ausprägung auf (Richter 2012). Harzmann (1988, S. 43). stellt in diesem Zusammenhang fest, dass *"…diesem verbreitetsten Qualitätsmerkmal … meist keine Aufmerksamkeit geschenkt wird oder keine Angaben über die arttypischen Merkmale der Astigkeit …"* vorliegen. *„Über die arttypischen Eigentümlichkeiten der Absterbevorgänge bei den Ästen am Schaft, dem Astabbruch und der Überwallung (sei) noch wenig Spezielles bekannt …"*.

In **Bildteil 5.2.1 – 2** wird auf spontane Astbrüche eingegangen, über deren Entstehungsursachen bisher lediglich Vermutungen bestehen. *„Unglücksbalken"* hingegen haben eindeutige elasto-mechanische Ursachen: Schubspannungsrisse infolge zu großer Biegebeanspruchung.

Astbezeichnung	TGL 15799 der ehemaligen Deutschen Demokratischen Republik (DDR), (TGL 1988)	HKS- Sortiermerkblätter der deutschen Bundesländer, gültig bis 2012, (HKS 2002)	Rahmenvereinbarung Rohholzhandel Deutschland (RVR), gültig seit 2013 (RVR 2015)
Gesunder Ast (Bild 5.65)	Offener Ast ohne Anzeichen von Fäule	Offener Ast ohne Anzeichen von Fäule und zu höchstens 50% schwarz umrandet (SSLEF 1997). Dazu zählen auch stark verkiente Nadelholzäste (Hornäste) (Thüringer Landesforstdirektion 1997)	*„Gesunder Ast: Ast ohne Anzeichen von Fäulnis"* *Auch: **„Verwachsener Ast:** Ast, der auf der Sichtseite mit seinem vollen Querschnittsumfang mit dem umgebenden Holz verwachsen ist."*
Wasserreis Klebast (Bild 5.64) **(s. Bildteil 5.2.1 – 3)**	Durch Austreiben einer schlafenden Knospe entstandener, dünner, nicht bis zur Markröhre reichender Ast Klebast nicht definiert	Durch Austreiben einer schlafenden Knospe entstandener, dünner, nicht bis zur Markröhre reichender Ast. Wasserreiser können sich zu Klebästen entwickeln (Thüringer Landesforstdirektion 1997)	*„Nägel sind abgestorbene Wasserreiser mit einer Astsiegelhöhe von weniger oder gleich 1 cm"* Wasserreiser und Klebast nicht definiert, nur deren Narben – die „Nägel"
Fester schwarzer Ast (Bild 5.66)	Dunkel verfärbter oder schwarz umrandeter Ast ohne äußerlich erkennbare Zersetzung der Holzsubstanz	Dunkel verfärbter oder zu mehr als 50% schwarz umrandeter, offener und abgestorbener Ast ohne äußerlich erkennbare Zersetzung der Holzsubstanz (Thüringer Landesforstdirektion 1997, SSLEF 1997)	***„Nicht verwachsener Ast:** Ast, der von der Sichtseite von einem schwarzen Ring umgeben oder nicht vollständig mit dem umgebenden Holz verwachsen ist; im Regelfall handelt es sich um einen Totast"*
Angefaulter Ast (Bild 5.67; 5.68)	Offener Ast mit Fäule, die nicht mehr als 1/3 der Querschnittsfläche des Astes einnimmt	nicht definiert	*„Ast mit erkennbarer Weichfäule"*
Faulast (Bild 5.69)	Offener Ast mit Fäule, die mehr als 1/3 der Querschnittsfläche des Astes einnimmt	Ast mit äußerlich erkennbarer Zersetzung der Holzsubstanz (Thüringer Landesforstdirektion 1997, SSLEF 1997) 1)	
Tiefgehender Faulast (Bild 5.70)	Offener Ast mit Fäule, die mehr als 20% des Stammdurchmessers an der betroffenen Messstelle in den Stamm hinein zieht	nicht definiert	nicht definiert
Überwallter Ast (s. Kap. 5.2.2)	Ast, der nicht auf der Mantelfläche des Rundholzes sichtbar ist. Er ist an Astnarben, wie z. B. Astbeulen, Siegeln oder Chinesenbärten zu erkennen	Ast, der nicht auf der Mantelfläche des Rundholzes sichtbar ist. Er ist an Astnarben, wie z. B. Astbeulen, Siegeln oder Chinesenbärten zu erkennen (TGL 1977a, Thüringer Landesforstdirektion 1997, SSLEF 1997)	*„Äste, die an der Mantelfläche des Rundholzes nicht unmittelbar sichtbar sind."*

1) Frommhold (2001) versteht unter Faulast *„... neben Ästen mit geringer Weichfäule auch alle anderen Äste, also auch Trockenäste, Schwarzäste und Hornäste, welche zu weniger als 50% ihres Umfanges mit dem umgebenden Holz fest verwachsen sind"*, obwohl dies aus Sicht der Holzverwendung differenzierter bewertet wird. Während z. B. der Trockenast in Volumen und Festigkeit beständig bleibt, ist dies bei Faulästen nicht gewährleistet.

Tabelle 5.5
Charakterisierung der Astigkeit am entasteten Rundholz nach verschiedenen deutschen Sortiervorschriften für Rundholz

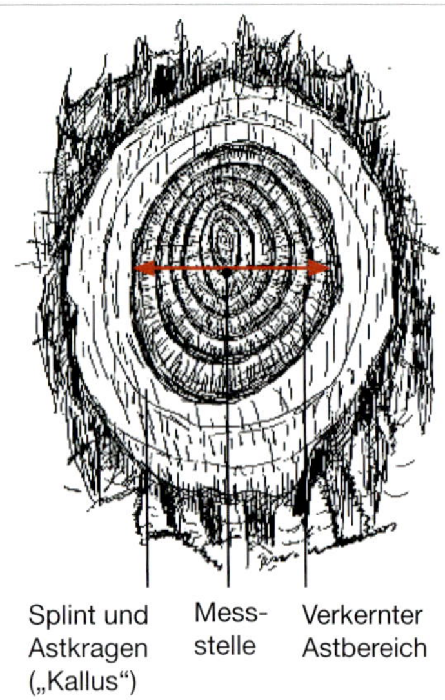

Bild 5.71
Astabhieb am Stamm mit Angabe der Messstelle des Astes

Beurteilung der Astigkeit am Stamm: Der Astabhieb am Stamm wird in allen Sortierungen einheitlich gemessen.

Astmessung:

Gemessen wird nur der *kürzeste Abstand des verkernten bzw. durch Fäule markierten Bereichs des Astes in Zentimeter.* Die aus Splint und Astkragen bestehende Putzstelle wird **nicht** gemessen (Bild 5.71), (TGL 1977, SSLEF 1997, RVR 2015).

Hingegen unterschiedlich bewertet werden Vorkommen und Lage der Äste am Stamm. War in der TGL 157999 der ehemaligen DDR noch ein gewisser Fehlerausgleich möglich – ein Ast konnte bei ansonsten guter Stammqualität toleriert werden (TGL 1977) – so war dies nach der Rohholzsortierung in Deutschland (HKS 2002) ohne Einvernehmen mit dem Kunden nicht mehr zulässig. Diese Änderung in der Auffassung des Fehlerausgleichs verdeutlicht einen Wandel in der Bewertung des Rohstoffs Holz: Weg von einem natürlich gewachsenen Produkt, hin zu einem technisch genormten Gegenstand.

Nach der gültigen RVR werden aber in den *„Generellen Regeln zur Qualitätssortierung von Stammholz“* (RVR 2015, S. 14 f.) wieder *„... vereinzelt auftretende Merkmale, die die entsprechende Qualitätsklasse nicht erfüllen, durch die sonstige gute Qualität der betreffenden Klasse ausgeglichen...“*. Zu diesen Merkmalen gehören auch Äste.

Der in den 90er Jahren vom Europäischen Komitee für Normung (CEN) beabsichtigte Übergang von der Messung der Ast*anzahl* pro Laufmeter nach HKS (SSLEF 1997) zu einer zusätzlichen Messung der Ast*durchmessersummen* pro Laufmeter hätte die Sortierung unzumutbar verschärft. Ein orientierender Sortiervergleich an den vier Hauptholz- arten ergab, dass 22 % aller Sortierentscheidungen auf Grund dieser Bestimmungen zur Astigkeit in der CEN (DIN 1999) zur Absortierung geführt hätten. Obwohl in der RVR von 2015 die unpraktikable Duchmessersummenmessung der CEN wieder aufgegeben worden ist, führen eng bemessene Merkmalsgrenzen tendenziell zu einer weiteren Absortierung. Die an einem fiktiven Eichenstamm demonstrierte Sortierung verdeutlicht den Sachverhalt (Bild 5.72):

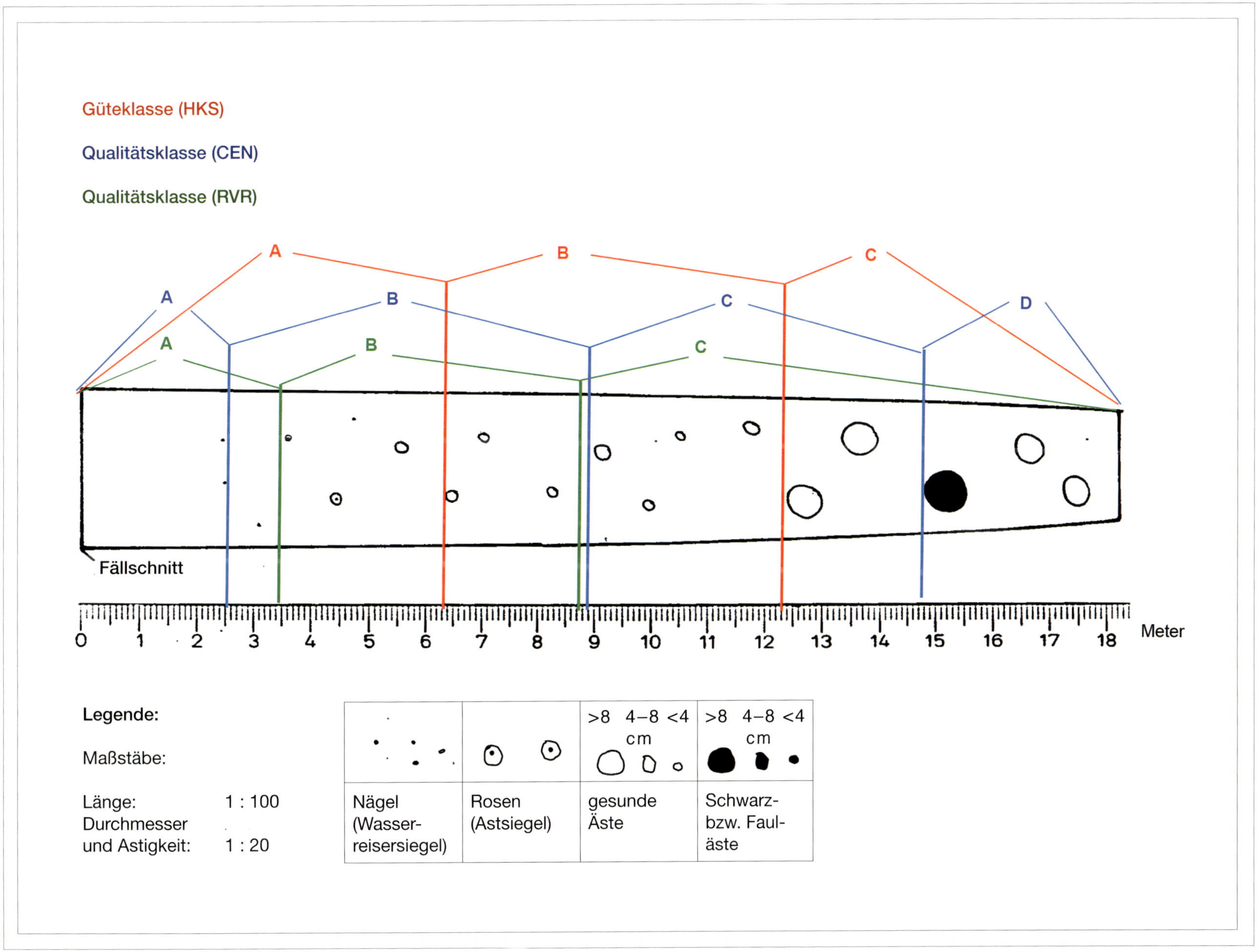

Bild 5.72
Vorschlag der Sortierung eines Eichenstammes (Quercus) auf Grund seiner Astigkeit nach HKS (rot), CEN (blau) und RVR 2015 (grün)

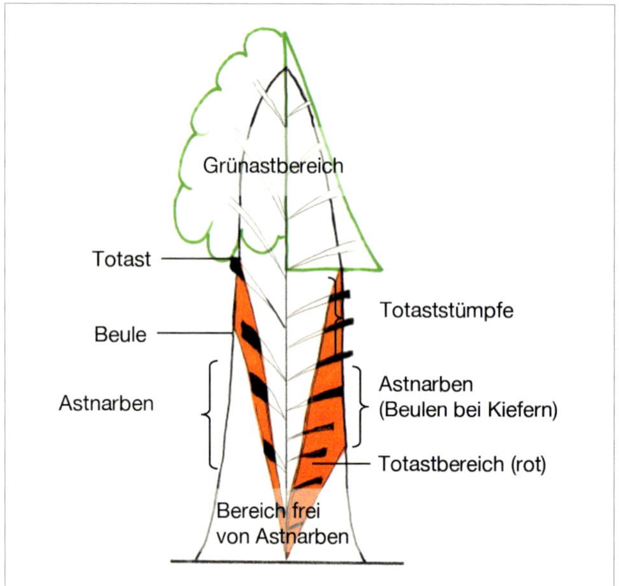

Bild 5.73
Prinzipieller Verlauf von Astwachstum, Astreinigung und innerer Astigkeit bei Laubhölzern (links) und Nadelhölzern (rechts)

Bild 5.74
Starkeiche (*Quercus petraea*), zur Schaftpflege mit Buche *(Fagus sylvatica)* unterbaut

Dieser Sortierungsvergleich zeigt, dass nach CEN sortiertes Holz wesentlich früher Sortengrenzen übersprungen hätte als nach HKS sortiertes Holz. Besonders bei der Beurteilung der zulässigen Nägel und Rosen in Güteklasse A, der zulässigen Astsummen in der Güteklasse B und der raschen Absortierung bei Faulästen von Güteklasse C in D trifft dies zu.

In der ab 2013 in Deutschland angewendeten RVR (2015) wurde die umständliche Astsummenmessung der CEN wieder aufgehoben. Die Anforderungen an die Güteklasse A wurden aber nur unwesentlich entschärft und liegen über denen der HKS (2002). Die *Maßstäbe* an die Güteklassen B, C und D folgen weiterhin dem CEN-Modell.

Dieser seit den 50er Jahren anhaltende Trend verdeutlicht die unterschiedlich starke Argumentationskraft der Marktteilnehmer bei der Festlegung von Sortierungsvorschriften.

Ursachen

Äste sind Träger der Assimilationsorgane, der Blätter und Nadeln. Sie sind deshalb *notwendige Bestandteile der Bäume*. Äste entwickeln sich aus Knospen. Die entstehenden Seitentriebe sind mehr oder weniger vom Schaft abgewinkelt. Sie besitzen Reaktionsholz, das Richtungsänderungen ermöglicht, so dass Blätter bzw. Nadeln optimal dem Licht zugewendet werden können (Heliotropismus).

Während des Kronenwachstums der Bäume werden Grünäste zunehmend beschattet und sterben schließlich ab. Die Totäste brechen mit fortschreitender Vermorschung ab. Die Abbruchflächen größerer Totäste stellen Eintrittspforten für Pilze dar, so dass diese, vorzugsweise bei Laubbäumen und grobastigen Koniferen, zum Faulast werden können. Die Astabbruchstellen werden schließlich vom Stammmantel überwallt. Der Zeitraum bis zur Überwallung ist von der Größe der Astabbruchstellen und der Vitalität des Baumes abhängig (Bild 5.73).

Diese Prozesse laufen in tropischen Primär- und Sekundärwäldern beschleunigt ab, weil Kronen- (Licht) -konkurrenz die beschatteten Äste schnell absterben lässt. Totäste werden rasch abgeworfen und die Abbruchstelle wird wegen des großen Infektionsdruckes in kurzer Zeit überwallt **(siehe Bildteil 5.2.1 – 4)**.

Laubhölzer sind – mit Ausnahme der Vogelkirsche *(Prunus avium)* und der Pappeln *(Populus ssp.)* – in der Regel *Totastverlierer*. Nadelhölzer dagegen sind meist *Totastbehalter*, selbst dann, wenn sie feinastig aufwachsen.

Nach dem Astabbruch überwallen die Abbruchstellen bei Baumarten der gemäßigten Breiten in folgenden Abstufungen (Knigge und Schulz 1966):

langsam:	Birke *(Betula ssp.)*, Hainbuche *(Carpinus betulus)*, Ahorn *(Acer ssp.)*, Pappel *(Populus ssp.)*, Kiefer *(Pinus sylvestris)*, Fichte *(Picea abies)*
mittelmäßig:	Buche *(Fagus sylvatica)*, Weymouthskiefer *(Pinus strobus)*
schnell:	Eiche *(Quercus ssp.)*, Esche *(Fraxinus excelsior)*, Douglasie *(Pseudotsuga menzesii)*, Tanne *(Abies alba)*, Lärche *(Larix decidua)*

Baumarten der feuchten Tropen und Subtropen sind in der Regel Totastverlierer. Sie überwallen auf Grund des großen Infektionsdruckes rasch die Astabbruchstellen. Starkastabbrüche werden häufig beulig überwallt (Burschel und Huss 1997).

Stehendsortierungen eignen sich besonders gut, den prinzipiellen Verlauf des Astwachstums, der Astreinigung und Astüberwallung zu beobachten (Mahler, Willmann, Wurster 2001).

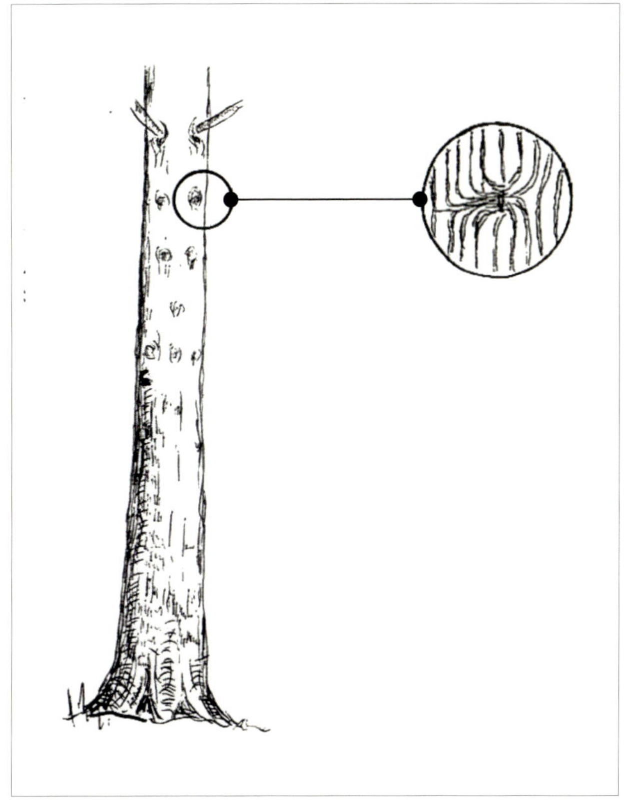

Bild 5.75
Geastete Fichte *(Picea abies)* mit rascher Astüberwallung

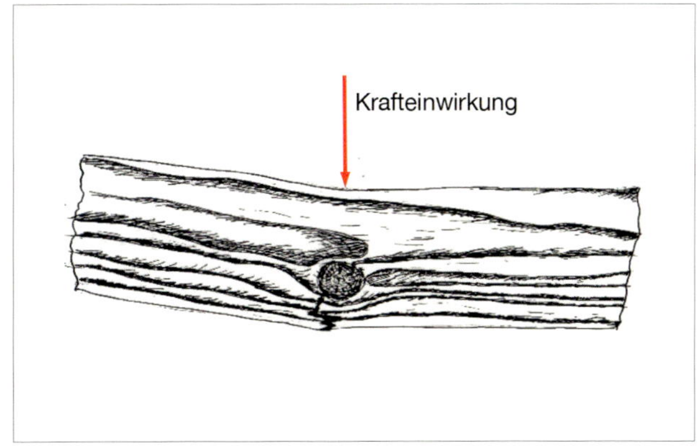

Bild 5.76
Bruch eines Kantholzes auf der Zugseite an einem Trockenast nach Biegebeanspruchung

Vermeidung

Astigkeit kann *nicht vermieden, höchstens eingeschränkt* werden. Für den Baum bedeuten viele Äste und Verzweigungen auch eine große Assimilationsfläche. Wie diese Äste am Stamm verteilt sind, ob sie grob oder fein sind, ist von der Wachstumsdynamik des Baumes abhängig.

In Wirtschaftswäldern können mit Hilfe waldbaulicher Maßnahmen Astverteilung und Aststärken beeinflusst werden:

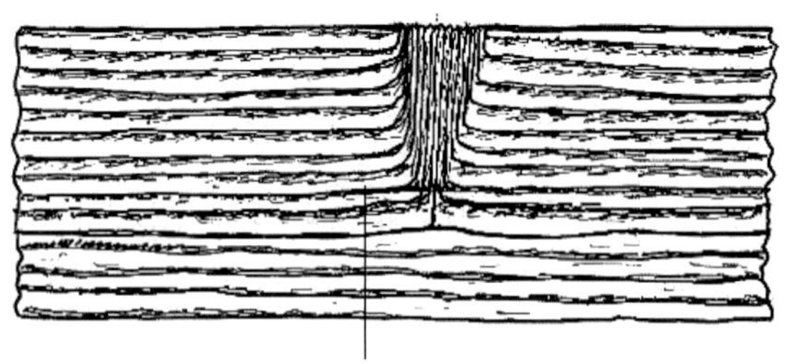

Bild 5.77
Flügelast auf radial geschnittener Brettoberfläche

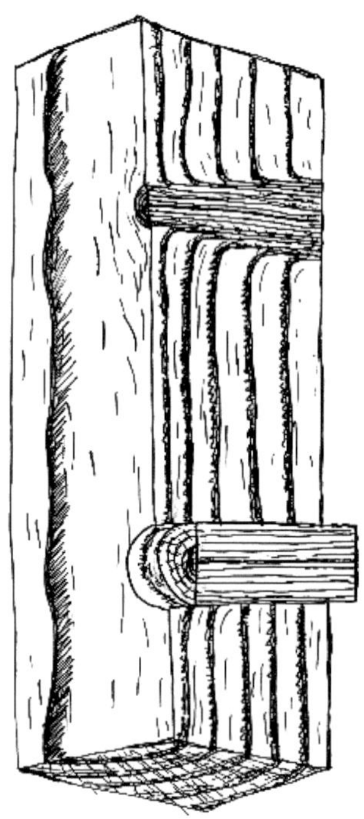

Bild 5.78
Anatomische Unterschiede zwischen Lebend- und Totast (unten)

- Ein enger Baumabstand während der Kultur- und Aufwuchsphase führt zur Feinastigkeit im Jugendstadium und zu zeitiger Astreinigung.
- Waldbauliche Maßnahmen zur Schaftpflege, wie Unterbau und Baumartenmischung, fördern die Astreinigung gut veranlagter Stämme und erschweren die Wasserreiserbildung (Bild 5.74).
- Feinastige Phänotypen sind bei der Bestandesbegründung vorzuziehen bzw. während der Bestandespflege zu fördern.
- Auslesebäume von Nadelhölzern sollten grün während der Vegetationszeit geastet werden (Douglasie *[Pseudotsuga menziesii]*, Lärche *[Larix decidua]*). Bei Fichte *(Picea abies*) kommt stärker die Totastung infrage. Bei den Laubbäumen werden Pappeln *(Populus ssp.)* und Aspen *(Populus tremula)* geastet. Voraussetzung für eine komplikationslose Überwallung ist, dass der Ast vor dem Astkragen abgeschnitten, am besten gestummelt und später nachgeastet wird (Bild 5.75), **(Siehe Bildteil 5.2.1 – 5).**

Geastet werden sollte, wenn die natürliche Astreinigung zu spät erfolgt (spätestens, wenn ein Drittel des Zieldurchmessers erreicht ist). Das gilt besonders dann, wenn zu große Baumabstände zu stärkerer Astigkeit führen, die ohne Astung zu keiner befriedigenden Stammholzqualität führen. Das ist in der Regel in Baumplantagen der Fall.

Untersuchungen an Douglasien *(Pseudotsuga menziesii)* zur Abhängigkeit der Astungshöhe und des Astungsverfahrens vom erzielbaren Rundholzwert und dem Investitionsrisiko haben ergeben, dass bei manueller Astung mit pneumatischer Schere bis in 6 m Höhe mit dem günstigsten betriebswirtschaftlichen Ergebnis zu rechnen ist (Küthe 1986).

Dichtstand in der Jugend, verbunden mit Feinastigkeit, ist in der Regel einer weitständigen, aber vermeintlich kostengünstigeren Bestandesbegründung vorzuziehen, weil sich mit feinastigem Holz höhere Verkaufserlöse erzielen lassen.

Auswirkungen auf die Verwendung

Der Ast ist ein kombiniertes Merkmal. Er besteht aus den folgenden Grundmerkmalen, die alle die Verwendung des astigen Holzes beeinflussen können:

- Abweichungen in der chemischen Holzzusammensetzung (hoher Ligninanteil, Schwarzpunktzahl) verringern die Zellstoffausbeute und -qualität.
- Abweichungen im anatomischen Aufbau (Jahrringbau, Reaktionsholz) mindern die Festigkeit der Holzprodukte (Bild 5.76). Konstruktionsholz muss deshalb überdimensioniert werden.
- Abweichungen in der Ausrichtung des Faserverlaufs erschweren die Oberflächenbearbeitung (raue Holzoberfläche im Astbereich, (Bild 5.77).
- Oberflächenrauigkeit verursacht eine unterschiedliche Farb- und Lackaufnahme.
- Verbindungslosigkeit zum umgebenden Holz führt im Totastbereich zu Durchfallästen, die den Gebrauchswert der Schnittware mindern Bild 5.78). Der Ast wird leicht zur Sollbruchstelle in Konstruktionselementen.
- Das Quell- und Schwindverhalten von Astholz unterscheidet sich auf Grund seiner höheren Dichte vom umgebenden Holz. Dies führt beim Trocknen zu Schwindungsrissen (Bild 5.79).
- Rindeneinschlüsse, vorzugsweise in der Rindenquetschfalte der Astgabelung, verringern Ausbeute und Qualität des Nutzholzes.
- Harzanreicherungen (Druckholzzone von Nadelhölzern) beeinflussen die Haltbarkeit von Anstrichen.
- Pilzbefall mindert zusätzlich die Festigkeit im Astbereich und verfärbt das Astholz.
- Verfärbungen (Reaktionsholz, Spätholzanteil) können das Aussehen des Holzproduktes beeinträchtigen, aber auch verbessern. Äste sind natürliche und in ihrer Ausprägung einmalige Holzmerkmale, die gestalterisch genutzt werden können, wie dies z. B. astige Möbeloberflächen aus gemeiner Kiefer *(Pinus sylvestris)* bzw. Zirbelkiefer *(Pinus cembra)* zeigen.

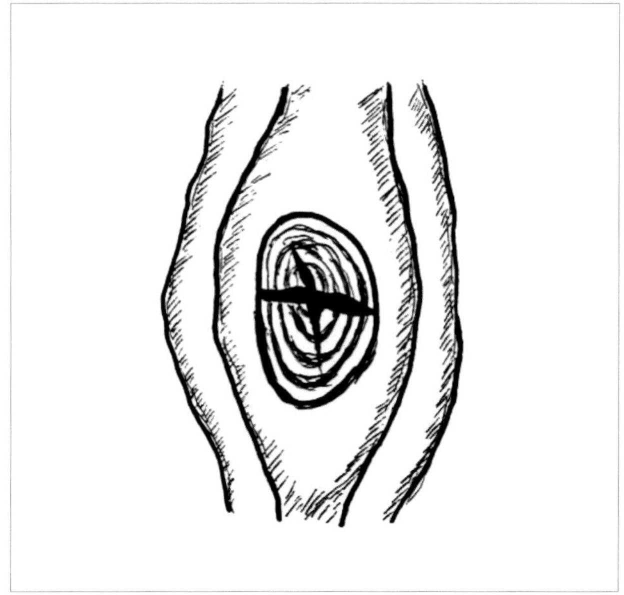

Bild 5.79
Trockenrisse im Ast eines Brettes

Bild 5.80
Schäftung einer Kupferklinge in einem Eibenast *(Taxus baccata)*, (Mann aus dem Eis, Ötztal, Oesterreich [Fleckinger und Steiner 2000])

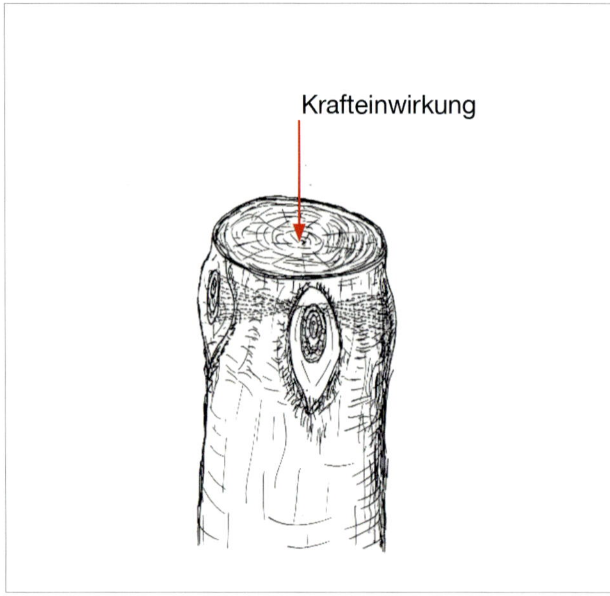

Bild 5.81
Günstige Schlagfläche an einem Rammpfahl (Dübelwirkung des Astquirles)

Die Auswirkungen der Astigkeit auf die Qualitätsklassen gemäß Rahmenvereinbarung für den Rohholzhandel in Deutschland (RVR 2015/ 2018) werden in Tabelle 5.6 dargestellt:

Die Fototafeln zur Auswirkung der Astigkeit auf den Gebrauchswert der Holzprodukte siehe **Bildteile 5.2.1 – 6 und 5.2.1 – 7**

Technologische Anpassung

Es gibt verschiedene Möglichkeiten, störende Einflüsse von Ästen auf die Holzprodukte zu mindern oder die Astigkeit sogar vorteilhaft auszunutzen. Einige Beispiele seien genannt:
Schäftungen von Steinbeilen und Bronzeäxten in einem Astansatz waren bei unseren Vorfahren im Gebrauch (Bild 5.80).

Die Dübelwirkung von Astquirlen beim Einschlagen von Pfählen und Dalben ist seit langem bekannt (Bild 5.81).

Vorteilhaft ist die (gedankliche) Einteilung eines Messerfurnier- Stammes in Sektoren. Äste und Astnarben sollten möglichst in die Messerebene oder in die Sektoren C und D gelegt werden, um eine große Ausbeute aus den Sektoren A und B zu erhalten (Bild 5.82).
Bei manchen Baumarten wie Eiben *(Taxus baccata)* und Pappeln *(Popupus spec.)* treten Wasserreisernarben gehäuft auf. Sie ergeben ausdrucksvolle Maserfurniere.

Konstruktionsholz sollte einer maschinellen Festigkeitsprüfung unterzogen werden, um festigkeitsmindernde Einflüsse von Ästen ausschließen zu können.

Bei der Herstellung von Brettschichtholz wird die unterschiedliche Festigkeit der einzelnen Brettlamellen durch die Verleimung vieler Brettlamellen ausgeglichen.

Störende Äste in der Schnittware können mittels Astlochbohrer entfernt und mit Astlochdübeln ersetzt werden.

Baumart		Qualitätsklasse nach RVR			
		A 1)	B	C	D 2)
	Asttyp	Gesunde Äste	Gesunde Äste sowie Schwarz- und Fauläste	Gesunde Äste sowie Schwarz- und Fauläste	Gesunde Äste sowie Schwarz- und Fauläste
Fichten / Tannen	gesund, verwachsen faul, nicht verwachsen 3)	nicht zulässig nicht zulässig	≤ 4 cm nicht zulässig	≤ 8 cm ≤ 4 cm	
Kiefern	gesund, verwachsen faul, nicht verwachsen 3)	nicht zulässig nicht zulässig	≤ 5 cm 1 Ast pro 4 m	≤ 8 cm ≤ 5 cm	zulässig
Lärche / Douglasie	gesund, verwachsen faul, nicht verwachsen 3)	nicht zulässig nicht zulässig	≤ 5 cm nicht zulässig	≤ 8 cm ≤ 5 cm	
Buche	gesund 4) faul	unzulässig unzulässig	2 pro 4 m, ≤ 10 % d_M 1 pro 4 m, ≤ 10 % d_M	zulässig in normalem Umfang 5) 2 pro 4 m, ≤ 20 % d_M, max.12 cm	
Eiche / Roteiche	gesund 4) ≤ 4 cm Ø > 4 cm Ø	unzulässig unzulässig	2 pro 4 lfm 1 pro 4 lfm	zulässig in normalem Umfang zulässig in normalem Umfang	zulässig
			oder		
	faul ≤ 4 cm Ø > 4 cm Ø	unzulässig unzulässig	1 pro 4 lfm unzulässig	zulässig in normalem Umfang 2 pro 4 lfm	
	Wasserreiser (einzelne)	1 Wasserreis / 2 m	zulässig	zulässig	
	Auswüchse (Wasserreiserkröpfe)	unzulässig	1 Kropf je 2 m	zulässig	

Tabelle 5.6 Auswirkungen der Astigkeit auf die Qualitätsklassen nach RVR (2015/ 2018)

1) Stammtrockenheit ist in A unzulässig
2) Für die Merkmale in Klasse D gilt, dass > 40 % des Holzvolumens verwendbar sein muss.
3) Das Qualitätsmerkmal ist als maßgebliches Kriterium für eine Abstufung von Qualitätsklasse B nach Qualitätsklasse C nicht zulässig (d.h.: weitere „belastende" Merkmale müssen hinzukommen, bevor abgestuft werden darf).
4) Klebäste sind den gesunden Ästen zuzuordnen.
5) „Normal" bzw. „begrenzt" bezieht sich auf die allgemeine Definition der Qualitätsklasse.

Bild 5.82
Festlegung von Messerebene und Sektoren an einem Messerfurnierstamm

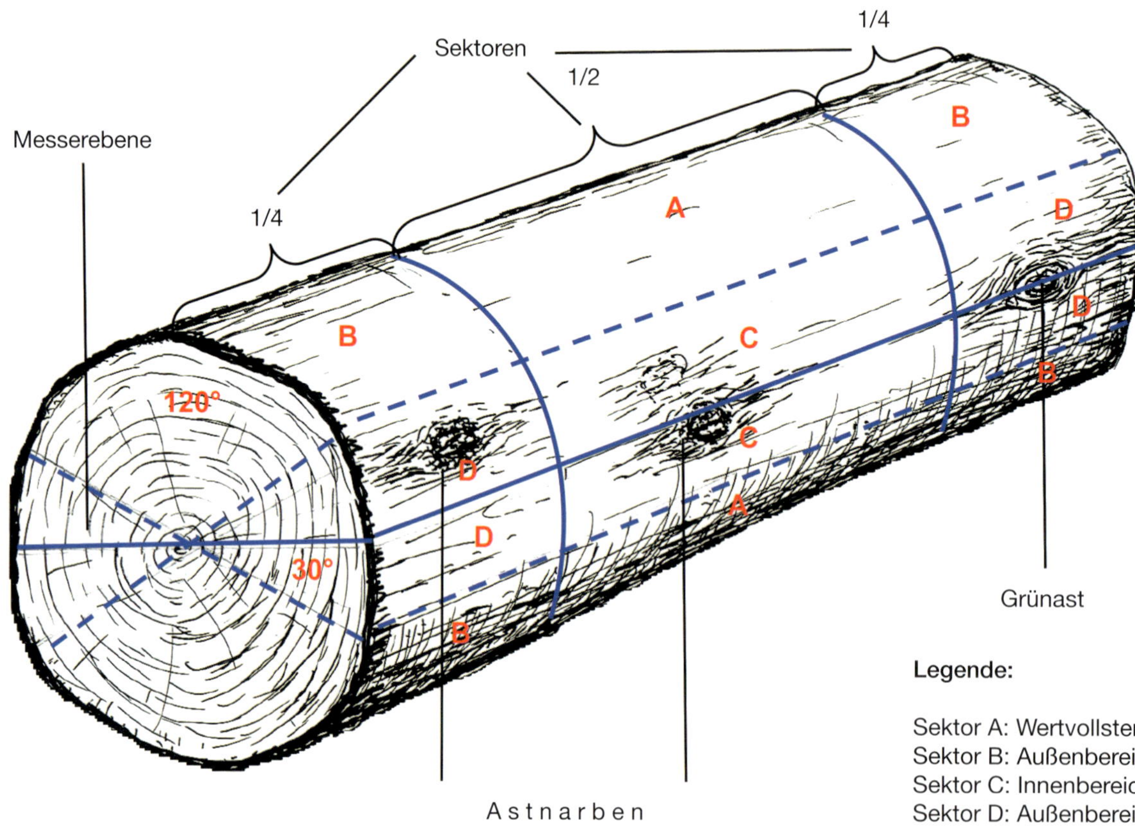

Legende:

Sektor A: Wertvollster Bereich des Furnierblockes
Sektor B: Außenbereich des Furnierblockes
Sektor C: Innenbereich der Restbohle
Sektor D: Außenbereich der Restbohle

Bildteil 5.2.1 – 1
Der Ast (1)

Seit über 1000 Jahren wächst dieser Bergmammutbaum *(Sequoiadendron giganteum)* in der Sierra Nevada (Kalifornien) auf 2000 m Höhe. Viele seiner Äste sind mehrere 100 Jahre alt.

100-jährige, tief beastete Fichten *(Picea abies)* in Mittelschweden, ermöglicht durch lange Besonnung im Sommer

140 Jahre alter, totastfreier Fichten-Klangholzbestand (800 m) *(Picea abies)*, hervorgegangen aus Naturverjüngung, Vogtland

Stark astige Aleppo-Kiefer *(Pinus halepensis)* als Solitär im Trodos-Gebirge, Zypern (1300 m)

120-jährige Kiefern *(Pinus sylvestris)* mit guter Astreinigung auf einem Schirmschlag in Mittelschweden

Im Freistand erwachsene stark astige Huteeiche, Südschweden

300-jährige, im Dichtstand erwachsene totastfreie Furniereichen *(Quercus petraea)* im Spessart

160-jährige, im Freistand erwachsene Rotbuche *(Fagus sylvatica)*

80–120-jähriger, aus Naturverjüngung hervorgegangener Buchenbestand *(Fagus sylvatica)* mit Wertholzanteil

Bildteil 5.2.1 – 1
Der Ast (2)

Dieser Sumaruba-Stamm *(Simarouba amara)* steht in ständiger Konkurrenz mit Nachbarbäumen. Beschattete Äste sterben schnell und brechen ab. Die Bruchstellen werden wegen des hohen Infektionsdrucks rasch überwallt

Freistehender Baum in den Tropen, stark astig und beladen mit Epiphyten

In Primärwäldern der Tropen tragen nur vorherrschende Bäume eine weit ausladende Krone.

Dieser freigestellte Lamincouaru *(Minquartia ssp.)* aus der Mittelschicht eines Primärwaldes trägt nur einen Kronen“pinsel“.

Rasche natürliche Astreinigung an einem Krapastamm *(Carapa guianensis)*

Ältere Baumgruppe in einem Primärwald, deren Stämme unter dem dichten Kronendach astfrei sind.

Frisch abgebrochener, aber noch nicht überwallter Starkast aus dem Kronenbereich eines Walaba-Stammes *(Eperua spec.)*

Häufig werden größere Astabbrüche als Fauläste überwallt, wie bei diesem Greenheart-Stamm *(Chlorocardium rodiei)*.

Bildteil 5.2.1 – 2
Spontane Astbrüche / „Unglücksbalken“

„Spontane“ Astabbrüche an Eiche *(Quercus ssp.)* im extrem trockenen Sommer 2018. Mögliche Ursache: Versprödung der Äste durch Wasserentzug unterhalb des Fasersättigungsbereiches von ca. 30%. Standort: Oberhang, flachgründig, mit Lößlehm-Auflage

„Unglücksbalken“ an Eiche *(Quercus ssp.)* Die Schubspannungen im Starkast werden durch den nach unten abzweigenden Ast verstärkt.

Längs, durch Schubspannungen aufgerissener Ast einer erst 56-jährigen Douglasie *(Pseudotsuga menziesii)*.

Diese beiden Starkäste von Bergmammutbäumen *(Sequoiadendron giganteum)* zeigen spröde Astabbrüche (Brittle-Heart). Der linke Ast hat einen Durchmesser von 2 Metern, der rechte, frische Astabbruch 1,6 Meter. Das Holz beider Äste ist über 500 Jahre alt, seine Holzfasern kurz, (Sierra Nevada, Kalifornien).

„Unglücksbalken“, Buchenast *(Fagus sylvatica)* am Bestandesrand in 1600 m Höhe, der infolge starker Schneebelastung (Schubspannungen) längs aufgerissen ist, Westkarpaten, Ukraine

Bildteil 5.2.1 – 3
Wasserreis und Klebast

Eine freigestellte Europäische Lärche *(Larix decidua)* bildet mit Wasserreisern eine zusätzliche Assimilationsfläche.

Weißtanne *(Abies alba)* bildet nach Freistellung Wasserreiser.

Geastete Sitka-Fichten *(Picea sitchensis)* treiben erneut Wasserreiser, Dänemark.

Wasserreiser an Monterey-Kiefer *(Pinus radiata)*. Kalifornien.

Wasserreiser an mehrhundertjährigem Bergmammutbaum *(Sequoiadendron giganteum)* in der Sierra Nevada, Kalifornien

Wasserreis an Araucarie *(Araucaria heterophylea)*

Vogelaugenahorn *(Acer pseudoplatanus)* mit frisch austreibenden Wasser-reisern (Knospensucht)

Toter Klebast und lebendes Wasserreis an Eiche *(Quercus ssp.)*

Klebast an Esche *(Fraxinus excelsior)*

Bildteil 5.2.1 – 3
Wasserreis und Klebast

Schaftpflege an einer 300-jährigen Furniereiche mit Hainbuchen-Unterbau soll den Austrieb von Wasserreisern verhindern, Spessart.

Unter dem Schirm einer starken Edelkastanie bilden Eiche *(Quercus ssp.)* und Buche *(Fagus sylvatica)* Wasserreiser aus.

Ständig bilden sich Wasserreiser an zwei Birkenkröpfen *(Betula pendula)* mit Knospensucht.

„Angstreiser“ an Edelkastanie *(Castanea sativa)*, hervorgerufen durch Kroneneinengung von Nachbarbäumen

Nach Waldbrand treibt der Eukalyptusstamm *(Eucalyptus ssp.)* sofort Wasserreiser aus, Madeira, Portugal.

Polter von Pappeln *(Populus robusta)*; trotz Trockenheit überdauerten die Wasserreiser den trocken-heißen Sommer 2018. Der zusätzliche Wasserentzug der Wasserreiser trocknete die Stämme rascher aus.

Am Astabschlag eines Walnussbaumes *(Juglans regia)* bildet sich ein Wasserreis (oben). Nach 4 Jahren hat der Klebast die Astnarbe fast überwallt.

Durch Lichtstellung dieses Bergigronfolo (li.) *(Qualea rosea)* kann sich kurzfristig ein Wasserreis ausbilden. Seltenerweise kann sich ein dauerhafter Klebast ausbilden, KABO, Surinam.

Bildteil 5.2.1 – 4
Astdiagnose (1)

Drei Stadien des Absterbens von Ästen an einer Buche *(Fagus sylvatica)*, (Totastverlierer)

Stark astige Fichte *(Picea abies)*, (Totastbehalter)

Feinastige, im Dichtstand erwachsene Fichte *(Picea abies)*

Grünast an einer Fichte *(Picea abies)*

Am Astquirl durchtrennter Fichtenstamm *(Picea abies)* mit gestörtem Jahrring- und Faserverlauf (Foto: G.-E. Weber)

Ausgeprägter Astkragen an einem Lebendast einer sog. „Zitzenfichte“ *(Picea abies)*

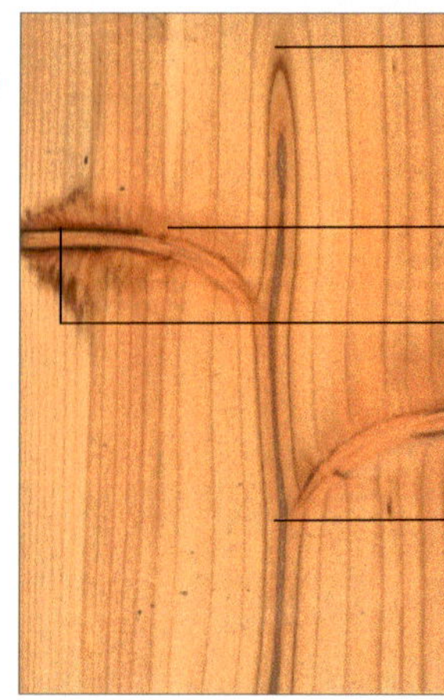

Angeschnittene Markröhre des Wipfeltriebes einer Fichte *(Picea abies)* mit zwei abzweigenden Ästchen (innen Grünastbereich, außen Totastbereich)

Bildteil 5.2.1 – 4
Astdiagnose (2)

Absterbender Ast <⅓ des Astdurchmessers ist tot

Absterbender Ast >⅓ des Astdurchmessers ist tot

Totast (fester, schwarzer Ast)

Faulast

Beurteilung der Absterbephasen von Eichenästen *(Quercus ssp.)*

Teilüberwallung eines Faulastes an Buche *(Fagus sylvatica)*, als Wassertopf ausgebildet

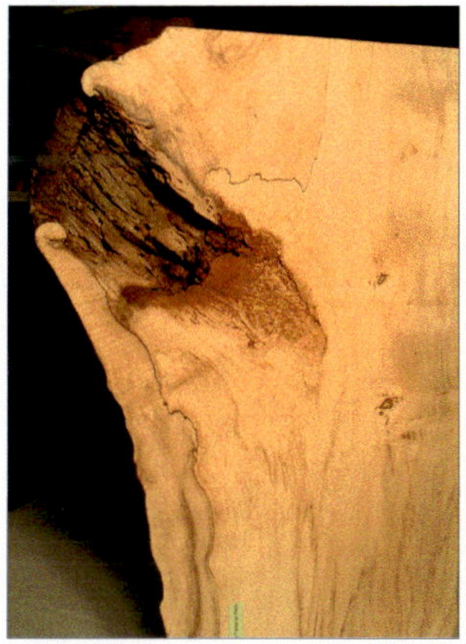
Tiefgehender Faulast (>20% des Stammdurchmessers) an Bergahorn *(Acer pseudo-platanus)*

Gesunder Ast an Bergulme *(Ulmus glabra)*

Totast (angefault) an Linde *(Tilia cordata)*

Aufgeschnittener, äußerlich gesunder Ast mit vedeckter Fäule an Platane *(Platanus)*

Schwarzast an Vogelkirsche *(Prunus avium)*

Bildteil 5.2.1 – 5
Astung

80-jährige geastete Douglasie *(Pseudotsuga menziesii)*

Douglasie *(Pseudotsuga menziesii)*, erste Astung bis 5 m (zweite Astung bis 8 m). Vogelsberg, Deutschland

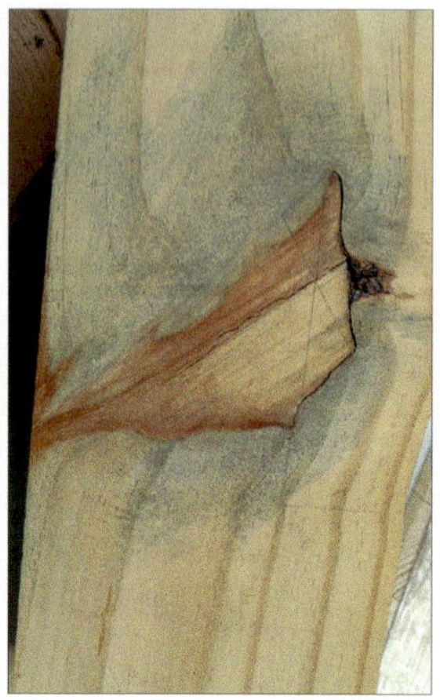

Frische Astüberwallung an Monterey-Kiefer *(Pinus radiata)* mit Bläue-Befall drei Jahre nach der Astung

Rechts geastete Fichte *(Picea abies)* neben Höhen-kiefer *(Pinus sylvestris)* (links). Selb, Deutschland

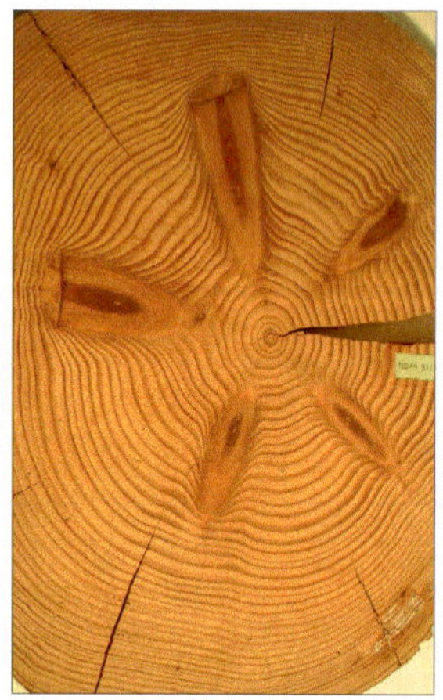

Rundholz aus „geschneitelter“ Altfichte *(Picea abies)*, Fichtelgebirge, Deutschland

Plantage von jungem Teakholz *(Tectona grandis)* nach der ersten Astung, Ghana (Foto: C.-T. Bues)

Gut überwallte Astung an einer Esche *(Fraxinus excelsior)*

Junge Monterey-Kiefern *(Pinus radiata)* werden geastet, um die Waldbrandgefahr zu verringern, Datcha, Türkei.

Über Jahrhunderte geastete und vor der Ernte gewässerte Olivenbäume. *(Olea europaea)*, Delphi, Griechenland

Plantage von *Acacia ssp*. vor der ersten Astung, Quang Tri Province, Vietnam (Foto: Le Thien Duc)

Bildteil 5.2.1 – 6
Der Ast als den Gebrauchswert mindernder Holzfehler bzw. als den Wert steigerndes Holzmerkmal (1)

Fest verwachsener Ast (links) und Totast (rechts) an Kiefernbrettern *(Pinus sylvestris)*

Zerbrochener Schwarzast in Kiefernbrett *(Pinus sylvestris)*

Durchfallast in Fichtenbrett *(Picea abies)*

Schwarzäste, sog. „Nägel", an Lärchenbrett *(Larix decidua)*

Rauer Faserverlauf im Totastbereich beim Hobeln gegen die Faser, Fichte *(Picea abies)*

Rindeneinwuchs am Steilast einer Kiefer *(Pinus sylvestris)*

Fest verwachsener Fichtenast *(Picea abies)* mit Trockenriss

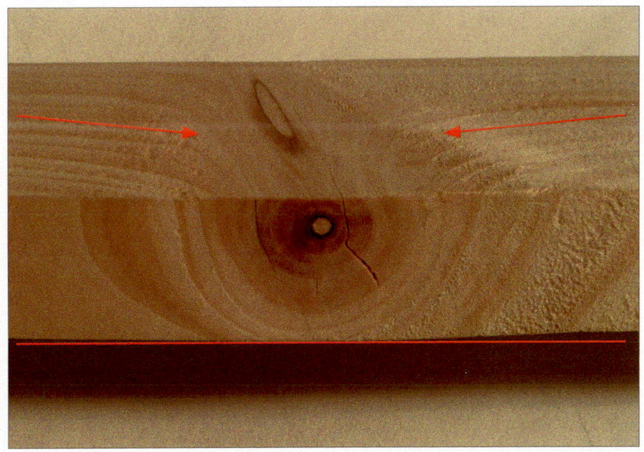
Stark schrumpfender Flügelast zieht Brett krumm, Fichte *(Picea abies)*.

Bildteil 5.2.1 – 6
Der Ast als den Gebrauchswert mindernder Holzfehler bzw. als den Wert steigerndes Holzmerkmal (2)

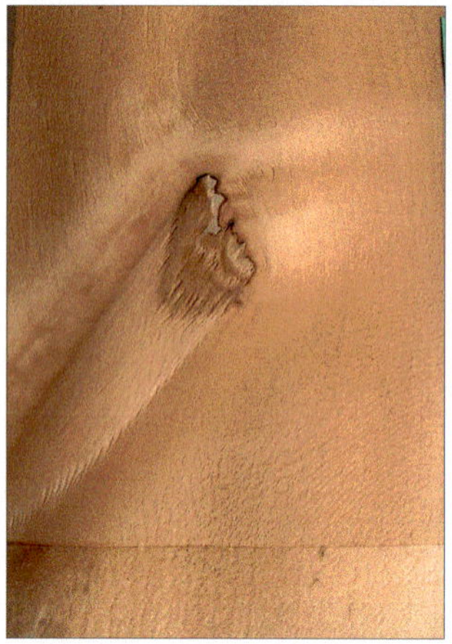

Flügelast in Ahorn-Messerfurnier *(Acer spec.)*

Durchfallast in Rüster-Messerfurnier *(Ulmus glabra)*

Ersatz von Durchfallästen mittels Astlochdübeln in Verbundplatte aus Fichte *(Picea abies)*

Rüster- Maserfurnier mit angeschnittenen Wasserreisern *(Ulmus glabra)*

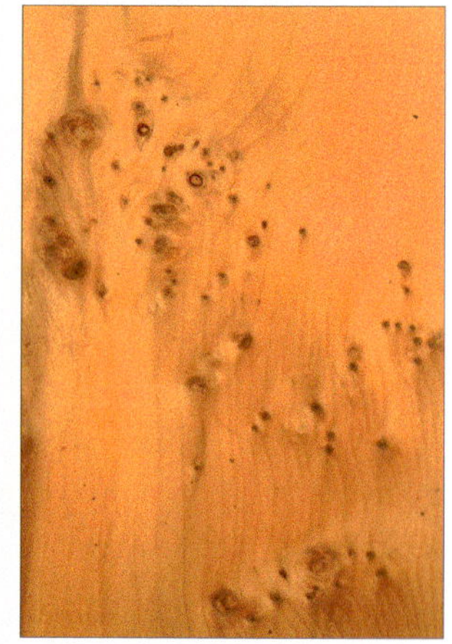

Wertvolles Eibenfurnier *(Taxus baccata)* mit Wasserreisernarben

Kopi *(Goupia glabra)*

Wanakwari *(Vochysia tomentosa)*

Babun *(Virola surinamensis)*

Tropenhölzer überwallen Astabbrüche rasch. Dennoch ist der Infektionsdruck so groß, dass die Bruchstellen häufig nur als Fauläste überwallt werden, Surinam.

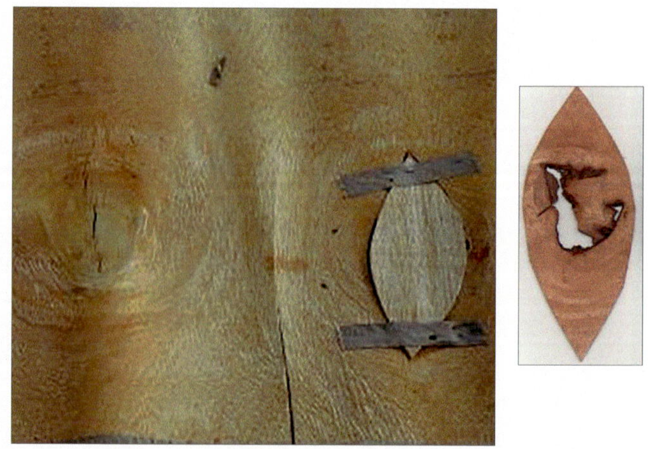

Astiges Babun- Schälfurnier *(Virola surinamensis)*: Ein Schwarzast (rechts) wurde herausgeschnitten und durch eine Einlage ersetzt. Diese Furnierbahn wird als Mittellage verwendet, Surinam.

Bildteil 5.2.1 – 7
Der Ast als gestalterisches Merkmal und als konstruktives Element (1)

Ziegelheimer Kruzifix. Körper und Kopf aus Stamm und Astansatz einer Linde *(Tilia cordata)*. Mitte 15. Jhdt. Waldenburg, Deutschland

Tür aus gestürzten Brettern der Zirbelkiefer *(Pinus cembra)*, Graubünden, Schweiz

Brunnentrog und Wasserzulauf aus stark astiger Gebirgsfichte *(Picea abies)*, Allgäu, Deutschland

Stehpult aus einem astigen Esskastanienstamm *(Castanea sativa)*, Tharandt, Deutschland

„Harfenfichte" *(Picea abies)* als stilisiertes Wikingerboot mit hoch gestellten Rudern, Gauldalen, Norwegen

Frontfläche von Küchenmöbel aus astiger Kiefer *(Pinus sylvestris)*, Schweden

Rustikale Sitzgruppe aus astigem Wachholder *(Juniperus)*, Ketchum, Idaho, USA

Sitzbank aus Ästen, Ushgorod, Ukraine

Bildteil 5.2.1 – 7
Der Ast als gestalterisches Merkmal und als konstruktives Element (2)

Spanten und Achtersteven aus Astanläufen und Astgabeln aus Eiche *(Quercus ssp.)* für den Nachbau eines Wikingerschiffes; die maximale Größe des Achterstevens bestimmte für Jahrhunderte konstruktiv die Größe von Segelschiffen, Roskilde, Dänemark.

Nachbau eines Wikingerschiffes. Masthalterung („Kielschwein") und Innenbord werden mit winkligen Astanläufen befestigt. Roskilde, Dänemark.

Restaurierte Axt aus einem Astanlauf mit Kupferklinge; Mann aus dem Eis, Ötztal, 5250 Jahre alt

Witterungsbeständige Laufbohle über einem Moor in Mittelschweden aus „nordischer" Fichte *(Picea abies)* mit zwei Flügelästen

Restauriertes römisches Plattbodenschiff (Prahm) vom Rhein, 15 m lang und seitlich mit Astspanten verstärkt; gebaut um 95 n. C., Xanten, Deutschland

Unterdeckspanten aus gewachsenen Astanläufen aus Eichenholz *(Quercus ssp.)* vom Polarschiff „Fram", mit dem Nansen von 1893 bis 1896 im Polareis trieb, Oslo, Norwegen.

Ruderhalter aus einem Nussbaumast *(Juglans regia)* an einer venezianischen Gondel, Italien

5.2.2 Astnarbe

Beschreibung des Merkmals

Von allen Holzmerkmalen, die die Gebrauchseigenschaften des Holzes beeinflussen, wirkt sich die Astigkeit am stärksten aus. So ermittelte Taffé bereits 1954 einen sortierungs- und wertentscheidenden Einfluss von Ästen auf das erzeugte Schnittholz bei Fichte *(Picea abies)* von 87,5% und Schulz 1961 bei Buche *(Fagus sylvatica)* von 68,2% (Grammel 1989). In der Regel führt eine größere innere Astigkeit zu technischen Konsequenzen (Rast 1982). Deshalb ist es von großem Interesse, mit Hilfe bestimmter Diagnoseverfahren genauere Auskünfte über die *Tiefe eines Astabbruches im Stammmantel*, die *Stärke des überwallten Astes* und seine *Schrägstellung im Stamm* zu erfahren. Astnarben sind dabei ein ausgezeichnetes Diagnosehilfsmittel. Das gilt sowohl für Bäume der kühlen und gemäßigten Breiten als auch für tropische Baumarten.

Die **Astnarbe** ist eine Astüberwallung, sichtbar an Strukturveränderungen der Rinde im Überwallungsbereich. Jede Astnarbe besteht (im Unterschied zu Rindenverletzungen) aus Astsiegel und Rindenquetschfalte.

Die Rindenquetschfalte läuft bei glattrindigen Baumarten wie z. B. bei Buche *(Fagus sylvatica)*, Birke *(Betula ssp.)*, Ahorn *(Acer ssp.)*, Hainbuche *(Carpinus betulus)*, Linde *(Tilia ssp.)*, Aspe *(Populus tremula)* und Erle *(Alnus glutinosa)* beiderseits des Astsiegels bartförmig herab und wird deshalb auch als „**Chinesenbart**" bezeichnet (Bild 5.83). Je nach Stellung des wachsenden Astes zum Stamm können sich bestimmte Formen von (asymmetrischen) Quetschfalten und Astsiegeln bilden (Schulz 1958)

An grobborkigen Baumarten, z. B. an Eichen *(Quercus ssp.)*, formt sich eine mehr oder weniger kreisförmige Rindenstauchung um das Astsiegel, die als „**Rose**" bezeichnet wird (Bild 5.84).

Astnarben grobborkiger Nadelhölzer wie z. B. verschiedener Kiefernarten *(Pinus sylvestris)*, Lärchen *(Larix decidua)*, auch Fichten *(Picea abies)* ähneln denen von grobborkigen Laubhölzern (Bild 5.85). Astnarben glattrindiger Nadelhölzer wie z. B.

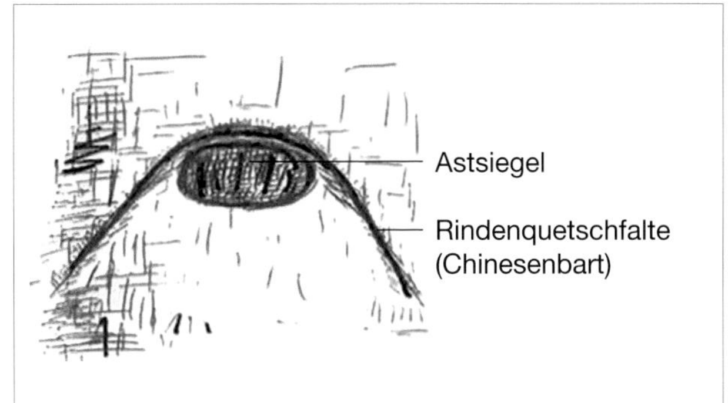

Bild 5.83
Astnarbe einer glattrindigen Buche *(Fagus sylvatica)*

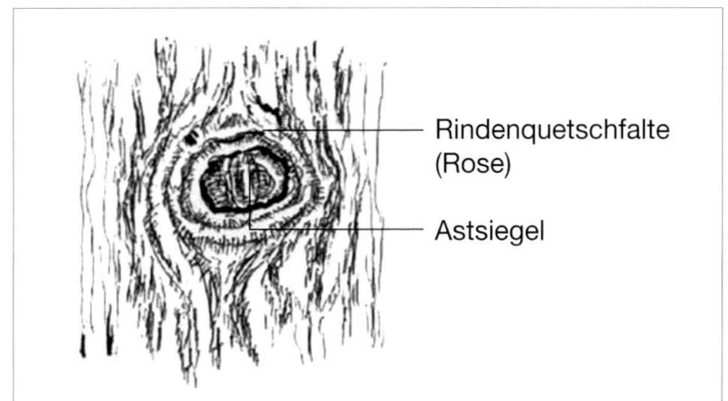

Bild 5.84
Astnarbe einer grobborkigen Eiche *(Quercus ssp.)*

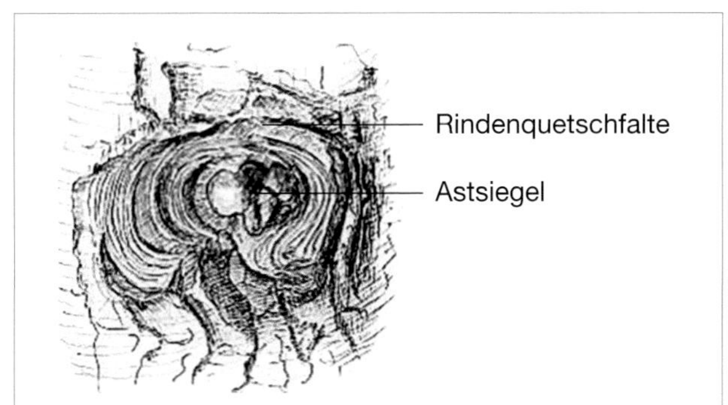

Bild 5.85
Astnarbe einer Lärche *(Larix decidua)*

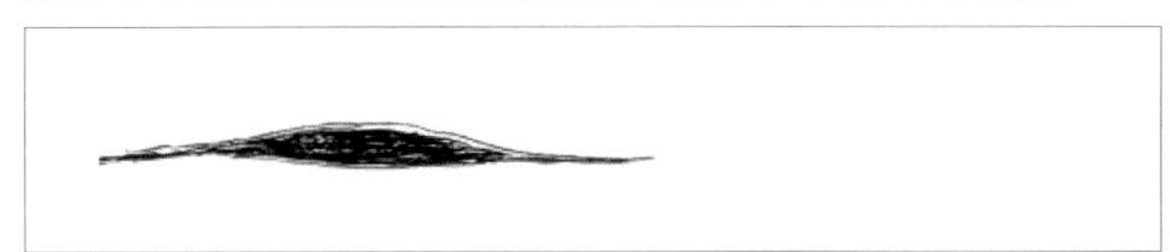

Bild 5.86
Rindenband an Esche *(Fraxinus excelsior)*

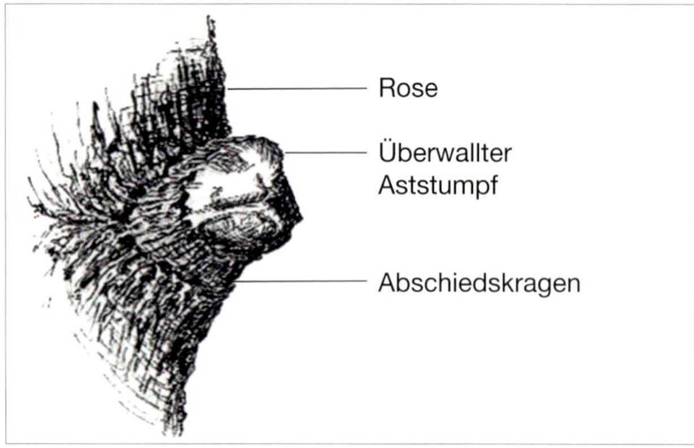

Bild 5.87
Astbeule an Esche *(Fraxinus excelsior)*

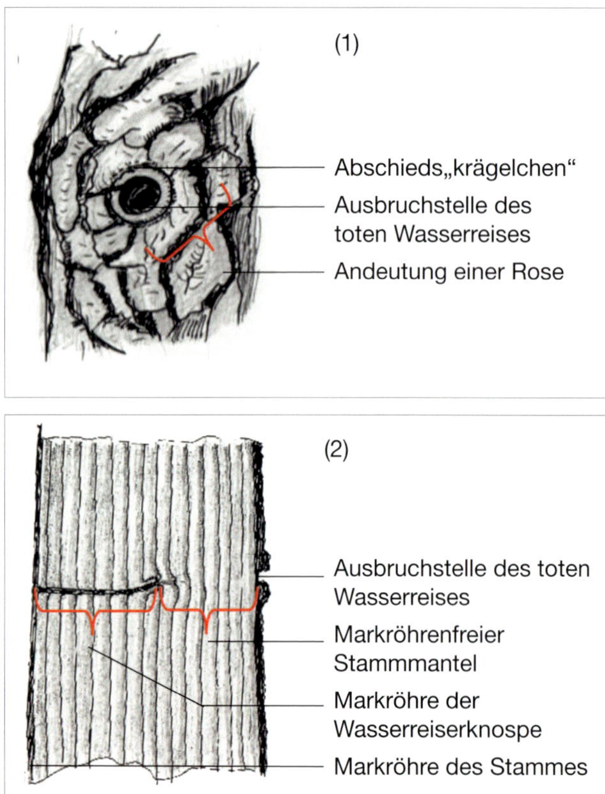

Bild 5.88
Astnarbe eines Wasserreises (Nagel) an Eiche *(Quercus ssp.)*, (1) Draufsicht, (2) Längsschnitt

von Tannen *(Abies alba)*, aber auch die der meisten jüngeren Nadelbäume ähneln Astnarben glattrindiger Laubhölzer.

Ein **Rindenband** ist eine schmale, in die Länge gezogene Rindenquetschfalte mit kaum noch erkennbarem Astsiegel. Sie stammt von einem Ast aus der Zeit des jugendlichen Baumwachstums – gut zu sehen bei Buche *(Fagus sylvatica)* und Esche *(Fraxinus excelsior)* (Bild 5.86).

Eine **Astbeule** ist eine starke Erhöhung des Stammmantels über einem überwallten Astabbruch (Bild 5.87).

Abgestorbene Wasserreiser hinterlassen jahrzehntelang nagelkopfgroße Astnarben in der Borke, oft noch mit „Steckästchen“ versehen (Lärche [Larix decidua]). Sie werden als „Nägel“ bezeichnet (Bild 5.88). An der Beschaffenheit eines „Nagels“ kann schwer auf die Tiefe des Wasserreiserabbruchs geschlossen werden (1). Hinzu kommt, dass das „schlafende Auge“ bis zum Zeitpunkt des Austriebes seine Markröhre „hinter sich hergezogen“ hat (2). Auf einer Furnieroberfläche würde das als störend empfunden. Aus diesem Grunde wird großer Wert auf die Beurteilung von Wasserreisernarben bei Wertholzverkäufen gelegt (Burschel und Huss 1997).

Die Abbildungen zu Astnarben der Nadelbäume, der Laubbäume der kühlen und gemäßigten Breiten sowie der Tropen siehe in den **Bildteilen 5.2.2 – 1 bis 5.2.2 – 4**

Messung des Merkmals (Mette 1965, SSLEF 1997, Frommhold 2001, RVR 2015):

Rindenquetschfalte glattrindiger Baumarten (Chinesenbart):
Die Pfeilhöhe (h) ist die Entfernung zwischen der Sehne als Verbindung der Chinesenbart- Enden und dem Scheitelpunkt über der Astnarbe (Bild 5.89).

Rindenquetschfalte grobborkiger Baumarten (Rose):
Der Abstand (h) entspricht dem Außendurchmesser der Astüberwallungswulst, gemessen in Stammlängsrichtung (Bild 5.90).

Astsiegel: Abstand (H) der Astsiegelabgrenzung, gemessen in Stammlängsrichtung (Bild 5.89, Bild 5.90)

Nagel: Bei Mette (1965) werden Nägel bis 2 cm Durchmesser noch als *Wasserreiser*siegel, darüber als Astsiegel bezeichnet. Derzeit hat sich eine zulässige Astsiegelhöhe von bis zu 1 cm durchgesetzt (Frommhold 2001, Rahmenvereinbarung Werksvermessung 2005).

Astnarben werden nur in Richtung der Stammachse gemessen, da sie sich quer zur Stammachse mit zunehmendem Dickenwachstum des Stammes verbreitern.

Beurteilung der Astnarbe am Stamm:

Die Astnarbe ist nur ein Rindenmerkmal, das auf das Vorhandensein eines Astes im Stamminneren hinweist. Bei der Holzbe- und Verarbeitung macht sich die Astnarbe selbst nicht störend bemerkbar.

Astsiegel und Rindenquetschfalte gestatten aber besonders bei glattrindigen, sogenannten „ehrlichen“ Baumarten, eine ziemlich genaue Diagnose darüber, wie tief im Stammmantel ein Astabbruch liegt, wie stark der Ast an der Abbruchstelle war und wie schräg der ehemals lebende Ast aus dem Stamm gewachsen ist. Bei grobborkigen Bäumen ist diese Diagnose ebenfalls möglich, aber mit größeren Unsicherheiten behaftet.

Wohl die ersten quantifizierten Untersuchungen zwischen Astnarben- und Astgeometrie, die bereits 1972 in die sowjetische GOST- Norm für Rundholz übernommen worden sind (GOST 2140–71 [1972]), haben Wakin, Polubojarinov und Solovjov (Wakin et al. 1969) durchgeführt. Nach dieser Norm war es zulässig, die Überwallungstiefe von Birkenästen *(Betula pendula)* in Abhängigkeit vom *Winkel* der Chinesenbartschenkel zu messen.

Rast (1982) quantifizierte die Tiefe von Astabbrüchen in Abhängigkeit von der Gestalt des Astsiegels bei Roteichen *(Quercus rubra)*. Trotzdem hielt sich in der forstlichen Praxis und in verschiedenen Sortiervorschriften hartnäckig die Auffassung, dass das Verhältnis von Chinesenbarthöhe zu -breite das Maß für die Dicke astreiner Holzschichten sei (Erteld und Achterberg 1954, König 1957, Wagenführ und Scheiber 1989). Das ist falsch!

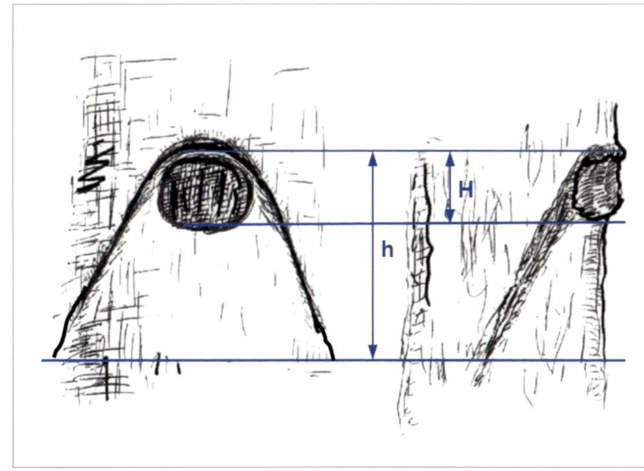

Bild 5.89
Messung der Höhe der Rindenquetschfalte (Chinesenbart) **h** und der Astsiegelhöhe **H**

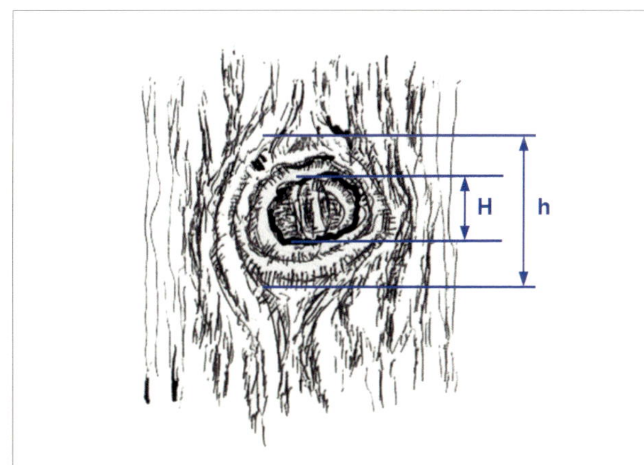

Bild 5.90
Messung des äußeren Durchmessers der Rindenquetschfalte (Rose) **h** und der Astsiegelhöhe **H**

Bild 5.91
Verschiedene Projektionen eines überwachsenen Astabbruches in einem Buchenstamm *(Fagus)*

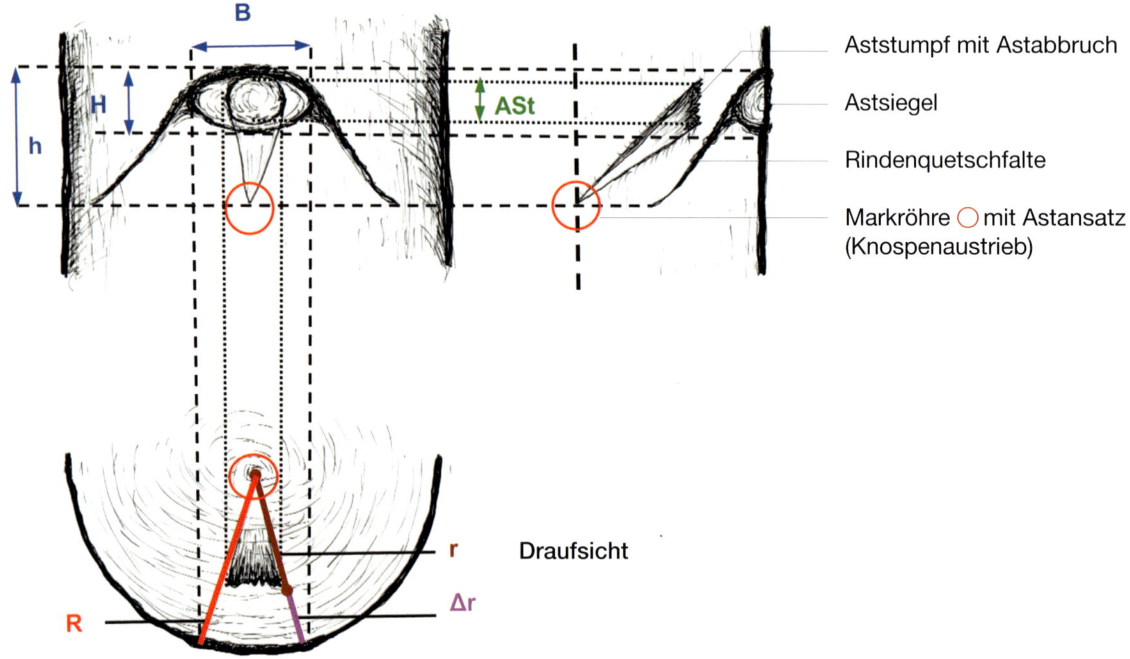

Die **Tiefe des Astabbruches im Stammmantel** wird wie folgt bestimmt: Die Astsiegelhöhe (H) verhält sich zum Durchmesser des Stammes zum Zeitpunkt des Astabbruches (2r) wie die Astsiegelbreite (B) zum jetzigen Durchmesser des Stammes (2R). Dieser Proportion liegt die Unterstellung zugrunde, dass Ast(siegel)höhe und Ast(siegel) breite zum Zeitpunkt des Astabbruches gleich groß sind.

Auf der Grundlage des Strahlensatzes kann der gesuchte Radius des Stammes zum Zeitpunkt des Astabbruches (r) zum Stamm mit dem jetzigen Radius (R) durch das Verhältnis von Höhe (H) zu Breite (B) des Astsiegels beschrieben werden (Bosshard 1984b, Knigge und Schulz 1966), (Bild 5.91, Frontalansicht und Draufsicht).

$$r \sim \frac{H \times R}{B}$$

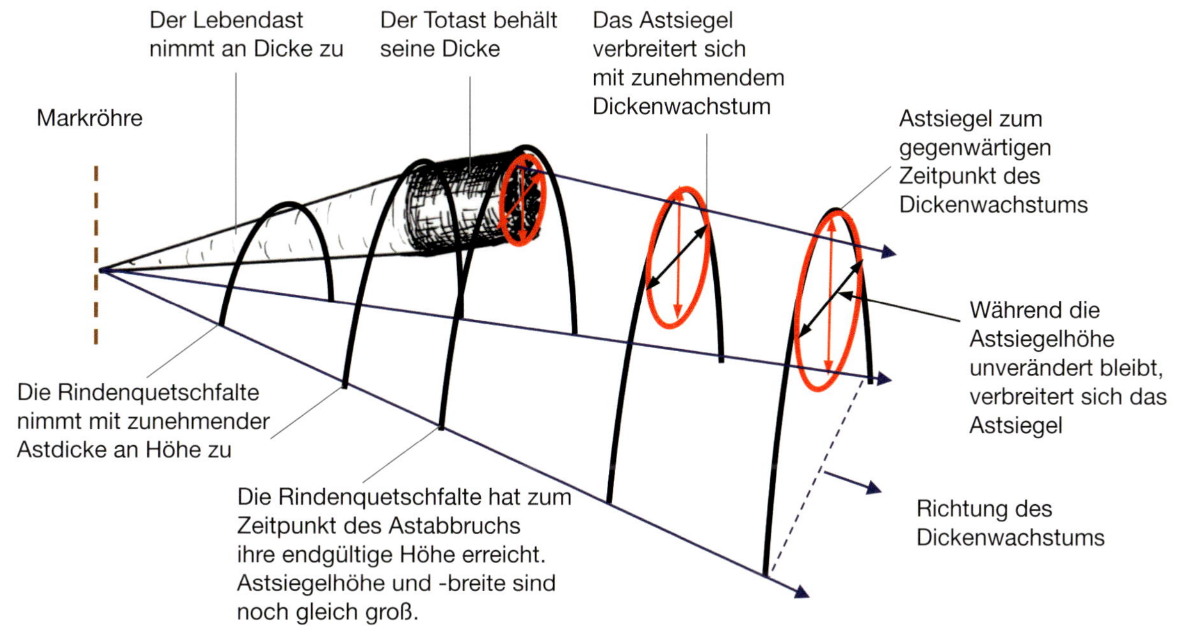

Bild 5.92
Prinzipdarstellung eines wachsenden, absterbenden, abbrechenden, überwallten Astes und der dabei ausgebildeten, sich verändernden Rindenquetschfalte und Astsiegelverbreiterung

Die **Stärke des Astes** an der Astabbruchstelle ASt entspricht etwa der reichlichen Hälfte (50–60%) der Astsiegelhöhe H (Erteld und Achterberg 1954), (Bild 5.91, Seitenansicht).

$$ASt \sim \frac{H}{2}$$

In der sowjetischen GOST- Norm (GOST 2140–71, [1972]) galt dieser Mittelwert allgemein für Stammdurchmesser von 24–28 cm (in Astnähe gemessen) bei einer Astsiegelhöhe von 10 cm. Danach nimmt mit dicker werdendem Stamm und zunehmender Astsiegelhöhe die Aststärke *überproportional* zu. Das heißt z. B.: Bei einem 40 cm dicken Stamm und einer Astsiegelhöhe von 16 cm wird eine wahrscheinliche Aststärke an der Abbruchstelle von 12 cm, gleich 75% der Astsiegelhöhe, angenommen.

Tabelle 5.7
Geschwindigkeit von Astüberwallungen an verschiedenen Baumarten

Überwallungs-geschwindigk.	Laubbäume	Nadelbäume
langsam	Birke *(Betula ssp.)* Hainbuche *(Carpinus betulus)*, Ahorn *(Acer ssp.)*	Kiefer *(Pinus sylvestris)* Fichte *(Picea abies)*
mittelmäßig	Buche *(Fagus sylvatica)*	Strobe *(Pinus strobus)*
schnell	Eiche *(Quercus ssp.)* Esche *(Fraxinus excelsior)* Pappel *(Populus ssp.)*	Douglasie *(Pseudotsuga taxifolia)* Tanne *(Abies alba)* Lärche *(Larix decidua)*

Bild 5.93
Schräger Anschnitt einer starken Beule mit angefaultem Astabbruch an Wana *(Ocotea rubra)*

Die **Schrägstellung des Astes** ergibt sich aus der Höhe der Rindenquetschfalte h. Die Messpunkte liegen auf der Sehne zwischen den Enden des Chinesenbartes und der Oberkante des Astsiegels. Der Stammzylinder mit der Höhe h wird vom eingewachsenen Astkegel durchdrungen (Bosshard 1984), (Bild 5.91, Seitenansicht).

Ursachen

Wächst ein Ast, bildet sich die Rindenquetschfalte. Sie vergrößert sich, solange der Ast in die Dicke wächst. Um den absterbenden Ast bildet sich der „Abschiedskragen". Dieser überwallt schließlich den Aststumpf des abgebrochenen Totastes. Diese Überwallung heißt Astsiegel.

Bezüglich ihrer Überwallungsgeschwindigkeit verhalten sich die Baumarten unterschiedlich (Tabelle 5.7), (Knigge und Schulz 1966):

Bei **glattrindigen Baumarten** schiebt der noch lebende Ast die Rindenquetschfalte (Chinesenbart) umso deutlicher in die Höhe, je mehr der Ast von der horizontalen Wuchsrichtung abweicht. Dies ist häufig bei Birken *(Betula ssp.)* anzutreffen. Die Rindenquetschfalte zieht sich mit fortschreitendem Dickenwachstum des Stammes auseinander, behält aber nach dem Abbruch des abgestorbenen Astes ihre einmal erreichte Höhe (Bild 5.92).

Bei **grobborkigen Baumarten** umschließt die Rindenquetschfalte mehr oder weniger gleichmäßig den sich verdickenden Ast (vgl. Bild 5.90). Die Borke stülpt sich auf zu einer Rosette (Rose). Die Rose umschließt die überwallte Astabbruchstelle (Astsiegel).

In tropischen Primär- und Sekundärwäldern ist den meisten Ästen kein langes Leben beschieden, weil der mit dem Kronenschluss, dem steilen Einstrahlungswinkel und der Strahlungsrichtung des Sonnenlichtes verbundene Lichtmangel beschattete Äste rasch absterben lässt (Vgl. Kap. 3.4 Licht / Strahlung).

Kleinere Astabbrüche werden ohne auffällige Rindennarben überwallt. Ganz anders überwallen Abbrüche von Starkästen, die lange Zeit der Kronenkonkurrenz Stand gehalten haben. Der Baum ist meist nicht in der Lage diese Bruchflächen sofort sicher abzuschotten, so dass sich auf Grund des großen Infektionsdruckes Fauläste bilden, die der Stamm beulig überwallt (Bild 5.93).

Vermeidung

Astnarben können nicht vermieden, höchstens in ihrer Anzahl und Größe eingeschränkt werden. Eine enge Kultur- und Aufwuchsphase bis zum Erreichen der gewünschten astfreien Schaftlänge der Bäume sowie waldbauliche Maßnahmen wie Unterbau (Schaftpflege) und Baumartenmischung fördern in Wirtschaftswäldern die natürliche Astreinigung, verbunden mit kleineren Astnarben. Feinastige Phänotypen sind zu fördern. Auslesebäume sollten, wenn möglich, grün- bzw. trocken geastet werden, so dass die Aststümpfe rasch und unter geringer Narbenbildung überwallen können.

Bäume in tropischen Primär- und Sekundärwäldern unterliegen auf Grund starker Beschattung der unteren Stammteile einer natürlichen „Schaftpflege" – eine wichtige Ursache für die überdurchschnittlich guten Qualitäten hinsichtlich der Astigkeit von Bäumen aus diesen Wäldern. In Plantagen muss wegen größerer, meist geometrisierter Baumabstände der natürlichen Astreinigung mit Astungsmaßnahmen nachgeholfen werden.

Auswirkungen auf die Verwendung

Astnarben sind wichtige äußere Diagnosemerkmale. Die auf der Rinde sichtbaren Narben selbst wirken sich nicht bei der Verarbeitung des Rundholzes aus. Je nach Verwendungszweck von berindetem Rundholz können Rindennarben entweder dekorativ oder störend wirken. Problematisch bleibt in der Regel nur der unter den Rindennarben verborgene Aststumpf, *einschließlich der verbliebenen Markröhren von Wasserreisern*.

Astnarben werden nach der gültigen Qualitätssortierung RVR (2015/ 2018) wie folgt bewertet (Tabelle 5.8):

Baumart	Narben-bezeich.	Qualitätsklasse nach RVR			
		A	B	C	D
Fichten/ Tannen Kiefern Lärchen Douglasie		In der RVR werden keine quantifizierten Angaben über die Zulässigkeit von Astnarben und ihre noch zu tolerierenden Abmessungen gemacht. Das heißt, dass Astnarben/Rosen selbst bei A-Holz zulässig sind, wenn sie gemäß *„Generellen Regeln zur Qualitätssortierung ... einvernehmlich durch die sonstige gute Qualität ...ausgeglichen werden."*			
Buche	Äste, überwallt	Zulässig, wenn Rundnarbe (Astsiegelhöhe zu -breite) ≤1:4	Zulässig, wenn Rundnarbe (Astsiegelhöhe zu -breite) ≤1:2 **und** Rundnarbenhöhe ≤ 10 cm	zulässig im normalen Umfang	zulässig
Eiche	Äste, überwallt (Rosen, Nägel)	1 Rose **oder** 1 Nagel pro 1 m, ≤ 3 cm Astsiegelhöhe	Rosen: 4 pro 4 m ≤ 4cm Astsiegelhöhe Nägel: zulässig in begrenztem Umfang	zulässig im normalen Umfang	zulässig

Tabelle 5.8
Auswirkungen von Astnarben auf Qualitätsklassen nach RVR (RVR 2015/ 2018)

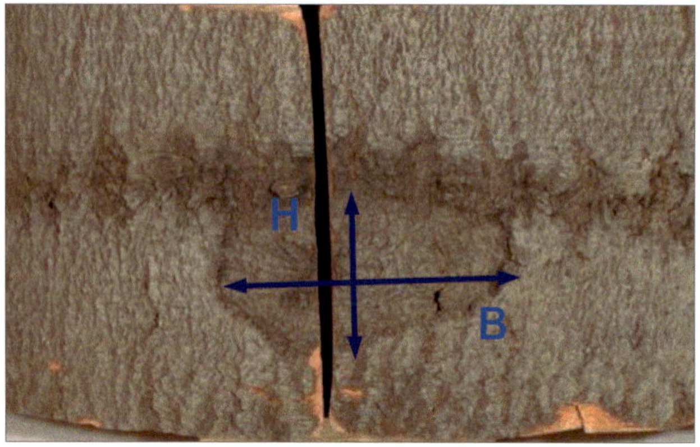

Bild 5.94
Das Astsiegel an diesem Buchenstammstück *(Fagus sylvatica)* ist etwa doppelt so breit (B) wie hoch (H)

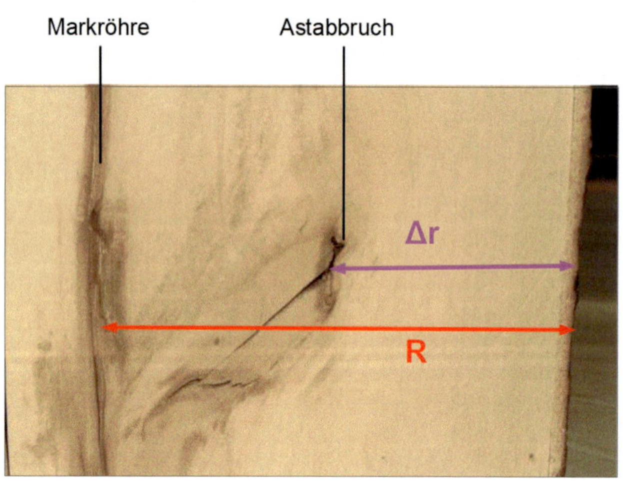

Bild 5.95
Der Trennschnitt des Stammstückes aus Bild 5.94 zeigt, dass sein astfreier Mantel (Δr) etwa halb so breit ist wie sein Radius (R)

Technologische Anpassung

Für viele Holzverwendungen ist es bedeutsam, die Dicke des astfreien Mantels (Δr) zu kennen. Auf diese Weise kann bei Schälfurnier die Dicke des astigen „Kerns" in der Restrolle ermittelt werden. Bei Messerfurnier kann anhand der Astnarben ein günstiger Zuschnitt der Furnierblöcke gewählt werden, bei dem mit größtmöglicher Ausbeute zu rechnen ist. Gleiches gilt für die Verarbeitung von Schneideholz. Die Berechnung des astfreien Mantels soll anhand eines Beispiels (Bild 5.94, Bild 5.95) erläutert werden. Als Gleichung gilt:

$$\Delta r = R - \frac{H \times R}{B}$$

Bildteil 5.2.2 – 1
Astnarben von Nadelbäumen

Unscheinbare Astnarben markieren sich an drei Astquirlen dieser Fichte *(Picea abies)*

Ältere Astnarbe mit Längriss an Fichte *(Picea abies)*

Beulige Astnarben an zwei Astquirlen einer älteren Kieferr *(Pinus sylvestris)*

Astnarbe an Kiefer mit soeben geschlossenem Astsiegel *(Pinus sylvestris)*

Unscheinbare Astnarben an Weymouthskiefer *(Pinus strobus)*

Astnarben an Coloradotanne *(Abies concolor)*

Alte, breit gezogene Astnarbe an Lärche *(Larix decidua)*

Nagel (abgebrochenes Wasserreis) an Lärche *(Larix decidua)*

Zwei ältere Astnarben an Douglasie *(Pseudotsuga menziesii)* mit Längsrissen im Astsiegel

Astnarbe an Douglasie *(Pseudotsuga menziesii)* ca. 5 Jahre nach der Astung

Astnarben an Nikkotanne *(Abies homolepis)* mit umgekehrten Rindenquetschfalten (hängende Äste!)

Unscheinbare Astnarben neben Wasserreisern an Eibe *(Taxus baccata)*

Bildteil 5.2.2 – 2
Astnarben von ringporigen Laubbäumen

Astnarben an Starkeiche *(Quercus robur)*

Ältere Rosen an Eiche *(Quercus ssp.)*. Die Astsiegel weisen bereits Längsrisse auf.

Jüngere Rose an Eiche *(Quercus ssp.)*. Das Astsiegel schließt sich über dem Astabbruch.

Asymmetrische Astnarbe an Eiche *(Quercus ssp.)*. Der Ast erhielt linksseitigen Lichteinfall .

Frischer „Nagel“ an Eiche *(Quercus ssp.)*. Das Wasserreis lebte drei Jahre.

Alte Rose eines Klebastes an Eiche *(Quercus ssp.)*. Das Astsiegel ist längs gerissen.

Ältere Astnarbe an Roteiche *(Quercus rubra)*. Darüber und darunter Rindenbänder

Alte Astnarbe an Robinie *(Robinia pseudoacacia)*

Links:Junge Esche *(Fraxinus excelsior)* mit frischer Astnarbe und noch nicht überwalltem Astabbruch (links). Mitte: Astnarben an jüngerer Esche. (Dazwischen Rindenbänder, nicht zu verwechseln mit überwallten Fraßgängen von Eschenbastkäfern *(Hylesinus spec., Leperisinus spec.)*! Rechts: Ältere Astnarben an Esche

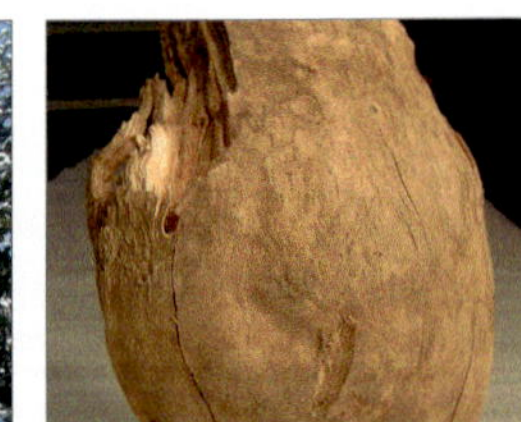

Astbeule an Esche *(Fraxinus excelsior)*. Vorderansicht gesund (oben). Innen verbirgt sich ein starker Faulast *(unten)*.

Bildteil 5.2.2 – 3
Astnarben von zerstreutporigen und halbringporigen Laubbäumen

Frisch überwallter Steilast und Totast mit Abschiedskragen an Buche *(Fagus sylvatica)*

Chinesenbärte der Buche *(Fagus sylvatica)* weisen von oben nach unten auf geringer werdende Steilheit der Äste hin.

„Narbengesicht“ aus Abbrüchen starker Steiläste einer Buche *(Fagus sylvatica)*

Rindenbänder von Ästchen der einst jungen Buche *(Fagus sylvatica)* zwischen breit gezogenen Astnarben

Berghorn *(Acer pseudoplatanus)* mit zwei Astnarben

Alte Astnarbe an einem Spitzahorn *(Acer platanoides)*

Abschiedskragen einer frischen Astüberwallung an Elsbeere *(Sorbus torminalis)*

Steiläste hinterlassen bei dieser Birke *(Betula pendula)* hohe Chinesenbärte.

Markante Astnarben und Rindenbänder an ca. 10-jähriger Aspe *(Populus tremula)*

Astnarben an ca. 30-jähriger Aspe *(Populus tremula)*

Beulig überwallte Astabbrüche an abgestorbener Pappel *(Populus spec.)*

Ältere Astnarbe (unten) und nicht überwallter Faulast (oben) an einer Linde *(Tilia cordata)*

Bildteil 5.2.2 – 3
Astnarben von zerstreutporigen und halbringporigen Laubbäumen

Frisch vernarbter Astabbruch an Hainbuche *(Carpinus betulus)*

Seit kurzem geschlossenes Astsiegel an einer jungen Roterle *(Alnus glutinosa)*

Roterle *(Alnus glutinosa)* mit Rindenquetschfalten, die als stumpfwinklige Dreiecke ausgebildet sind

Astnarbe an Walnuss *(Juglans regia)*. Am linken oberen Rand ein Nagel, rechts daneben Wasserreis

Astnarbe mit frisch überwalltem Astsiegel an Wildkirsche *(Prunus avium)*

Bildteil 5.2.2 – 4
Astnarben tropischer Laubbäume

Starker Rode Djedoe *(Sklerolobium albiflorum)* im tropischen Primärwald ist im unteren Stammbereich astnarbenfrei. Surinam

Schwer erkennbare Astnarben bei Bolletri *(Manilkara bidendata)* im Primärwald

Frisch überwallte Astnarbe an frei stehender „Kofimama“ *(Erythrina glauca)* auf einer Kaffeeplantage

Freistehender Straßenbaum mit Wasserreis über Astnarben.

Frisch überwallter Ast (Rose) an Zwart Riemhout *(Micropholis guianensis)*

Bildteil 5.2.2 – 4
Astnarben tropischer Laubbäume

Holzernte in Primärwäldern: Hier wird unterhalb der ersten Astbeule abgezopft. Das 3-m-Zopfstück ist kostenfreie Zugabe (Kopi *[Goupia glabra]*), Surinam .

Rasch überwallter Ast von Rode lokus *(Hymenaea courbaril)*

Gele Kabbes *(Terminalia dichotoma)* wird trotz starker Beuligkeit wegen seines Durchmessers von 1,2m für den Export bestimmt.

Die Astbeule an Walaba *(Eperua ssp.)* (links) erweist sich aufgeschnitten als überwallter Faulaststumpf (rechts)

Greenheart-Sägeblock *(Chlorocardium rodiei)* mit Astbeule vor und nach dem Einschnitt (rechts: aufgeschnittener Faulast)

Beulig überwallter Starkast-Abbruch an Gronfolo *(Qualea rosea)*, darunter Hohlkehle

Diese Astbeulen an Kopi *(Goubia glabra)* mindern die Ausbeute an hochwertigem Schnittholz beträchtlich.

Messerfurnier aus Andiroba *(Carapa guianensis)*, aus Holz über einer Astbeule

Bild 5.96
Unregelmäßige Jahrringstruktur am Querschnitt einer 170-jährigen ringporigen Traubeneiche *(Quercus petraea)*

Bild 5.97
Sprunghaft wechselnde Jahrringbreiten innerhalb eines und zwischen verschiedenen Jahrringen am Querschnitt eines Fichtenstammes (Picea abies) aus einer Ackeraufforstung

5.3 Anatomischer Bau

5.3.1 Unregelmäßige Jahrringe / Zuwachszonen

Beschreibung des Merkmals

Ein **Jahrring** ist der vom Kambium in der Vegetationsperiode eines Jahres gebildete Holzzuwachsring. In Klimazonen, die von Jahreszeiten geprägt sind, wechseln sich Vegetationsperioden (Sommerhalbjahr) und Ruhephasen (Winterhalbjahr) miteinander ab. Die dabei entstehenden Zuwachsringe grenzen sich mehr oder weniger deutlich in Farbe und Holzdichte ab. In den temperierten Klimazonen charakterisieren Jahrringanordnung und -bau den Wachstumsablauf eines Baumes während seines ganzen Lebens (Bild 5.96).

Unregelmäßiger Jahrringbau ist durch einen deutlichen Wechsel der Breite innerhalb eines Jahrrings bzw. der Jahrringbreiten über dem Stammquerschnitt gekennzeichnet (Bild 5.97). Der Standort (Klima, Boden und soziologische Stellung des Baumes) beeinflusst die Jahrringbreite: An ihrer borealen Verbreitungsgrenze können z. B. Kiefern, Wachholder und Birken Jahrringbreiten von unter 0,1 mm aufweisen. Unter optimalen Bedingungen sind Jahrringbreiten von 20 mm keine Seltenheit.

Die Breite der Jahrringe beeinflusst die Holzdichte von Nadel- und Laubbäumen unterschiedlich: Nadelhölzer mit breiten Jahrringen haben wegen ihrer *weitlumigen Frühholztracheiden* eine relativ niedrige Dichte im Unterschied zu schmalen Jahrringen mit *ligninreichen Spätholztracheiden*. Ausgeprägtes Druckholz von Nadelhölzern wird wegen seiner rötlichbraunen Farbe auch als Rotholz oder Buchs bezeichnet. Es besteht aus Tracheiden mit verdickten Zellwänden. Das Holz hat besondere physikalische Eigenschaften. Es ist in der Lage, die Wuchsrichtung von Stämmen und Ästen zu verändern.

Zerstreutporige Laubhölzer reagieren in ihrer Dichte wenig auf Unterschiede in der Jahrringbreite. *Ringporige Laubhölzer* legen als Frühholz nur wenige großlumige Zellreihen an, so dass mit breiter werdendem Jahrring der englumige Spätholzanteil wächst.

Dies führt hier zu höherer Dichte (Mette 1984, Schweingruber und Isler 1991, Wagenführ und Scheiber 1989).

Jahrringmessung: Die durchschnittliche Jahrringbreite von Lärche *(Larix decidua)* und Douglasie *(Pseudotsuga menziesii)* wird gemessen, indem die *äußeren* 75% des Radius´ **R** am schwächeren Ende des Stammabschnitts durch die Anzahl der Jahrringe (**n**) geteilt werden (RVR 2015).

$$\text{Ø Jahrringbreite} = \frac{\mathbf{R}\ (75\%)\ [\text{mm}]}{\mathbf{n}\ (75\%)}$$

Auf diese Weise werden die Einflüsse von Unregelmäßigkeiten des Jahrringaufbaus am Stammfuß und die überdurchschnittlich breiten inneren Jahrringe des juvenilen Holzes ausgeschaltet.

Zur Diagnose der inneren Astigkeit wird aber nach wie vor die Jahrringausprägung im Bereich um die Markröhre verwendet.

Breite Jahrringe im Kern weisen auf kräftiges Jugendwachstum hin, das in der Regel mit Starkästen im unteren Stammbereich verbunden ist. Aus diesem Grunde wurde in der Vergangenheit in verschiedenen Rohholzsortierungen für Kiefer *(Pinus sylvestris)*, Güteklasse A, vorgeschrieben, dass innerhalb eines Radius´ von 5 cm um die Markröhre mindestens 15–17 Jahresringe liegen müssen. Damit verbunden sind maximale Jahrringbreiten zwischen 3 ...4 mm. Geht man in der Aufwuchsphase einer Kiefer z. B. von einem durchschnittlichen Höhenwachstum von 40 cm pro Jahr aus, bedeutet dies, dass nach 15 Jahren auf 6 m Länge ein feinastiger Stamm erwachsen ist, bei dem zu Hiebsreife mit einem breiten astfreien Mantel zu rechnen ist. (TGL 1988, SSLEF 1997 Landesforstverw. Baden-Württ. 2002) (Bild 5.98).

Bild 5.98:
25 schmale Jahrringe im Kern dieser 36-jährigen Kiefer *(Pinus sylvestris)* deuten auf ein gedämpftes Jugendwachstum hin. Wird ein durchschnittlicher Höhenzuwachs von 30 cm/a unterstellt, ist mit einem etwa 7,5m langen, feinastigen Stammabschnitt zu rechnen.

Bild 5.99
Auf dem Querschnitt von Algarrobo *(Prosopis spec.)* werden Wachstumszonen lediglich von dunkel abgesetzten Parenchymbändern abgegrenzt.

Bild 5.100 Zuwachszonen an einem Stammsegment von Witte Parelhout *(Aspidosperma marcgrafianum)*. Am Standort dieses Baumes gibt es jährlich zwei Trockenzeiten.

Bei Eiche, Güteklasse A, wurde ausdrücklich darauf hingewiesen, dass der Radius von 5–8 cm um die Markröhre nicht zur Gütebeurteilung heranzuziehen sei. Dieser Stammbereich bleibt bei der Furnierherstellung i. d. R. als Restbohle übrig (TGL 1988).

Das Alter eines Baumes kann mit Hilfe der **Jahrringanalyse** bestimmt werden. Der Einfluss von Trockenjahren und Kalamitäten, des Temperaturverlaufs, des Lichtgenusses und des Nährstoffangebotes auf die Jahrringbreite lässt sich nachweisen (Hartig 1856, Knuchel 1934, Knuchel 1954).

Die **Dendrochronologie** erlaubt eine jahrgenaue Bestimmung der Entstehung von Jahrringen. Dies geschieht mit Hilfe einer Synchronisierung (Kreuzkorrelationsanalyse) von Zeitreihen der Jahrringmerkmale einer Baumart in einem größeren Wuchsgebiet. Auf diese Weise können z. B. Holzgegenstände genau datiert werden. (Douglass 1919, Huber 1941, Delorme 1973, Polge 1963, Schweingruber und Isler 1991, Heussner 1994, Schweingruber und Kaennel1995, Schweingruber 2012).

Mit Hilfe der Methode der **Baumarchäomorphologie**, die sich der Jahrringanalyse, der Dendrochronologie und der Morphologie von Bäumen mit ihren inneren und äußeren Holzmerkmalen bedient, können aus Holzgegenständen schließlich komplexe Sachverhalte zum Wachstum des Baumes in geschichtlicher Zeit sowie seiner Be- und Verarbeitung bis zum fertigen Gegenstand abgeleitet werden (Richter 2008a und 2017). (Siehe Bildteil 5.3.1 – 3)

Im Unterschied zu Bäumen der gemäßigten Breiten entstehen bei Bäumen des immergrünen Regenwaldes **Zuwachszonen**. Das Kambium bildet ohne jahreszeitliche Periodizität gleichmäßig Xylem aus. Die Grenzen der Zuwachszonen markieren sich lediglich durch Dichteunterschiede oder durch schmale Parenchymbänder (Bild 5.99).

In den Subtropen und Tropen mit ausgeprägten Regen- und Trockenzeiten sowie an Bäumen mit periodischem Laubfall wird das Kambialwachstum zeitweise unterbrochen (Sachsse 1991). Dies markiert sich durch farblich voneinander abgesetzte Zuwachszonen bzw. unterschiedliche Häufigkeit und Anordnung von Leitgefäßen (Bild 5.100).

Anhand dieser Zuwachszonen kann das Alter von Bäumen aber nicht bestimmt werden, da je nach Rhythmus von Regen- und Trockenperioden die Bäume in jedem Jahr eine oder mehrere Zuwachszonen unterschiedlichster Breite anlegen können. Neuere Untersuchungen zur Altersdatierung tropischer Bäume wurden an *Cedrela odorata* und sieben weiteren Baumarten im Amazonasbecken durchgeführt. Hierbei wurde die Konzentration des Sauerstoffisotops ($\delta^{18}0$) und des Kohlenstoffisotops ($\delta^{13}C$) in den Zuwachszonen mit den Jahresniederschlagssummen korreliert. Im Ergebnis zeigte sich, dass Wachstumsabschnitte von 20 Jahren noch nicht sicher datierbar sind. Einigermaßen sichere Werte ergeben sich erst bei Wachstumsabschnitten von ca. 40 Jahren (Brienen et al. 2012; Brienen 2013).
Fototafeln zum Jahrringbau der Nadelbäume, der Laubbäume der gemäßigten Breiten und der Wachstumszonen von Bäumen der Tropen siehe Bildteil 5.3.1 – 1 und 5.3.1 – 2. Spezielle Jahrringausprägungen wie Drehwuchs, Wimmerwuchs, Riegelung und Haselwuchs werden im Kapitel 5.3.2 „Orientierung des Faserverlaufs“ beschrieben.

Ursachen

Die Ausbildung von Jahrringen ist an den periodischen Wechsel zwischen sommerlicher Vegetationsperiode und winterlicher Vegetationsruhe gebunden.

In Markröhrennähe wächst i. d. R. juveniles Holz mit breiteren Jahrringen. Mit zunehmendem Baumalter und -umfang und zunehmender Kronenkonkurrenz werden die Jahrringe schmaler.

Durchforstungen, die dem verbleibenden Bestand mehr Wuchsraum verschaffen, können zu „Jahrringsprüngen“ führen. Dagegen können Wassermangel oder Kalamitäten Ursache von Jahrringausfällen sein (Bild 5.101). Solitärstämme, die besonderen klimatischen Belastungen ausgesetzt sind, bilden mitunter sowohl innerhalb eines Jahrringes, aber auch zwischen verschiedenen Jahrringen unterschiedliche Jahrringbreiten aus. Unterdrückte Bäume sind häufig nicht in der Lage, einen vollständigen Jahrring anzulegen (Rubner 1910).

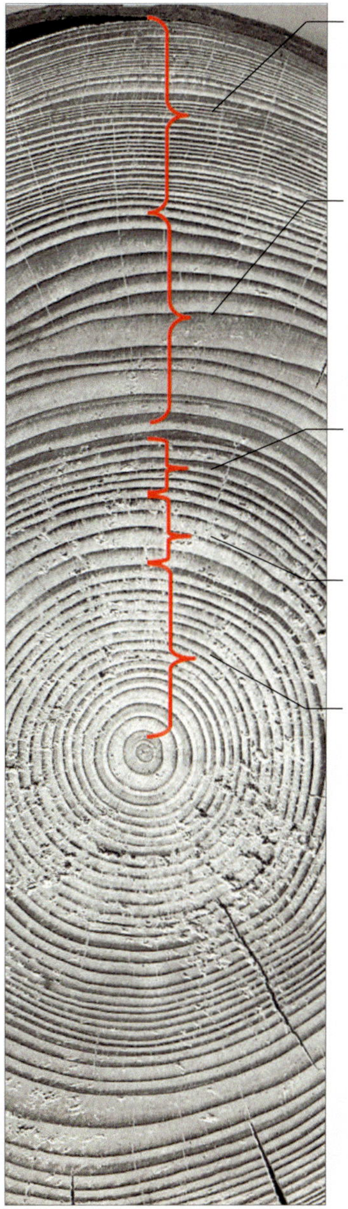

Bild 5.101
Der Einfluss von Durchforstungen auf den Jahrringzuwachs einer 80-jährigen Fichte *(Picea abies)*

Bild 5.102
Unruhiger Jahrringverlauf in einem Bergahorn *(Acer pseudoplatanus)*

Bild 5.103
Diese zwölfjährige Fichtenkrone *(Picea abies)* bog sich unter der Last von 20 kg Zapfen und reagierte mit einem 9 mm breiten Jahrring aus Druckholz (Buchs), dem Dreifachen der durchschnittlichen Jahrringbreite.

„Doppelte" Jahrringe können sich dann ausbilden, wenn nach abgeschlossenem jährlichem Dickenwachstum ein warmer Frühherbst den Baum noch einmal zu erneuter Zellbildung anregt.

Bäume bilden *Reaktionsholz* aus, wenn sie sich immer wieder neu zum Licht ausrichten, ihren Schwerpunkt neu austarieren und dabei bestimmte Stammsegmente besonders verstärken. Im Stammquerschnitt zeigt sich das in einem unruhigen Jahrringverlauf (Bild 5.102 und 5.103)

Tropenhölzer im immergrünen Regenwald oder in Gebieten mit Regen- und Trockenperioden weisen anstelle von Jahrringen Zuwachszonen auf, die in ihrer Ausprägung – abhängig von den Witterungsbedingungen im Jahresverlauf und von der Konkurrenzsituation im Bestand, aber auch von der genetischen Veranlagung – stark variieren können (vgl. Bild 5.100).

Vermeidung

In einer geregelten Forstwirtschaft der gemäßigten Breiten kann ein gleichmäßiger Jahrringaufbau in Baumbeständen in der Regel mit dem Durchforstungsprinzip: *„mäßig und oft eingreifen"* erreicht werden, weil hierbei der Standraum des verbleibenden Bestandes gleichmäßig erweitert wird (Burschel und Huss 1997). Diesem Durchforstungsprinzip steht aber die wirtschaftliche Forderung nach wenigen, rationell durchzuführenden Pflegeeingriffen: *„wenig aber stark"* entgegen. Deshalb gilt: Je größer der Wertzuwachs eines Bestandes, desto behutsamer ist zu durchforsten (Mette 1984).

In Urwäldern oder Sekundärwäldern der borealen Klimazone bis hin zu den Regenwäldern der Tropen sind die Schwankungen in den Jahrringbreiten bzw. Zuwachszonen der Bäume letzten Endes immer den veränderlichen „Bedingungen des Örtlichen" unterworfen.

Im Plantagenbetrieb kann auf Grund geometrisierter Baumabstände und regelmäßiger Pflegeeingriffe die Kronen-, Wasser- und Nährstoffkonkurrenz gemindert werden. Dies wirkt sich günstig auf einen gleichmäßigen Bau von Jahrringen bzw. Zuwachszonen aus.

Auswirkungen auf die Verwendung

Will man die Auswirkungen beurteilen, die die Anordnung der Jahresringe bzw. Zuwachszonen auf die Holzverwendung hat, so ist das nur möglich, wenn dies in der *Zusammenschau von Anisotropie und Feuchte des Holzes* gesehen wird. Die unterschiedliche Dichte von Früh- und Spätholz, die Ausrichtung verschiedener Zelltypen und deren anatomische Besonderheiten reagieren auf Feuchteveränderungen unterschiedlich stark – das Holz „arbeitet“:

In *Längsrichtung* eines Stammes verhindern die längs ausgerichteten Fibrillen in den Holzfasern eine größere Längenänderung. Die wenigen quer zur Faserrichtung liegenden Zellwände sind ohne größeren Einfluss.

In *radialer Richtung* ermöglichen die quellfähigen Zellwände und Mittellamellen eine wesentlich stärkere Quellung und Schwindung des Holzes, die nur von den stabilisierend wirkenden, radial verlaufenden Holzstrahlen gedämpft wird.

In *tangentialer Richtung* können die Zellwände ungehindert quellen und schwinden.

Das hat zur Folge, dass Längs-, Radial- und Tangentialschwindmaß stark voneinander abweichen. Die *Schwindmaße* betragen für europäische Hölzer im Mittel **0,4%** für die Längsschwindung, **4,3%** für die Radialschwindung und **8,3%** für die Tangentialschwindung. Die Schwindmaße gelten für den Feuchtebereich zwischen Darrtrockenheit (0% Feuchte) und der Fasersättigungsfeuchte von 30% (Knigge und Schulz 1966; Niemz 1993; Lohmann 2005). Als Faustzahl gilt ein Verhältnis von **1 : 10 : 20**.
Ausnahme: Bei verstärkt auftretendem Druckholz (Buchs) in Nadelhölzern kann das Längsschwindmaß von durchschnittlich 0,4% auf bis zu 2.4% steigen (Kollmann 1951).

Sprünge in der Jahrringbreite verstärken lokal die Anisotropie und damit die Quellung bzw. Schwindung des Holzes. Dies kann bereits im frischen Rundholz zu Radial- und Ringrissen führen (Bild 5.104).

Messer- und Schälfurniere mit unregelmäßigem Jahrringbau wirken im Furnierbild unruhig.

Bild 5.104
Unterschiedliche Holzdichten in schmalen und breiten Jahrringen dieser Fichte *(Picea abies)* führen zu unterschiedlichem Quell- und Schwindverhalten des Holzes. Die Spannungen werden durch einen Ring- und einen Mantelriss neutralisiert.

Bild 5.105
Das radial geschnittene Kernbrett aus Fichtenholz schwindet im Wesentlichen tangential (Schwindung in der Brettdicke) ohne sich zu verwerfen.

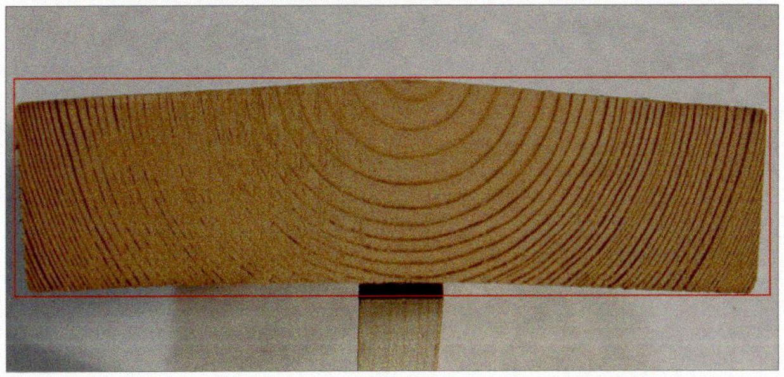

Bild 5.106
Das Fichtenbrett aus einem Fladerschnitt krümmt sich nach der „linken“ Seite.

Bild 5.107
Diese Schwindrisse bildeten sich schon kurz nach dem Einschnitt dieses Balkens aus Schlangenholz (*Brosimum guianense*). Gefördert wird die Rissbildung durch die hohe Holzdichte von 1,2 g/cm³ und die einstielige Schnittführung.

Bild 5.108
Klangholzfichte aus 800 m Höhenlage mit sog. „Pfengele“-Rinde als Weisermerkmal, Kottenheide, Oberes Vogtland, Deutschland

Im *Schnittholz* hat die Lage der Jahrringe bereits bei der natürlichen Holztrocknung weitreichende Folgen (Bilder 5.105, 5.106 und 5.107). Die Folgen können sich bei der technischen Trocknung und anschließenden Lagerung des Holzes noch verstärken (Nutsch et al. 2003).

Bei der späteren Holzverwendung ist darauf zu achten, dass die Feuchte des Holzes mit der durchschnittlichen Bauwerksfeuchte übereinstimmt. Aus diesem Grund werden Hölzer im Innenverbau (Verschalungen, Dielungshölzer, Parkett) am künftigen Ort des Einbaus erst zwischengelagert, bis die Ausgleichsfeuchte erreicht ist (Scheiding et al. 2016).

Für *Klangholz* aus Fichte oder Tanne (Bild 5.108) gelten besondere Anforderungen an den gleichmäßigen Jahrringbau (Jahrringbreite 2 …3 mm, höchstens 25% Spätholzanteil) und die Ausrichtung der Jahrringe:

Für Klaviaturholz muss das Tastenelement aus *liegenden* Jahrringen bestehen. Damit soll eine gewisse Elastizität beim Anschlag erreicht werden. In Resonanzdecken sollen die Jahrringe *stehen*, um genügend Stabilität gegenüber dem Saitenzug zu erhalten. Gleiches gilt für Rippen zur Verstärkung der Resonanzdecken (Mette und Bloßfeld 1987).

Nach Untersuchungen von Baltrusch (2003) und Ziegenhals (2009) besteht – entgegen älteren Auffassungen – zwischen Jahrringaufbau und Klangqualität von Saiteninstrumenten kein gesicherter Zusammenhang.

Bei Außenverschalungen, vor allem mit gesägten oder gespaltenen *Schindeln*, ist besonders auf „stehende“ Jahrringe zu achten (Richter 2005) (S. Bildteil 5.3.1 – 4).

Besondere Ansprüche an einen engen, spätholzreichen Jahrringaufbau werden an Dielungshölzer mit außerordentlich strapazierfähigen Oberflächen aus Pitch Pine gestellt. Unter dem Sammelbegriff *Pitch Pine* werden harzreiche, engringig erwachsene Kiefernhölzer mit großem Kernholzbereich und einer Dichte von >700 kg/m³ bezeichnet (Pechkiefer *[Pinus rigida]*, Sumpfkiefer *[Pinus palustris]*) (Bild 5.109).

Im Bildteil 5.3.1 – 4 werden besondere Holzverwendungen dargestellt, bei denen eine spezielle Jahrringausprägung Voraussetzung für die Herstellung des Produktes ist:

Im klassischen *Zaunbau* wurden bevorzugt Reisstangen aus Naturverjüngung von Fichte Mitteleuropa) und Kiefer (Skandinavien) wegen ihrer schmalen Jahrringe und – damit verbunden – wegen ihrer Dauerhaftigkeit verwendet (Bild 5.110). Die Staketen wurden entweder um die Rungen senkrecht geflochten oder schräg zwischen Zaunpfähle mittels Wieden gebunden. Als um 1850 Nägel maschinell hergestellt werden konnten, wurden diese alten Zauntypen mehrheitlich durch genagelte und imprägnierte Lattenzäune ersetzt.

Spankörbe aus frischem Fichtenholz wurden aus Holzstreifen geflochten, die nur aus einem Jahrring bestanden. Mit einem stumpfen Messer wurde Jahrring um Jahrring vom Splint eines radial gespaltenen Holzscheites abgeschält. Ähnlich wurde bei der Herstellung großer Körbe für die Baumwollernte in den amerikanischen Südstaaten verfahren, indem aus „mildem", gut spaltbarem Korbeichenholz *(Quercus michauxii)* kräftige Späne entlang der Jahrringe herausgelöst wurden.

Reifendrehen aus frischen Stammscheiben von Fichtenholz ist eine Langholz-Drechseltechnik, bei der vorwiegend im Hirnholz gearbeitet wird. Das Fichtenholz muss astfrei, engringig und ohne größeren Spätholzanteil sein. Diese Drehtechnik erlaubt erstmalig eine Serienfertigung von Figuren.

Technologische Anpassung

Holz mit sehr unruhigem Jahrringverlauf und Sprüngen in der Jahrringbreite kann in der Regel nicht für höherwertige Zwecke verwendet werden (Furnier, Schneideholz, Sonderanwendungen). Die Einsatzmöglichkeiten dieses Holzes steigen aber mit zunehmendem „Zerstückelungsgrad". Entweder wird das Vollholz in *Holzsegmente* wie Brettlamellen, Holzstäbe oder Furnierbahnen zerlegt, die miteinander wieder verleimt werden; oder das ursprünglich gewachsene *Holzgefüge wird in Späne oder Fasern aufgelöst*, die zu Span- und Faserwerkstoffen verleimt und gepresst werden. Im *chemischen Holzaufschluss* hat die Dichte der Jahrringe indirekt nur noch auf die Ausbeute an Papier und Zellstoff und sein Spätholzanteil auf den Ligningehalt Einfluss.

Bild 5.109
Pitch Pine, hier Pechkiefer *(Pinus rigida)* mit hoher Dichte und nur 1-3mm breiten Jahrringen ist besonders abriebfest.

Bild 5.110
Dieses Kiefernstämmchen *(Pinus sylvestris)* wäre ideal als Zaunmaterial geeignet. Es zählt 152 Jahrringe bei einem Durchmesser von 51 x 62 mm. Es stammt aus dem weltweit nördlichsten Vorkommen eines Kiefern“waldes“ am Altafjord in Nordnorwegen.

Bild 5.111
3-Schicht-Platte aus Fichte, kreuzweise verleimt, Dicke: 21 mm

Bild 5.112
(Schäl)-Furniersperrholz aus Buche, hier als 31-lagige Multiplex-Platte, Dicke: 38 mm

Bild 5.113
Spanplatte dreischichtig, Dicke: 38 mm

Bild 5.114
Dämmstoff aus Refinerfaser, Deckschichten Holzwolle, Dicke: 100 mm

Nach der Stärke der Zerkleinerung der Holzbestandteile lassen sich Holzwerkstoffe in folgende Gruppen einteilen:

Lagenholz

Mehrschichtplatten: grobringige Jahrringstruktur der kreuzweise miteinander verklebten dünnen Brettelemente aus Nadelholz ist möglich (Bild 5.111).

Stabsperrholz: Leisten aus Fichte oder Kiefer werden mit möglichst stehenden Jahrringen als Mittellage miteinander verleimt. Abgesperrt wird die Mittellage mit kreuzweise verleimtem Absperr- und Deckfurnier, vorwiegend aus Buche, Birke, Pappel und Fichte.

Furniersperrholz: Schälfurnier wird in mindestens drei Lagen kreuzweise verleimt. Das reduziert das Quell- und Schwindverhalten des gesamten Holzkörpers. Furniersperrholz mit mehr als 5 Lagen wird als *Multiplexplatte* bezeichnet: (Bild 5.112)

Furnierschichtholz: Die Fasern der Furnierlagen zeigen in eine Vorzugsrichtung. Das erhöht die Biegefestigkeit in diese Richtung.

Kunstharzpressholz: mit Kunstharz verleimtes und verdichtetes, hochfestes Lagenholz

Holzspanwerkstoffe (Flachpressplatte, Strangpressplatte oder Spanformteil)

Spanplatte: in der Regel aus drei Schichten gebildetes Spänevlies aus verschiedenen Holzarten, das verklebt und verdichtet wird. Kaschierung mit Laminat oder Furnier möglich (Bild 5.113)

Faserplatte: Holzfaserstoff (Refinerfasern) wird mittels Bindemittel zu Platten mittlerer und Dämmstoffen niedriger Dichten kalibriert und kann mit Decklagen armiert werden (Bild 5.114).

Bildteil 5.3.1 – 1
Verschiedenartigkeit von Jahrringen bei Nadelhölzern

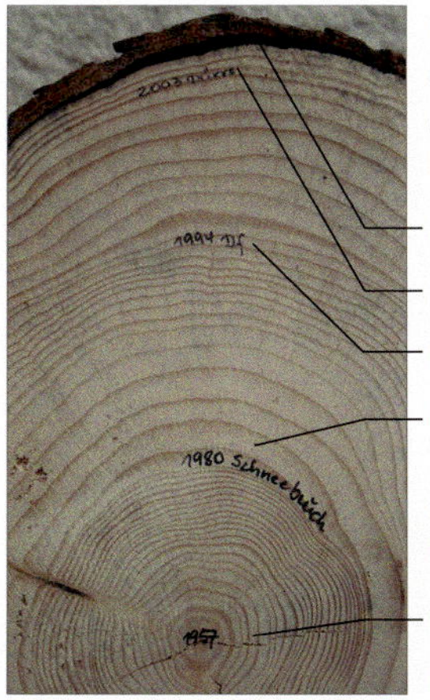

Chronik einer 48jährigen Fichte *(Picea abies)*. Thüringer Wald, Deutschland:

- 2005 gefällt
- 2003 von Dürre betroffen
- Erstdurchforstung 1994
- im Stangenholzalter 1980 Nachbarbäume von Schneebruch betroffen
- gepflanzt 1957

(Foto: G.-E. Weber)

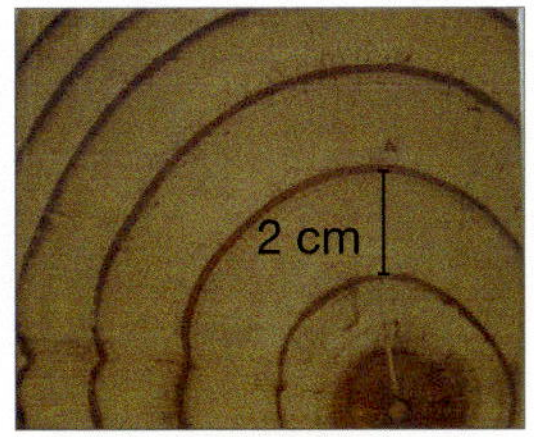

Monterey-Kiefer *(Pinus radiata)* mit extrem breiten Jahrringen. Spanien

Zwergwachholder *(Juniperus communis, var. nana)*, 82 Jahrringe, Ø 0,16 mm/JR. Hamningberg, Barentssee, Norwegen

Jahrringbreiten von Nadelhölzern in Abhängigkeit vom Standort und der waldbaulichen Behandlung

Hiebsreife Kiefer *(Pinus sylvestris)* mit Wechsel von breiten und kaum noch zu erkennenden schmalen Jahrringen

Trennschnitt: Gleichmäßiger Jahrringaufbau an einer Douglasie *(Pseudotsuga menziesii)*

Trennschnitt: Riesen-Lebensbaum *(Thuja plicata)* mit bis zu 500 gleichmäßig-schmalen Jahresringen aus Primärwald. British Columbia, Kanada

Auskeilende, verschwindende Jahrringe an 80-jähriger Tanne *(Abies alba)*. Thüringer Wald, Deutschland (Foto: G.-E.Weber)

Bildteil 5.3.1 – 2
Ringporige und zerstreutporige Laubhölzer der gemäßigten Breiten und der Tropen mit unruhigem bzw. gleichmäßigem Jahrringverlauf

Trennschnitt: Leicht spannrückige Buche *(Fagus sylvatica)* mit Rotkern, Zerstreutporer

Trennschnitt: Nussbaum *(Juglans regia)* mit unruhigem Jahrringverlauf, Halbringporer

Trennschnitt: (Furnier-)Esche *(Fraxinus exelsior)* mit Braunkern und gleichmäßigem Jahrringverlauf – Ringporer

Robinie *(Robinia pseudoacacia)* mit markanten Jahrringen – Ringporer

Vietnampalisander *(Dalbergia bariensis)* eines der wenigen halbringporigen Hölzer der Tropen, Vietnam

Trennschnitt: Bolletri *(Manilkara bidentata)*, farblich unterschiedlich konzentrische Ringe deuten auf Wechseldrehwuchs hin, Surinam.

Trennschnitt: Amaranth *(Peltogyne venosa)*, Wachstumszonen sind kaum sichtbar, Surinam.

Zwart Parelhout *(Swartzia viridiflora)*, Wachstumszonen sind stark ausgeprägt, Surinam.

Eichenholztruhe in der Bergkirche Tharandt, Deutschland: Gesucht sind Alter und Wachstumszeitraum des Stammes, Herstellungszeitpunkt und Lage der Truhe im Baumstamm

Anschnitt der Truhe für die Jahrringanalyse

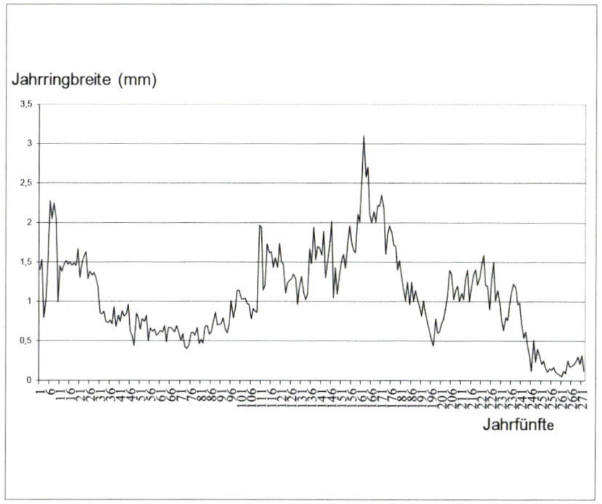

1. Schritt: Jahrringanalyse des Eichenstammes, aus dem die Truhe gefertigt worden ist. Am Anschnitt konnten 272 Jahresringe gezählt werden.

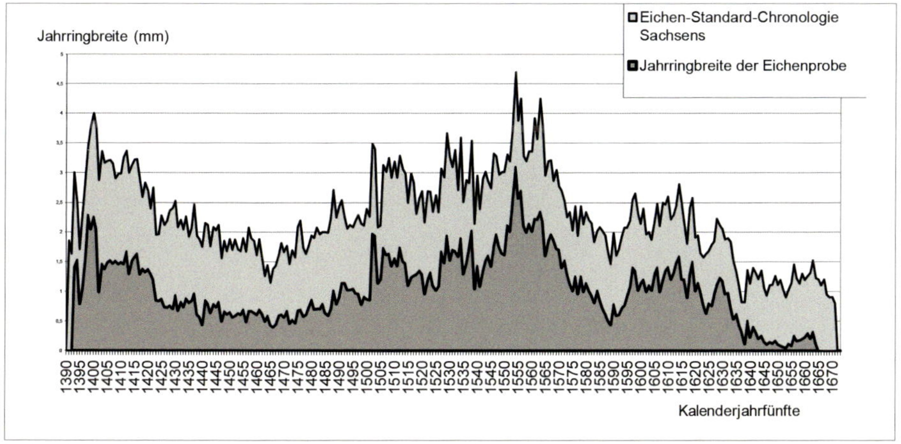

2. Schritt: Dendrochronologische Untersuchung. Die Zeitreihe des untersuchten Eichenstammes wird mit Hilfe der Eichen-Standard-chronologie (Sachsen) in Synchronlage gebracht (Heussner 1994, König 2000). Ergebnis: Die Markröhre an der unteren Truhenabschnittsfläche wurde im Jahre 1392 gebildet, der letzte Jahrring im Jahre 1663 vollendet.

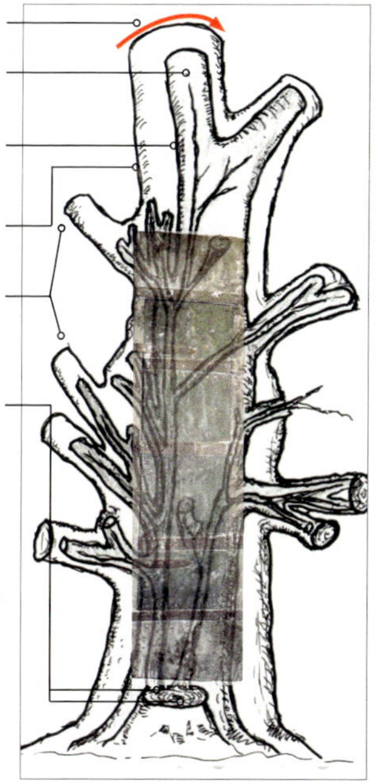

3. Schritt: *Morphologische Rekonstruktion* der Lage der Eichenholztruhe im Stamm anhand von Holzmerkmalen. Das Eichenholz wurde frisch im Jahre 1664 zur Truhe verarbeitet. Im späteren Trocknungsprozess verzog sich der Truhenkörper und folgte dem Rechtsdrehwuchs des Eichenstamms.

Bildteil 5.3.1 – 3
Der Jahrring als Diagnosemerkmal, Beispiel: Baumarchäomorphologische Untersuchungen an einer Eichenholztruhe *(Quercus robur)*, (Bergkirche zum Hl. Kreuz, Tharandt, Deutschland)

Bildteil 5.3.1 – 4 Holzverwendungen unter besonderer Beachtung der Jahrringstruktur (Klangholzverarbeitung, Schindelherstellung, Zaunbau, Span(korb) herstellung, Reifendrehen)

Spiegelschnitt von Cellodecken aus Fichtenholz *(Picea abies)* aus dem Böhmerwald mit dem Venezianer-Gatter, Sägewerk Strunal, Luby, Tschechien

Gitarrendecken und Kantel aus Fichte *(Picea abies)* hängen zum Trocknen. Lagerdauer mehrere Jahre Sägewerk Muck, Markneu-kirchen, Vogtland

Trockenboden für Geigendecken-Rohlinge aus Fichtenkanteln *(Picea abies)* (Carlsfeld und Fichtelgebirge), Lagerdauer mind. 20 Jahre, Geigenbau Schlegel, Erlbach, Vogtland

Fichtenklangholz *(Picea abies)* für Zither- und Gitarrendecken aus den Hochlagen des Erzgebirges, Zitherbau U. Meinel, Markneukirchen, Vogtland

Radial gespaltene Schindel aus Riesen-Lebensbaum *(Thuja plicata)*, British Columbia, Kanada

Kapelle mit Schindeln aus Küstenmammutbaum *(Sequoia sempervirens)*, Silverton, USA

Radial gespaltene Fichten-Schindel *(Picea abies)* von einem Dach aus 1800m Seehöhe mit Abrasionserscheinungen, Alter ca. 80 Jahre, Bergell, Schweiz

12 Jahre alte Schindeln aus Walaba *(Eperua falcata)*. Nur ca.10% des Holzes ist glatt spaltfähig, 90% sind wegen Wechseldrehwuchs nicht geeignet. Paramaribo, Surinam

Bildteil 5.3.1 – 4
Holzverwendungen unter besonderer Beachtung der Jahrringstruktur (Klangholzverarbeitung, Schindelherstellung, Zaunbau, Span(korb) herstellung, Reifendrehen)

Diese ca. 50 Jahre alten Kiefern aus Naturverjüngung auf einem anmoorigen Standort (li.) eignen sich mit ihrem engen Jahrringbau hervorragend für einen Staketenzaun (re.) aus liegenden Reisstangen, verbunden mit Wieden zwischen stehenden Doppelstaketen, Mittelschweden.

Engringig erwachsene Fichten aus Naturverjüngung liefern Reisstangen für einen Zaun, dessen Staketen senkrecht um drei Zaunriegel geflochten wurden, Tharandt.

Spankorbflechter mit Bündeln von Fichtenspänen, jeder einen Jahrring dick, in seiner Werkstatt um 1920, Lauter, Erzgebirge

Werdegang in der Serienfertigung reifengedrehter Tiere aus frischen Rundholzabschnitten von Fichte *(Picea abies)*. Bei dieser, seit 1810 nur im Gebiet um Seiffen (Erzgebirge, Deutschland) ausgeübten Drechseltechnik wird das astfreie, feinringige Rundholz so profiliert, dass beim Spalten der Reifen 40 bis 60 Figuren-Rohlinge entstehen, die,nass beschnitzt, getrocknet und bemalt werden (Steinert und Hegewald 1984, Kirsche 1994). Die Reifendrehtechnik kann in der Technikgeschichte als eine der ersten Massenfertigungen von Holzgegenständen angesehen werden. Hervorgegangen ist diese Technik ursprünglich aus der Herstellung von Glasmacherformen.

Bild 5.115
Abgestorbene, stark rechtsdrehende Kiefer, sog. „Drehkiefer“, an einer Felsformation.

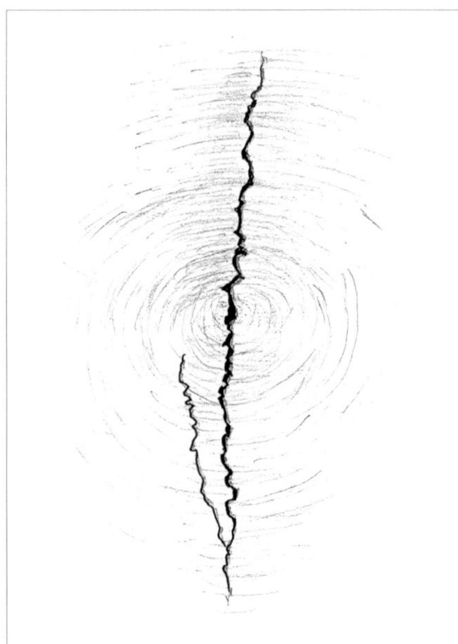

Bild 5.116
Gezackte Initialrisse am Fällschnitt sind erste Anzeichen von Wechseldrehwuchs.

5.3.2 Orientierung des Faserverlaufs

5.3.2.1 Drehwuchs

Beschreibung des Merkmals

Die Holzfasern verlaufen bei drehwüchsigen Bäumen spiralig um die Markröhre, bei Rechtsdrehwuchs von links unten nach rechts oben, auch als „widersonnig“ bezeichnet (Bild 5.115), bei Linksdrehwuchs von rechts unten nach links oben (auch als „sonnig“ bezeichnet). In älterer Literatur wird der Rechts- und Linksdrehwuchs noch entgegengesetzt definiert (Rechtsdrehwuchs im Uhrzeigersinn, Linksdrehwuchs entgegen dem Uhrzeigersinn) (Knuchel 1934).

Drehwuchs ist äußerlich an der Struktur der Rinde, am Verlauf von Hohlkehlen und an spannrückigen Stammabschnitten zu erkennen. Bei entrindetem Rundholz markieren Trockenrisse auf dem Stammmantel den drehwüchsigen Faserverlauf.

Die auf der Borkenoberfläche angezeigte Drehrichtung muss nicht der Faserrichtung an den letzten gebildeten Jahrringen entsprechen. Die Drehrichtung der Fasern kann um Jahrzehnte zeitverschoben vorauseilen, bevor dies an der Rinde sichtbar wird (Knigge und Schulz 1966). Wechseldrehwuchs kann sich bereits am Fällschnitt an gezackten Initialrissen markieren (Bild 5.116). Sicher kann Drehwuchs festgestellt werden, wenn der Fallkerbkeil radial gespalten wird.

Viele Baumarten drehen in Vorzugsrichtungen (Harris 1989):
Rechtsdrehwuchs: Ausgeprägt bei Rosskastanie *(Aesculus hippocastanum)*, Buche *(Fagus sylvatica)*, Stieleiche (Quercus robur), Wildbirne *(Pyrus communis)*, Stechpalme *(Ilex aquifolium)* und Gemeinem Wachholder *(Juniperus communis)*.

Linksdrehwuchs: Gingko *(Gingko biloba)*, die Wachholderart Juniperus rigida und Zwetschge *(Prunus domestica)* (Durst 1955). Linksdrehwuchs ist seltener als Rechtsdrehwuchs.

Drehwuchs mit einmaliger Richtungsänderung: Verschiedene Nadelbäume, vor allem Fichten *(Picea abies)*, drehen in Markröhrennähe nach links, mit zunehmendem Kambiumalter nach rechts. Selbst in unterschiedlichen Stammhöhen sowie innerhalb eines Jahrringes sind abrupte Wechsel des Faserverlaufes nachweisbar (Schmelzer 1977; Wanninger 1989).

Untersuchungen von Burger (1941) an 3000 Fichten und Tannen ergaben eine eindeutige Tendenz *zum einmaligen Richtungswechsel* vom Linksdrehwuchs (90% von „Bohnenstangen" mit 3–5 cm Brusthöhendurchmesser) zum Rechtsdrehwuchs im Baumholzalter (nur noch 20% Links- und schon 50% Rechtsdreher).

Der Drehwuchs verstärkt sich im Allgemeinen *mit zunehmender Dimension* der Bäume. Untersuchungen an 4450 Eichen zufolge drehten nur 20% der Eichen mit einem BHD von 10–20 cm nach rechts. Bei Eichen mit einem BHD von über 70 cm waren es aber 60–70% (Burger 1950).

Drehwuchs ist bei fast allen Baumarten *im höheren Alter mehr oder weniger ausgeprägt* (Mayer-Wegelin 1956). So haben statistische Untersuchungen von Kulikow ergeben, dass 78% der Bäume westsibirischer Kiefernwälder und 88% der Kiefern-, Lärchen- und Fichtengebirgswälder des Urals drehwüchsig sind (Durst 1955).

Roterlen sind kaum drehwüchsig. Nach Neumeister sei bei Birke noch kein Drehwuchs beobachtet worden (Gayer und Fabricius 1949). Dies widerspricht aber der Erfahrung von Böttchern, die längsgespaltene junge Birken zu Fassreifen verarbeiteten (sog. Reifbirken). Sie suchten Birken aus dem Bestandesinneren aus, weil diese weniger drehwüchsig seien als diejenigen am Bestandesrand, die stärkerem Windeinfluss ausgesetzt sind (Meyer 1949).

Drehwuchs mit periodisch wechselnder Richtung: Knigge und Schulz (1959) wiesen bei Untersuchungen an Buchen- und Eichen-Starkholz nach, dass sich der Drehwinkel der Gefäße teilweise spontan bis zu 6° links- bzw. rechtsdrehend ändert. Extremwerte wurden bei einer 170 Jahre alten Eiche mit Drehwinkeln der Frühholzgefäße von über 20° rechts- bzw. linksdrehend gemessen.

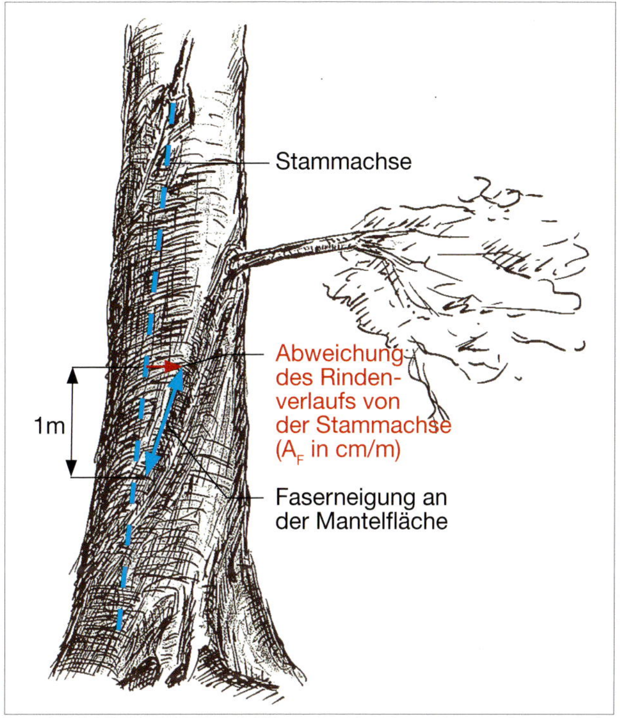

Bild 5.117
Messung des Drehwuchses an einer Buche mit Hohlkehlen

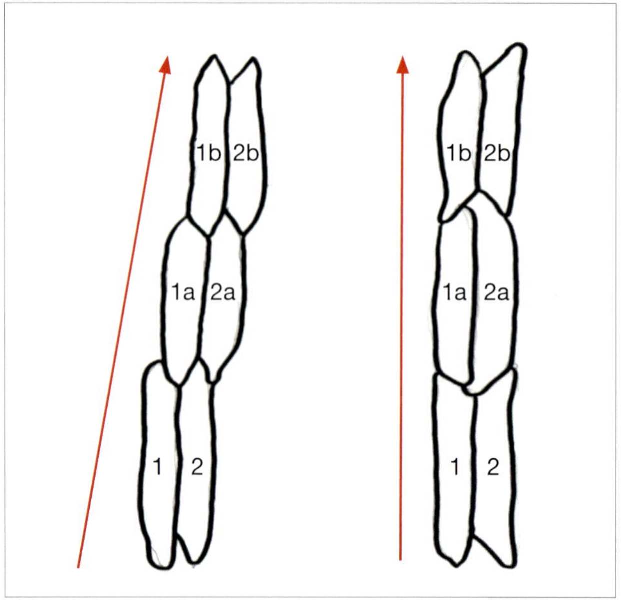

Bild 5.118 Anatomische Ursachen, die zum Drehwuchs führen: Gleichläufige, kambiale Zellteilung (links) und gegenläufige Zellteilung zweier benachbarter Zellen, die zum geraden Wuchs führt (rechts). Beginn der Zellteilung bei Zelle 1, letzte neu gebildete Zelle ist Zelle 2b. (In Anlehnung an Harris 1989)

Viele tropische Baumarten, vor allem Bäume der oberen Baumschicht, wechseln periodisch ihren Faserverlauf, selbst zwischen Früh- und Spätholz einer Zuwachszone (Thinley et al. 2005). Mayer-Wegelin (1956) wies bei Sapeli *(Entandrophragma cylindricum)* eine periodisch wechselnde Faserabweichung von bis zu 20 cm/m nach und bei Abachi *(Triplochiton scleroxylon)* sogar von über 40 cm/m.

Messung:

Der Drehwuchs wird in Deutschland nach der Rahmenvereinbarung für den Rohholzhandel (RVR 2015) wie folgt gemessen: *„Die Messung des Drehwuchses erfolgt an der Stelle der stärksten Faserneigung auf der Mantelfläche. Dabei bleibt bei einem Erdstammstück der erste Meter des Wurzelanlaufs unberücksichtigt. Gemessen wird die Abweichung des Faserverlaufs (A_F) von einer Parallelen zur Stammachse in Zentimetern über eine Strecke von einem Meter (A_F in cm/m).“* (Bild 5.117).

In dieser Messanweisung fehlt allerdings der Hinweis, ob die Faserabweichung auf ganze Zentimeter auf- oder abgerundet werden sollte. Eine klare Angabe kann aber über die Zuordnung eines Stammes in die nächsthöhere oder nächstniedrigere Qualitätsklasse entscheiden. Deshalb wird empfohlen, weiter den Ausführungen der HKS (2002) zu folgen, in der es heißt, dass die Faserabweichung *„... auf den nächstliegenden Zentimeter* ***ab****zurunden...“* sei.

In der gültigen RVR (2015) wird für Fichte, Tanne und Kiefer kein Grenzwert für die zulässige Drehwüchsigkeit angegeben. Nach Weidner et al. (1999) sollte Drehwuchs bei Fichte und Tanne dann gemessen werden, wenn er am Rindenbild erkennbar ist. Schwächerer Drehwuchs ist i.d.R. nur an den Trockenrissen von entrindeten, unter die Fasersättigungsfeuchte abgetrockneten Stämmen möglich.

Ursachen

Als wahrscheinliche Ursachen des Drehwuchses gelten die *genetische Veranlagung*, die *Art der kambialen Zellbildung*, das *Alter*, der *Standort* und die *Windbeeinflussung* aus Vorzugsrichtungen (Burger 1941; Harris 1989; Hartig 1901; Krahl-Urban 1953), (Bild 5.118).

Aus der „Sicht“ des Baumes führt ein gewundener Faserverlauf zu mehr Biegesteifigkeit, Druck- und Torsionsstabilität bei vorwiegend einseitiger Belastung und damit zu einem Überlebensvorteil (Matthek 1997; Schweingruber und Isler 1991; Steuer 1990). So verstärkt sich z. B. bis zur Waldgrenze in Lappland der fast ausschließliche Rechtsdrehwuchs der Kiefern *(Pinus sylvestris)*. Gleiches findet man an ausgesetzten, nährstoffarmen Felsstandorten des sächsischen Elbsandsteingebietes. Die extrem drehwüchsigen Kiefern werden dort auch als „Drehkiefern“ bezeichnet.

Bäume mit weit ausladender Krone, insbesondere Obstbäume, müssen bei Windeinwirkung besonders torsionsstabil und biegesteif sein. Der Drehwuchs wirkt wie ein Seil, das sich, in Richtung des Wundes gedreht, versteift.

Der Wechseldrehwuchs von Tropenhölzern wirkt wie eine Bandagierung. Er stellt eines der fünf universellen „Konstruktionsprinzipe“ zur Stabilisierung von schlanken Stämmen mit einem großen Höhe-Durchmesser-Verhältnis dar, deren Kronen gegenseitig um Licht konkurrieren (Vergleiche Kapitel 3.4). In einer orientierenden Untersuchung an 33 zufällig ausgewählten Brettern von je einem südamerikanischen Tropenholz konnte bereits bei 18 von ihnen Wechseldrehwuchs erkannt werden. Nicht drehwüchsige Tropenhölzer (z. B. Wiswiskwari *[Vochysia guianensis]*) reißen nach dem Fällschnitt auf Grund frei werdender Wachstumsspannungen i. d. R. auf, weil die verzahnende Wirkung eines drehwüchsigen Faserverlaufs in radialer Richtung fehlt.

In den gemäßigten Klimazonen können bei nicht drehwüchsigen, vorherrschenden älteren Nadelbäumen, besonders an von Wind beeinflussten Standorten, mitunter Schubspannungsrisse im unteren Stammbereich beobachtet werden. Der Stammfuß spaltet infolge der Zugbelastung im Luv-Bereich und der Druckbelastung im Lee- Bereich auf. Dieses Phänomen ist bei drehwüchsigen Bäumen kaum zu beobachten, weil der gewundene Faserverlauf die Schub- und Druckspannungen neutralisiert (Mayer-Wegelin 1956). Eigenen Beobachtungen zufolge verhilft ein gewundener Faserverlauf einem Stamm zu mehr Biegesteifigkeit, Druck- und Torsionsstabilität bei vorwiegend einseitiger Belastung (Richter 2008b), (Bild 5.119).

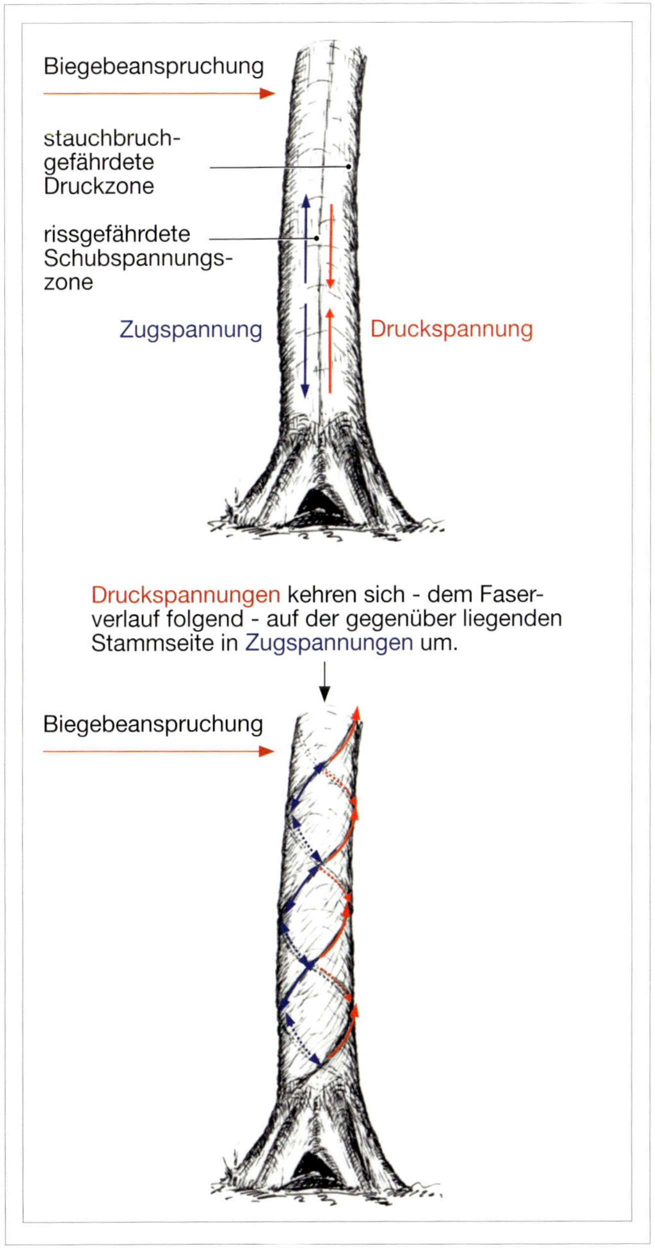

Bild 5.119
Wirkung von Schubspannungen bei Biegebeanspruchung eines Baumes ohne Drehwuchs (oben) und mit Drehwuchs (unten)

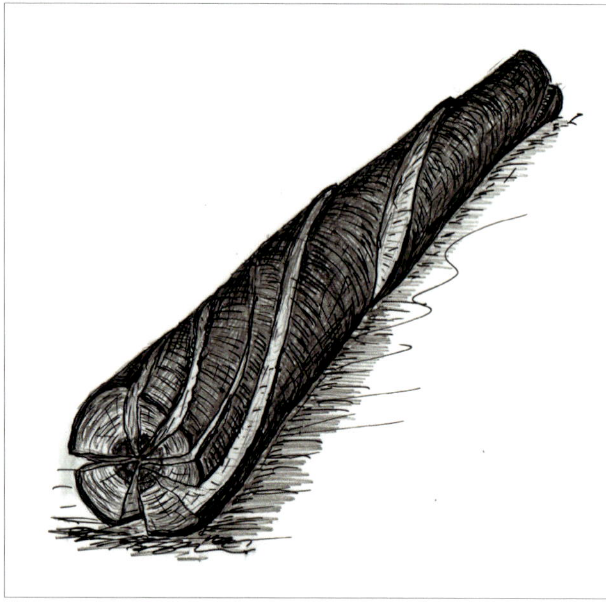

Bild 5.120 Wachstumsspannungen in einer drehwüchsigen Buche *(Fagus sylvatica)* haben sich entlang des spiraligen Faserverlaufs entladen

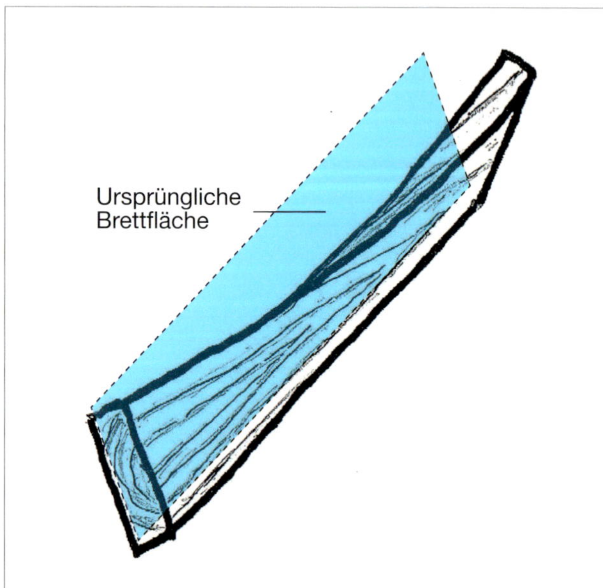

Bild 5.121 Ein Brett aus einem rechtsdrehwüchsigen Stamm hat sich beim Trocknen verworfen

Berechnungen zeigen, dass bei 15–30° Faserneigung die maximale Belastbarkeit des Baumes auf Druck um ca. 1,5% steigt, weil sich die Krafteinwirkung in eine Längs- und in eine Querdruckkraft aufspaltet (Richter und Hennig 2001). Dies könnte im Verlaufe der Evolution schwerwiegend genug gewesen sein, um drehwüchsigen Bäumen einen Überlebensvorteil zu verschaffen (Matthek 1997).

Wesentlich günstiger wirkt sich Drehwuchs aber auf die *Biegesteifigkeit* eines Baumes aus. Untersuchungen an Holzzylindern mit achsparallelen und wechseldrehwüchsig angeordneten Holzlamellen, die an den drei Auflagepunkten mit formschlüssigen Scheiben ausgesteift waren, ergaben, dass die Biegefestigkeit des wechseldrehwüchsigen Zylinders um mehr als das Doppelte (223%) über der des Zylinders mit achsparallelem Faserverlaufes lag (Hansen 2004). Die doppelten Holzlamellen simulierten die beiden äußeren, am stärksten beanspruchten Jahrringzylinder eines Baumes und drei formschlüssige Scheiben an den Auflagepunkten das Stamminnere. Diese Ergebnisse korrespondierten mit Aussagen von Thunell (1951), der als erster experimentell die Vorzüge des Drehwuchses im Stamm und in den Ästen nachgewiesen hat (S. Bildteil 5.3.2. – 1 und – 2).

Vermeidung

In Wirtschaftswäldern sind drehwüchsige Bäume vorrangig *im Rahmen der Bestandespflege zu entnehmen*. Bei der Z- Baumauswahl ist selbst geringer Drehwuchs nicht zuzulassen.

Da sich Drehwuchs mit zunehmendem Alter verstärkt, sind spätestens vor einer natürlichen Verjüngung die letzten drehwüchsigen Bäume zu ernten, damit sich ihre ungünstigen genetischen Eigenschaften nicht auf die Nachfolgegeneration vererben. Deshalb weichen z. B. alte, gepflegte Buchenbestände in ihrem geringen Anteil an drehwüchsigen Bäumen von der Normalverteilung ab (Burger 1941).

In anerkannten Saatgutbeständen von Eichen und Buchen sollten keine drehwüchsigen Bäume mehr stehen. Drehwüchsige Einzelbäume sind nicht zur Samengewinnung heranzuziehen (Krahl-Urban 1953).

Der weit verbreitete Wechseldrehwuchs an Bäumen der tropischen Primär- und Sekundärwälder muss akzeptiert werden.

Auswirkungen auf die Verwendung

Drehwüchsige Stämme können beim Trocknen unter die Fasersättigungsfeuchte von 30% in Faserlängsrichtung spiralig aufreißen (Bild 5.120). Solche spiralig gerissenen Stämme ergeben kein sägefähiges Holz. Lediglich als Zellstoff- und Spanplattenholz ist es noch einsetzbar.

Die stabilitätsfördernden Eigenschaften des Drehwuchses im Baum verkehren sich in der Schnittware in einen physikalischen und technologischen Nachteil:

- Balken mit Drehwuchs verwinden sich, wenn sie nicht im Bauwerk fixiert werden.
- Schnittholz aus drehwüchsigen Stämmen neigt zum Verwerfen in Richtung des Faserverlaufs (Bild 5.121). Die Festigkeitseigenschaften von Schnittholz verschlechtern sich bei ausstreichendem Faserverlauf. Bei Faserabweichungen von 15° zur Längsachse kann von einer 40%igen Minderung der Biegefestigkeit ausgegangen werden (Niemz 1993).
- Hobeln gegen die ausstreichenden Fasern führt zu rauer Oberfläche und zu Faserausrissen (Bild 5.122).

Schindelmacher meiden drehwüchsiges Holz. Sie finden es heraus, indem sie eine schmale Stammscheibe radial spalten. Sind die Spaltflächen verdreht, dann ist das Holz nicht schindeltauglich (vgl. Bild 5.123).

Optisch vorteilhaft wirkt dagegen die Textur von Furnieren tropischer Hölzer mit Wechseldrehwuchs, da die im Winkel angeschnittenen Fasern das Licht unterschiedlich brechen (Siehe Bildteil 5.3.2.1 – 6).

Scheiber (1965) beurteilt Wechseldrehwuchs dann als Fehler, wenn der Faserverlauf auf der Stammmantelfläche um mehr als 30% zur Stammachse geneigt ist. (Siehe Bildteil 5.3.2.1 – 3 und 5.3.2.1 – 4)

Drehwuchs wird nach der gültigen Qualitätssortierung RVR (2015) wie folgt bewertet (Tabelle 5.9).

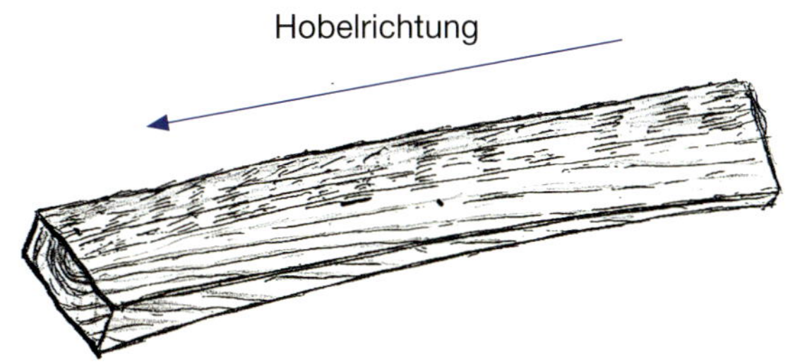

Bild 5.122
Wechselnde Oberflächenqualität an einem gehobelten Brett aus einem rechtsdrehwüchsgen Stamm. (Raue Oberfläche entsteht beim Hobeln gegen die Faserrichtung)

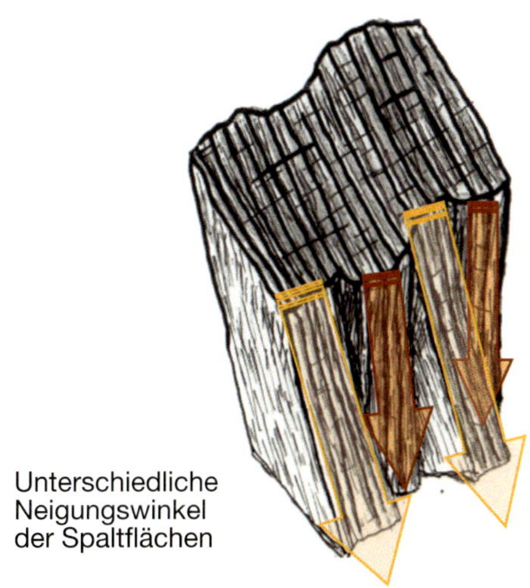

Bild 5.123
Uneinheitlich gerichtete Spaltflächen eines wechseldrehwüchsigen Tropenholzes

Bild 5.124
Alluaudia adscendens ist ein merkwürdiges Gewächs aus Madagaskar. Diese schlanke Baumart (oben) erhöht ihre Biegesteifigkeit mit drehwüchsigen Verstärkungen. Nach gleichem Prinzip wurden auch diese Schornsteine armiert: Dünnwandigkeit mit Hilfe „drehwüchsiger" Verstärkungen (unten)

Baumart	Qualitätsklasse nach RVR			
	A	B	C	D
Fichte Tanne Kiefer	Kein Drehwuchs ausgewiesen			
Lärche Douglasie	≤ 3 cm/ m	≤ 7 cm/ m	≤ 10 cm/ m	unbegrenzt
Buche Eiche	≤ 2 cm/ m	≤ 6 cm/m bis 4. Stkl. ≤ 7 cm/m ab 5. Stkl.	zulässig	zulässig

Tabelle 5.9
Auswirkungen des Drehwuchses auf Qualitätsklassen nach RVR (RVR 2015)

Technologische Anpassung:

Bei der Herstellung von Messerfurnier werden Messermaschinen verwendet, mit denen der Furnierblock so zum Messer positioniert werden kann, dass ein ziehender Schnitt schräg zum Faserverlauf erreicht wird. Bei Messerfurnier- Eichen dürfen nach Krahl-Urban (1953) die Holzfasern bis 15°, bei Schälfurnier nicht mehr als 10 cm pro Meter von der Stammachse abweichen.

Bei tragenden Balken mit Drehwuchs von 20 cm auf einen Meter Länge verringert sich die Biegefestigkeit um ca. 50%. Deshalb sollten solche Balken als Rundholz belassen werden, damit die Biegefestigkeit vollständig erhalten bleibt (Mayer-Wegelin 1956).

Zimmerleute haben aus ihrer Erfahrung heraus für Balken aus Fichte oder Tanne kein linksdrehendes Holz verwendet, weil es sich im eingebauten Zustand nach links verwindet. Rechtsdrehendes Holz dagegen bleibt verwindungsstabil, weil man davon ausgehen kann, dass dieses Holz in der Jugend linksdrehwüchsig gewesen ist und der spätere Rechtsdrehwuchs zum Spannungsausgleich geführt hat. Der Schindelmacher hingegen hat nur linksdrehendes Fichtenholz verwendet, weil in der Spaltebene kein störender Richtungswechsel zu erwarten war.

Schnittware ist sofort mit Stapelleisten zu stapeln, ggf. noch zusätzlich zu belasten, damit sich die Bretter nicht während des Trocknungsprozesses verwerfen können.

Bei der Herstellung von Hobelware ist darauf zu achten, dass die Hobel-/Fräsrichtung mit den ausstreichenden Fasern verläuft.

Die festigkeitsmindernde Wirkung der Faserabweichung bei Drehwuchs kann im Schnittholz mit Hilfe der maschinellen Festigkeitssortierung festgestellt werden (Pope et al. 2005).

Es gibt Überlegungen und auch schon praktische Anwendungen, das Prinzip des Drehwuchses konstruktiv beim Bau von stark beanspruchten Bauwerken wie Türmen Silos und groß dimensionierten Rohren zu nutzen (Richter und Hennig 2001), (Bild 5.124 und 5.125), (Siehe Bildteil 5.3.2.1 – 7).

Fazit:

Drehwuchs ist keine Ausnahmeerscheinung, sondern die Regel im Baumwachstum. Aus der „Sicht“ des Baumes gesehen ist Drehwuchs ein vorteilhaftes Merkmal, mit dem er seine Überlebenswahrscheinlichkeit erhöhen kann und kein Fehler. Ähnlich wird dies ein Bioniker, ein Dendrologe oder ein Ästhet beurteilen. Zum unangenehmen Fehler wird der Drehwuchs erst für den Holzverarbeiter.

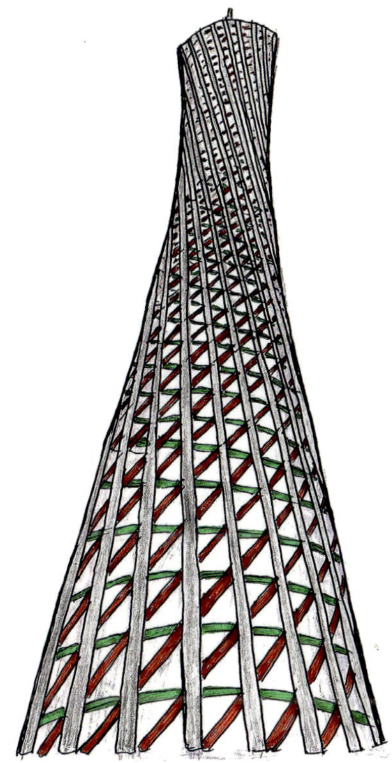

Der Canton Tower bei Gouanzhou, mit 600 m eines der weltweit höchsten Bauwerke, besteht aus drei, sich gegenseitig stabilisierenden, „wechseldrehwüchsig“ angeordneten Röhrensystemen.

Anordnung der Röhren:
Grün: linksdrehwüchsig, 75°
Grau: linksdrehwüchsig, ca. 10°
Braun: rechtsdrehwüchsig, ca. 40°

Bild 5.125
Der Wechseldrehwuchs - vom bionischen Modell in die Praxis

Bildteil 5.3.2.1 – 1
Drehwuchs: Erscheinungsbilder an Nadelbäumen der gemäßigten Breiten

Sichtbarer Rechtsdrehwuchs an Fichte *(Picea abies)* sollte bei der Rundholzsortierung berücksichtigt werden.

Rechtsdrehwuchs an Küstentanne *(Abies grandis)*

Rechtsdrehwuchs an Kiefer *(Pinus sylvestris)* ist ohne Rinde i.d.R. erst am trockenen Stamm zu erkennen.

Starker Rechtsdrehwuchs an ca. 200 Jahre alter Kiefer *(Pinus sylvestris)* auf einem Extremstandort (Quadersandstein)

Rechtsdrehende Hemlocktanne *(Tsuga heterophylla)* an der stürmischen Pazifikküste auf Vancouver Island, Kanada

Linksdrehwüchsiger Küstenmammutbaum *(Sequoia sempervirens)*, Kalifornien, USA

Extrem rechtsdrehwüchsige Ponderosa pine *(Pinus ponderosa)* auf Extremstandort, Drehwinkel ca. 60°, Utah, USA.

Stark linksdrehwüchsiger Western juniper *(Juniperus communis)* auf Extremstandort. Utah, USA. Der Drehwuchs setzt sich in den Ästen fort.

Drehwuchs an einer Zirbelkiefer *(Pinus cembra)* setzt sich in ihren Ästen fort. Unter Schneelast biegt sich der Ast, statt zu brechen.

Rechtsdrehwüchsige Buche *(Fagus sylvatica)* auf Schirmschlag – hätte früher schon gefällt werden müssen (Naturverjüngung!).

Altbuche *(Fagus sylvatica)* von über 200 Jahren mit starkem Rechtsdrehwuchs, gut an den Hohlkehlen erkennbar.

Die Frostrisse an der Eiche (Quercus ssp.) folgen dem Linksdrehwuchs des Stammes.

Schon diese junge Esche *(Fraxinus excelsior)* hat einen ausgeprägten Rechtsdrehwuchs.

Die Spannrückigkeit an dieser Hainbuche *(Carpinus betulus)* setzt sich als Linksdrehwuchs fort.

Extremer Linksdrehwuchs an Baumweide *(Salix spec.)* Drehwinkel ca. 40°

Linksdrehwuchs an Esskastanie *(Castanea sativa)*, Loire, Frankreich

Rechtsdrehwuchs an stark spannrückiger Kirsche *(Prunus avium)*, Liechtenstein

Typischer Rechtsdrehwuchs bei Flieder *(Syringa vulgaris)*

Drehwuchs stabilisiert diesen schräg stehenden Stamm von Frühblühender Traubenkirsche *(Prunus padus)*.

Bildteil 5.3.2.1 – 2 Drehwuchs: Erscheinungsbilder an Laubbäumen der gemäßigten Breiten

Bildteil 5.3.2.1 – 3
Drehwuchs:
Beurteilung in der Rundholzsortierung

Die Richtung des freigelegten Bastes weist an dieser Furniereiche (Quercus petraea) auf Rechtsdrehwuchs hin.

Rechtsdrehwüchsige Eiche *(Quercus petraea)*, verkauft als Parkettholz für 107€/m³. (Ø-Erlöse auf Submission: Eiche = 360 €/m³)

Links- und rechtsdrehwüchsige Buchen *(Fagus sylvatica)* auf einer Submission. In Stärkeklasse 5 sind maximal 7 cm Abweichung des Rindenverlaufs von der Stammachse zulässig, wenn die Qualitätsklasse B erreicht werden soll.

Starker Rechtsdrehwuchs an Buche *(Fagus sylvatica)*, erkennbar an der Spannrückigkeit, Qualitätsklasse C

Tiefe Hohlkehlen entlang des linksdrehwüchsigen Faserverlaufs machen diese Altbuche *(Fagus sylvatica)* zu einer botanischen und ästhetischen Besonderheit.

Starker Linksdrehwuchs an Buchen- und Fichtenrundholz lässt die Stämme spiralig aufreißen. Beide Stämme sind nicht mehr schnittholztauglich.

Bildteil 5.3.2.1 – 4
Drehwuchs: Auswirkungen von Drehwuchs im Schnittholz und im gespaltenen Holz

Drehwüchsige Überwallung eines Stauchbruchs an Fichte *(Picea abies)*, ausgebildet als Wundholz (Stauchbruchebene liegt auf der Schnittfläche): nutzholzuntauglich

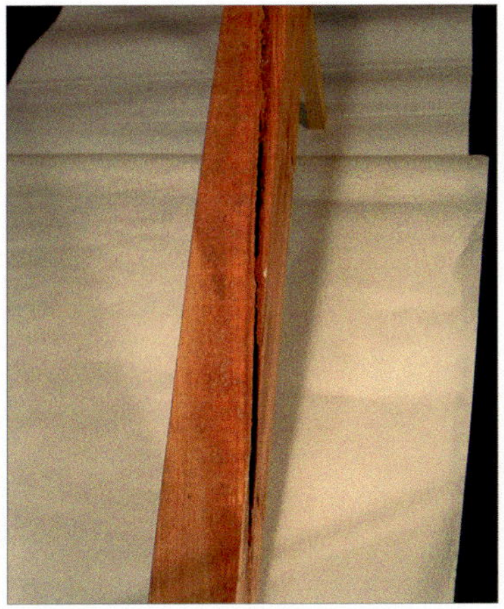

Einstieliges Kantholz aus linksdrehwüchsiger Lärche *(Larix decidua)*. Der Riss war bereits im Stamm als Pechlarse ausgebildet

Die ausstreichenden Fasern mindern die Festigkeit des linksdrehwüchsigen Balkens aus Fichte *(Picea abies)* erheblich.

Rechtsdrehwüchsiges Fichtenbrett *(Picea abies)* nach 100-jähriger Trockenlagerung

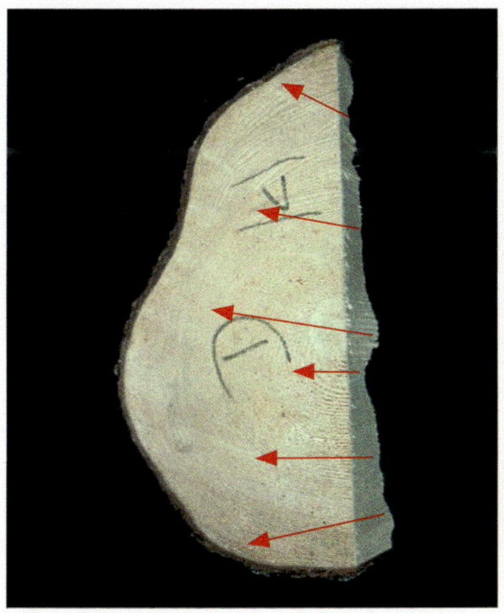

Prüfung eines Fichtenstammes *(Picea abies)* auf Drehwuchs anhand einer gespaltenen Stammscheibe

Mittelalterlicher Backtrog aus Pappel *(Populus ssp.)* mit Linksdrehwuchs. Der Trog wurde aus frisch geschlagenem Holz gefertigt, das sich im Trockenprozess, dem Faserverlauf folgend, verzog.

Verdrehung eines linksdrehwüchsigen Fichtenbalkens in einem Blockhaus nach 200 Jahren, Mora, Schweden

Bildteil 5.3.2.1 – 5
Drehwuchs:
1. Erkennung von Drehwuchs an Tropenhölzern

An diesem Wana-Stamm *(Ocotea rubra)*, (links) ist äußerlich kein Drehwuchs zu erkennen. Radial gespalten zeigt sich aber grober Wechseldrehwuchs (Mitte links), tangential spaltet das Holz glatt (Mitte rechts). Auf der gerissenen Kernbohle (rechts) zeichnen sich regelmäßig Holzschichten mit unterschiedlicher Orientierungsrichtung der Holzfasern ab.

Auf der Stammoberfläche von Kromantikopi *(Aspidosperma spec.)* ist erst einmal nur Linksdrehwuchs zu erkennen.

Hinter den hellen und dunklen Ringen auf dem Trennschnitt von Pisi *(Ocotea spec.)* verbirgt sich Wechseldrehwuchs (links). Radial gespaltet, zeigt sich starker Wechseldrehwuchs (Mitte). Auf einem mittig gespaltenen Stammstück markieren sich die unterschiedlichen Faserrichtungen (rechts).

Beim Rücken des Mawsikwari-Stammes *(Erisma unicatum)* abgeplatzte Stammteile lassen mehrere wechseldrehwüchsige Holzschichten erkennen.

Bildteil 5.3.2.1 – 5
Drehwuchs:
2. Erkennung von Drehwuchs an Tropenhölzern

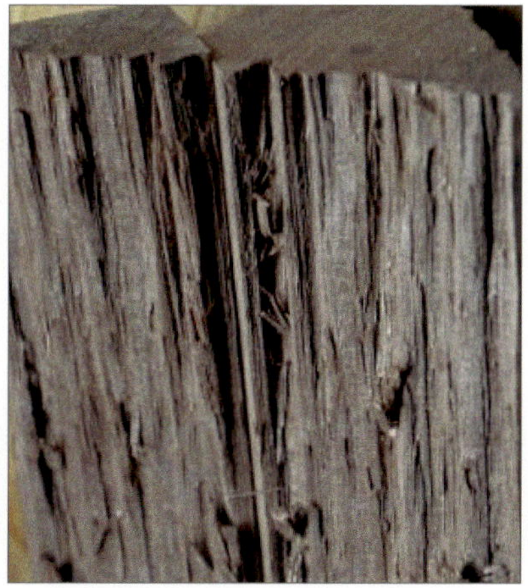

Der gezackte Initialriss am Trennschnitt von Zwarte Kabbes *(Diplotropus purpurea)* weist auf Wechseldrehwuchs im Stamminneren hin (links). Radial gespalten wechseln sich schmale wechseldrehwüchsige Holzschichten miteinander ab (rechts) .

Drehwüchsiges Gele Kabbes-Holz *(Terminalia dichotoma)*, radial gespalten (links). Das Brett wurde mit unscharfen Messern gehobelt. Gegen die Faserrichtung „stehen" die Fasern auf (rechts).

Sapeli Mahagoni *(Entandrophragma cylindricum Sprague)*, Äquatorialafrika. Auf dem spannrückigen Spaltstück (links) wurde die Lage der Messerebene angegeben. Das Messerfurnier (rechts) zeigt die durch Drehwuchs hervorgerufene charakteristische Lichtbrechung der Holzfasern.

Wachstumsspannungen an Wiswiskwari *(Vochysia guianensis)* lassen den Stamm aufplatzen, weil die verzahnende Wirkung des Wechseldrehwuchses fehlt.

Bildteil 5.3.2.1 – 6
Drehwuchs: Wertsteigernder Wechseldrehwuchs in Furnieren aus tropischen Hölzern

Zitronenholz *(Chloroxylon swietenia DC.)*, Indien

Padouk *(Pterocarpus soyauxii Taub.)*, Kamerun

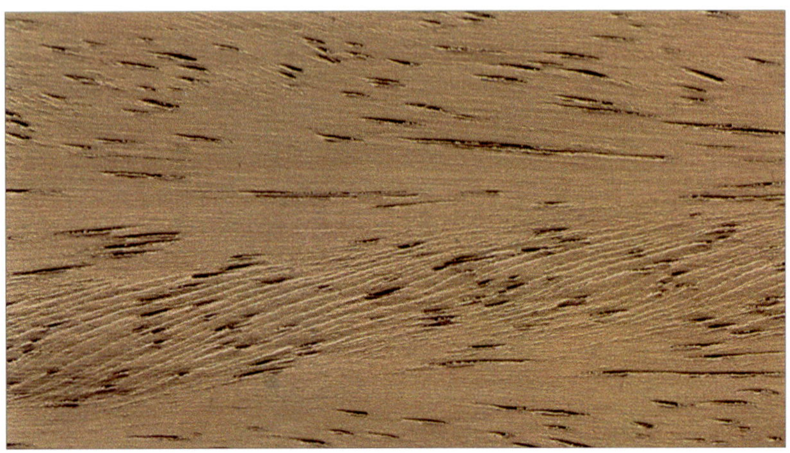

Sougué *(Parinari excelsa Sabine)*, Guinea

Okoumé *(Aucoumea klaineana Pierre)*, Äquatorialafrika

Benachbarte Fichtenstämme *(Picea abies)* brechen bei Windgeschwindigkeiten von 125 km/h. Der Stamm mit parallel zur Stammachse gerichtetem Faserverlauf bricht in Stammfußnähe längs auf (oben). Der Stamm mit spiraligem Faserverlauf bricht erst in ca. 4m Höhe (rechts)

Funktionsprinzip eines drehwüchsigen Turmes aus zusammengesteckten Dreischicht-Brettlamellen (Hennig und Flechsig 2000)

links:
Prüfmodell mit Faserverlauf parallel zur Stammachse (Ø=20cm, H=100cm)

Mitte:
Rechtsdrehwuchs

rechts:
Wechseldrehwuchs, innere Schicht Rechtsdrehwuchs, äußere Schicht Linksdrehwuchs

(Bild: Hansen 2004)

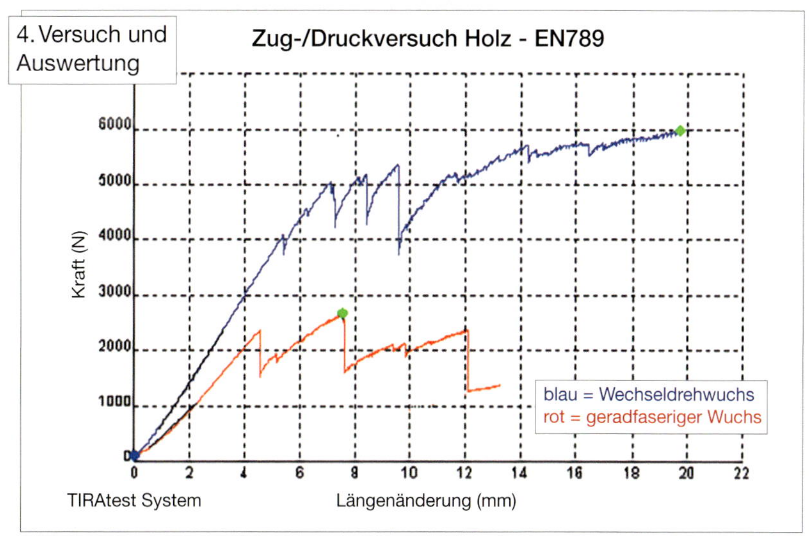

Biegeprüfung von ausgesteiften Zylinder-Prüfkörpern von 20cm Durchmesser und 6 mm Wanddicke; Kraft-Weg-Diagramm (Hansen 2004)

Bildteil 5.3.2.1 – 7
Drehwuchs als Vorbild für technische Konstruktionen

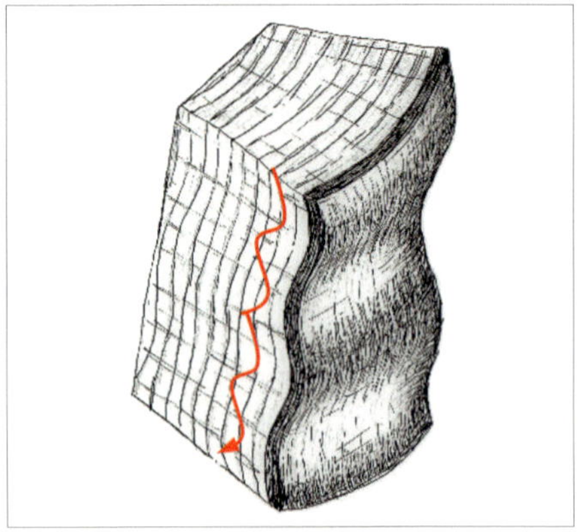

Bild 5.126
Wimmerwüchsiges Buchenscheit (*Fagus sylvatica)* mit tangentialer Welligkeit

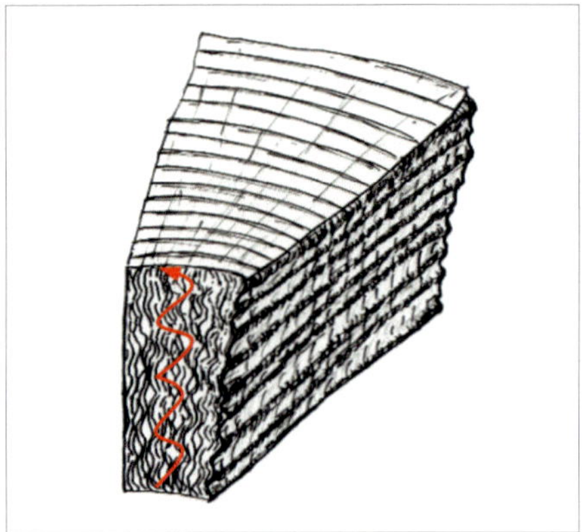

Bild 5.127
Riegelung an einem Bergahorn- Spaltstück *(Acer pseudoplatanus)* mit radialer Welligkeit

Bild 5.128
Welliger Faser- und Jahrringverlauf an einer Haselfichte *(Picea abies)* mit longidutinaler Welligkeit

5.3.2.2 Wimmerwuchs, Riegelung, Haselwuchs

Beschreibung des Merkmals

Welliger Faser- bzw. Jahrringverlauf tritt in der Regel im unteren Stammbereich quer oder längs zur Stammachse auf, bei Tropenhölzern häufig auch kombiniert und mit Wechseldrehwuchs verbunden. Je nach *Grundorientierung der Welligkeit* im Stamm wird von Wimmerwuchs, Riegelung oder Haselwuchs gesprochen. Da unter dem Oberbegriff „Wimmerung" die Begriffe: „Längs- und Querwimmerung, Wimmerwuchs, Riegelung, Haselwuchs, Vogeltritt" von verschiedenen Autoren unterschiedlich beschrieben werden (Conrad 1977) und teilweise missverständlich gedeutet werden können, wird nachfolgend versucht, eine hinreichend genaue Definition dieser Begriffe zu geben:

Wimmerwuchs („Elefantenhaut", „Waschbrettmuster") ist eine quer zur Stammachse in *tangentialer* Richtung *liegende*, am Stammmantel *sichtbare* Bänderung mit welligem Faser- und Jahrringverlauf. Die Holzfasern „schwingen" *mit* den Jahrringen (Bild 5.126, rote Pfeillinien).

Wimmerwuchs tritt relativ häufig bei Buchen *(Fagus sylvatica)*, Platanen *(Platanus)*, seltener bei Ahornarten *(Acer ssp.)*, Rosskastanien *(Aesculus hippocastanum)*, Edelkastanien *(Castanea sativa)*, Holzbirnen *(Pyrus pyraster)*, Linden *(Tilia ssp.)*, Birken *(Betula ssp.)*, Aspen (*Populus tremula)*, Eichen *(Quercus ssp.)*, Fichten *(Picea abies)* und Lärchen *(Larix decidua)* auf (Mette 1984). Bei Buchen und Platanen werden die breiten Wellen auch als „Elefantenhaut" und die kurzen, gestauchten Wellen am Wurzelanlauf und unter den Astansätzen von Ahornen *(Acer ssp.)* als „Waschbrettmuster" bezeichnet. Bei tropischen Baumarten ist Wimmerwuchs bisweilen in Kombination mit Wechseldrehwuchs als schräge *Felderung* erkennbar.

Riegelung (z. B. bei Bergahorn *[Acer pseudoplatanus]*) ist eine *quer* zur Stammachse und in *radialer* Richtung *liegende*, am Stammmantel *nicht sichtbare* Bänderung mit welligem Faserverlauf. Die Holzfasern „schwingen" innerhalb der Jahrringe (Bild 5.127, rote Pfeillinien).

Riegelung kann äußerlich nur erkannt werden, wenn ein Rindenstück auf dem Stammmantel entfernt wird. Dort markiert sich auf der abgetrockneten Oberfläche in feinen Wellenlinien der Faserverlauf. Zweifelsfrei kann Riegelung an der Bruchstufe und am Fällkerbabschnitt festgestellt werden, wenn dieser radial gespaltet wird. Dabei entsteht ein „Waschbrettmuster". Im Radialschnitt werden die Fasern in unterschiedlichem Winkel angeschnitten. Dies führt optisch zu einer interessanten Hell- Dunkel- Streifung.

Riegelung wurde von Conrad (1977) bei Eiche *(Quercus ssp.)*, Esche *(Fraxinus excelsior)*, Nussbaum *(Juglans regia)*, Spitzahorn *(Acer platanoides)*, Winterlinde *(Tilia cordata)*, Vogelkirsche *(Prunus avium)*, Birnbaum *(Pirus communis)*, Rosskastanie *(Aesculus hippocastanum)* und Roterle *(Alnus glutinosa)* beobachtet. Er beschreibt, dass im Göttinger Edellaubholzgebiet nach Stehendansprache ca. 3% und nach der Fällung weitere 2% aller Bergahorne eine Riegelung aufwiesen – für deutsche Verhältnisse beachtlich.

Riegelung tritt bei tropischen Baumarten u. a. bei Douka *(Tieghemella africana)*, Makoré *(Tieghemella heckellii)* und Limba *(Terminalia superba)* auf (Wagenführ 2007). Untersuchungen von Niemeier (2013) auf Holzlagerplätzen in Surinam ergaben, dass von ca. 300 untersuchten Stämmen verschiedener Baumarten aus Primärwäldern Bergigronfolo *(Qualea rosea)* 16%, Greenheart *(Chlorocardium rodiei)* 22% und Kopi *(Goupia glabra)* sogar 33% (!) der seltenen Riegeltextur aufwiesen. Vergleicht man diese Häufigkeiten der Riegelung mit den (Maximal)werten aus der Region Göttingen in Deutschland, dann wird schnell klar, warum international die Begehrlichkeiten nach Hölzern aus tropischen Primärwaldern ungebrochen anhalten.

Riegelung kann zusammen mit Wimmerwuchs eine *Flammung* ergeben oder mit Wechseldrehwuchs als *moiré* oder kombiniert mit beiden als *pommelé* bzw. *Muschelung* auftreten.

Haselwuchs bei Fichte *(Picea abies)*, noch seltener bei Tanne *(Abies alba)*, ist ein *längs* zur Stammachse und in *radialer* Richtung *stehender* welliger bis verwirbelter Faser- bzw. welliger Jahrringverlauf (Bild 5.128, rote Pfeillinien). Einziges und unsicheres äußeres Erkennungsmerkmal ist eine gewisse Längsrissigkeit der Rinde.

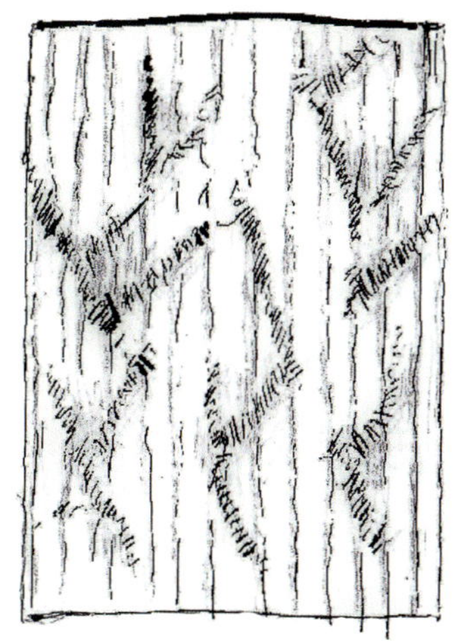

Bild 5.129
„Vogeltritt-Holz" bei Fichte *(Picea abies)*, Radialschnitt, makroskopisch

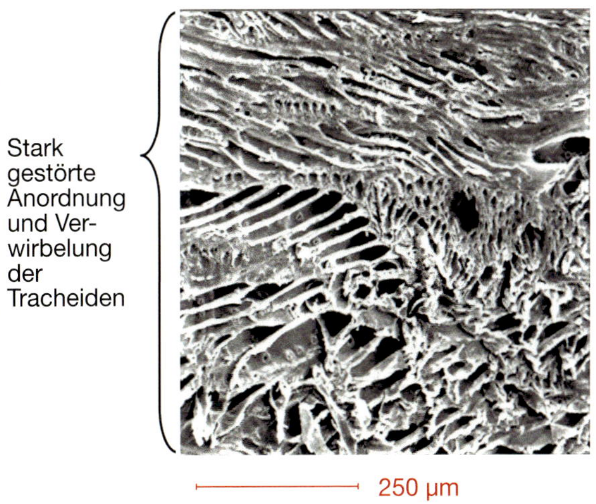

Bild 5.130
Abnorme Zellanordnung bei Fichte, Radialschnitt, (REM-Aufnahme: E. Bäucker)

Tabelle 5.10
Synonyme für Haselwuchs der Fichte und Tanne (Körner 1961, Rüegsegger 1962)

Haselfichte, Tonholz, Hahnentritt, Vogeltritt	Vogtland
Hasel-, Stein-, Weißfichte, „Fisch“	Deutscher Alpenraum
Hagelholz, Tonholz, Mändliholz, Ageholz, „glismets“ (gestricktes) Holz, das vogeltrittig, katzentrittig oder hagelschlächtig aussieht	Berner Oberland
Schindeltanne, Peccia da risonanzia, èpicéa coudrier	Schweiz
Zottelfichte	Vorarlberg, Bosnien
Geflammtes Resonanzholz, Zargenholz	Böhmerwald

Am entrindeten Holz ist Haselwuchs an länglichen Einbuchtungen auf der Stammoberfläche zu erkennen. Der Begriff „Haselwuchs“ leitet sich von der Ähnlichkeit des anatomischen Baus im Hirnschnitt mit der Hasel ab. Die im Radialschnitt sichtbaren Verwirbelungen und die angedeutete Riegelung führten zum Vergleich mit den Fußabdrücken von Vögeln, deshalb auch die Bezeichnung „Vogeltritt“- Holz (Bild 5.129). Haselwüchsige Fichten *(Picea abies)* können in allen Phänotypen, also in Kamm-, Bürsten- und Plattenfichten in gleichem Maße auftreten. Mit zunehmender Höhenlage (über 800 bis 1500 m) steigt die Wahrscheinlichkeit des Haselwuchses (Rüegsegger 1962).

Mikroskopisch ist auf dem Querschnitt im Vergleich zu normalem Fichtenholz ein um 40–50% erhöhter Markstrahlanteil zu erkennen (Körner 1961). Tangential, aber vor allem radial ist eine sehr unregelmäßige Verteilung und Richtung der Tracheiden sichtbar (Bild 5.130). Die Zelldichte ist über 50% höher als die von normalen Fichten. Die Holzdichte liegt um etwa 20% darüber. Dementsprechend größer sind auch die Festigkeitswerte (Rüegsegger 1962).

Haselwüchsiges Fichtenholz *(Picea abies)* wird regional unterschiedlich bezeichnet. Darin drücken sich Aussehen, Eigenschaften oder ein bevorzugter Verwendungszweck aus (Tabelle 5.10).

Haselwuchs ist auch bei Alerce *(Fitzroya cupressoides)*, Eibe *(Taxus baccata)* sowie bei Mansonia *(Mansonia altissima)*, Esche *(Fraxinus excelsior)* und Limba *(Terminalia superba)* beobachtet worden, (Wagenführ 2007).

Die drei Grundorientierungen der Welligkeit: Wimmerung, Riegelung und Haselung können sich untereinander und in unterschiedlicher Intensität gegenseitig durchdringen. Kommt mit dem Drehwuchs noch eine *diagonale* Faserrichtung hinzu, so erhält die Struktur und Textur von Holz eine nahezu unerschöpfliche Vielfalt. Doch damit nicht genug: Je nach Schnittrichtung werden die Holzfasern unterschiedlich angeschnitten. Dadurch kommt es zu mannigfaltigen Lichtbrechungen.

Beurteilung der Merkmale in der Rohholzsortierung: In der Rahmenvereinbarung für den Rohholzhandel in Deutschland (RVR 2015) wird auf die Begriffe Wimmerwuchs, Riegelung und Haselwuchs nicht eingegangen. In der Europanorm zur Rund- und Schnittholzterminologie wurde nur der Begriff des Wimmerwuchses charakterisiert: *„Auf der Schnittholzfläche in engen, regelmäßigen Querbändern erscheinender, wellenförmiger Faserverlauf“* (DIN 2001, S. 7). Diese Definition ist unklar, denn ein radial geschnittenes Brett mit „Querbändern“ ist geriegelt, ein im Fladerschnitt hergestelltes Brett mit „Querbändern“ ist gewimmert. Deshalb sind diese Merkmale nach den *allgemeinen Beschreibungen der Qualitätsklassen* nach RVR (2015) zu beurteilen.

Der Wimmerwuchs wird in der Regel als ein die Qualität beeinträchtigendes Merkmal eingestuft. Der grobwellige Jahrringverlauf wirkt sich nachteilig bei der Bearbeitung der Holzoberflächen aus. Die dekorative Wirkung von Jahrringdurchbrechungen auf schlichten Holzoberflächen wie bei Buche *(Fagus sylvatica)* ist begrenzt.

Im Unterschied zum Wimmerwuchs sind aber Riegelung und ihre Kombination mit Drehwuchs bzw. Haselwuchs Holzmerkmale, die den Gebrauchswert des Holzes bei *zweckentsprechender* Verwendung (Furnierholz, Klangholz) erheblich verbessern können. Dieses Rundholz wäre i. d. R. der Qualitätsklasse A bzw. B zuzuordnen und sinnvollerweise auf Submissionen anzubieten. Bei trivialer Verwendung als Schnittholz dürfte Holz mit diesen speziellen Eigenschaften aber häufig schlechteren Qualitätsklassen zugeordnet werden.

Ursachen

Die Ursachen der **Wimmerung** werden allgemein physiologisch gedeutet. So spricht Bosshard (1984b) vom „funktionellen Tropismus“, bei dem die Funktion der im Kambium gebildeten Zellen über ihre strukturelle Anordnung gesetzt wird. In diesem Falle sei das Wasserleitungssystem zugunsten des Speichersystems (vermehrtes Holzstrahlparenchym) beeinträchtigt. Dies führe in den betroffenen Regionen zur Einschränkung des Dickenwachstums. Schweingruber und Ilsler (1991) vermuten darüber hinaus Kambiumstauchungen in Stammkrümmungen und Astansätzen (Bild 5.131).

Mette (1984) vermutet für den Wimmerwuchs eine einseitige, im Alter zunehmende Belastung des Stammes. Ebenso könnte die mit dem welligen Faserverlauf

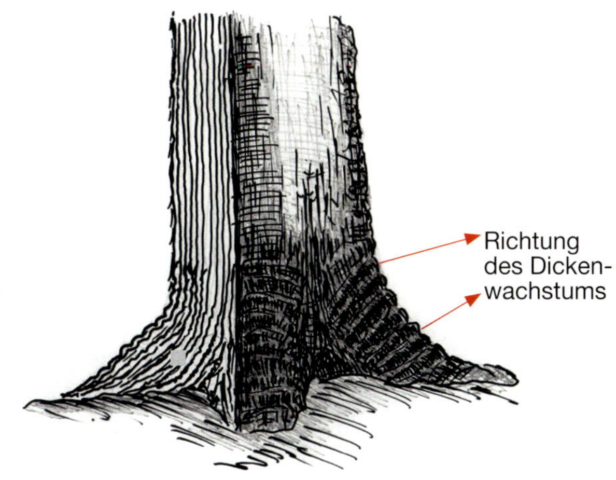

Bild 5.131
Rinden- und Kambiumstauchung (Wimmerwuchs) an einem Wurzelanlauf bei Ahorn *(Acer ssp.)*

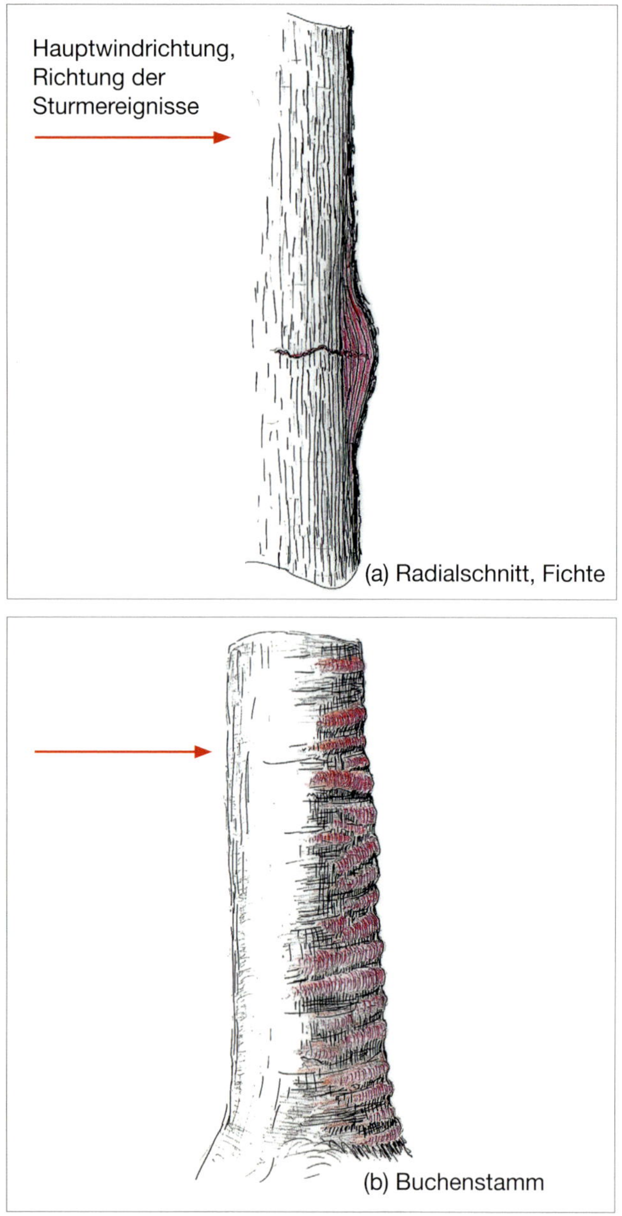

Bild 5.132
Hypothese: Werden Nadelbäume bis über die Elastizitätsgrenze belastet, führt das zum Stauchbruch. In der Folgezeit versucht der Stamm sich zu stabilisieren, indem er die Wunde mit elastischem Wulstholz überdeckt (a).

Die phylogenetisch jüngeren Laubhölzer reagieren bereits bei stärkerer Druckbeanspruchung mit Wimmerwuchs. Der gekrümmte Faserverbund wirkt hierbei elastisch, so dass es nicht zum Stauchbruch kommt (b).

Rote Zonen am Stamm (a) sind das Ergebnis starker Biegebeanspruchung; am Stamm (b) wirken die roten Zonen *prophylaktisch* gegen Stauchbrüche der Holzfasern.

verbundene bessere Elastizität des Stammes infrage kommen. Diese Vermutung wird durch eigene Beobachtungen an Buchen auf einem windexponierten Oberhang in 700 m Höhenlage gestützt. Dort tritt der häufig anzutreffende Wimmerwuchs immer einseitig entgegen der Hauptwindrichtung auf. Bei genetischer Prädisposition könnten auf diese Weise windinduzierte Biegespannungen Wachstumsreize auf das Kambium ausüben und so eine Wimmerung bewirken. In Bild 5.132 (a), (b) wird *hypothetisch* versucht, eine Erklärung für den Wimmerwuchs an Laubhölzern zu geben.

Für die **Riegelung** werden genetische Veranlagungen verantwortlich gemacht ohne dass der Ursache- Wirkungs- Mechanismus bekannt ist. Auch hier sind Wachstumsreize zu vermuten, die durch windinduzierte Biegespannungen ausgelöst werden könnten. Signifikante Einflüsse des Standortes, insbesondere des Grundgesteins und der Höhenlage, sind nicht nachgewiesen. Breitere Jahrringe (verbunden mit einem größeren verfügbaren Kronenraum) führen tendenziell zu stärkerer Riegelung. Über die Nachzucht von Ahornen, die eine erneute Riegelung erwarten lassen, liegen noch keine gesicherten Ergebnisse vor (Conrad 1977).

Als Ursache für den **Haselwuchs** nennen übereinstimmend Bosshard (1984b), Mette (1984) und Rüegsegger (1962) eine lokale Unterversorgung des Kambiums im Bereich von Holzstrahlen (ähnlich der Spannrückigkeit). Bei Greyerz (1919) ist im Wesentlichen der vermehrte Markstrahlanteil Auslöser dieser Wuchsanomalie. Die Ursachen für den besonders verwirbelten Faserverlauf im „Vogeltritt- Holz“ an Fichte sind nicht bekannt (Schweingruber und Ilsler 1991). Die Bezeichnung „Hagelfichte“ bezieht sich auf die Vermutung, dass starke Hagelschläge die Ursache von Kambiumverletzungen sein könnten, die den Haselwuchs hervorrufen.

Wimmerwuchs, Riegelung und Haselwuchs bezeichnen die hauptsächlichen Faserabweichungen im Holz. Zusammen mit dem Wechseldrehwuchs können unterschiedlichste Faserkombinationen mit teilweise faszinierenden Strukturen auftreten. In Tabelle 5.11 werden die wesentlichsten Faserkombinationen dargestellt.

Abweichungen im Faserverlauf	Wechseldrehwuchs	Wimmerung	Riegelung	Haselung
Wechsel-drehwuchs	**gestreift** R[1)]  Sapelli- Mahagoni *(Entandrophragma cylindricum)*  Afrormosa *(Pericopis elata)*	**gemuschelt** 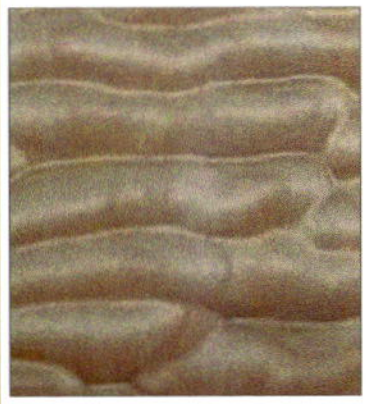 Bergahorn *(Acer pseudoplatanus)*	**pommelé** (geapfelt)  Australische Weißbirke *Schizomeria ovata)* **Eisblumentextur** (blumig) T[1)]  Sapelli- Mahagoni *(Entandrophragma cylindricum)*	**Riffelung** auf Stammoberfläche: Radiale Faserabweichung längs zur Stammachse T  Wanakwari *(Vochysia tomentosa)*  Salikwari *(Tetragastris ssp.)*
Wimmerung	**gefeldert** R  Australische Weißbirke *(Schizomeria ovata)*	**gewimmert** T  Buche *(Fagus sylvatica)*  Gelbe Rosskastanie *(Aesculus octandra)*		
Riegelung	**moiré** (schräg gestreift) R  Bolletrie *(Manilkara bidentata)*  Olive *(Olea europaea)*	**geflammt** T  Douglasie *(Pseudotsuga menziesii)*  Eiche *(Quercus crysolepsis)*	**geriegelt** R  Bergahorn *(Acer pseudoplatanus)*  Gelbe Rosskastanie *(Aesculus octandra)*	
Haselung (Vogeltritt)				**gehaselt** R Q[1)] T Q  Fichte *(Picea abies)*  Limba *(Terminalia superba)*

Tabelle 5.11 Mögliche Holztexturen aus Kombinationen unterschiedlicher Abweichungen im Faserverlauf

[1)] Bevorzugte Schnittrichtungen:
R = radial,
T = tangential,
Q = Querschnitt.

Gelbe Felder: elementare Abweichungen im Faserverlauf

weiße Felder: Kombinationen verschiedener Faserverläufe

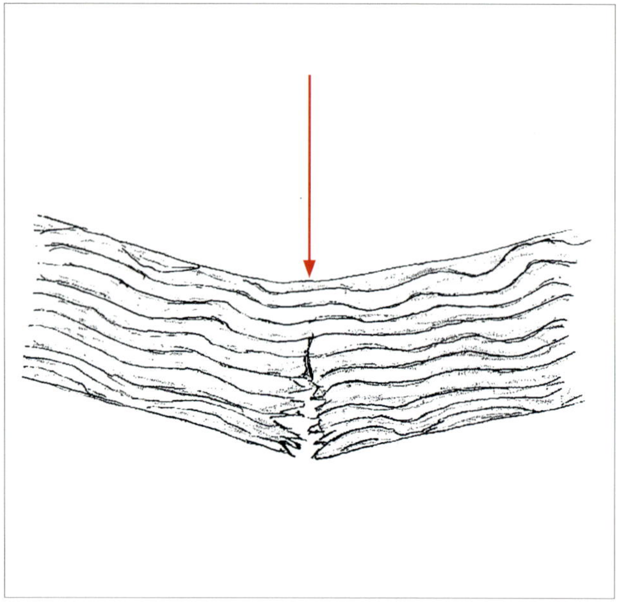

Bild 5.133
Verhalten von wimmerwüchsigem Holz bei Biegebeanspruchung

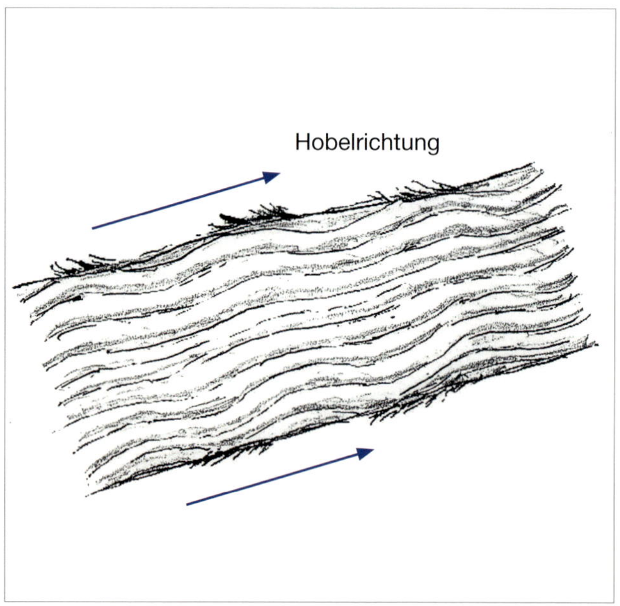

Bild 5.134
Raue wimmerwüchsige Brettoberfläche nach dem Hobeln mit stumpfem Messer

Vermeidung

Wimmerwuchs, Riegelung, Haselwuchs und ihre Kombinationen sind nicht zu beeinflussen. Betroffene Bäume sind dann bei Pflegeeingriffen zu entfernen, wenn die Gebrauchseigenschaften für den vorgesehenen Verwendungszweck gemindert werden. Sie sind zu fördern, wenn sie für besondere Einsatzzwecke geeignet sind. Dies am stehenden Stamm zu erkennen ist in der Regel schwierig.

Bei kaum einer anderen Merkmalsgruppe entscheidet der Verwendungszweck so stark darüber, ob ein unangenehmer Holzfehler oder ein außerordentlich Wert steigerndes Holzmerkmal vorliegt. In der Regel wird im Zuge allgemeiner Hiebsmaßnahmen zu wenig auf die Aussortierung von Stämmen mit einer „eigenwilligen" Faser- und Jahrringorientierung geachtet.

Auswirkungen auf die Verwendung

Die Festigkeitseigenschaften von Schnittware, insbesondere von Latten und Leisten, verschlechtern sich bei ausstreichendem Faserverlauf (Bild 5.133). Hobeln gegen die ausstreichenden Fasern führt zu rauer Oberfläche (Bild 5.134). Die Spaltbarkeit sinkt.

In der HKS Thüringens (Thüringer Landesforstdirektion 1997) wurde auf die Nachteile, aber auch auf die Vorzüge bestimmter Wimmerungen eingegangen: So ist Wimmerwuchs bei Buchenmesserfurnier nicht zugelassen, da das Furnier nicht zu glätten ist und das Furnier wegen der ausstreichenden Fasern nur eine geringe Biegefestigkeit aufweist. Dagegen sei Riegelung bei Ahorn mit *„welliger Längsfaser"* als Merkmal *„...unter allen Umständen zu berücksichtigen"*, da dieses Holz wegen seiner dekorativen Wirkung gern als Deckfurnier oder als Resonanzboden bzw. Zarge im Musikinstrumentenbau (Geigen- und Gitarrenböden) eingesetzt wird (Bild 5.135). Gleiches gilt für die seltene Haselfichte *(Picea abies)* mit *„welligem Jahrringbau"*, insbesondere das „Vogeltritt- Holz", da es ein gesuchtes Resonanzholz für Geigen- und Gitarrendecken, Cembali etc. sei (s. Bild 5.129).

Es wird vermutet, dass sich der Schall wegen der Faserverwirbelungen auch quer zu den Jahresringen rascher ausbreitet. Das relativ schwere Holz klingt heller als übliches engringiges, spätholzarmes Fichtenklangholz aus Gebirgslagen.

Technologische Anpassung

Gut geschärfte Werkzeuge gewährleisten eine glatte Oberfläche auch bei kleinflächig ausstreichenden und verwirbelten Holzfasern.

Besonders das geriegelte bzw. gehaselte Holz, das als Furnier und im Musikinstrumentenbau für Resonanzböden, Saitenhalter oder Zargen verwendet wird, sollte nur vorsichtig auf Biegung beansprucht werden.
Der vermehrte Holzstrahlanteil verbessert die Spaltbarkeit haselwüchsiger Fichten *(Picea abies)* und Tannen *(Abies alba)*. Die Bezeichnung „Schindeltanne“ weist deshalb auf eine bevorzugte Verwendung des dichten Holzes der Haselfichte als Schindelholz hin.

Die Furnierindustrie besitzt die speziellen Maschinensysteme, Technologien und das „Know how“, Stämme mit interessanten Faserstrukturen zu hochwertigen Produkten mit ästhetisch ansprechenden Oberflächen zu verarbeiten.

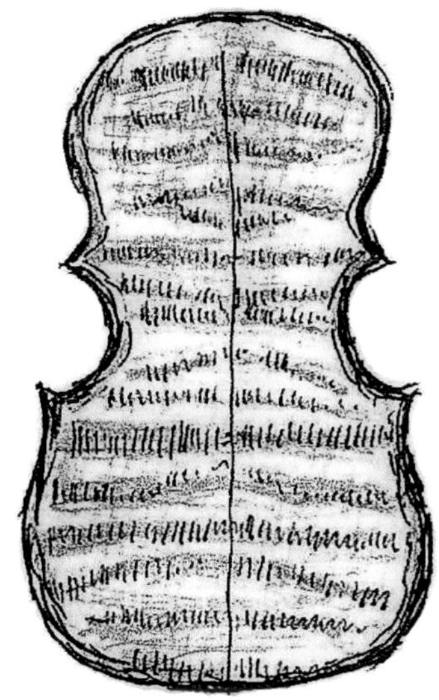

Bild 5.135
Geigenboden aus Riegelahorn (gestürzt)

Bildteil 5.3.2.2 – 1
Wimmerwuchs

Wimmerwuchs an Buche *(Fagus sylvatica)*, stets im Leebereich zur Hauptwindrichtung, Thüringer Wald, 700 m Höhe, Deutschland

Messerfurnier aus wimmerwüchsiger Buche, verwendet in einer Tischplatte, Tangentialschnitt

Wimmerwuchsartige Verdickungen an Eiche *(Quercus ssp.)*, Unterharz, Deutschland

Wimmerwüchsige Faserstauchungen unter einem Starkast an einer Platane *(Platanus)*

Rindenstauchungen am Wurzelanlauf eines Lebensbaumes *(Thuja plicata)*, verursacht durch unterschiedlich ausgerichtetes Dickenwachstum

Hoogland Mataki *(Symphonia globulifera)*, Wimmerung wahrscheinlich durch Mikroorganismen beeinflusst, Surinam

Basralokus *(Dicorynia guianensis)*, Ursachen des Wimmerwuchses sind unbekannt, Surinam.

Wimmerwuchs kann an allen Hölzern auftreten: Alter Weinstock *(Vitis vinifera)*, Madeira, Spanien.

Bildteil 5.3.2.2 – 2
Riegelung

Die Stammoberfläche dieses Bergahorns *(Acer pseudoplatanus)* aus dem Oberen Vogtland, 800 m Höhe, Deutschland, lässt eine interessante Textur vermuten, (links). Ein Bergahorn mit vermuteter Riegelung wird auf einer Submission angeboten (Mitte). Aus einem Riegelahorn hergestelltes Messerfurnier (Radialschnitt, rechts)

Trockenrisse am Stammmantel von Hoogland Gronfolo *(Ruizterania albiflora)* weisen eindeutig auf eine Riegelung hin, Surinam.

An feinen Trockenrissen erkennbare Riegelungsstruktur auf der von Rinde entblößten Stammoberfläche eines Nussbaum- Spaltstücks *(Juglans regia)* (li.) Dasselbe Nussbaum-Spaltstück in Radialansicht (re.)

Riegelung an Redwood *(Sequoia sempervirens)* tritt nach jahrzehntelanger Verwitterung deutlich hervor, Kalifornien, USA.

Geriegeltes Messerfurnier aus Akazie *(Acacia melanoxylon)*, Radialschnitt

Geriegeltes Messerfurnier aus Esche *(Fraxinus excelsior)*, Radialschnitt

Bildteil 5.3.2.2 – 3
Haselwuchs

Haselwüchsiger entrindeter Fichtenstamm *(Picea abies)* aus 750 m Höhe, Vogtland, Deutschland

Querschnitt durch eine haselwüchsige Fichte *(Picea abies)*

Radialschnitt durch gehaseltes Resonanzholz mit „Vogeltrittmuster" für den Cembalobau

Schwach tangential geschnittenes haselwüchsiges Fichtenbrett *(Picea abies)*

Bildteil 5.3.2.2 – 4
1. Verschiedene Kombinationen von Wechseldrehwuchs, Riegelung und Wimmerung

Moiré-Struktur an Olive *(Olea europaea)* (li.) und Bolletrie *(Manilkara bidentata)* (re.) als *Kombination von Wechseldrehwuchs und Riegelung*, Radialschnitt

Schälfurnier, geflammt, aus sog. Blumenesche *(Fraxinus excelsior)*, eine *Kombination von Riegelung und Wimmerwuchs*

Geflammte Eiche *(Quercus crysolepis)*, eine *Kombination von Drehwuchs, Riegelung und Wimmerung*, Kalifornien, USA, Radialschnitt

Die Flammung an Douglasie *(Pseudotsuga menziesii)* ergibt sich aus der *Kombination von Wimmerung und Riegelung*, Tangentialschnitt

Bildteil 5.3.2.2 – 4
2. Verschiedene Kombinationen von Wechseldrehwuchs, Riegelung und Wimmerung

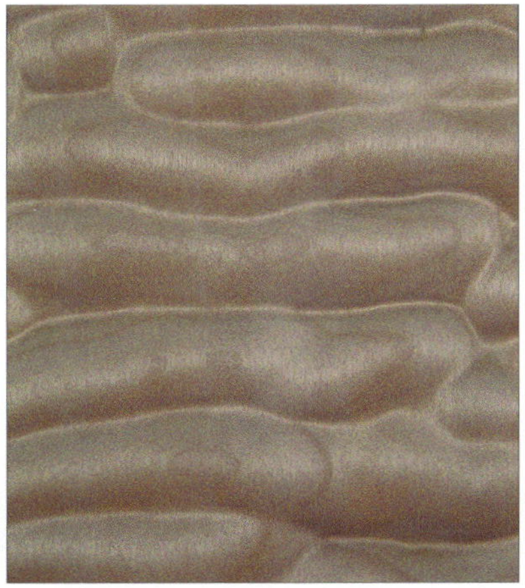

Muschelahorn *(Acer pseudoplatanus)* aus der *Kombination von Drehwuchs, Wimmerung und Riegelung*, Tangentialschnitt

Pommelé-Textur an Sapeli-Mahagoni *(Entandrophragma cylindricum)*, einer *Kombination aus Wechseldrehwuchs, Wimmerung und Riegelung*, Tangentialschnitt

Nussbaum- Maser *(Juglans regia)* mit undefinierbarem Faserverlauf. Schälfurnier

Bergahorn *(Acer pseudoplatanus)* mit Drehwuchs, schräg verlaufender, sich kreuzender Wimmerung und vermutlich mit Riegelung, Erzgebirge, Deutschland

Verschiedene Texturen an Gelber (auch Appalachen-) Rosskastanie *(Aesculus octandra)*, links ein tangential geschnittenes Brett mit Wimmerwuchs, in der Mitte ein feingeriegeltes Messerfurnier (Radialschnitt), rechts ein Schälfurnier mit Pommelé-Textur

Bildteil 5.3.2.2 – 5
Anwendungen

Stark borkige Birke *(Betula pendula)* lässt eine interessante Faserstruktur vermuten, Nordschweden.

Radial gespaltener Riegelahorn *(Acer pseudoplatanus)* für Geigenstege

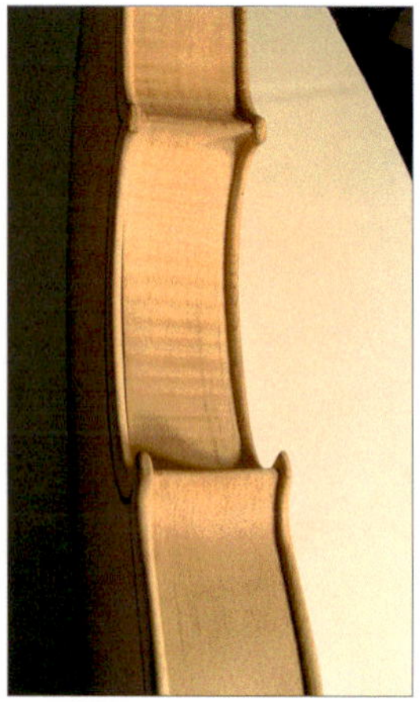

Geriegelte Geigenzarge aus Bergahorn *(Acer pseudoplatanus)*

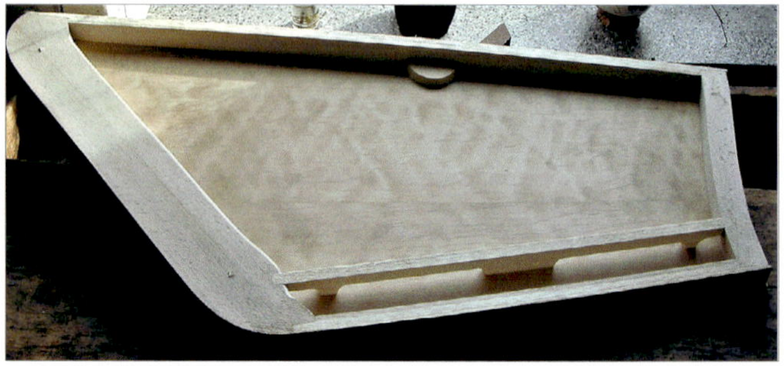

Haselwüchsiges Resonanzholz wird zu einem Resonanzboden in einer Psalterzither verarbeitet. (Ulrike Meinel, Fa. Adolf Meinel, Markneukirchen, Vogtland, Deutschland)

Becher aus finnischer Birke *(Betula pendula)* mit Wimmerung und Riegelung, Finnland

Dieses geriegelte Redwood-Holz *(Sequoia sempervirens)* wurde als Bauholz verwendet, Oregon, USA.

Erodierte Schindeln von einem Stallgebäude im Berner Oberland, Schweiz, aus 1900 m Höhe, ca. 50 Jahre alt, hergestellt aus sog. „Schindeltanne“ *(Abies alba)*

6. Biotisch verursachte Holzmerkmale

6.1 Einfluss durch Mikroorganismen

6.1.1 Nekrosen

Beschreibung des Merkmals

Nekrosen, auch „Mondkrater“ genannt, sind Überwallungen lokal abgestorbener Kambiumzonen und der darüber liegenden Rinde an Laubbäumen, besonders Buche *(Fagus sylvatica)*, aber auch Eiche *(Quercus ssp.)* und Ahorn *(Acer ssp.),* (Bild 6.1). Während der Vegetationszeit fließt aus der aufbrechenden Rinde an der Wunde kurzzeitig dunkler Schleim, ein Gemisch aus Baumsaft und Mikroorganismen. Daher der Name der Krankheit: Schleimfluss. Im Holzquerschnitt werden die Überwallungen als T-Flecken sichtbar (Bild 6.2). Bei starkem Befall können daraus krebsartige Wucherungen entstehen.

Nekrosen sind auch an Bäumen der Subtropen und Tropen weit verbreitet. Wegen des großen Infektionsdrucks sterben teilweise großflächige Rindenbereiche ab (siehe Bildteil 6.1.1, Bäume der Tropen).

Ursachen

Als Ursachen für Rindennekrosen werden extreme Winterfröste, lang andauernde Trockenheit, Bakterien- und Pilzbefall angegeben (Tabelle 6.1), (Altenkirch et al. 2002). Nekrosen an Bäumen sind in allen Klimazonen wohl als Ergebnis einer Kette von Einflüssen zu verstehen: Voraussetzung für die Infektion sind (mikroskopisch kleine) Rindenverletzungen. Diese bilden Eintrittspforten für Mikroorganismen. Hierbei sind Insekten wichtige Verursacher. So ist z. B der Rüssel der am Kambium saugenden Buchenwollschildlaus *(Cryptococcus fagisuga)* in der Lage, solche Eintrittspforten zu bilden; Schildläuse (Keramidae) werden für die Eichennekrose verantwortlich gemacht.

Bild 6.1
Stark von Nekrose befallener Buchenstamm

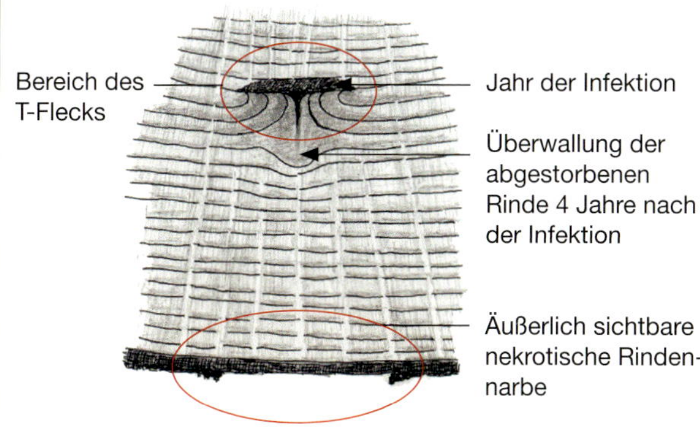

Bild 6.2
Infektion und Überwallung zum „T-Fleck“

Tabelle 6.1
Verursacher von Nekrosen (Auswahl)

Befallene Baumart	verursachende Mikroben und indirekte Einflüsse
Buche *(Fagus sylvatica)* (Grüner und Metzler 2003; Wujciak 1976)	Buchenkrebs *(Nectria coccinea)* *(Nectria ditissima)*
Eichen *(Quercus ssp.)* (Mette 1984)	Eichenstammlaus, Eichenschildlaus *(Keramidae)*
Ahorne *(Acer ssp.)* Pappeln *(Populus ssp.)* Erlen *(Alnus ssp.)* (Mette 1984)	Allgemein: Insektenbefall und andere äußere Einflüsse (Spechte) führen zu Rindenverletzungen. In diese dringen Mikroorganismen ein, die das Kambium infizieren

Tabelle 6.2
Schätzung der Tiefe einer Nekrose (T- Fleck) anhand der Ausprägung der Rindennarbe (Wujciak 1976)

Merkmalsausprägung	Messung T-Fleck
Lang gestreckte Narbe mit erkennbarer Verwachsungsnaht Narbenhöhe zu Narbenbreite > 3 : 1 („Strichtyp“) Deutliche Naht	< 3 cm Tiefe < 7 cm Tiefe
Breite Narbe, Narbenhöhe zu Narbenbreite < 3 : 1 („Flächentyp“) Ohne Verwachsungsnaht	> 3 cm Tiefe >> 7 cm Tiefe

Nachgewiesen wurde auch ein signifikanter Zusammenhang zwischen dem Befall holzbrütender Borkenkäfer *(Trypodendron domesticum)* und der Infektion mit Nectria ditissima (Grüner und Metzler 2003). Die Mikroorganismen schädigen bzw. zerstören Kambiumzellen. Der Baum schottet sich gegenüber dem Infektionsherd ab, indem er angrenzende Zellpartien verthyllt und Wundgewebe bildet (Altenkirch et al. 2002; Bosshard 1984a; Knigge und Schulz 1962). Je größer die Infektion, desto wahrscheinlicher ist die Gefahr einer Entartung der Wunde zum Krebs.

Auch Spechte können mit „Spechtringen“ Nekrosen hervorrufen (s. Kap. 6.2.2).

Messung des Merkmals:

Nekrosen sind schwerwiegende Fehler im Stamminneren. Sie können nur an den Stammquerschnittsflächen genau bestimmt werden. Näherungsweise kann ihre Lage im Stamm wie folgt eingeschätzt werden (Tabelle 6.2, Bild 6.3).

In der Rahmenvereinbarung (RVR 2015) ist Rindennekrose an Buchen in der Qualitätsklasse A *„unzulässig“*, in B *„zulässig in begrenztem Umfang“*, in C *„zulässig in normalem Umfang“* und nur in Qualitätsklasse D ohne Einschränkungen *„zulässig“*. Frommhold (2001) gibt für eine quantifizierte Beurteilung einen hilfreichen Rahmenwert an: Er versteht unter *„geringen Schleimflussschäden“* maximal 10 / lfm (Qualitätsklasse C). Die höherwertigen Qualitätsklassen A und B seien bereits bei vereinzelt vorkommenden Nekrosen (2–3/ lfm) auszuschließen.

Vermeidung

Nekrosen sind kaum zu vermeiden. Entweder sind die Entstehungsursachen nicht ausreichend bekannt, um gezielt entgegen zu wirken, oder ein unverhältnismäßig hoher Aufwand müsste zur Verhinderung kleinster Wundinfektionen betrieben werden. Grüner und Metzler (2003) fanden einen Zusammenhang heraus zwischen der Borkigkeit der Buchenrinde und dem Befall von Nectria-Pilzen mit nachfolgendem Käferbefall: Je glatter die Rinde, desto geringer die Befallswahrscheinlichkeit. Das hieße, glattrindige Phänotypen gegenüber den grobborkigen während des gesamten Bestandeslebens zu bevorzugen. Georgi (1965) vermutet einen Zusammenhang zwischen ungünstigen Standortsfaktoren (Flachgründigkeit, Wasserhaushalt, Exposition) und Anfälligkeit der Buchen gegen Nekrose.

Allgemein gilt: Bäume mit stärkerer Nekrose sind im Zuge der Bestandespflege vorrangig zu entnehmen (Bild 6.4). Sie sind Infektionsherde für weiteren Befall. Wertzuwachs ist nicht mehr zu erwarten, da sich Nekrosen nicht „auswachsen".

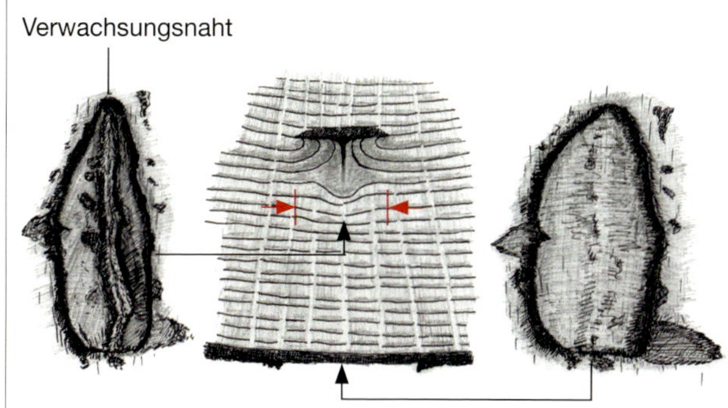

Bild 6.3
Die Ausprägung der Rindennarbe an einer Buche als (unsicheres) Diagnosemerkmal für die Überwallungstiefe einer Nekrose.
Links 5 Jahre nach der Infektion mit Überwachsungsnaht, rechts 20 Jahre danach

Auswirkungen auf die Verwendung

Nekrosen sind für jeden Holzverarbeiter ein unerwünschtes Holzmerkmal. Von der auf der Rinde sichtbaren Markierung kann nicht genau auf Tiefe und Umfang des durch Rindeneinwachsung, Holzverfärbung, Käferbefall und Verthyllung geschädigten Stammteiles geschlossen werden. Nekrotische Holzteile sind nicht mehr als Nutzholz zu verwenden (siehe Bildteil 6.1.1).

Knigge und Schulz (1962) grenzen bei der Buche vier Holzqualitäten voneinander ab, je nach Größe und Dauer der Erkrankung:

1. Gesundes, gleichmäßig hellgelb bis rosa gefärbtes Holz
2. Dunkel gefärbtes Schutzholz mit Einlaufzone (Verthyllung) unter dem abgestorbenen Kambium. Graufärbung im getrockneten Zustand
3. Von Fraßgängen des Buchennutzholzbohrers *(Xyloterus domesticus)* bzw. des Bohrkäfers *(Hylecoetus dermestoides)* durchsetztes, mit Farbeinläufen versetztes Holz
4. Durch nachfolgende Weißfäule völlig entwertetes Holz

Bild 6.4
Entnahme von Buchen mit stärkerem Nekrosebefall im Rahmen einer Altdurchforstung

Technologische Anpassung

Als (unsicheres) Diagnosemerkmal zur Feststellung der Tiefe einer Nekrose im Stamm kann die Form der Rindennarbe verwendet werden (vgl. Bild 6.3).

Furnierblätter oder -bahnen mit nekrotischen Einschlüssen müssen entweder geklippt oder in die Mittellagen von Sperrholz gelegt werden.
Im nicht sichtbaren Bereich und ohne tragende Funktionen kann nekrotisches Holz nur mit Einschränkungen verwendet werden.

Die verthyllten Bereiche um die Nekrose sind nicht vollständig zu imprägnieren. Deshalb kann dieses Holz z. B. nicht mehr als Eisenbahnschwelle verwendet werden.

Bildteil 6.1.1
Nekroseschäden (1)

An diesem Buchenstamm *(Fagus sylvatica)* ist die Nekrose zu Krebs entartet.

Stärkerer Nekrosebefall an einem Buchenstamm *(Fagus sylvatica)*

Langgestreckte Nekrosennarbe an einer Buche *(Fagus sylvatica)* (li.) und Stammquerschnitt mit T- Fleck (Einwachsung abgestorbener Rinde), Zustand ca. 15 Jahre nach dem Befall (re.)

Ältere Rindennarbe an Buche *(Fagus sylvatica)*, die auf eine tieferliegende, gut verwachsene Nekrose verweist

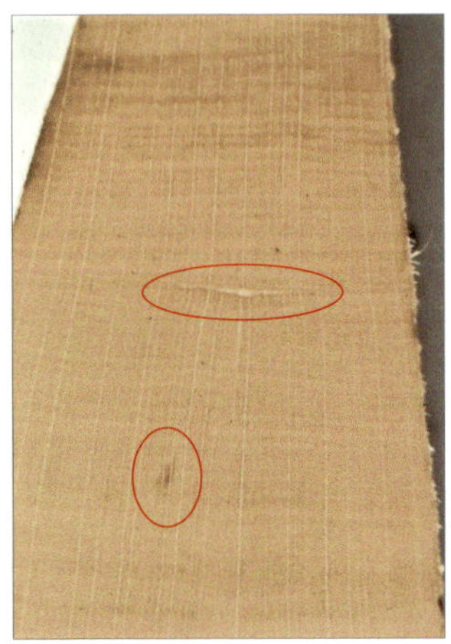

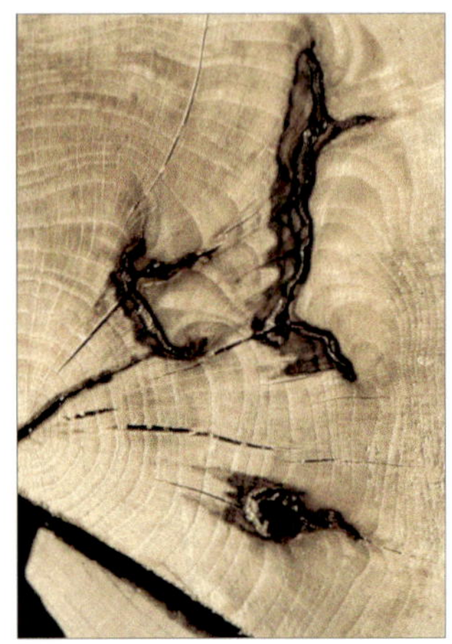

Links ein Querschnitt durch Buchenholz mit zwei Anschnitten kleiner T-Flecke, die trotzdem optisch störend wirken. Rechts der Querschnitt an einem Buchenscheit, das für technische Zwecke ungeeignet ist.

Längsschnitt durch ein unbesäumtes Buchenbrett, bei dem der Säumling mit dem Nekroseschaden abgetrennt werden kann (li.). Das rechte Brett ist für höherwertige Verwendungen ungeeignet.

Bildteil 6.1.1
Nekroseschäden (2)

Nekrose an Goebaja *(Jacaranda copaja)*

T- Fleck in einem Bergahorn *(Acer pseudoplatanus)*, Querschnitt

T- Fleck in einer Eiche *(Quercus ssp)*, Querschnitt

Unbesäumte Bohle aus Esche *(Fraxinus escelsior)* mit starker Nekrose

Esche *(Fraxinus escelsior)* mit extremem Nekrosebefall

Bergigronfolo *(Qualea rosea)* mit einzelner Nekrosenarbe (li.) und mit großflächigem, tieferreichendem Nekrosebereich ohne Dickenzuwachs (re.)

Tingimoni Sali *(Tetragastris hostmannii)* mit starkem, großfläachigem Schleimfluss

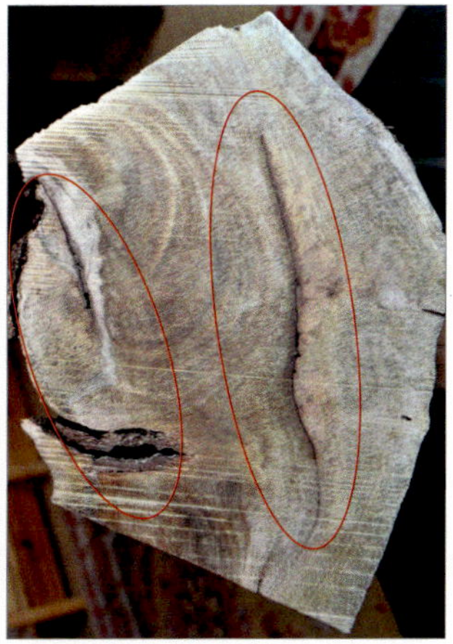

Spaltstück von Kopi *(Goupia glabra)* mit zwei großflächigen Nekrosen, Querschnitt

An Bäumen der Tropen bilden Nekrosen auf Grund des hohen Infektionsdrucks mitunter großflächige Rindenschäden, verbunden mit Schleimfluss und Pilzinfektionen des Holzes.

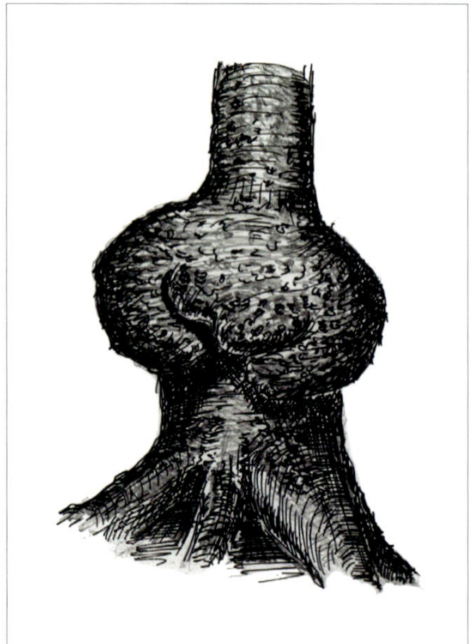

Bild 6.5
Fichtenkropf

Bild 6.6
Maserknolle an Birke

6.1.2 Kropf, Knolle, Hexenbesen

Beschreibung des Merkmals

Zu interessanten Besonderheiten im Habitus von Bäumen gehören Wuchsanomalien von teilweise beträchtlichen Ausmaßen am Stamm. Sie werden umgangssprachlich als (Maser-) Knollen oder (Maser-) Kröpfe bezeichnet, unabhängig davon, ob die einen eine glatte Rindenoberfläche aufweisen und die anderen förmlich mit Knospen und Wasserreisern gespickt sind.

Knospen- und Kurztriebwucherungen an Zweigen sind ebenfalls auffällige Besonderheiten im Gezweig vieler Baumarten. Sie werden als Hexenbesen bezeichnet.

Während Kröpfe und Knollen – oberflächlich betrachtet – im Habitus ähnlich sind, unterscheiden sie sich von Hexenbesen deutlich. Untersuchungen zu den Ursachen solcher Abnormitäten haben noch keine abschließenden Erkenntnisse gebracht. Da es sich aber in allen drei Fällen um (krankhafte) Wucherungen von Geweben mit ungezügeltem Zellwachstum handelt, das offensichtlich nicht mehr dem genetischen Code des Baumes unterliegt, werden diese Anomalien als Krebse bezeichnet und wie folgt definiert:

Kröpfe sind Zellwucherungen, die aus einer *einmaligen* Infektion des Kambiums oder einzelner Knospen im Jugendstadium des Baumes hervorgehen. Die Jahrringe bzw. Zuwachszonen sind im Kropf wesentlich breiter als im normal gewachsenen Stamm. Bei *geschlossenen Krebsen* erscheint das Holz in der Regel gesund. Bei offenen Krebsen führt der mikrobielle Holzabbau zu lokaler Holzzerstörung. Kröpfe sind relativ häufig an Fichte *(Picea abies),* (Bild 6.5) und Birke *(Betula ssp.)* anzutreffen, aber auch an vielen anderen Baumarten der gemäßigten Klimazonen und der Tropen. Die raue Oberfläche rührt von verstärkter Borkenbildung und *nicht von Wasserreisern* her (siehe Bildteile 6.1.2 – 1 bis – 5).

Knollen entstehen durch *ständigen* Austrieb von Proventiv- bzw. Adventivknospen zu Wasserreisern aus der Rinde des Stamm- oder Wurzelbereichs, auch als Knospensucht bezeichnet (Bild 6.6). Die Wasserreiser vergehen regelmäßig, so dass das Knolleninnere oftmals einen schönen verwirbelten Faserverlauf aufweist. Wichtigste Laubhölzer der gemäßigten Breiten mit attraktivem Maserwuchs sind amerikanischer Zuckerahorn *(Acer saccarum)* (Vogelaugenahorn, Bild 6.7), Esche *(Fraxinus ssp.)*, besonders Olivesche, Pappel *(Populus ssp.)* (Mapa), Eiche *(Quercus ssp.)*, Rüster *(Ulmus ssp.)* und Kalifornischer Lorbeer *(Umbellularia californica)*. In Nadelhölzern tritt Maserwuchs bei Eibe *(Taxus baccata)*, Lebensbaum *(Thuja occidentalis)* und Küstenmammutbaum *(Sequoia sempervirens)* – hier als Vavona- Maser bezeichnet – auf. Als (sub)tropische Hölzer sind u. a. Madrona *(Arbutus menziesii)*, Makamong *(Afzelia xylocarpa)*, Nussbaum- Wurzelmaser *(Juglans regia)*, (Bild 6.8) und Padouk *(Pterocarpus ssp.)* geschätzt (Wagenführ 2007). Aus den kleinen Knollen der Baumheide *(Erica arborea)*, werden die berühmten Bruyére- Pfeifen gearbeitet. Birkenknollen *(Betula ssp.)* werden als „Halbmaser" bezeichnet, da ihnen die dekorative Wirkung der „schlafenden Augen" fehlt (Matzek 1983), (siehe Bildteil 6.1.2 – 6 und – 7).

Hexenbesen sind früh treibende, streng geotrop negativ ausgerichtete Knospen- und Triebwucherungen an Ästen. Sie erscheinen besonders vital und können einen erheblichen Teil der Assimilationsfläche eines Baumes bilden. Lienur (1927, S. 9) definiert den Hexenbesen als *„Jede abnormale Verzweigung, welche durch das Frühtreiben der Winterknospen oder Adventivknospen entsteht."* Hexenbesen sind nachgewiesen bei Birke *(Betula ssp.)*, Ulme *(Ulmus ssp.)*, Roßkstanie *(Aesculus hippocastanum)*, Birne *(Pyrus communis)*, Sauerkirsche *(Prunus cerasus)*, Magnolie *(Magnolia ssp.)* Kiefer *(Pinus sylvestris)* u. a. (Bild 6.9) und vielen anderen Baumarten (siehe Bildteil 6.1.2 – 8 und – 9).

Nekrosen nehmen eine Zwischenstellung ein, je nachdem, ob sie unter Narbenbildung verheilen oder ob sie sich zu einem Krebs weiterentwickeln. *(Vergleiche 6.1.1 Nekrosen)*

Bild 6.7
Schälfurnier mit Durchbrechungen von „schlafenden Augen", Vogelaugenahorn *(Acer saccarum)*

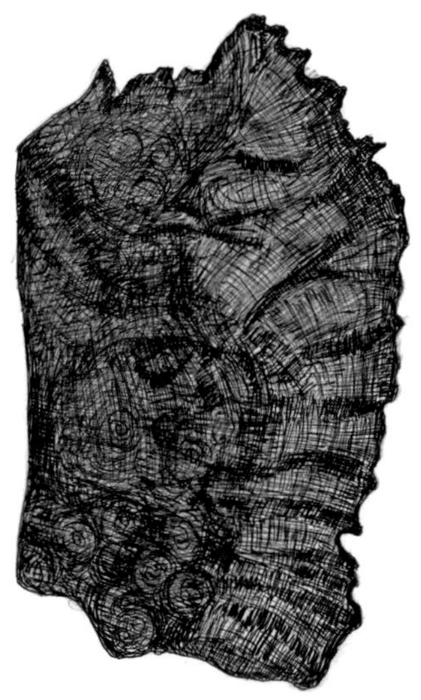

Bild 6.8
Messerfurnierabschnitt aus einer Nussbaum- Maserknolle *(Juglans regia)*, Radialschnitt

Bild 6.9
Hexenbesen an Kiefernkrone

Messung:

Kröpfe und **Knollen** stellen – formal betrachtet – nach verschiedenen Sortierungen *„Unregelmäßigkeiten des Umrisses“* dar. Der Durchmesser wäre deshalb in gleicher Entfernung oberhalb und unterhalb der Unregelmäßigkeit zu messen. Damit könnten im speziellen Fall Knolle oder Kropf im Volumen nicht erfasst werden. Streng geurteilt wäre der Stamm nicht mehr sägefähig und würde entweder als X-Holz im Bestand verbleiben oder könnte nur noch als minderwertige D-Qualität verkauft werden (SSLEF 1997). Knolle und Kropf sind deshalb bei Furnieraushaltung oder besonderen Verwendungszwecken nur nach Meistgebot auf Submissionen bzw. auf dem Stock zu verkaufen. Wertvolle Maserknollen werden wegen ihrer schwierigen Volumenermittlung als sogenannte Gewichtshölzer nach Gewicht berechnet (Matzek 1983).

Hexenbesen treten an Zweigen und Ästen auf. Sie werden nicht als Nutzholz verwendet, deshalb auch nicht gemessen.

Ursachen

Beobachtungen zeigen, dass Bäume in Städten, Parkanlagen und in der offenen Landschaft häufiger Kröpfe und Knollen bilden als in Waldgebieten. Diese Bäume unterliegen während ihres Lebens einem größeren Verletzungsrisiko und einem höheren, die Vitalität beeinträchtigenden Stress (Emissionen, Trockenheit, Hitze). Außerdem ist der Infektionsdruck in Städten und in stärker frequentierten Arealen größer.

Werden Knospen und Rinde durch forstlichen Betriebsvollzug, Feuer (bei *Thuja)*, Insekten bzw. wachstumsbedingte (Mikro-) Rissbildungen verletzt, dann können diese Wunden ebenfalls zu Eintrittspforten für Wundparasiten werden. Bestimmte Viren, Bakterien und Pilze sind dann in der Lage, Bildungsgewebe in ihrem Wachstum zu stimulieren, um für sich vorteilhafte Lebensbedingungen zu schaffen (Altenkirch et al. 2002; Gottwald 1983). In den infizierten Kambium-Regionen bzw. Knospen werden verstärkt Nährstoffe bzw. Wuchshormone angereichert. Das sich anschließende ungezügelte Dickenwachstum führt zu pathologischen Wuchsanomalien, die als gut- oder bösartige Geschwülste auftreten (Wagenführ und Scheiber 1989).

Sie können geschlossen, z. B. im Fichtenkropf oder der Pappelmaserknolle, aber auch offen, z. B. im Tannenkrebs *(Melampsorella caryophyllacearum)*, Lärchenkrebs *(Lachnellula willkommii)* oder Buchenkrebs *(Nectria ditissima, Nectria coccinea)* bzw. in Hexenbesen auftreten.

Offene Krebse können infolge einer erhöhten Frostempfindlichkeit des Wundgewebes entstehen, z. B. Lärchenkrebs. Während der Vegetationsruhe wirkt sich der fortdauernde Angriff der Mikroorganismen verstärkend auf die Holzzerstörung aus (Schwerdtfeger 1981). Der ständige Wechsel von Überwallungsversuch und erneutem Absterben des Kambiums ruft häufig bizarre Formen der Krebsgebilde hervor.

Achtung! Die genannten pathologischen Wuchsanomalien haben nichts gemeinsam mit Ansammlungen von „Schlafenden Augen“, die bei Freistellung von Bäumen (Lichtreiz) oder bei Einengung des Kronenraumes (Angstreiserbildung) oder durch ständiges Entfernen von Wasserreisern (z. B. bei Eichen) entstehen (Wagenführ und Scheiber 1989). In diesen Fällen führen physiologische Prozesse dazu, dass Proventivknospen oder Adventivknospen aus Bildungsmeristem von Rindenzellen im Bereich von Astnarben zum Austreiben angeregt werden.

Milben und Insekten können ebenfalls Pflanzenteile durch Wuchshormone zum abnormen, aber für deren Brutpflege vorteilhaften Wachstum anregen. So werden Milben *(Acari)* als eine direkte Ursache des Birkenhexenbesens *(Taphrina betulina)* genannt (Lienur 1927, Georgi 1965) oder Gallwespen *(Cynipidae)* als Verursacher verschiedener Blattgallen. Nach Untersuchungen von Eschrich, (zit. Bei Schwerdtfeger 1981) saugt die Eichenkropfgallmücke *(Lachnus roburis)* am jüngsten Trieb von Eichen im Aufwuchsstadium. Die erkrankten Kambiumzellen platzen auf und werden überwallt. Wahrscheinlich werden diese Zellen genetisch „umprogrammiert“, denn das nachfolgende Kropfwachstum wird lebenslang nicht eingestellt.

Mit der Infektion eines jungen Triebes bzw. einer Knospe lässt sich auch erklären, dass der Initialpunkt eines solchen Kropfes immer an einem Astansatzes im unteren, juvenilen Stammbereich zu finden ist. Schwerdtfeger (1981) vermutet, dass die Kropfbildung bei Kiefern *(Pinus sylvestris)* und Fichten *(Picea abies)* auf gleiche Ursachen wie der Kropf bei Eichen *(Quercus ssp.)* zurückzuführen ist. Bei Fichten könnte der Fichtentriebwickler *(Dichelia histrionana)* an Seitenzweigen junger Stämmchen die Infektionspforten herstellen. Die Wirkmechanismen der Infektionen sind häufig noch unklar.

An drei tropischen Baumarten Bergigronfolo *(Qualea rosea)*, Hooglandgronfolo *(Qualea albiflora)* und Mawsikwari *(Erisma unicatum)* wurde beobachtet, dass Insekten (Arten unbekannt) dauerhaft im Stammmantel bis zur Rinde minieren. Der Stamm versucht, die Wunde des Bohrlochs zu überwachsen. Das Insekt verschafft sich wieder Luftzutritt, der Baum überwallt aufs Neue. Die dadurch entstehenden Überwallungen können vereinzelt oder flächendeckend auftreten. (siehe Bildteil 6.1.2 – 11).

Auch Misteln *(Viscum spec.)*, die auf bestimmte Wirtspflanzen spezialisiert sind, können die Wucherung von Hexenbesen auslösen. Beobachtet wurde dies bei nordamerikanischen Kiefernarten *(Pinus contorta, P. flexilis)* und Douglasie *(Pseudotsuga menziesii)* und bei Zypressen *(Cupressus sempervirens)* im Mittelmeerraum. *(Siehe auch Kapitel 6.3 Einfluss durch Pflanzen)*.

Bei Querschnitten durch geschlossene Kröpfe, Knollen und Hexenbesen sind typische Eigenheiten zu finden:

Kropf: Das ungezügelte Wachstum beginnt, *von einem Initialpunkt ausgehend*, in noch jungen Bäumen (Bild 6.10). Keinerlei schlafende Augen oder Wasserreiser durchbrechen den Infektionsbereich des sich vergrößernden Kropfes. Im Radialschnitt erscheinen riegelungsartige Strukturen.

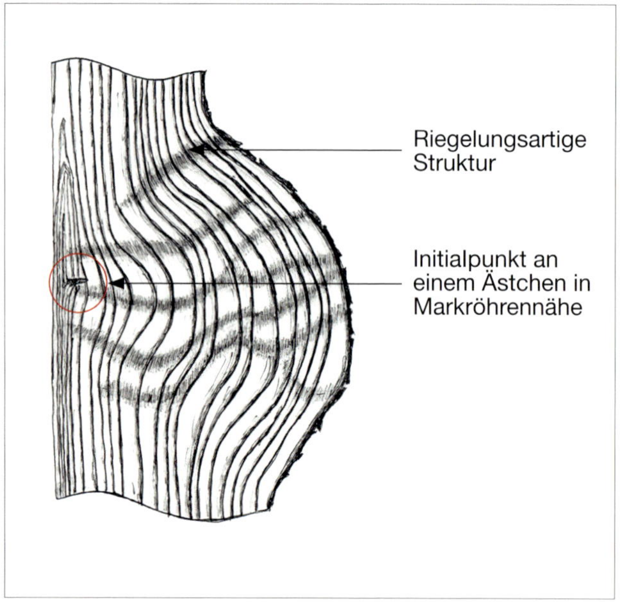

Bild 6.10
Querschnitt durch einen Kropf an Fichte

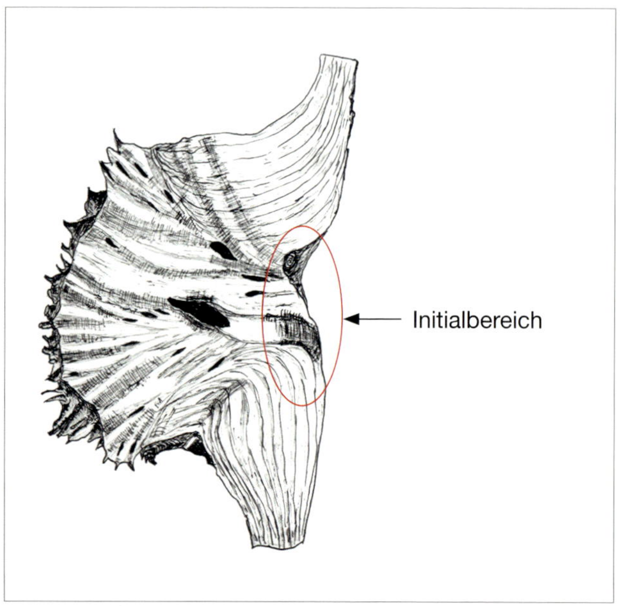

Bild 6.11
Querschnitt durch eine Maserknolle an Birke

Rindenknollen und Tumoren können als Sonderformen von Kröpfen bezeichnet werden:

- *Rindenknollen* sind Xylembildungen in der Rinde von Laubhölzern wie Buche *(Fagus sylvatica)*, Eiche *(Quercus ssp.)*, Roteiche *(Quercus rubra)*, Linde (*Tilia cordata*), Ahorn *(Acer ssp.)*, Erle *(Alnus glutinosa)*, aber auch Tannen *(Abies ssp.)*. Nach König (1957) entstehen diese „Kugeltriebe" aus Proventivknospen, die sich von ihrem Knospenstämmchen gelöst haben und ohne Verbindung zum Holzkörper weiterwachsen. Die kleinen verholzten Knollen sind leicht vom Stamm abzulösen.
- *Tumoren* sind Gewebewucherungen aus Kambial- und Rindenparenchymzellen, hervorgerufen von Bakterien, Viren oder infolge genetischer Veränderungen (Butin 1996).

Knolle: Ein *Initialbereich* der Rinde des Stammmantels wird zu *verstärkter Knospenbildung* angeregt (Bild 6.11). Diese sterben regelmäßig wieder ab und werden unter Knollenbildung ständig weiter überwallt. Im Tangentialschnitt erscheinen punktastartige, kreisförmige, wie Höhenlinien angeordnete Strukturen (vgl. Bild 6.7).

Conrad (1971) nennt beim Zuckerahorn *(Acer saccharum)* vier Argumente für die Entstehung der „Vogelaugen":

- Verletzungen durch Spechte,
- parasitär im Kambium lebende Pilze,
- „schlafende Augen",
- eine genetische Veranlagung.

Hexenbesen: Ein *Initialbereich von Knospen und Kurztrieben* wird zu verstärktem, buschigem Wachstum – zu sogenannten Hexenbesen – angeregt (Bild 6.12). Die befallenen Zweige verdicken sich unförmig.

Kropf, Knolle und Hexenbesen ist gemeinsam, dass sie von Mikroorganismen initiiert werden, die über Eintrittspforten (Verletzungen) lebendes Gewebe schädigen. Verschieden sind aber die mikrobiellen Auswirkungen. Sie können eindeutig pathogen sein (Nekrose, offener Krebs), aber auch mit dem Wirt zu einer

Art Symbiose führen (Kropf, Knolle, Hexenbesen). Kröpfe und Knollen ähneln sich im Habitus. Knollen und Hexenbesen ist die Knospensucht gemeinsam.

Verschiedene Autoren bezeichnen Knospensucht als Maserwuchs, der u. a. durch „Schlafende Augen“ hervorgerufen wird Durst (1955). Andere vermuten als Verursacher dieser Knospensucht mykoplasmaähnliche Organismen Schmelzer (1977). Butin (1996, S. 225) spricht von einem echten Kropf, wenn dessen *“... Rinde (glatt) und ohne vermehrte Knospenbildung ...“* ist, und von einer Knolle, wenn *„... die Verdickung Stamm umfassend ...“* ist. Lienur (1927) dokumentierte bereits im Jahre 1922 allein zum Thema Hexenbesen 182 Arbeiten. Dieses Spezialgebiet der Baumkrankheiten ist so umfangreich, dass es bis heute für viele Erscheinungsformen noch keine hinreichenden Erklärungen gibt.

Hier werden Kropf und Knolle begrifflich voneinander getrennt. Sie unterliegen *unterschiedlichen* Entwicklungsgängen und unterscheiden sich *anatomisch* wesentlich voneinander. Diese Aussage wird von Wagenführ (1989) gestützt, der klar zwischen Krebsen und Maserknollen trennt.

Einige bekannte Verursacher dieser Wuchsanomalien sind in den Tabelle 6.3 und 6.4 angeführt.

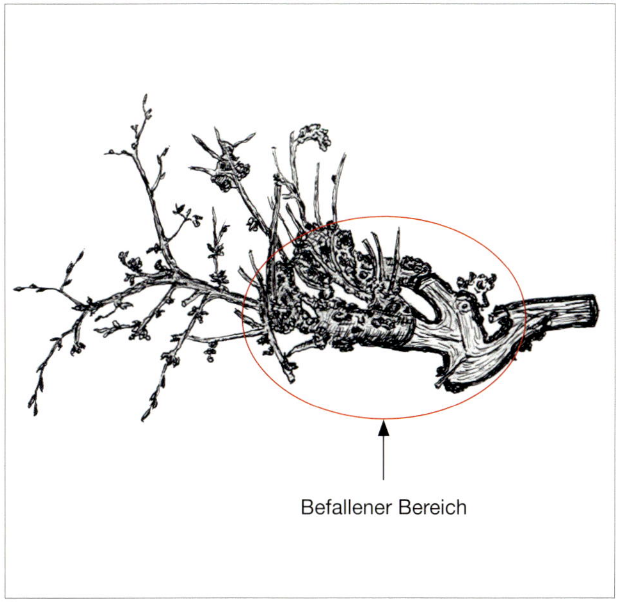

Bild 6.12
Hexenbesen an einer Birke

Vermeidung

Kröpfe, Knollen und Hexenbesen lassen sich kaum vermeiden. Entweder sind die Entstehungsursachen nicht ausreichend bekannt, um gezielte Gegenmaßnahmen einzuleiten, oder kleinste Wundinfektionen müssten mit einem unverhältnismäßig hohen Aufwand verhindert werden. Hexenbesen im Astbereich haben kaum Einfluss auf die Güte des Stammes. Sie müssen deshalb aus der Sicht des Holzverwenders nicht weiter betrachtet werden.

Bäume mit offenen Krebsen sind bei der Bestandespflege vorrangig zu entnehmen. Sie stellen Infektionsherde für weiteren Befall dar. Wertzuwachs ist nicht mehr zu erwarten. Anders Knollen- und Kropfbildungen: Sie können bei entsprechender Qualität sogar zu erwünschten Besonderheiten werden, die unter der Hand des Fachmannes interessante Verwendungsmöglichkeiten zulassen.

Tabelle 6.3 Verursacher von Kröpfen, offenen Krebsen

Befallene Baumart	verursachende Mikroben und indirekte Einflüsse
Kropf (i. d. R. geschlossener Krebs)	
Eiche *(Quercus ssp.)*	Eichenkropfgallmücke *(Cecidomyiidae)* (Schwerdtfeger 1981), Eichenrindenlaus *(Lachnus roboris)* (Altenkirch et al. 2002)
Fichte (*Picea abies)* Kiefer *(Pinus sylvetris)*	Ursache unbekannt (Schwerdtfeger 1981)
Esche *(Fraxinus excelsior)* Birke *(Betula ssp.)* Ahorn *(Acer ssp.)* Hainbuche *(Carpinus betulus)*, Obstbäume	„Einknospenknolle“, parasitische Pilze, (Durst 1955), siehe auch (Schwerdtfeger 1981)
Roterle *(Alnus glutinosa)*	Nectria- Pilze (Durst 1955; König 1957)
Offener Krebs	
Fichte *(Picea abies)*	Nectria- Krebs der Fichte *Nectria fuckeliana* (Altenkirch et al. 2002)
Lärche *(Larix decidua)*	Lärchenkrebs *Lachnellula willkommii* (Altenkirch et al. 2002)
Tanne *(Abies alba)*	Tannenkrebs (Rädertanne) *Melampsorella caryophyllacearum* (Altenkirch et al. 2002)
Laubbäume	Laubholzkrebs (Eschenkrebs, Buchenkrebs) *Nectria galligena* (Altenkirch et al. 2002)
Buche (*Fagus sylvatica)*	Buchenkrebs *Nectria ditissima*, *Nectria coccinea* (Altenkirch et al. 2002)
Esche *(Fraxinus excelsior)* Pappel *(Populus ssp.)*	Bakterieller Eschenkrebs; Gattungen *Xanthomonas, Pseudomonas* (Butin 1996)
Pappel *(Populus ssp.)*	Pappelkrebs *Nectria galligena* (Butin 1996), *Nectria coccinea* (Durst 1955)
Eiche *(Quercus ssp.)* Roteiche *(Quercus rubra)* Buche *(Fagus sylvatica)*	Stereum- Krebs *Stereum rugosum* (Butin 1996)

So ist es gelungen, Maserbildung bei Birke durch Kreuzung und vegetative Vermehrung künstlich zu erzeugen (König 1957). Bei anderen Baumarten blieb dies aber bisher ohne Erfolg (Gottwald 1981).

Auswirkungen auf die Verwendung

Knollen und **Kröpfe** sind unerwünscht, wenn ihre geringe Größe, Unregelmäßigkeit der Oberfläche, Rindeneinwachsungen und vermutete Faulstellen einen beabsichtigten Verwendungszweck nicht zulassen. Darunter fallen alle offenen Krebse.
Obwohl Maserwuchs an vielen Baumarten vorkommt, sind nur bestimmte, sich in Farbe, Struktur und Textur heraushebende Maserknollen gefragt. Voraussetzungen für hochwertige Verwendungen sind:

- geschlossene, kompakte äußere Form,
- keine Einwachsungen von Rinden- und Mineralgallen,
- keine verdeckten Faulstellen,
- keine größeren Astdurchwachsungen,
- eine Mindestgröße, die einen speziellen Verwendungszweck zulässt.

Vor zu optimistischen Erwartungen bezüglich der zu erzielenden Erlöse aus Knollen und Kröpfen wird gewarnt. Die „normalen“ Knollen und Kröpfe aus deutschen Wäldern sind selten so makellos, dass ein Furnierhersteller Fantasiepreise zahlt, wie das z. B. bei tonnenschweren Pappel-Maserknollen als Besonderheiten auf dem internationalen Holzmarkt der Fall sein kann. „Das Märchen vom hohen Holzpreis“ (Griese 2004) zeigt, dass die in Knollen und Kröpfen versteckten Risiken in der Regel nur einen moderaten Preis im C- Holz- Bereich erwarten lassen.

Es gibt aber auch Ausnahmen. So wurden auf einer Submission für Eichen mit Wasserreiserknollen, sogenannte „Katzenpfoteneichen“, Höchstgebote von über 400 €/Fm abgegeben. Zum Vergleich: Der Durchschnittserlös für Qualitätseiche lag bei 580 €/Fm (N. N. 2017).

Hexenbesen sind wirtschaftlich unbedeutend. Ihre störenden krebsartigen Verwachsungen kommen in der Regel im Astbereich vor.

Tabelle 6.4 Verursacher von Knollen und Hexenbesen (Auswahl)

Befallene Baumart	**verursachende Mikroben und indirekte Einflüsse**
Knolle	
Eiche *(Quercus ssp.)*	unbekannt (Butin 1996)
Schwarzpappel *(Populus nigra)*	Knospensucht verursachende mykoplasma-ähnliche Organismen (Schmelzer 1977)
Zuckerahorn *(Acer saccharum)*	Parasitische Pilze (König 1957)
Lärche *(Larix)*, Eibe *(Taxus baccata)*	Unbekannt
Lebensbaum *(Thuja occidentalis)*	Hitzeeinwirkung von Feuer als Voraussetzung der Thuja- Maser (Butin 1996)
Ulme *(Ulmus ssp.)*, Birke *(Betula ssp.)*, Roterle *(Alnus glutinosa)*, Linde *(Tilia ssp.)*, Nussbaum *(Juglans regia)*; auch Esche *(Fraxinus excelsior)*, Birne *(Pirus communis)*, Ahorn *(Acer ssp)*, Eiche *(Quercus ssp.)*, Kirsche *(Prunus avium)*	Wagenführ und Scheiber (1989, S. 121) vermuten als Fehlerursachen *„Holzart- und Rasse bedingte Veranlagung, Verletzungen, Insektenbefall und andere äußere Einflüsse“*
Weide *(Salix ssp.)*, Pappel *(Populus ssp.)*	Baumtumor *(Agrobacterium tumefaciens)* (Butin et. Al. 2010)
Hexenbesen	
gem. Kiefer, nordamerik. Kiefernarten *(Pinus ssp,)* Wachholder *(Juniperus communis)*, Zypresse *(Cupressus sempervirens)*	Phytoptus- Arten (Gerard und Liernur 1927) Auf bestimmte Wirtspflanzen spezialisierte Mistelarten *(Viscum spec.)* lösen Wuchs von Hexenbesen aus
Tanne *(Abies alba)*	Rostpilz *Melampsorella caryophyllacearum* (Altenkirch et al. 2002) *Aecidium elatinum* (Linur 1927)
Fichte *(Picea abies)*	*Arceuthobium pusillum* (Gerard und Liernur 1927)
Lärche *(Larix decidua)*	Rickettsien- ähnliche Bakterien (Nienhaus 1979)
Roterle *(Alnus glutinosa)*, Zitterpappel *(Populus tremula)*, Ulme *(Ulmus ssp.)*, Esche *(Fraxinus excelsior)*, auch Buche *(Fagus sylvatica)*	Mykoplasmen (Altenkirch et al. 2002)
Hainbuche *(Carpinus betulus)*	*Ascomycet Taphrina carpini* (Butin 1996)
Kirsche *(Prunus avium)* *(Prunus domestica)*	*Ascomycet Taphrina cerasi* (Butin 1996) *Exocascus insititiae* (Linur 1927)
Birke *(Betula pubescens)*	*Ascomycet Taphrina betulina* (Spanos und Woodward 1994; Butin 1996)
Rosskastanie *(Aesculus hippocstanum)*	*Exoascus aesculi* (Linur (1927)

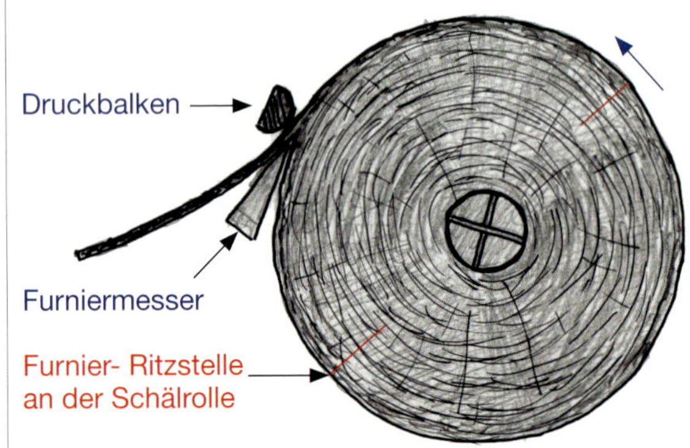

Bild 6.13
Rundschälen eines Vogelaugenahorns

Technologische Anpassung

Maser**stämme** wie Vogelaugenahorn *(Acer saccarum)*, Rüster *(Ulmus ssp.)*, Esche *(Fraxinus excelsior)*, Pappel *(Populus ssp.)*, teils auch Nussbaum- Wurzelmaserknollen *(Juglans regia)* werden zentrisch geschält, damit die dekorative Wirkung der den Stamm umhüllenden Maserung und die „schlafenden" Augen als optische Durchbrechungen im Furnier möglichst vorteilhaft wahrgenommen werden (Bild 6.13).

Maser**knollen** werden in der Regel in Segmente zerlegt und gemessert oder (exzentrisch) geschält. Dabei zeigt sich erst bei der Aufarbeitung jeder Maserknolle, ob sich das Kaufrisiko gelohnt hat oder ob verborgene Einwüchse und andere Holzfehler zum Verlustgeschäft führen. Die Segmentaufteilung erfordert viel Erfahrung, um den Maserwuchs voll zur Geltung kommen zu lassen und um die Ausbeute zu maximieren (Furniermagazin 2004, Holztechnik Fachkunde 2003, S. 119–122).

Der unregelmäßige Faserverlauf führt rasch zu Welligkeit und Spannungen im trocknenden Furnier. Um Risse und Ausbrüche zu vermeiden, wird das frische Furnier schonend getrocknet (gebügelt). Der Neigung zur Welligkeit wird mit höherer Restfeuchte bei der Lagerung begegnet.

Bildteil 6.1.2 – 1
Offene Krebse an Nadelbäumen

Krebs an Tannen *(Abies alba)*, Schwarzwald, Deutschland, (links). Als sog. „Rädertannen" ausgebildet in der Karpato-Ukraine (rechts) Verursacher: *Melampsorella caryophyllacearum*

Krebs (Fichtenrindenkrankheit) an Fichte (*Picea abies*, (links) und Stammbefall (rechts), Verursacher: *Nectria fuckeliana*. Oberharz, Deutschland

Krebs an Kiefer *(Pinus sylvestris)* Verursacher unbekannt, Mittelschweden

Junger Krebs an Lärche *(Larix decidua)* Verursacher: *Lachnellula Willkommii*

Krebs an Murraykiefer *(Pinus contorta)* Verursacher: Pilze, ähnlich Lärchenkrebs *(Lachnellula willkommii)*, Gewebezerstörung auch während der Vegetationsruhe führt zu Wundkratern. Columbia Mountains, Kanada

Krebs (Douglasienrindenkrankheit) an Douglasie *(Pseudotsuga taxifolia)*, Verursacher unbekannt. British Columbia, Kanada

Bildteil 6.1.2 – 2
Offene Krebse an Laubbäumen

Krebs an Buche *(Fagus sylvatica)*. Verursacher: *Nectria ditissima, Nectria coccinea*. Der auf dem Weg zur Wurzel unterbrochene Assimilatstrom führt zu verstärkter Überwallung über der Wunde (links). Stammbefall (rechts), Tharandt, Deutschland

Krebs an Spätblühender Traubenkirsche *(Prunus serotina)*, Verursacher: Pilze, ähnlich Lärchenkrebs *(Lachnellula willkommii)*, Gewebezerstörung auch während der Vegetationsruhe führt zu Wundkrater.

Krebs an Birke. Verursacher: Nectria-Pilze. Wilsdruff, Deutschland

Krebs an Wiswiskwari *(Vochysia guianensis)*, Verursacher unbekannt. Surinam

Bildteil 6.1.2 – 3
Kröpfe (geschlossene Krebse an Nadelbäumen)

Kröpfe an Lärche *(Larix decidua)*. Verursacher unbekannt. Tharandt, Deutschland

Kröpfe an Kiefer *(Pinus sylvestris)*, Verursacher unbekannt. Inari, Finnland

Kropf an Gelbkiefer *(Pinus ponderosa)*. Verursacher unbekannt. Kalifornien, USA

Kröpfe an Westlicher Weymouth-Kiefer *(Pinus monticula)*, Verursacher unbekannt. British Columbia, Kanada

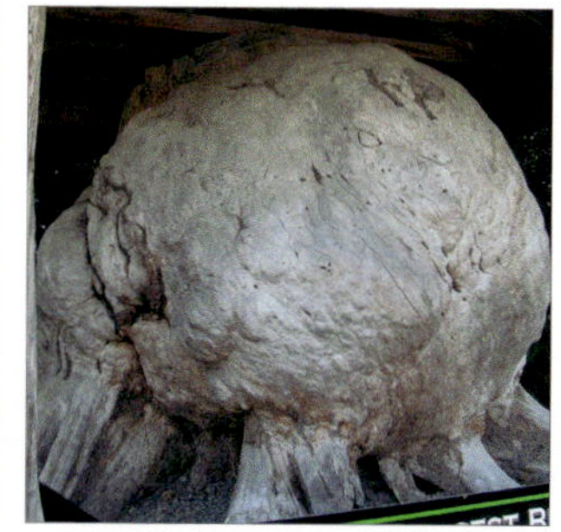

"Weltgrößter Kropf" von Westlicher Hemlocktanne *(Tsuga heterophylla)*, Durchmesser ca. 3,5 m, Port Mc. Neill, Vancouver Island, Kanada

Kropf an Fichte *(Picea abies)*, Verursacher unbekannt. Tharandt, Deutschland

Kröpfe an Douglasie. Verursacher unbekannt.

Kropfverwachsung zwischen zwei Küstenmammutbäumen *(Sequoia sempervirens)* (links), Kropf am Stammfuß (rechts). Verursacher unbekannt. Kalifornien, USA,

Bildteil 6.1.2 – 4
Kröpfe (geschlossene Krebse an Laubbäumen der gemäßigten Klimazonen)

Alter Birkenkropf (links), Südschweden. Rechts jüngerer Birkenkropf aufgeschnitten, mit Initialpunkt des Krebswachstums. Verursacher: *Nectria*- Pilze

Kröpfe an Roterle *(Alnus glutinosa)*. Verursacher: Parasitische Pilze.

Buchenkropf (links), Querschnitt (rechts), mit Initialpunkt des Krebswachstums. Verursacher: *Nectria galligena* bzw. *Nectria ditissima, Nectria coccinea*. Sachsen, Deutschland

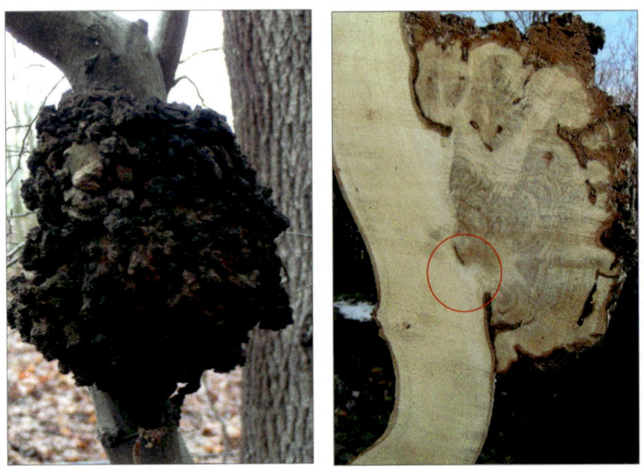

Krebs an Hainbuche (links). Rechts derselbe Krebs aufgeschnitten mit Initialpunkt des Krebswachstums. Verursacher: *Nectria*- Pilze

Kropf an Esche *(Fraxinus excelsior)*. Verursacher: *Nectria*- Pilze / Bakterieller Eschenkrebs, Gattung *Xanthomonas, Pseudomonas*

Zwei Eichenkröpfe *(Quercus robur)*, Verursacher: Eichenrindenlaus *(Lachnus roboris* und *Stereum rugosum)*. Brandenburg, Deutschland

Bildteil 6.1.2 – 5
Kröpfe (geschlossene Krebse an Laubbäumen der Tropen)

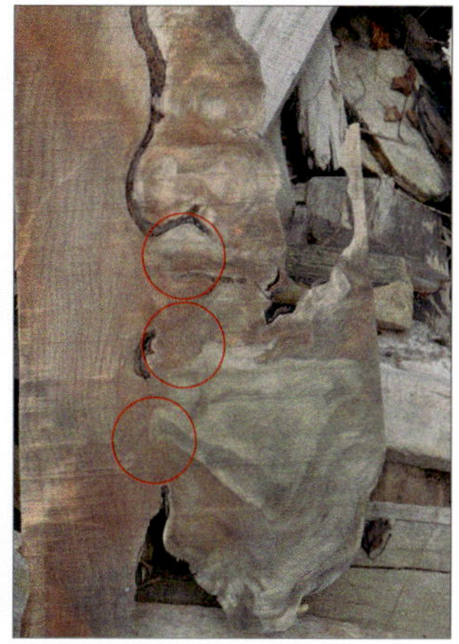

Kropf von Kopi *(Goupia glabra)* (links). Aufgeschnitten sind drei Initialpunkte des Krebswachstums sichtbar (rechts).

Krebsige Überwallungen an Bolletri *(Manilkara bidentata)* (links). Aufgeschlagen ist eine Verletzung (Insektenfraßgang?) zu erkennen (rechts). Mit Latexmilch verschließt der Baum rasch die Wunde.

Kropfartige Verdickungen an Hoogland Mataki *(Symphonia globulifera)* (links). Aufgeschnitten sind die Initialpunkte des Krebswachstums sichtbar (rechts unten), Surinam.

Kropf von Rode Foengoe *(Parinari campestris)*, mit Epiphyten bewachsen, Surinam

Krebs an Hoogland Manbarklak *(Eschweilera coriacea)*, Surinam

Selbst kleine Wunden können in den feuchten Tropen zu Krebsinfektionen führen

Bildteil 6.1.2 – 6
Knollen an Laubbäumen der gemäßigten Klimazonen

Maserknolle an Eiche *(Quercus ssp.)* (links). Verursacher: Infektion durch Mikroorganismen. Gran Canaria, Spanien. Die angeschnittenen „schlafenden Augen“ ergeben als Messerfurnier eine lebhafte Textur (rechts).

Maserknolle an Flatterulme *(Ulmus laevis)* (links). Verursacher: vermutlich Veranlagung, Verletzung, Insektenbefall mit nachfolgender Infektion durch Mikroorganismen. Rechts Schälfurnier aus Rüstermaser

Eschenahorn *(Acer negundo)* mit Maserknollen

Links Zuckerahorne *(Acer saccarum)* mit Maserknollen, Verursacher: Parasitische Pilze, genetische Ursachen. Kensington-Park, London. Rechts Vogelaugenahorn-Schälfurier aus Zuckerahorn.

Junge Maserknolle an Birken (links). Verursacher: Vermutlich Verletzungen, Insektenbefall mit nachfolgender Infektion durch Mikroorganismen. Rechts alte Maserknolle

Knospensucht an Linde *(Tilia cordata)*. Verursacher: Mikroorganismen, genetische Ursachen. Greenwich, England

Bildteil 6.1.2 – 7
Knollen an Laubbäumen der Subtropen und Tropen

Maserknolle an Mahagoni *(Swietenia mahagoni)*. Verursacher unbekannt, Westindien

Maserwuchs an Bergigronfolo (*Qualea rosea)*. Verursacher unbekannt, Surinam

Maserknollen an Senna-Baum *(Cassia spectabilis)*. Verursacher unbekannt, Teneriffa, Spanien

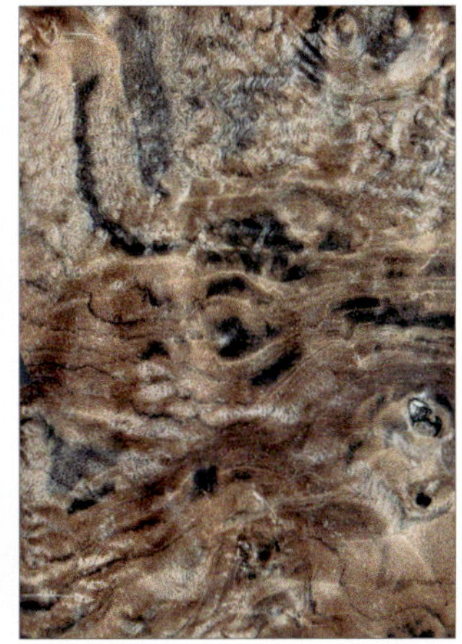

Die Masertextur von Nussbaum *(Juglans regia)* entsteht durch abnormes Wuchsverhalten in der Wurzelknolle (links). Die Türfüllung (rechts) erhält ihre dekorative Wirkung durch vier gegeneinander gestürzte und gefügte Furnierblätter aus Wurzelmaser.

Bildteil 6.1.2 – 8
Hexenbesen an Nadelbäumen

Hexenbesen in „Symbiose“ mit Kiefer *(Pinus silvestris)*. Verursacher: *Phytoptus*-Arten, Östersund, Schweden

Hexenbesen an Schwarzfichte *(Picea mariana)*. Verursacher: unbekannt, British Columbia, Kanada

Hexenbesen an Fichte *(Picea abies)*. Verursacher: *Arceuthobium pusillum*. Tharandt, Deutschland

Hexenbesen an Kanarischer Kiefer *(Pinus canariensis)*. Verursacher: *Phytoptus*-Arten, Gran Canaria, Spanien

Hexenbesen an Hemlocktanne *(Tsuga heterophylla)*. Verursacher unbekannt, Schottland

Absterbender Hexenbesen an Douglasienstämmchen *(Pseudotsuga menziesii)*. Verursacher unbekannt, Wyoming, USA

Hexenbesen an Lärche *(Larix sibirica)*. Verursacher: unbekannt, Hubsugul Nur, Mongolei. Foto: M. Bürger

Massenhafte Verbreitung von Hexenbesen an Murraykiefer *(Pinus contorta)* durch Mistelbefall *(Viscum spec.)*. Rechts oben: Kiefer wehrt sich mit Harzausfluss gegen eindringende Haustorien, rechts unten: ausgewachsene Zwergmistel, Oregon, USA

Hexenbesen an Wachholder *(Juniperus occidentalis)* durch Mistelbefall *(Viscum spec.)*, Nevada, USA

Bildteil 6.1.2 – 9
Hexenbesen an Laubbäumen

Kugelförmiger Hexenbesen an Birke *(Betula pubescens)*. Verursacher: *Taphrina betulina.* Falun, Schweden.

Taphrina betulina bewirkte an dieser Birke *(Betula pendula)* sowohl kropfartige Verdickungen als auch Hexenbesen, Bayern, Deutschland.

Alter Hexenbesen an Birke *(Betula nana)*, Verursacher: *Taphrina betulina,* Finnmark, Norwegen.

Hexenbesen an einer Kirsche *(Prunus ssp.)*. Verursacher: vermutlich *Taphrina*-Art. Madeira, Portugal

Bildteil 6.1.2 – 10
Sonderformen von Kröpfen: Rindenknollen und Tumoren

Tumor an Eukalyptus *(Eucalyptus regnans)*. Verursacher unbekannt, Madeira, Portugal

Tumor an Lorbeer *(Laurus nobilis)* Verursacher unbekannt, Madeira, Portugal

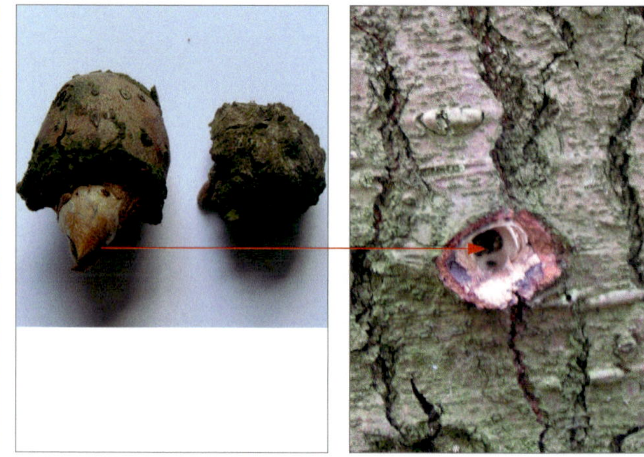

Rindenknollen von einer Weißtanne *(Abies alba)* (links) und Verwachsungspunkt mit dem Phloem des Stammes (rechts)

Tumoren an Pappel *(Populus spec.)* (rechts unten). Verursacher: Agrobacterium tumefaciens. Solche Pappel-Tumoren dienten dem Künstler Roland Lindner als Rohmaterial für seine Plastik "Mutter Natur" (links) Daetz-Stiftung, Lichtenstein / Sa. Deutschland.

Rindenknolle an Buche *(Fagus sylvatica)*, (links). Verwachsungspunkt mit dem Phloem des Stammes (Mitte) und aufgeschnittene Knollenunterseite mit oben liegendem Verwachsungspunkt (rechts) Ursache: Vom Knospenstämmchen abgetrenntes „schlafendes Auge" (Proventivknospe)

Bildteil 6.1.2 – 11
Auswüchse

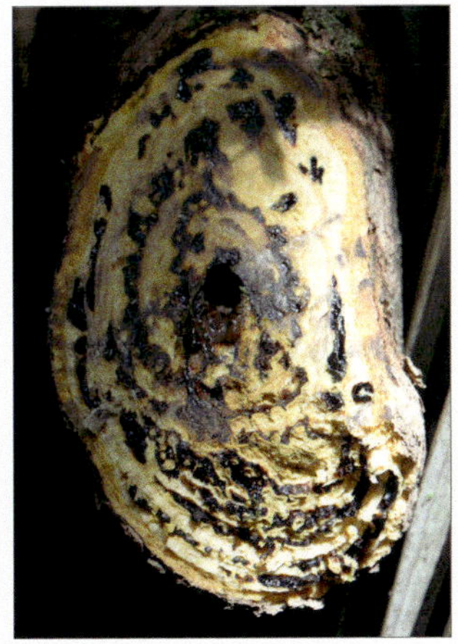

Zylinderförmige Ausstülpung an Stammmantel von Bergigronfolo *(Qualea rosea)*, (links). Kreisrunder Fraßgang bis zur Spitze der Ausstülpung (halblinks). Der Fraßgang führt bis zum Stammzentrum (halbrechts). Der Stamm überwallt mit jedem Wachstumsring die Ausstülpung aufs Neue. Rechts außen die gleiche Ausstülpung an Stammmantel von Rode Sali *(Tetragastris altissima)*, aufgeschnitten. Verursacher: dauerhaft im Stamm lebendes Insekt. Surinam

Küstenmammutbaum *(Sequoia sempervirens)* mit ständig neu überwachsender Ausstülpung, Verursacher unbekannt. Kalifornien, USA

Höckerige Ausstülpungen am Stammmantel von Guyabakwari *(Qualea dinicii)* (links). Der Stamm überwächst die Fraßgänge von Insektenlarven (Mitte). Die Ausstülpungen am Stammmantel von Hooglandgronfolo *(Ruizterania albiflora)* (rechts), werden erst nach Entfernen der Rinde sichtbar. In beiden Fällen ist der Verursacher ein unbekanntes Insekt. Surinam

Bild 6.14
Alter Verbiss- bzw. Schlagschaden von Hirsch an Kiefer *(Pinus sylvestris)*. Seitentriebe bilden „Lyrawuchs"

Bild 6.15
Fegeschaden von Rehbock an einer Kiefer *(Pinus sylvestris)* (links) und seine Lage im ausgewachsenen Stamm (rechts)

6.2 Einfluss durch Tiere / Menschen

6.2.1 Verbiss-, Fege -, Schälschäden

Beschreibung des Merkmals

Seit es eine geregelte Forstwirtschaft gibt, die auf maximalen Holzertrag bei guter Holzqualität abzielt, besteht ein interessenbedingter Zielkonflikt zwischen Forstleuten und Jägern, je nachdem, ob die Holzernte oder die Jagd oberste Priorität genießt. Nicht, dass der Waldbesitzer gegen alles Wild wäre, das den Wachstumsgang der Bäume und die Holzqualität beeinträchtigen kann. Er ist gegen *zu hohe Wildbestände* und *zu viele Schalenwildarten* auf der Fläche. Auch der Jäger weiß, dass zu viel Wild dem Walde schadet und dass er ohne Wald kaum mit einer größeren Wildstrecke und mit Trophäen zu rechnen hätte.

Doch was ist „zu viel Wild"? Untersuchungen zeigen, dass eine realistische Schätzung der Wildbestände *„...im subjektiven ‚Wollen' oder ‚Nichtwollen'* (der für die Bejagung Zuständigen) liegt" (Prien 1997). Der Interessenkonflikt wird noch verschärft, wenn der Jagd Ausübende nicht gleichzeitig der Waldbesitzer ist oder wenn das standortsveränderliche Wild Waldbesitzern zu schaffen macht, die sich selbst nicht gegen zu hohe Wildbestände wehren können.

Nicht das Wild im Walde soll in Frage gestellt werden – es ist fester Bestandteil der Biozönose Wald. Fakten sollen helfen, den Interessenausgleich zwischen Förster und Jäger zu fördern. Verbiss-, Fege- Mal- und Schälschäden sollen den Einnahmen aus Wildpret (einschließlich der Trophäen) im Rahmen der notwendigen Wildstandsregulierung und nicht zuletzt dem „Freizeithobby" des Jägers gegenübergestellt werden.

Aus der Sicht der Holzverwendung sind die Wildschäden von Bedeutung, die sich bis zur Ernte der Bäume auf deren Holzqualität auswirken:

Verbissschäden sind abgebissene Knospen und Triebe an jungen Bäumen, verursacht von Rehwild *(Capreolus capreolus)*, Rotwild *(Cervus elaphus)*, Damwild *(Dama dama)*, Muffelwild *(Ovis orientalis musimon)* und Hase *(Lepus europaeus)*.

Sie rufen Stammdeformationen und Zwieselungen hervor (Bild 6.14). Seltener ist der Knospen- und Kurztriebverbiss von Eichhörnchen *(Sciurus vulgaris)* (siehe Bildteil 6.2.1 – 1).

Fege-, Schlagschäden und Malschäden sind von geweihtragendem Schalenwild *(Cervidae)* verursachte Rinden-, Stamm- und Astverletzungen an jüngeren Bäumen, die zu Stammdeformationen führen (Bild 6.15). Schwarzwild *(Sus scrofa)* verursacht Rindenverletzungen mit Stammdeformationen an so genannten „Malbäumen" (Bild 6.16) (siehe Bildteil 6.2.1 – 3 und – 4).

Schälschäden werden von Haarwild *(Mammalia)* verursacht. Es schält die Rinde von glattrindigen, jüngeren Bäumen (Bild 6.17). Dies führt zu Stammdeformationen, Harzfluss, Fäulen und Absterben von Bäumen (siehe Bildteil 6.2.1 – 2).

In neuerer Zeit verbreitet sich der Europäische Biber *(Castor fiber)* wieder in Fluss- und Seenlandschaften und prägt diese Landschaften mit seinen **Baumfällungen**, Biberburgen und Stauwerken (Dolch et al. 2002). Sein Einfluss auf Wälder, Baumartenzusammensetzung und den „Holzeinschlag" wird in Bildteil 6.2.1 – 5 erläutert.

Alle genannten Schadmerkmale gelten sinngemäß auch für Wälder der Subtropen und Tropen, die durch die dort lebenden (Groß-) wildarten verursacht werden.

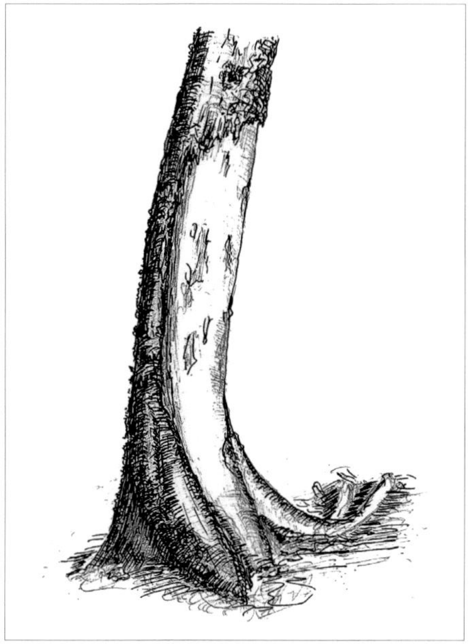

Bild 6.16
Fichte *(Picea abies)* als Malbaum von Schwarzwild

Bild 6.17
Sommerschäle von Rotwild an Douglasie *(Pseudotsuga menziesii)*

Ursachen

In *Wirtschaftswäldern* der gemäßigten Klimazonen sollte entsprechend den Äsungsverhältnissen eine *ökologisch und wirtschaftlich tragbare Wilddichte* angestrebt werden. Das ist die Wilddichte, *„... bei der die natürliche und künstliche Verjüngung und Erziehung der im jeweiligen Jagdgebiet vorkommenden Hauptbaumarten bzw. vorherrschenden landwirtschaftlichen Kulturen ohne eine wesentliche Schädigung möglich ist. Dabei wird gleichzeitig unterstellt, dass waldbaulichen und jagdwirtschaftlichen Mindestforderungen hinsichtlich Äsungsverbesserung und Winterbeifütterung entsprochen wird."* (Prien 1997, S. 137). Prien nennt in diesem Zusammenhang einen noch tolerierbaren Verbiss des Terminaltriebes von bis zu 10% der Pflanzen einer Kulturfläche bzw. 10-15% Schälschäden der vorherrschenden und herrschenden Bäume (Baumklassen I und II der Hauptbaumarten nach Kraft [1884]).

Tabelle 6.5
Wirtschaftlich tragbare Wilddichte je 100 ha Waldbodenfläche in Abhängigkeit von der Hauptwildart und den Äsungsverhältnissen (Müller 1963)

	Äsungsverhältnisse		
Hauptwildart*	sehr arme Reviere	mittlere Reviere**	sehr gute Reviere
Rotwild *(Cervus elaphus)*	1,0	1,4	2,0
Damwild *(Dama dama dama)*	---	3,0	8,0
Muffelwild *(Ovis orientalis musimon)*	3,0	5,0	8,0
Rehwild *(Capreolus capreolus)*	4,0	6,0	9,0
Beispiel***	4,5	8,4	14,5

* Ist eine Wildart Nebenwildart, so sind die Wilddichtewerte für diese Wildart zu halbieren

** mittlere Äsungsverhältnisse, 300-500 m Höhenlage, > 60% Fichte, < 35% äsbare Strauchschicht unterstellt

*** Obere Grenzwerte der Wilddichte, wenn Rotwild *(Cervus elaphus)* die Hauptwildart ist und andere Wildarten Nebenwildarten* sind

Aus diesen Grenzwerten ergeben sich in Abhängigkeit von der Wildart und den Äsungsverhältnissen die in Tabelle 6.5 genannten bonitierten Wilddichten.

Wird dieser Grenzbereich aus jagdlichen Interessen bewusst oder aus Mangel an Bejagung zwangsläufig überschritten, gerät das Gleichgewicht zwischen Nahrungsangebot und -verzehr aus dem Ruder; nicht tolerierbare Wildschäden im Wirtschaftswald sind die Folge.

In den *Urwäldern* der borealen und gemäßigten Klimazone, aber auch in den *Primär*-Regenwäldern der Tropen herrscht in der Regel ein natürliches Gleichgewicht zwischen Nahrungsangebot für Pflanzenfresser und ihren „Jägern". Anders in den Savannen und Subtropen. Dort kann in Trockenzeiten das Gleichgewicht zwischen Nahrungsangebot und Fraßdruck der Pflanzenfresser aus den Fugen geraten. Schäden an Bäumen und Aufwuchs sind dann nicht auszuschließen.

Für *Wirtschaftswälder* der gemäßigten Breiten sind folgende Wildschäden bedeutsam:

Verbissschäden: Besonders Rehwild *(Capreolus capreolus)*, Hasen *(Lepus europaeus)* und Wildkaninchen *(Oryctolagus cuniculus)*, weniger Rotwild *(Cervus elaphus)* und Muffelwild *(Ovis orientalis musimon)* und in geringem Maße Damwild *(Dama dama)* verbeißen Knospen und Terminaltriebe junger Bäume zwischen 0,3 und 1,5 m Höhe wegen ihres Nährstoffreichtums. Besonders bei Baumarten mit gegenständigem Astaustrieb (z. B. *Acer ssp., Fraxinus excelsior*) bilden sich beim Verlust des Terminaltriebes dauerhafte Zwieselungen. Bei wechselständig austreibenden Baumarten und Koniferen verwächst sich die Triebdeformation in der Regel.

Fege-, Schlagschäden und Malschäden: Männliches Rot- und Rehwild *(Cervus elaphus, Capreolus capreolus)* befreit sein Geweih vom Bast, indem es an jungen, elastischen Bäumen zwischen 2 und 10 cm Durchmesser fegt. Es markiert in der Brunftzeit sein Revier und reagiert Erregungszustände ab. Die Schäden liegen zwischen Stammhöhen von 0,5 - 2 m. Geschädigt werden besonders Koniferen, selten vorkommende Baumarten und freistehende Bäume. Überleben die Bäume, dann bilden sich Stammkrümmungen und Überwallungen, häufig auch Fäulen (Bild 6.18).

Schwarzwild *(Sus scrofa)* steigert nach dem Suhlen sein Wohlbefinden, indem es seine Schwarte an sog. Malbäumen reibt. Dabei werden Hautparasiten entfernt. Keiler markieren mit ihrem Gewaff an solchen Bäumen ihr Revier. Dabei wird die Rinde häufig Stamm umfassend geschädigt, so dass lokal ganze Baumgruppen absterben können (Briedermann 1986). Solche Verhaltensweisen sind abgeschwächt auch bei Rotwild und Dachs beobachtet worden (siehe Bildteil 6.2.1 – 4)

Schälschaden: Rotwild *(Cervus elaphus)*, Sikawild *(Cervus nippon)*, Elchwild *(Alces alces)*, Muffelwild *(Ovis orientalis musimon)* und mit Einschränkungen auch Damwild *(Dama dama)* neigt dazu, nicht verborkte Rinde an saftfrischen Bäumen abzuziehen (Sommerschäle) bzw. an Bäumen im Winterzustand mit den Schneidezähnen des Unterkiefers abzuschaben (Winterschäle). Diese Neigung ist art- und populationsbedingt unterschiedlich stark ausgeprägt. Der Schälbereich reicht bis in 2 m Stammhöhe. Geschält werden alle Baumarten, jedoch mit unterschiedlicher Präferenz. Besonders stark geschält wird in äsungsarmen, großflächigen Reinbeständen, bei Nahrungsmangel im Winter und bei häufiger Störung bzw. Beunruhigung.

Die Wunden bilden Infektionspforten für Fäulen. Stamminneres und Stammmantel werden in ihren Festigkeitseigenschaften geschwächt. Der Baum versucht die Schäden zu überwallen bzw. auszuwachsen. Es entstehen unförmige Stammüberwallungen mit tief reichender Fäule (Rotfäule *[Heterobasidium annosum]* der Fichte, Weißfäulen *[Agaricomycetes]* bei Buche und Edellaubhölzern). Stark geschälte Bäume sind besonders für Schnee- und Windbruch disponiert (Bild 6.19).

Vermeidung bzw. Verminderung

Das Management von Populationen wiederkäuender Wildtiere *(Ruminantia)* bleibt stets bis zu einem gewissen Maß unberechenbar und zufällig. Deshalb können Wildschäden nur selten vermieden, wohl aber auf einem niedrigen, wirtschaftlich und ökologisch tolerierbaren Level gehalten werden. Dazu bedarf es einer wissenschaftlich fundierten Strategie und einer unerbittlichen Konsequenz bei der praktischen Umsetzung - frei von individuellem Wunschdenken und Lobbyismus.

Bild 6.18
Der Schlagschaden an dieser 14-jährigen Lärche *(Larix decidua)*, verursacht von einem Hirsch, ist auch nach 70 Jahren noch nicht überwallt.

Bild 6.19
Überwallte Schälungen mit beginnender Rotfäule an einer Fichte *(Picea abies)* in einem Rotwild-Einstandsgebiet

Lebenslauf einer geschälten Fichte *(Picea)*:

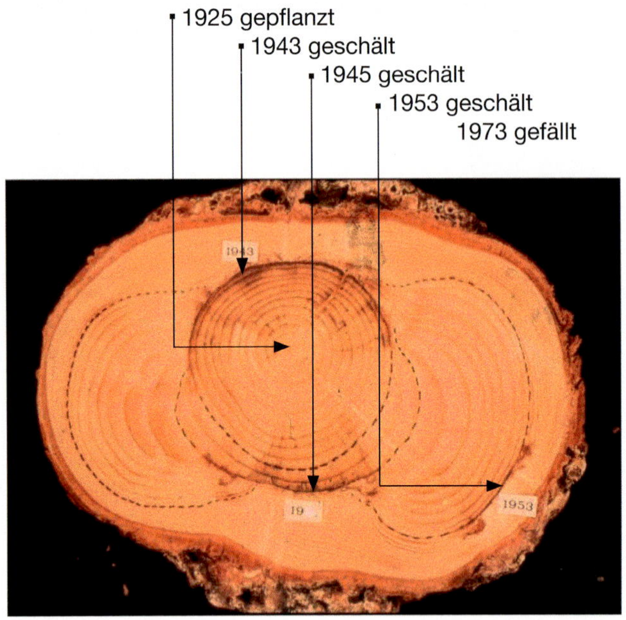

Wildschäden können mit zeitgemäßen, zukunftsorientierten und komplexen Managements- und Schutzmaßnahmen vermindert werden. Weil für wirtschaftlich bedeutsame Wildschäden im Wald meistens mehrere Ursachen in Betracht kommen, sind im Allgemeinen auch nur parallel eingeleitete Vorbeugungs- und Schutzmaßnahmen zielführend.

Die langfristig- stabile Regulierung der Wildbestände nach Quantität (Abschusshöhe, Wildart) und Qualität (Geschlechterverhältnis, Altersklassen) ist die mit Abstand wichtigste Voraussetzung für die Wirksamkeit anderer schadensmindernder Maßnahmen, z. B. der natürlichen Äsungsverbesserung und der Winterbeifütterung. Bezugsmaß für eine dauerhafte schadensmindernde, ausreichende Wildbestandsregulierung sind die im Rahmen eines forstlichen Gutachtens ausgewiesenen Toleranzgrenzen für Verbiss und Schäle für die jeweilige Verwaltungseinheit (Landesforstbetrieb, Privatwaldbetrieb etc.).

Der intensiv bewirtschaftete, häufig stammzahlreiche und damit schattige Wirtschaftswald ist je nach Standort und Bestandesalter oft relativ arm an natürlicher Äsung. Hier können verbesserte Ernährungsbedingungen vorbeugen: attraktive Äsung, Daueräsungsflächen, Wildäcker, Prosshölzer, Mastbäume und im Gebirge eine artgerechte Winterbeifütterung. Aber: Wer eine Biotopverbesserung und Winterbeifütterung betreibt, muss wegen der höheren Überlebensrate unbedingt noch mehr Schalenwild erlegen!

Vielerorts wird das Wild derart beunruhigt, dass der natürliche Biorhythmus, insbesondere der artspezifische Rhythmus der Nahrungsaufnahme und des Wiederkäuens, erheblich gestört ist. Plötzliche Flucht erhöht die Stoffwechselintensität und den Energieaufwand enorm.
Folge: Die Verbiss- und Schälschäden in den Einständen nehmen zu.

Maßnahmen, die Störungen verringern und die Ruhe fördern, sind gleichzeitig wesentliche Faktoren der Schadensminderung. So sind Verhaltensgebote (Öffentlichkeitsarbeit) durchzusetzen, Wildruhezonen einzurichten, der Jagddruck ist zu verringern (angemessener Anteil an Bewegungsjagden!), Revierkontrollen sind zu verstärken.

Da das Wild für die einzelnen Baum- und Straucharten eine höchst unterschiedliche Nahrungspräferenz zeigt, kann das artspezifische Verhalten des Wildes bei der Nahrungswahl ausgenutzt werden, indem attraktivere Strauch- und Baumarten in ruhigen Einständen und besonders in der Umgebung der Fütterungen angeboten werden. Sie lenken das Wild von den meisten verbiss- und schälgefährdeten Wirtschaftsbaumarten ab.

Die wichtigsten bewährten Ablenkungsmaßnahmen sind: Strauch- und Verbissäcker, z. B. je nach Standort Weiden *(Salix ssp.)*, Hainbuche *(Carpinus betulus)*, Eichen- Arten *(Quercus ssp.)*, Weißtanne *(Abies alba)*, Holunder *(Sambucus ssp.)*; Anbieten von Prosshölzern, z. B. Eberesche *(Sorbus aucuparia)*, Salweide *(Salix caprea)*, Aspe *(Populus tremula)*, Edellaubhölzer; Fällen von Bäumen zur Liegendschäle an stark verbiss- und schälgefährdeten Forstorten, wo weder Verbissäcker noch ausreichend Prosshölzer verfügbar sind, z. B. in Fütterungsnähe. Besonders geeignet ist Durchforstungsmaterial von Aspe *(Populus tremula)*, bzw. Pappel *(Populus ssp.)*, Eberesche *(Sorbus aucuparia)*, gemeiner Esche *(Fraxinus excelsior)*, Kiefer *(Pinus sylvestris)* und Fichte *(Picea abies)*. Letztgenannte Maßnahmen eignen sich besonders, die Winterschäle von Rotwild *(Cervus elaphus)* zu verringern, weil der liegende Baum im Vergleich zum stehenden eine um das 5fache höhere Schälattraktivität aufweist! (Richter, Prien 2006).

Trotz beständiger Wildbestandsregulierung, schadensmindernder verbesserter Ernährungsbedingungen und verringerter Störungen verbleibt ein beachtliches Restrisiko. Es besteht darin, dass dennoch wirtschaftlich nicht akzeptable Verbiss- und Schälschäden sowie Fege- und Schlagschäden entstehen. „Wild bleibt eben Wild" und damit unberechenbar. Deshalb werden für bestimmte Forstorte und Baumarten auch künftig in begrenztem Umfang technische Schutzmaßnahmen notwendig und zweckmäßig sein:

Verbiss- und Fegeschutz: Einzelschutz durch verschiedene mechanische Abweiser (Bild 6.20) und chemische Repellentien, Flächenschutz durch Zäunung (Bild 6.21).

Bild 6.20
Einzelschutz: Verkrakeln

Bild 6.21
Flächenschutz: Knotengitterzaun mit Metall- und Holzstützen in einem Rotwildrevier

Bild 6.22 Mechanischer Schälschutz: Anstrich mit Latex-Sand- Gemisch (links). rechts: geschälte Buche *(Fagus sylvatica)*

Bild 6.23 Mechanisch-biologischer Schälschutz: Mit Rindenkratzer verharzte Fichte *(Picea abies)*

Schälschutz: Mechanische Verfahren (Grün- und Trockeneinband, Polyethylen-Netze, silikatsandhaltige Anstriche, Bild 6.22), mechanisch- biologische Verfahren (künstliche Verletzung der Rinde– Wundkorkbildung / Verhärtung, Bild 6.23), chemische Verfahren (Applikation repellenter Geruchs- und Geschmacksstoffe an ausgewählten Bäumen, z. B. an Z-Stämmen).

Wichtig ist, dass der örtliche Wirtschafter zuverlässig analysiert, wodurch das Verbiss- und Schälrisiko in einer Kultur, Naturverjüngung, in einem schälgefährdeten Jungbestand verursacht wird, um kostenintensive Maßnahmen zur Wildschadensminderung in einem engen, betriebswirtschaftlich vertretbaren Rahmen zu halten. In diesem Zusammenhang sollte geklärt werden, wer für die Kosten zusätzlicher Schutzmaßnahmen im Wald aufzukommen hat. Bei Ackerschäden ist der Jagdpächter zahlungspflichtig. Im Wald sollte ebenfalls das Verursacherprinzip gelten.

In den letzten Jahren hat der Wald in seinem Bestreben, unbeschadet der Jugendphase zu entwachsen, überraschend Unterstützung erhalten: Der Wolf als einer der großen Beutegreifer ist nach über 200 Jahren wieder nach Deutschland zurückgekehrt. Jetzt rückt er allmählich mit an die Spitze der Nahrungskette, die bisher dem Jäger vorbehalten war. Er findet in den hohen Schalenwildbeständen ein ausreichendes Nahrungsangebot für sich und seine Nachkommen vor. Es ist zu erwarten, dass seine dauerhafte Anwesenheit dazu führt, dass sich die Schalenwilddichte allmählich auf einem niedrigeren Niveau als bisher einpendelt. In gleichem Maße dürften sich die Vitalität des verbleibenden Wildbestandes verbessern und die Wildschäden am Wald verringern. Entscheidend für eine Koexistenz zwischen Wolf und menschlicher Gesellschaft in einer Kulturlandschaft ist, dass es gelingt, den Wolf von menschlichen Ansiedlungen fernzuhalten (Vergrämen, Bestandesregulierung) und Weidetiere so zu schützen, dass sie nicht mehr zum Beuteschema des Wolfes gehören (Zaunschutz, Hütehunde, Abschuss von „Problemwölfen“).

Auswirkungen auf die Verwendung

Verbissschäden führen zu erheblichem Verlust an (Höhen-)zuwachs und in Naturverjüngungen zu einem ökologisch und waldbaulich bedeutsamen Entmischungseffekt.

Die Aufwuchsphase wird verlängert, Zieldurchmesser werden später erreicht und damit auch die Umtriebszeiten der Bestände. Starke Astigkeit am unteren Stammbereich und gestörte Struktur im juvenilen Holz verhindern dessen höherwertige Verwendung.

Fege-, Schlagschäden und Malschäden werden i. d. R. überwallt, sind aber auch Ursache von Zwieselbildungen, Stammfäulen und einer gestörten Holzstruktur im unteren Stammbereich.

Malbäume von Schwarzwild *(Sus scrofa)* sind am Stammfuß verschmutzt, verharzt und häufig so geschädigt, dass diese nur noch für untergeordnete Verwendungen taugen, sofern die Bäume nicht bereits abgestorben sind.

Schälschäden führen zu Fäulen und diese häufig zum Schaftbruch. Damit verbundene größere Zufallsnutzungen verursachen Qualitätsverluste (Fäulen, Bruchzonen im Holz, gestörte Holzstruktur, Harzfluss). Überwallte Schäden führen zu Rindeneinwachsungen und Deformationen des Stammumrisses (Bilder 6.24 und 6.25).

Als Orientierung für die Einschätzung einer beginnenden Fäule bei Fichten (Picea abies) kann – abhängig von der Stärke der Schälung und den herrschenden Standortsbedingungen – im Mittel ein Zeitraum von ca. 10 Jahren angenommen werden. Nachdem die Schutzbarriere des lebenden Splintes durchbrochen ist, schreitet die Fäule im Reifholz danach jährlich zwischen 10 und 20 cm voran.

Bei einer 120-jährigen Fichte, die vor 100 Jahren in 1m Höhe geschält worden ist, ergäbe sich bei einem unterstellten jährlichen Fäulefortschritt von 10 cm ein 10 m langer Fäulebereich stammaufwärts und 1m stammabwärts bis zum Wurzelanlauf. Die Qualitätsklassen würden sich - wie in Bild 6.26 dargestellt – verteilen (RVR 2015).

Die finanziellen Auswirkungen langjährig unzureichender Wildbestandsbewirtschaftung und damit einhergehender extremer Wildschäden auf den Holzertrag wurden an einem 70 Jahre alten, vollständig geschälten Fichtenbestand in einem Thüringer Staatswaldrevier untersucht (Autorenkollektiv 2006). Hier betrug die langjährige Dichte bei Rotwild *(Cervus elaphus)* 12 Stück / 100 ha. Das entspricht etwa dem Zehnfachen der wirtschaftlich tragbaren Wilddichte eines „mittleren Reviers“ (vgl. Tabelle 6.5).

Bild 6.24
Ein 15 Jahre alter Schälschaden stört die Holzstruktur einer Douglasie *(Pseudotsuga menziesii).*

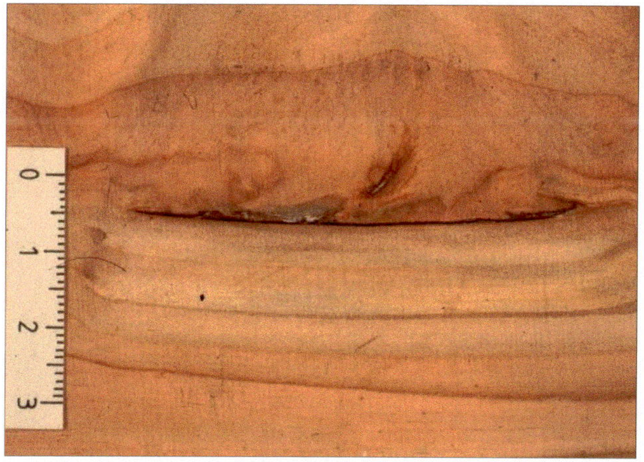

Bild 6.25
Rindeneinschluss in einem Lärchenbrett *(Larix decidua)* als Folge eines Schälschadens

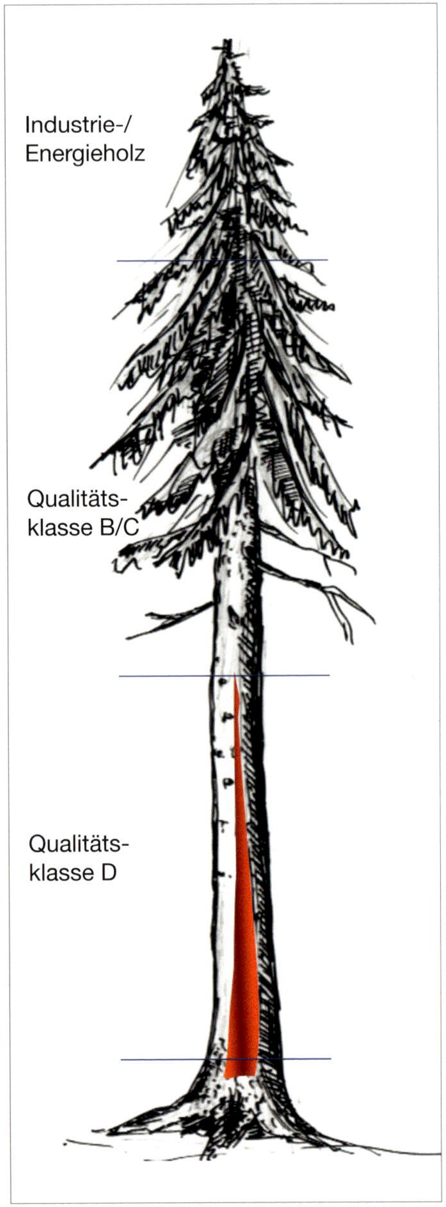

Bild 6.26
Qualitätsklassenverteilung an einer 120-jährigen Fichte *(Picea abies)*, die von Rotfäule *(Heterobasidion annosum)* befallen ist

Allein die finanziellen Verluste aus der Absortierung der unteren Stammabschnitte von B- auf D- Qualität betrugen 50 € / ha und Jahr. Einnahmen an Wildpret und Pachten wurden mit 8 € / ha und Jahr gegengerechnet. Der Differenzbetrag bleibt als Wildschaden für den Waldbesitzer bzw. als Tribut an eine überholte Hege- und Jagdideologie. Binder (2008) hat entsprechende Hilfstafeln zur Erhebung und Bewertung von Schälschäden an Fichte *(Picea abies)* erarbeitet.

Technologische Anpassung

Der Sortieraufwand für Rundholz ist bei der Trennung der D- Holzabschnitte von der üblichen B/C- Qualität erheblich. „Gesundschneiden" bringt viel Kurzholz mit sich. Wird ein Langholzabschnitt D ausgehalten, besteht immer das Risiko, dass das Ende der Fäule nicht richtig getroffen wird.

Allerdings kann mit spezieller Einschnitttechnologie bei starker rotfauler Fichte der astfreie Mantel noch zu hochwertiger Schnittware verarbeitet werden.

In der ehemaligen Deutschen Demokratischen Republik (DDR) wurde für Fichte *(Picea abies)* zu diesem Zweck die Sorte D2 ausgehalten. Sie umfasste zentrische Rotfäule *(Heterobasidion annosum)* bis zu 50% des Mittendurchmessers bzw. eine seitlich sichelförmige Fäule (rotfaules Fichtenholz mit astfreiem Splint) (TGL 1988).

Inzwischen können Fäuleausbreitungen mit Hilfe zerstörungsfrei arbeitender Diagnosegeräte abgegrenzt werden (Schalltomografie [Weiß 2006], Kernspintomografie). Am großtechnischen Einsatz geeigneter Geräte wird gearbeitet. Probleme bei der Umsetzung bestehen darin, Fehler ausreichend genau voneinander zu unterscheiden, abzugrenzen und schnell genug auszuwerten, damit der Betriebsablauf entsprechend gesteuert werden kann.

Der erhöhte Sortieraufwand, verbunden mit Absortierungen, setzt sich in der Schnittware fort (Störungen im Faserverlauf, Rindeneinwachsungen, Faulstellen, Überwallungen), (DIN (2002), DIN (2003), DIN (2011).

In der Spanplatten-, Faserplatten- und Papierherstellung sind bei der Zugabe von D- Holz Mengenbegrenzungen erforderlich.

Bildteil 6.2.1 – 1
Verbiss- und Nageschäden

Totalverbiss einer Fichten- Buchen- Verjüngung *(Picea-Fagus)* durch Rotwild *(Cervus elaphus)*, Wilddichte: 12 Stück Rotwild auf 100 ha Waldbodenfläche, Katzhütte, Deutschland

“Bonsai”-Verbiss durch Rehwild *(Capreolus capreolus)* an Tanne *(Abies alba)*. Foto: Prien

Rehwildverbiss *(Capreolus capreolus)* an Eberesche *(Sorbus aucuparia)*

Nageschaden vom Hasen *(Lepus europaeus)* an Bergahorn *(Acer pseudoplatanus)*

Verbiss eines Laubholz-Aufwuchses durch einen Damhirsch *(Dama dama)*

Der Triebverbiss an Bergahorn *(Acer pseudoplatanus)* in einer Naturverjüngung führt zum Zwieselwuchs.

Knospenverbiss an Tannen *(Abies alba)* durch Eichhörnchen *(Sciurus vulgaris)*

Verbiss von Tapir *(Tapirus bairdii)* an einjährigem Aufwuchs im tropischen Regenwald, Surinam

Bildteil 6.2.1 – 2
Schälschäden durch Rotwild

Sommerschäle an 20-jähriger Fichte *(Picea abies)*

Sommerschäle an Douglasien *(Pseudotsuga menziesii)*

Sommerschäle an Buche *(Fagus sylvatica)* (Foto: S. Prien)

Winterschäle an Eberesche *(Sorbus aucuparia)* und Fichte *(Picea abies)* im Hintergrund

Sommerschäle an Weißstämmiger Kiefer *(Pinus albicaulis)* von Weißwedelhirsch *(Odocoileus virginianus)*, Wyoming, USA

Links: Alter, nicht überwallter Schälschaden an 60-jähriger Fichte *(Picea abies)* mit Rotfäule *(Heterobasidium annosum)*. Rechts 80-jähriger, vollständig geschälter Bestand Foto: S. Prien

Reihenfolge: Fichten werden geschält - von Rotfäule befallen - Schneeauflage führt zum Schaftbruch.

Beulig überwallter Schälschaden an 100-jähriger Fichte *(Picea abies)*.

Eberesche *(Sorbus aucuparia)* wird als Prossholz gern vom Rotwild angenommen.

Bildteil 6.2.1 – 3
Fege- und Schlagschäden

Rentier *(Rangifer tarandus)* forkelt junge Kiefern *(Pinus sylvestris)*. Lappland, Finnland.

Schlagschaden von Rothirsch *(Cervus elaphus)* an Lärche *(Larix decidua)*, (links) und an Eberesche *(Sorbus aucuparia)*, (rechts)

Abgestorbene Douglasie *(Pseudotsuga taxifolia)*, Schlagschaden von Rothirsch *(Cervus elaphus)*

Rentiere haben eine 15-jährige Kiefer *(Pinus sylvestris)* geforkelt, die als Zwiesel weiterwachsen wird. Finnmark, Norwegen.

Ein alter Schlagschaden an Kiefer *(Pinus sylvestris)* hat sich zu einem „Lyrawuchs" ausgewachsen.

Abgestorbene junge Douglasie *(Pseudotsuga menziesii)* mit Fegeschaden durch Rehbock *(Capreolus capreolus)*

Schlagschaden von Elch *(Alces alces)* an Lärche *(Larix decidua)*. Dalarna, Schweden

Tatzenschaden eines Grizzlys *(Ursus arctos horribilis)* an Pinus contorta, Yellow Stone, USA

Bildteil 6.2.1 – 4
Malschäden durch Schwarzwild

Zuerst in die Suhle, dann wird die Schwarte am Malbaum gerieben

Dem vom Schwarzwild *(Sus scrofa)* verursachten Schaden fallen in wenigen Jahren etwa 50% aller Fichten in diesem Einstand zum Opfer.

Stammfußverletzungen an einer Gruppe Erlen *(Alnus glutinosa)* durch Schwarzwild *(Sus scrofa)*. Die Erlen werden die Schadeinwirkungen überstehen.

Deformierte Kiefer *(Pinus sylvestris)* vor einer Schwarzwild-Suhle

Diese Fichte ist vollständig entrindet, das Wurzelwerk ist freigelegt. In wenigen Jahren wird sie abbrechen.

Tageseinstand von Schwarzwild mit Malbäumen. Die Kiefern sind bereits abgestorben.

Diese Fichte wird die Stammdeformation überleben, die nachfolgende Fäule nicht.

Bildteil 6.2.1 – 5
Schäden durch Biber

Biotopumwandlung: Biber *(Castor fiber)* haben eine Talaue unter Wasser gesetzt. Alle Bäume sind abgestorben, Königsbrücker Heide, Deutschland.

Vom Biber gefällte Birkenstämme *(Betula pubescens)* liegen über einem Wasserlauf, Nordfinnland.

Biber haben vor langer Zeit einen Fluss mit einem Holzdamm abgesperrt und den Wald weiträumig zurückgedrängt, Nelson, British Columbia.

Nageschäden von Bibern an Eiche *(Quercus ssp.)*, Birke *(Betula pendula)* und Kiefer *(Pinus sylvestris)*, Königsbrück, Deutschland

Biberfraß an Pappel *(Populus canadensis Robusta* an der Elbe bei Dessau, Deutschland

Biberfraß an Pappel *(Populus canadensis Robusta)* an der Schwarzen Elster, Jessen, Deutschland

Biberfraß *(Castor fiber)* an Aspe *(Populus tremula)*, Mo i Rana, Norwegen

Bild 6.27 (li.)
Spechtringe an Kiefer *(Pinus sylvestris)*

Bild 6.28 (re.)
Spechtringe an Aspe *(Populus tremula)*

Bild 6.29 (li.)
Spechtring-Wülste an Kiefer *(Pinus sylvestris)*

Bild 6.30 (re.)
Einzelner Spechtring an Birke *(Betula ssp.)*

6.2.2 Einwirkungen von Vögeln

Beschreibung des Merkmals

Es gibt wohl kaum einen Menschen, der auf einer Waldwanderung noch keinen Specht klopfen gehört hat. Wir assoziieren mit Spechten die „Polizisten" des Waldes, die Schadinsekten kurzhalten und die ihre Höhlen in Baumstämme meißeln. Spechte können aber viel mehr als das. Sie hinterlassen an Bäumen unauslöschliche Spuren, die teilweise für die Bäume nicht folgenlos bleiben.

Aber auch andere Vögel beeinflussen die Biozönose Wald auf teilweise überraschende Art: Sie lassen Bäume verzwieseln, ja ganze Wälder können sie zum Absterben bringen.

Dieses Kapitel soll aber keine ornithologische Abhandlung werden. Der Schwerpunkt wird auf die Folgen gerichtet, die eintreten können, wenn sich Vögel mit gesunden, kranken und toten Bäumen „beschäftigen".

Spechtringe: Wer einmal in der Rinde eines *gesunden* Baumstammes regelmäßige, wie an einer Perlenkette angelegte Löcher entdeckt hat, der wird bei genauer Beobachtung feststellen, dass diese wohl von Spechten verursacht werden (Bild 6.27, 6.28). Diese Spechtringe sind bisher bei 7 Nadel- und 35 Laubbaumarten nachgewiesen worden (Kruszyk 2005). Nach Gatter (1972) sind die bevorzugten „Spechtbaumarten" Bergulme *(Ulmus glabra)*, Roteiche *(Quercus rubra)*, Traubeneiche *(Quercus petraea)*, Linde *(Tilia ssp.)* und Spitzahorn *(Acer platanoides)*. Spechtringe können waagerecht, aber auch unterschiedlich steil den Stamm umspannen. Häufig sind die einzelnen Ringe in mehr oder weniger unterschiedlichen Abständen übereinander um den Stammmantel gelegt. Seltener sind Spechtringe, die immer wieder auf der gleichen Stelle bearbeitet worden sind und die sich im Laufe von Jahren zu Wülsten entwickelt haben (Bild 6.29). In glattrindigen Baumarten wirken die einzelnen Spechthiebe wie gestanzt (Bild 6.30). Beim Hacken dieser Rindenlöcher verletzt der Specht in der Regel das Phloem, so dass der Saft bzw. das Harz austreten kann. Tiefere Verletzungen reichen bis ins Xylem des Baumes.

Verursacher dieser Ringe sind die *Echten Spechte (Picinae)*, auch Stützschwanzspechte genannt. Als sog. „Ringelspechte" unter den Stützschwanzspechten tritt häufig der Große Buntspecht *(Dendrocopos major)* auf (Bild 6.31), weniger der Mittelspecht *(Leiopicus medius)*. Im Gebirge oder in borealen Wäldern dominiert der Dreizehenspecht *(Picoides tridactylus)* (Dengler 2012).

In Nordamerika teilen sich drei Spechtarten, die Saftschlucker (Sapsucker), ihr Territorium zwischen Pazifik und dem kanadischen Osten: *Sphyrapicus varius, S. nuchalis, S. ruber* (Walters et al. 2002). Diese Spechte sind in der Lage, zuckerhaltige Baumsäfte aus dem Phloem der Rinde zu „trinken" (Bild 6.32).

Rinde abschuppen: Bei der Suche nach Insekten, deren Puppen und Eiern schuppen alle Spechte die Rinde gesunder, aber auch kranker und toter Baumstämme ab (Bild 6.33). Mitunter hackt der Specht aber auch plätzeweise die Rinde bis zum Phloem ab (Bild 6.34). Es ist wahrscheinlich, dass die Ursachen von T-Flecken und Nekrosen ihren Ausgangspunkt auch in Rindenverletzungen durch Spechte und nicht nur durch Insekten haben.

Spechtlöcher: Der Schwarzspecht *(Dryocopus martius)* ist der größte alle Spechte und gleichzeitig der größte Lieferant von Baumhöhlen, die er in kranke Baumteile hackt (Bild 6.35). Oft beginnt er sein Werk in der Nähe eines Totastes. Dort befindet sich in der Regel die Eintrittspforte für Fäulepilze (Bild 6.36). Er ist aber auch in der Lage, auf Grund der unterschiedlichen Resonanz des Holzes herauszufinden, ob sich unter gesunden Holzschichten kranke Stammsegmente befinden, die von Insekten, vorrangig Ameisen, besiedelt sind (Bild 6.37).

Spechtschmieden: Spechte benutzen Rinden- oder Holzvertiefungen, um darin Zapfen oder Samen festzuklemmen, um sie besser bearbeiten zu können (Bild 6.38). Der Stamm wird dabei nicht verletzt.

Brutpflege von Singvögeln: Über 20 Jahre hinweg habe ich Stare und Feldsperlinge beobachtet, wie sie während ihrer Brutzeit frische Terminaltriebe von Ebereschen „abpflückenn" und ins Nest tragen, bevor die Jungen geschlüpft sind. Seitdem wundere ich mich nicht mehr über auffällig starke besenkronige Verzweigungen mancher Baumkronen (Bild 6.39).

Bild 6.31 (li.) Großer Buntspecht, *(Dendrocopos major*, Finnland). Foto: Synatzschke

Bild 6.32 (re.) Saftlecker *(Sphyrapicus nuchalis)*, British Columbia, Kanada

Bild 6.33 (li.) Abgeschuppte Rinde an Ulme *(Ulmus ssp.)*

Bild 6.34 (re.) Frische und alte plätzeweise Hackstelle an Esche *(Fraxinus excelsior)*

Bild 6.35 (li.) Schwarzspecht *(Dryocopus martius)*, Laußnitzer Heide, Sachsen, Foto: Synatzschke

Bild 6.36 (re.) Vom Schwarzspecht durch den gesunden Splint einer Buche gehackte Löcher

Bild 6.37 (li.) Waldameisenbau in rotfauler Fichte, vom Schwarzspecht freigelegt

Bild 6.38 (re.) Spechtschmiede in der Borke einer Pappel *(Populus canadensis)*

Nestbau in Brutkolonien: Der Kormoran *(Phalacrocorax carbo)* hat sich in den letzten Jahrzehnten in Europa stark vermehrt, nachdem er unter Artenschutz gestellt worden ist. Er brütet in großen Kolonien in Wassernähe, in der Regel auf Bäumen. Sein kalkweißer Kot ist stark ätzend (ähnlich dem Guano enthält er Phosphat) und kann ganze Waldbestände zum Absterben bringen. Bekannt ist ein großes Brutgebiet auf der litauischen Großen Kurischen Nehrung. Sterben die Brutbäume (Kiefern) ab, verlagern sich die Nistplätze stets auf neue Baumkronen. Zurück bleibt ein toter Wald (Bild 6.40).

Graureiher *(Ardea cinerea)* nisten auch auf Bäumen in Kolonien. Für den Baum stellt das aber kein Überlebensrisiko dar. Der Graureiher ist eher ein Problem für die Fischwirtschaft.

Ursachen

Spechtringe: Warum legen Spechte Spechtringe an? Das ist ein seit 150 Jahren diskutiertes Thema unter Ornithologen und Verhaltensforschern. An Begründungen, logisch begründbare und von Fantasie getragene, mangelt es nicht. Sicher haben Spechte während ihrer phylogenetischen Entwicklung einen Überlebensvorteil errungen, als sie Rinde verletzten und dabei süßer Saft aus der Wunde trat, der genießbar war.

Einige der Spechte lernten, sich von diesem Saft zu ernähren. Die saftschluckenden Spechte Nordamerikas tun dies erfolgreich bis heute. Walters et al. (2002) wies nach, dass der Gelbbauchsaftlecker *(Sphyrapicus varius)* mit 46 g Körpergewicht am Tag 300 ml Baumsaft mit einer Konzentration von 1,9% Zucker trinken muss, um seinen Energiebedarf zu decken. Diese Saftmenge wird von vier Löchern innerhalb einer Stunde produziert. Walters geht von 20% des Jahresenergiebedarfs aus, saisonal bis zu 100%, den ein Saftschlucker mit Baumsäften decken kann.

Spechte in Eurasien haben ihre Ernährungsgrundlage unter sich verändernden Lebensbedingungen zunehmend auf tierische Nahrung ausgerichtet. Insofern kann das Ringeln von Bäumen bei ihnen überwiegend als ein Relikt aus der Vergangenheit ihrer Entwicklung interpretiert werden (Verhaltens-Atavismus).

Auch soziologische Argumente sind nicht von der Hand zu weisen, wenn Spechte stets die selben Bäume über Generationen hinweg als „ihre" Spechtbäume betrachten. So wies ein aufgeschnittener Spechtring einer Kiefer über 40 Jahre hinweg an der selben Überwallung Narben mit Harzeinlagerungen auf. Dies könnte als Reviermarkierung von mehreren Generationen von Spechten interpretiert werden (Bild 6.41).

Rinde abschuppen: Hauptnahrung für Spechte sind Insekten und ihre Entwicklungsstadien. Sie befinden sich vielfach unter der Baumrinde lebender und kranker Bäume. Ihren kräftigen, langen Schnabel verwenden Spechte als „Brechstange", um die Schuppen abzusprengen. Bei dieser Tätigkeit klopfen sie den Stamm ab. An der unterschiedlichen Resonanz erkennen sie Abweichungen vom normalen Holzgefüge wie Hohlräume, Faulstellen und organische Substanz.

Spechtlöcher werden von Spechten in kranken und toten Stammteilen angelegt. Sie ermöglichen erst einmal den Zugang zum Lebensraum ihrer Insektennahrung. Im weiteren Verlauf können sie zu Bruthöhlen erweitert werden (Bild 6.42). Die meisten Bruthöhlen werden vom Schwarzspecht (Dryocopus martius) angelegt. Viele höhlenbrütende Vögel nutzen die Hohlräume später für ihre eigene Brut (Bild 6.43, 6.44).

Brutpflege von Singvögeln: Soll eine Brut gelingen, so ist neben der Bruttemperatur von ca. 38°C die entsprechende Luftfeuchte erforderlich, damit der Keim wachsen kann und die Eihaut elastisch bleibt. So eignen sich z. B. die frisch getriebenen Blättchen des Terminaltriebes von Bäumen (beobachtet an Ebereschen) für die Eiunterlage. Zusammen mit einer konstanten Bruttemperatur sorgt die Blattfeuchte für das erforderliche Brutklima. Diese auf Beobachtung beruhende Annahme sollte aber durch Untersuchungen erhärtet werden: Welche Vögel betreiben dieserart Brutpflege und von welchen Baumarten benutzen sie die frischen Triebspitzen?

Bild 6.39 (li.) Besenkronigkeit einer Edel-Eberesche *(Sorbus aucuparia var. edulis)* durch „Abpflücken" der Triebspitzen

Bild 6.40 (re.) Kormorane *(Phalacrocorax carbo)* bilden eine riesige Brutkolonie in Kiefernwäldern an der Kurischen Nehrung, Litauen

Bild 6.41 Aufgeschnittene Spechtring-Wulst an einer Kiefer *(Pinus sylvestris)* mit Rinden- und Harzeinschlüssen. Die ersten Einschlüsse (ca. 40 Jahre alt) sind mehr zufällig, die Einschlüsse der letzten 20 Jahre häufig und gezielt entstanden.

Bild 6.42 (li.) Das Rinde-Abhacken geht in die Durchlöcherung eines toten Stammes über.

Bild 6.43 (re.) Spechtlöcher vom Großen Buntspecht *(Dendrocopos major)* werden zu Bruthöhlen erweitert. Foto: Synatzschke

Bild 6.44 Das Spechtloch in einer Pappel *(Populus ssp.)* (li.) wird inzwischen von einer Eule (re.) bewohnt. Foto: Schubert

Vermeidung bzw. Verminderung

Vögel gehören in die Biozönose Wald. Dies trifft besonders auf die Spechte zu, deren vielfältiges Wirken wichtig für das ökologische Gleichgewicht in der Landschaft ist. Spechte sind die „Bauherren von Sozialwohnungen" vieler höhlenbrütender Vögel und Säugetiere. Wenn sie *Spechtringe* hacken, *Rinde abschuppen*, *Löcher in Bäume meißeln, Spechtschmieden* anlegen oder *Triebe für die Brutpflege zupfen*, so gehört dies alles zum ökologischen Gleichgewicht des Waldes. Menschliches Bestreben sollte deshalb auf eine möglichst stabile Population dieser Vögel ausgerichtet sein.

Der Umgang mit *großen Brutkolonien von Vögeln* wie Kormoranen erfordert eine ausgewogene Beurteilung. Einerseits ist Artenvielfalt ein Gebot des Natur- und Artenschutzes. Andererseits gilt es, auch wirtschaftliche Interessen der Forstwirtschaft und der Fischereiwirtschaft zu berücksichtigen. Gemeinsam ist nach Kompromissen zwischen Natur und Wirtschaftlichkeitsbetrachtungen zu suchen. Das kann bei Überhandnehmen einer Population mit Vergrämen, einem Hegeabschuss oder anderen Maßnahmen erreicht werden.

Auswirkungen auf die Verwendung (siehe Bildteil 6.2.2 – 1)

Spechtringe, bei denen das Phloem des Baumes verletzt wird, führen im günstigsten Fall zu *Rindeneinwachsungen*, bei Nadelbäumen bilden sich kleine *Harzeinschlüsse*. Bei den sog. „Bluterbäumen" wie Ahorn *(Acer ssp.)*, Birke *(Betula ssp.)*, Hainbuche *(Carpinus betulus)* tritt langanhaltend *dünnflüssiger Xylemsaft* aus den verletzten Stellen. Die Verletzungen können Eintrittspforten von Pilzen sein, die den Splint verfärben und zu Fäulen und zu Nekrosen führen. *Holzverfärbungen* und *Nekrosen* entwerten Rundholz zu D-Qualität (RVR 2015). Schnittware wird qualitativ ebenfalls absortiert (DIN 2008, DIN 2012). Der einzelne Baum im Walde ist mit Spechtringen sicher zu vernachlässigen. Werden aber zum Beispiel auf einer Probefläche von 8,1 Hektar – wie in der Schwäbischen Alb beobachtet - bei über 700 Bäumen Ringelungen festgestellt, kann das größere Schäden anrichten (Gatter 1972).

Derselbe Autor zitiert Mc Atee, der um 1910 den Schaden von Saftschlucker-Spechten in den USA auf 1,2 Mill. Dollar geschätzt hat.

Wenn Singvögel während ihrer Brutzeit frische Triebe „pflücken“, beeinträchtigt das nur dann die Apicaldominanz des Leittriebes, wenn er gebrochen wird. Bei dem großen Angebot weiterer frischer Austriebe, kann sich aber eine wipfelschäftige Krone zu einer besenkronigen Krone auswachsen (vgl. Bild 6.39).

Bei Brutkolonien ist eine Grundsatzentscheidung zu treffen: Entweder erhält die Kolonie einen Schutzstatus, dann sind Beeinträchtigungen des Baumbestndes hinzunehmen. Oder man muss die Kolonie tolerieren und mit Totholz der Qualitätsklasse D vorliebnehmen.

Technologische Anpassung

Beeinträchtigen Vögel die Holzqualität, dann ist das Holz entsprechend der Sortierbestimmungen Verwendungsgruppen zuzuordnen. Raritäten, wie ein Baum mit Wülsten von Spechtringen, aber auch ein Pfahl mit Trockenrissen werden bestimmt einen speziellen Einsatzzweck finden (Bild 6.45, 6.46).

Bild 6.45
Dieser Kiefernstamm mit Spechtring-Wülsten wurde zur Brunnenröhre mit „Verzierungen“ verarbeitet, Bergell, Schweiz.

Bild 6.46
Spechte finden stets geeignete „Technologien“ um sich rasch neue Futterquelle (Vogelhaus) zu erschließen und den Kern, zwischen den Trockenriss eines Pfahles geklemmt, zu öffnen.

Bildteil 6.2.2 – 1
Auswirkungen auf die Holzerwendung

Frisch gehackte Spechtringe an einer Fichte *(Picea abies)* (links) füllen sich mit Harztropfen (rechts), Hamra-NP, Schweden.

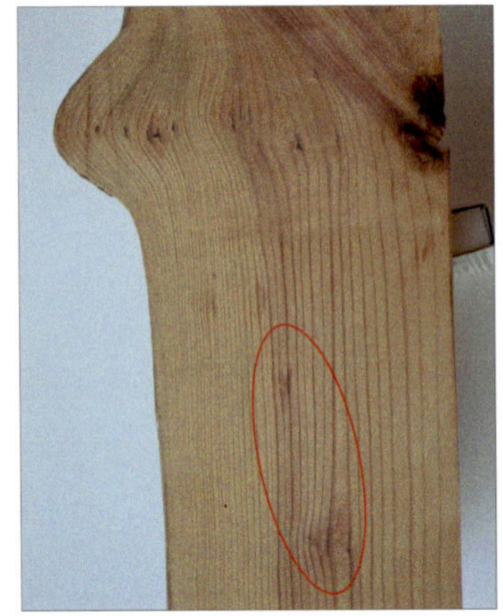

Spechtring-Wulst an Kiefer *(Pinus sylvestris)* mit „ausgebeultem“ Jahrringbau. Darunter vereinzelte, ältere Verletzungen

Aufgeschnittene Spechtring-Wulst an einer Kiefer *(Pinus sylvestris)* mit vielen Harz- und Rindeneinwachsungen

Spechtring an einer Birke *(Betula ssp.)* (links). Drei Jahre nach der Verletzung dieser Birke haben sich T-Flecke mit Holzverfärbungen gebildet (Schnittfläche rechts).

Die Rinde des Spitzahorns *(Acer platanoides)* wurde vom Specht vor drei Jahren verletzt. Am Querschnitt (links) sind T-Flecken und tiefer reichende Verfärbungen zu erkennen. Die Pilzinfektion breitet sich über die Leitgefäße rasch im Splint und ins Stamminnere aus (Mitte und rechts). Die Abschottung der Wunden nach außen (Kompartimentierung) verhindert, dass die Infektion auf den äußeren Splint übergreift.

Bildteil 6.2.2 – 2
Vögel „gestalten“ Wälder und Bäume - Nadelbäume

Großer Buntspecht *(Dendrocopos major)* vor der Bruthöhle in einer Kiefer, Foto: Synatzschke

Spechtringe (links) und Spechtring-Kröpfe (rechts) an zwei gesunden Kiefern

Eine Kiefer mit Wipfelbruch ist abgestorben und von Spechten zum Höhlenbau benutzt worden.

Eine gesunde Fichte wehrt sich mit starkem Harzfluss gegen Spechte (800 m Höhenlage).

Der Schwarzspecht entdeckt an den Fichten mit Rindenbrand an der Schlagfront eines Altbestandes sofort eine potentielle Nahrungsquelle: Ameisen (links). Der Specht ist sehr effektiv in seiner Suche (rechts).

Fichten“schicksal“: Rotwildschäle - Rotfäule - Specht folgt Insekten - Schnee bricht den Stamm.

Saftschlucker-Spechte haben eine Douglasie *(Pseudotsuga menziesii)* stammumfassend mit Spechtringen versehen Teton-NP (2200m), Wyoming, USA.

Stark vom Specht bearbeitete abgestorbene Hemlocktanne *(Tsuga heterophylla)*, Yukon Territory, Kanada

Bildteil 6.2.2 – 3
Vögel „gestalten“ Wälder und Bäume - Laubbäume

Ein Specht erspürt die Weißfäule in der alten Buche *(Fagus sylvatica)* und dringt mit Hilfe des Spechtloches ins Innere vor (links). Im Verlaufe des weiteren Verfalls des Baumes öffnet der Specht alle kranken Bereiche am Stammmantel (Mitte). Am toten Stamm bleiben immer noch Ansätze von Spechtringen sichtbar.

Der Specht öffnet Rindenpartien unter einer absterbenden Birke, um an die Borkenkäfer(larven) zu gelangen (links). Im toten Stamm lassen sich nach der Insektensuche gut Bruthöhlen bauen.

Es fällt schwer zu glauben, dass Spechte lediglich zur Futtersuche Bäumen mit ihren Schnäbeln zusetzen. So wurde die Borke des Eichenstamms *(Quercus ssp.)* komplett beseitigt, obwohl dort kaum noch mit Insektenlarven zu rechnen ist (links). Gleiches gilt für die Esche *(Fraxinus excelsior)* (Mitte), die schon die Hälfte ihres Stammdurchmessers eingebüßt hat und den Ahorn *(Acer ssp.),* der als „Übungsbaum“ dient (rechts).

Selbst das harte Holz dieser Birne *(Pyrus communis)* sind für Spechte kein Hindernis, Höhlen zu zimmern.

Kaum zu erkennen ist das Spechtloch im harten Holz zwischen den Kröpfen des Fliederstammes *(Syringa vulgaris).*

Bildteil 6.2.2 – 4
Vögel in Brutkolonien

Graureiher (links) und Kormorane (rechts) brüten in Kolonien auf Alteichen im Zoologischen Garten Berlin. Der weiße Kot überdeckt die Pflanzen auf der kleinen Insel.

Eine Kolonie von Kormoranen *(Phalacrocorax carbo)* nistet in einem alten Kiefernwald. Der ätzende Kot lässt die Altkiefern in wenigen Jahren absterben, Kurische Nehrung, Litauen.

Die Nester der Webervögel hängen im Geäst hoher Urwaldbäume. Die Vögel schützen auf diese Weise ihre Gelege vor dem Zugriff von Affen. Die Bäume werden nicht geschädigt, Surinam.

Bild 6.47
Fällschaden an drei Fichten

Bild 6.48
Alter, nicht überwallter Rückeschaden an Esche

6.2.3 Forstlicher Betriebsvollzug: Fäll- und Rückeschäden (pflanzliche Exsudate)

Beschreibung des Merkmals

Fällschäden sind von Menschen im forstlichen Arbeitsprozess verursachte mechanische Verletzungen der Äste, der Rinde und des Holzes von Bäumen im verbleibenden Bestand, deren Holzqualität langfristig beeinträchtigt wird, sowie mechanische Beschädigungen am gefällten Stamm (Schaftbrüche, Stammspaltungen, Holzausrisse), (Bild 6.47), (siehe Bildteil 6.2.3 – 2 Fällung).

Rückeschäden sind von Menschen im forstlichen Arbeitsprozess verursachte mechanische Verletzungen der Rinde und des Holzkörpers am unteren (wertvollen) Stammbereich stehender Bäume durch Rückemittel und zu rückendes Holz mit langfristigen qualitativen Beeinträchtigungen (Bild 6.48), (siehe Bildteil 6.2.3 – 3 Rücken).

Wirtschaftswälder benötigen wiederholt Pflegeeingriffe, mit denen qualitativ schlechte Bestandesglieder als Vornutzungen entnommen und gut veranlagte Bäume gefördert werden (Schaft- und Kronenpflege). Bei diesen Eingriffen kommt es bei unsachgemäß durchgeführten Maßnahmen zu Verletzungen am verbleibenden Bestand und zu Beschädigungen an gefällten Stämmen. Fäll- und Rückeschäden können längerfristig die Qualität von Waldbeständen stärker mindern als natürliche biotische Schadeinflüsse (Fäulen, Insektenbefall, Schäl- und Schlagschäden durch Wild).

Aber auch trotz „guter fachlicher Praxis“ kommt es zu Fäll- und Rückeschäden. Allgemeine Einflussfaktoren sind dabei:

1. *Pflegehäufigkeit:* Aus waldbaulich-ertragskundlicher Sicht sind relativ häufige, aber schwache Pflegeeingriffe am förderlichsten. Mit häufiger Pflege steigt aber auch das Risiko von Stammverletzungen am verbleibenden Bestand. - Erntetechnisch gesehen sind wenige Eingriffe mit großen Erntemengen vorteilhaft (Stück- Masse- Gesetz). Das Risiko von Stammverletzungen sinkt. Aber Zuwachseinbußen sind wegen der nicht einzuhaltenden optimalen Grundflächenhaltung wahrscheinlich.

2. *Prinzip der Stammentnahme:* Die Zielstärkennutzung (Entnahme des Einzelstammes, der seinen Zieldurchmesser erreicht hat) verdrängt in Mitteleuropa zunehmend die schlagweise Holzernte (Kahlschlag, Großschirmschlag). Mit der Einzelstammentnahme erhöht sich aber die Gefahr von Stammverletzungen am verbleibenden Bestand.
3. *Bestandesstruktur:* Je stärker die Baumarten gemischt, je stärker die Bestände vertikal strukturiert und je stammzahlreicher sie sind, desto größer sind bei Durchforstungen die Verletzungsrisiken am verbleibenden Bestand.
4. *Holzernteverfahren:* Der maschinelle Holzeinschlag mittels Harvester und die Rückung mit Seilwinde und Forwarder oder Skidder haben weitgehend die motormanuelle Baumfällung und Pferderückung ersetzt. Das Holzernteverfahren muss aber den konkreten Bestandesbedingungen entsprechen.

Die genannten Einflussfaktoren wirken sich in den Primär- und Sekundärwäldern der Tropen mit ihrer großen Bestandesdichte und dem Baumartenreichtum besonders stark aus. So wachsen z. B. in Surinams Primärwäldern am Rande des Amazonasbeckens schätzungsweise 800 Baumarten. Ca. 350 von ihnen sind in ihren anatomischen, physikalischen und technischen Eigenschaften beschrieben. Ca. 30 sind im Gebrauch, unter ihnen 5 Hauptholzarten (Comvalius 2010). Über unbedenkliche Eingriffsstärken und Pflegehäufigkeiten, die die Biodiversität nicht beeinträchtigen, liegen keine fundierten Forschungsergebnisse vor. Deshalb wird auf der Grundlage der 10 Prinzipe zur Zertifizierung von Forstbetrieben des Forest Stewardship Council (FSC) und dem „Code of Practice“ (2011) für ein definiertes, unerschlossenes Waldgebiet pauschal festgelegt, dass pro Hektar in 25 Jahren einmalig 25 m³ Schaftholz geschlagen werden dürfen. Der Kronenanteil ist dabei nicht berücksichtigt. Der Mindestabstand zwischen zwei zu schlagenden Bäumen darf 10 m nicht unterschreiten. Die Koordinaten eines jeden Stammes werden mit GPS ermittelt. Auf dieser Grundlage kann der Bearbeitungsweg des Holzes bis zum Endverbraucher nachverfolgt werden. Bäume der „Roten Liste“ dürfen nicht geschlagen werden. Transportwege und Rückegassen dürfen angelegt werden (Richter 2012).

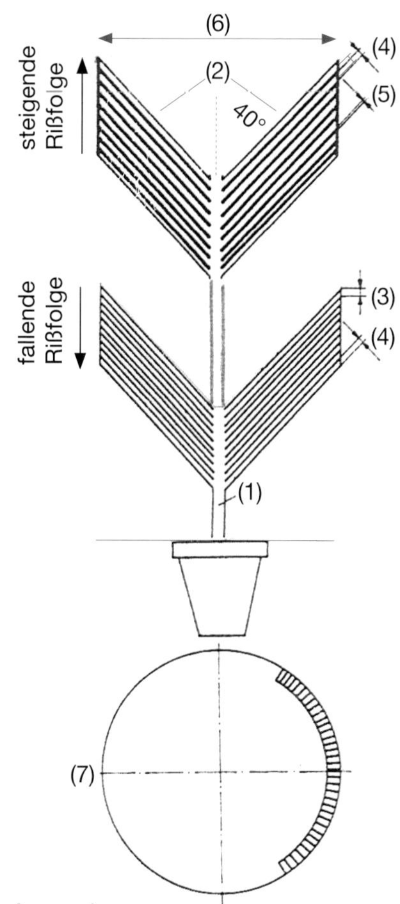

Legende:

(1) Tropfrinne
(2) Riß(winkel)
(3) Rißhöhe
(4) Schnittrillenbreite
(5) Holzrippe (Rißabstand)
(6) Lachtenbreite
(7) Lebendstreifen

Bild 6.49
Schematische Darstellung einer Lachte nach dem Choriner Verfahren (In Anlehnung an Stephan (1973)

Bild 6.50
Faserausriss und Splintholzabriss an einem Lärchenstamm *(Larix decidua)* infolge eines fehlenden Splintschnittes und fehlender Bruchstufe

„Pflanzliche Exsudate" sind Wundverschlussmittel an verholzten Pflanzen. So wird das Harz bestimmter Kiefernarten (Kiefernrohbalsam), bestehend aus 22% Terpentinöl und 70% Kolophonium, weltweit als forstliche Nebennutzung geerntet. Es wird vielfältig in der chemischen und pharmazeutischen Industrie verwendet. In der ehemaligen Deutschen Demokratischen Republik, wie auch im gesamten Ostblock, wurde wegen Devisenmangels großflächig die einheimische Gemeine Kiefer *(Pinus sylvestris)* geharzt, obwohl sie trotz Stimulationsmittel-Verwendung (Sulfitspiritusschlempe, Hefeextrakt) gegenüber tropischen Kiefernarten Zentralamerikas und der Karibik *(Pinus elliottii)* nur ca. 25% des Ertrags erreichte. Für die Harzung wurden eine oder zwei Lachten an maximal zwei Drittel des Stammumfanges angebracht. Ein Drittel verblieb als Lebendstreifen. In der Vegetationsperiode wurde aller 4-6 Tage auf der Lachte ein Riss von ca. 3 mm Tiefe gezogen. Dabei wurden die horizontalen und die vertikalen Harzkanäle durchschnitten, die das Harz herauspressten (Bild 6.49). Der Harzertrag betrug pro Riss 100–150 g. Nach maximal 12 Jahren war eine Kiefernfläche „ausgeharzt". Der Bestand wurde anschließend gefällt (Stephan 1973, 2012).

Weitere zur Harzung verwendete Kiefernarten waren: Schwarzkiefer *(Pinus nigra)*, Rumelische Kiefer *(Pinus peuce)*, Panzerkiefer *(Pinus leucodermis)*. Besonders das Harz der Aleppokiefer *(Pinus halepensis)* wird auch heute noch als Zusatz für den Retsina- Wein verwendet.

Das Harz der Fichte *(Picea abies)* wurde nur als Scharrharz an Harzaustrittsstellen von Rindenverletzungen gewonnen. Beim Abkratzen der harzenden Wunden der Fichten wurde die Rinde häufig erneut verletzt. Fäulen waren die Folge.

Wundverschlussmittel von Tropenhölzern werden als *wasserunlösliche Harze*, als *wasserlösliche bzw. wasserquellbare Gummen, gerbstoffhaltige Kinos* oder *polyterpenhaltige Latices* als forstliche Nebennutzungen gewonnen (Lange (1998 a, b, c). Je nach Art der Gewinnung werden die Bäume gerissen, gekerbt oder angehackt (Bildteil 6.2.3 – 5 Nutzung pflanzlicher Exsudate).

Ursachen

Fäll- und Rückeschäden entstehen, wenn nach einer künstlichen Bestandesbegründung vor dem ersten Pflegeeingriff *kein Bestandesaufschluss* durchgeführt worden ist. Fehlende Rückelinien und Rückewege erschweren die Orientierung bei der Bestimmung der Fällrichtung der Bäume. Gerückt wird mitten durch den verbleibenden Bestand. (siehe Bildteil 6.2.3 – 1 Bestandesaufschluss)

Die *Fähigkeiten und Fertigkeiten des Personals* sind den Anforderungen an die motor-manuelle bzw. maschinelle Holzernte nicht gewachsen. So fehlen ausreichende Kenntnisse über die Eigentümlichkeiten der Holzarten, oder die Witterungsbedingungen werden unterschätzt. Fehlende Fertigkeiten bei der Bedienung von Motorsägen, Holzernte- und Rückemaschinen kommen hinzu (Bild 6.50).

Die verfügbare *Holzerntetechnik* ist dem zu durchforstenden Bestand nicht angepasst (mittlerer Baumabstand, Stärkeklasse, Geländeausprägung u. a.).
Das Holz wird in der *Vegetationszeit* eingeschlagen. Dies ist insbesondere dann der Fall, wenn Lieferverträge ganzjährige Holzlieferungen vorsehen, aber keine Kapazitäten zur Wasser- bzw. Schutzgaslagerung zur Verfügung stehen (Mahler et al. 1997). In dieser Zeit ist besonders die Rinde der glattrindigen Bäume gegen mechanische Einflüsse empfindlich (Bild 6.51).

Die *Verträge* mit Einschlags- und Rückeunternehmen beschreiben nur unzureichend die fälligen Sanktionen, wenn die Qualitätsanforderungen an den Holzeinschlag, die Rückung und das Poltern an der Waldstraße nicht eingehalten werden (Bild 6.52).

Die *Arbeitsvorbereitung und Einweisung* durch den örtlichen Wirtschafter sind mangelhaft. Der Fällschnitt wird aus Aufwandsgründen über dem (Brett)Wurzelanlauf geführt. Auf die Einbeziehung des Wurzelanlaufs zur Verhinderung von Spannungsrissen wird verzichtet. Initialrisse werden nicht geklammert.

Der Holzeinschlag in den *Primär-Regenwäldern der Tropen* unterscheidet sich naturgemäß vom Einschlag in den Wäldern der gemäßigten Breiten. Bei den seltenen Einzelstammentnahmen wird i. d. R. der stärkste und qualitativ hochwertigste Stamm – unabhängig vom Baumartenanteil auf der Fläche – geerntet.

Bild 6.51
Rindenverletzung an Buche nach Sommerfällung

Bild 6.52
Rindenverletzung durch Seilbefestigung an Fichtenstammfuß

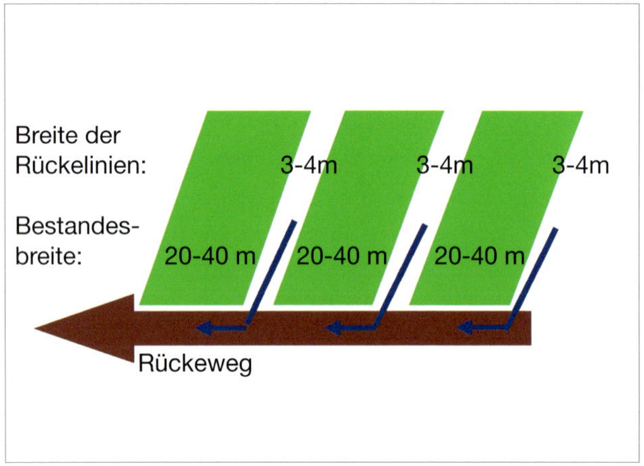

Bild 6.53
Bestandesaufschluss in einem Nadelholz-Jungbestand

Der vorgesehene Holzeinschlag von 25m³/ha in 25 Jahren scheint recht vernünftig zu sein, wenn er mit dem durchschnittlichen Einschlag in Deutschland von 6,8 m³/ha*a (das sind 170 m³/ha in 25 Jahren!) verglichen wird (Dritte Bundeswaldinventur 2012). Die Erntebedingungen in tropischen Primärwäldern sind aber unvergleichlich komplizierter als in Wäldern der gemäßigten oder borealen Klimazonen, so dass selbst bei schonender Holzernte mit entsprechend hohen Fäll- und Rückeschäden, aber auch Kollateralschäden am Boden und an der Baumartenverteilung zu rechnen ist. Diese Schäden verstärken sich bei unkontrolliertem Einschlag, der sich im Wesentlichen nach Nachfrage und Effektivität bei der Holzernte richtet. Er potenziert sich, wenn mangelhaft ausgebildetes Personal und unzulängliche Technik eingesetzt werden.

Wird ein Stamm gefällt, so muss er das dichte Kronendach durchbrechen. Da die Baumkronen in der Regel von Lianen durchwachsen sind, wirken diese wie Seile, die an den verbleibenden Stämmen ziehen. Die Standfestigkeit der Bäume ist aber meist gering, weil sich ihr Feinwurzelwerk knapp unter der Grenze zwischen Oberboden und Laubschicht befindet. Tief reichende Wurzeln fehlen meist, weil die Nährstoffe durch das humide Klima in den Unterboden ausgewaschen werden. Oft reißt ein fallender Baum umstehende Bäume mit zu Boden. Die entstandene Lichtung wird rasch von Pionierbaumarten (Wilde Papaya-Pflanze *[Carica papaya]*) besiedelt. Die natürliche Waldgesellschaft bildet sich u. U. erst nach Jahrhunderten wieder. Weniger der einzelne gefällte Baum ist das Problem, sondern die entstehenden mannigfachen Kollateralschäden. Der gefällte Stamm wird i. d. R. unter dem ersten Starkast abgezopft. Die meist langen, astfreien Stämme von über 20 m können nicht pfleglich gerückt werden. Werden bei der Seilrückung als Rückehilfen Baumstämme anstelle von Umlenkrollen verwendet, entstehen am verbleibenden Bestand zwangsläufig Rückeschäden.

Vermeidung

Fäll- und Rückeschäden: In Wirtschaftswäldern muss der Bestandesaufschluss vor der ersten Hiebsmaßnahme durchgeführt werden, damit die Holzerntemaschinen künftig genügend Arbeitsfreiheit haben und das Feinwurzelwerk der Bäume nicht durch vollflächige Befahrung dauerhaft geschädigt wird (Bild 6.53). Rückelinien sind dauerhaft zu markieren, Polterplätze auszuweisen, bestimmte Randbäume sind bewusst als „Rücke- und Polterschutz" stehen zu lassen, um dahinterstehende Bäume nicht zu verletzen (siehe Bildteil 6.2.3 – 4 Poltern).

Da Ernteschäden i. d. R. auf menschliches Versagen zurückzuführen sind, muss besonderer Wert auf die Ausbildung gelegt werden. Fäll- und Rückearbeiten sind nur von geschultem Fachpersonal durchzuführen (Bild 6.54).

Die einzusetzende Fäll- und Rücketechnik muss auf die Dimensionierung der Bäume, die Bestandesdichte und die Bodenverhältnisse abgestimmt sein. Bei hoher Bestandesdichte ist Langholz bereits am Fällort in Abschnitte zu trennen, um Rückeschäden vorzubeugen. Sommereinschläge sind in den gemäßigten Klimazonen möglichst zu vermeiden, da bereits geringe Stammberührungen zu Rindenverletzungen führen können. Dujesievken et al. (1991) untersuchten den jahreszeitlichen Einfluss auf die Wundreaktionen bei verschiedenen Baumarten. Es zeigte sich, dass bei Ahorn *(Acer ssp.)* und Birke *(Betula ssp.)*, in geringerem Umfang bei Buche *(Fagus ssp.)*, die Verfärbungslängen auf Verletzungen im Dezember bis März am größten waren. Bei Esche *(Fraxinus excelsior)* und Eiche *(Quercus ssp.)* fiel dieser kritische Zeitraum auf März bis April, bei Fichten *(Picea abies)* auf den Spätsommer und Winter. In diesen holzartenspezifischen Zeiträumen sollte möglichst auf den Holzeinschlag verzichtet werden.

Verträge mit Fremdfirmen (Konzessionen) zur Holzernte sind so zu gestalten, dass Qualitätsmängel zu entsprechenden Sanktionen führen.

Bei der Holzernte in tropischen Primärwäldern sind Transportwege und Rückelinien ein Jahr vor ihrer Benutzung anzulegen, damit sich in der Regenzeit das Wegebaumaterial setzen kann. Die zu fällenden Bäume sind zu markieren und die Lianen zu kappen (Stübner 2005).

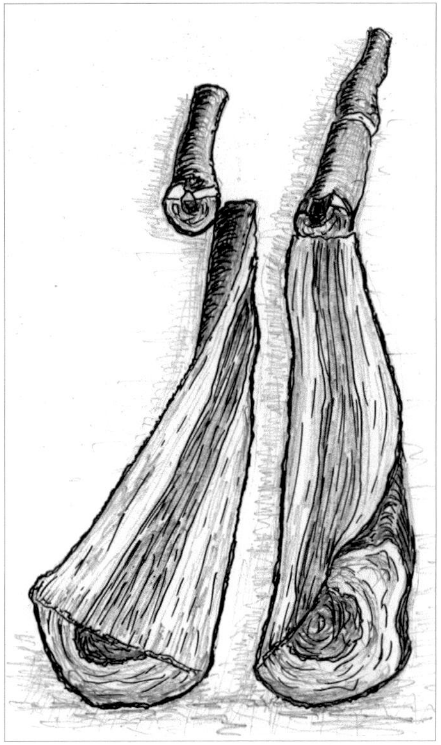

Bild 6.54 Buchenstammholz wird zu Industrieholz abgewertet - Zwiesel ist bei der unsachgemäßen Fällung längs durchgerissen.

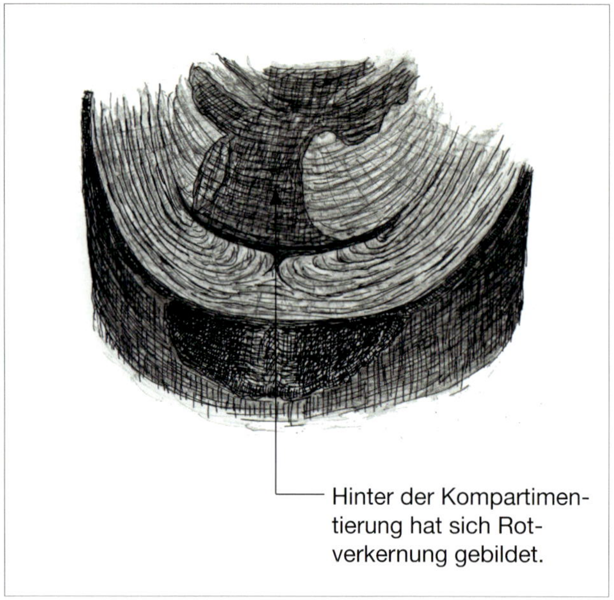

Bild 6.55
Verheilter Rückeschaden an Buche *(Fagus sylvatica)*

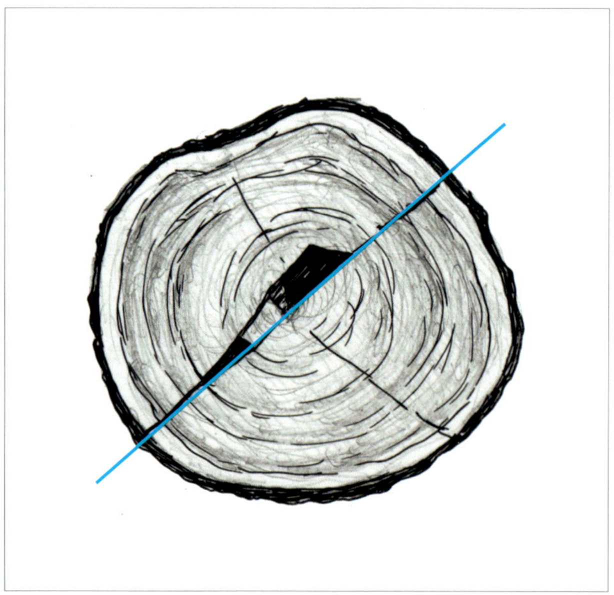

Bild 6.56
Lage der Messerebene bei tiefem Faserausriss an einer Furnieresche *(Fraxinus excelsior)*

Auswirkungen auf die Verwendung

Fäll- und Rückeschäden am verbleibenden Bestand führen in der Regel langfristig zu Qualitätsminderungen, da die Rinden- und Holzverletzungen Pilzbefall mit nachfolgenden Holzverfärbungen und Fäule verursachen können.

Im günstigen Fall der Wundheilung verfärbt sich der Wundbereich, der Faserverlauf der Überwallung ist wesentlich gestört. Solche Schäden führen zu Qualitätsmängeln im Furnier- und Schnittholz (Bild 6.55). Je nach Umfang der verletzten Stammoberfläche, der Baumart, der Jahreszeit des Schadeintritts und den mikroklimatischen Bedingungen kann es zu Fäulen kommen, die der Baum nicht mehr abzuschotten vermag. Solcherart geschädigte Bestandesglieder haben keinen Wertzuwachs mehr! Besonders unter tropischen Bedingungen führt der große Infektionsdruck zur Entwertung der verletzten Stämme.

Mechanische Schäden am geernteten Holz (Stammrisse, Faserausrisse, Anbrüche) haben Qualitätsabstufungen bzw. Maßvergütungen zur Folge (Bild 6.56).

Mahler (1995) zufolge geht aus der 1. Bundeswaldinventur von 1986 hervor, dass ca. ein Drittel der Bäume im Hiebsalter zwischen 100 und 120 Jahren Rücke- und Stammschäden aufweisen. Verknüpft man diese Zahlen mit den Daten von Meng (1978), so beträgt der Wertverlust durch Rückeschäden allein bei mittelstarken Fichten und Tannen (BHD ca. 50cm) bei einem Meter Faullänge 5,0%. (Der Stamm kann i.d.R. ohne Wertverlust noch gesundgeschnitten werden.) Mit jedem weiteren Meter Fäuleeinfluss steigt der Wertverlust um ca. 3%. Bei 3 m Faullänge muss bereits bei 50-60% der Stämme die Qualitätsklasse herabgestuft werden.

Zu diesen direkt auf den Stamm einwirkenden Holzschäden kommen die indirekten Schäden durch das Befahren mit Ernte- und Rücketechnik hinzu. Wästerlund (1989) stellt fest, dass Wunden an Fichten- und Kiefernwurzeln von über zwei Zentimetern Dicke und weniger als 70 Zentimeter Abstand von der Stammbasis mit einer Fäuleinfektion verbunden sind. Verletzte und gebrochene (Fein)Wurzeln führen zusätzlich zu Zuwachsverlusten am verbleibenden Bestand.

In den feuchten Tropen verläuft die Dynamik zwischen Verwundung, Infektion und Fäulefortschritt naturgemäß wesentlich rascher als in den gemäßigten Breiten, obwohl viele Baumarten fungizid wirkende Holzinhaltsstoffe zu ihrem Schutz einlagern.

Stübner (2005) untersuchte die langfristige Entwicklung von Holzernteschäden in Terra Firme Wäldern Amazoniens (außerhalb von Überschwemmungsgebieten der großen Flüsse liegend) mit folgenden Ergebnissen:

- Unmittelbar nach der Erntemaßnahme zeigten 8,8% des verbliebenen Bestandes starke Kronenschäden.
- Eine frische Stammverwundung war zu 83% mit einer Verletzung des Xylems verbunden.
- 20 Jahre nach dem Holzeinschlag waren durchschnittlich 41,4% der verbliebenen Bäume mit einem BHD >70 cm beschädigt.
- Von den beschädigten Bäumen zeigten 93,4% Fäulen.
- Je größer und quadratischer die Wunde, desto geringer die Überwallung. Bis zu einer Wundgröße von <10cm² bestand kein Fäulerisiko. Bei 0,4m² Wundgröße lag das Risiko schon bei 90%.

Bereits diese wenigen Zahlen verdeutlichen die weitreichenden Folgen wirtschaftlicher Eingriffe auf die Biogeozönose Wald.

Exsudatgewinnung: Die Harzung wirkt sich nicht nachteilig auf den Gesundheitszustand und auf den Zuwachs der Kiefern *(Pinus ssp.)* aus (Stephan 1973), wohl aber auf deren Holzqualität:

- Der Stammquerschnitt in Richtung der Lebendstreifen wird oval (Bild 6.57).
- Der Bereich des Stammmantels um die Harzlachte verkient.
- Farbveränderungen entstehen an Randbrettern.
- Harzdurchtränkungen der Randtracheiden stören die Bearbeitbarkeit.
- Trockenrisse bilden sich auf der Lachte, vor allem in der Tropfrinne.
- Furniertauglichkeit wird verhindert.
- Zellstoff- und Plattenholz sind ohne alte Lachten zu liefern oder werden als fehlerhaftes Industrieholz verkauft.

Bild 6.57
Harzlachten wirken sich ungünstig auf den Stammquerschnitt und die Holzqualität aus

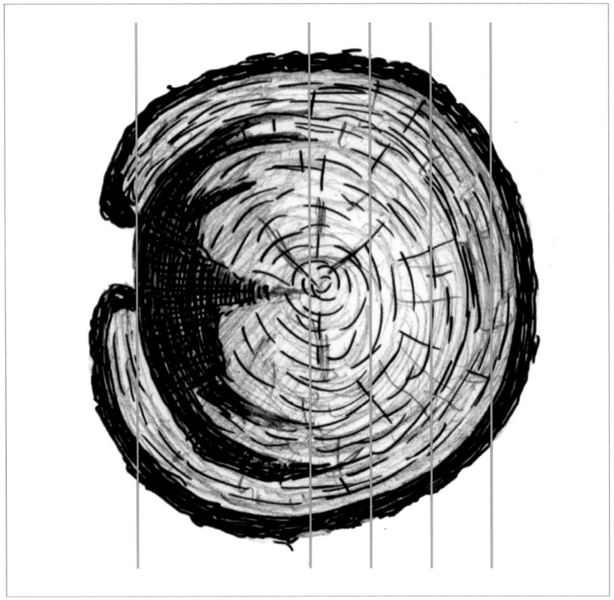

Bild 6.58
Bevorzugte Einschnittebene an einem rotfaulen Fichtenstamm (alter Rückeschaden)

Rohdichte, Biege- und Druckfestigkeit unterscheiden sich nach längerem Überwallungszeitraum (ca. 20 Jahre) signifikant von nicht geharztem Kiefernholz (Stephan 1973). Werden ausgeharzte Kiefern sofort eingeschlagen, ist mit ca. 5% Schnittholzverlust durch erhöhten Schwartenanteil zu rechnen. 30 Jahre nach Harzungsende ist der Bereich der ehemaligen Harzlachte nicht mehr sägeholztauglich.

In Primär- und Sekundärwäldern der Tropen werden Bäume gerissen, gekerbt oder angehackt, um Exsudate (Kautschuk, Latexmilch etc.) zu gewinnen. Da die Bäume anschließend nicht gefällt werden, überwallen die Verletzungen. Erst nach ihrem Einschlag werden die verborgenen Überwallungen während der Weiterverarbeitung unangenehm sichtbar. Absortierungen in der Brettware sind die Folge.

Technologische Anpassung

Bei vorwiegend in Stamm-Längsrichtung auftretenden Holzschäden sind die üblichen Methoden der Holzaushaltung zu verwenden:

- Messerebene im Furnierblock so bestimmen, dass der Schaden im Bereich der Restbohle bleibt (Bild 6.56).
- Beim Einschnitt mit Bandsäge und Gattersäge die Einschnittebene so legen, dass die geschädigten Stammabschnitte möglichst komplett herausgeschnitten werden können (Bild 6.58).
- Im Profilspaner werden Schäden am Stammmantel in der Regel abgefräst. Gelingt das nicht, ist in dem sich anschließenden Kreissägen- Trennschnitt des Models nachzusortieren.

Bildteil 6.2.3 – 1
Bestandesaufschluss

Beim Bestandesaufschluss in einem Fichtenstangenholz *(Picea abies)* werden die Rückelinien markiert und freigeschnitten.

Der Harvester fährt beim Pflegeeingriff über das entastete Reißig wurzelschonend durch den mittel-alten Fichtenbestand.

Die Rückelinie ist auch für den Nachfolgebestand dauerhaft markiert. Der Ernteverlust wird in Kauf genommen.

Zum Bestandesaufschluss gehören Polterplätze. Hier ein Polterplatz für jährlich stattfindende Submissionen

Ein Holzunternehmen mit Einschlagskonzession erschließt einen tropischen Primärwald mit einer Abfuhrstraße (links). Fischgrätenartig werden Rückelinien in die Dschungelpartien gelegt. Die gefällten Stämme werden mit Seilzug gerückt. Die Schlepper fahren über den Schlagabraum und nicht durch den Waldboden (rechts), Surinam.

Illegaler Holzeinschlag mit umfangreichen Kollateralschäden am verbleibenden Bestand und am Waldboden (links). Die Lichtungen werden rasch von schnellwüchsigen Pionierbaumarten wie die Wilde Papaya-Pflanze *(Carica papaya)* besiedelt. Sie verhindern für lange Zeit die Regenerierung der natürlichen Waldgesellschaft (rechts).

Bildteil 6.2.3 – 2
Fällung (1)

Frische Rindenverletzung an Altbuche *(Fagus sylvatica)* in einem Wintereinschlag

Nicht verheilter Rindenschaden an Buche durch einen sommerlichen Windwurf.

Diese Buche hat einen Fällschaden erfolgreich überwallt

Ein uralter Fällschaden hat diese Buche nach Jahrzehnten zum Absterben gebracht.

Kerben von einem Springboard, auf dem der Holzfäller vor über 100 Jahren stand, um diese Hemlocktanne *(Tsuga heterophylla)* zu fällen, Kalifornien.

Baumfällung ohne Falkerb ist unprofessionell und riskant. Holzverluste und Qualitätseinbußen sind die Folge.

Die beabsichtigte Fällrichtung des Birkenzwiesels *(Betula ssp.)* wurde nicht eingehalten. Die Rindenverletzungen an der Fichte *(Picea abies)* führen zu dauerhaften Schäden.

Die Mitnehmerwalzen des Harvesters rutschten beim wiederholten Entastungsversuch von Starkästen an dieser Fichte und zerstörten den Splint.

Bildteil 6.2.3 – 2
Fällung (2)

Fällschaden an Traubeneiche *(Quercus petraea)* in einem Wertholzbestand mit dauerhaftem Wertverlust, Burgund, Frankreich.

Fallkerbdach zu flach - Stamm sitzt auf - 50 cm langer Holzspan wird aus Roteiche *(Quercus rubra)* gezogen (Maßvergütung erforderlich!)

Eschenstamm auf einer Submission – Der Trennschnitt wurde unter Biegespannung ohne Gegenschnitt geführt. Der Splint wurde großflächig abgerissen.

Schneiteln über dem Äser von Weidevieh ist eine alte Holznutzungsform. Periodisch werden die Stammausschläge abgeschnitten, wie bei dieser alten Linde (vorn) und den jungen Linden (hinten) in Südschweden.

Zwei benachbarte Kopi-Stämme *(Goupia glabra)* wurden gefällt. Widerspricht FSC-Richtlinien. Dahinter Kollateralschaden.

Der Wurzelanlauf dieses wertvollen Greenheart-Stammes *(Chlorocardium rodiei)* wurde großzügig abgeschnitten. Links Fällschaden, rechts hinten Rückeschaden an verbleibenden Stämmen, Surinam

Wurzelanläufe des Kopi-Stammes *(Goupia glabra)* bleiben stehen. Sie hätten ein späteres Aufreißen des Stammfußes verhindern können.

Wachstumsspannungen an Donceder *(Cedrelinga cateniformis)* „entladen“ sich, weil der Fällschnitt nicht im Wurzelanlauf geführt und der Stamm nicht geklammert worden ist.

Bildteil 6.2.3 – 3
Rücken

Der Harvester hat einen Fichtenstamm verletzt (zu enger Baumabstand, keine Rückelinie).

Frischer Rückeschaden an Stammfuß und Wurzelanlauf einer Buche *(Fagus sylvatica)*

Alter Rückeschaden entwertet den Stammfuß dieser Buche vollständig, es besteht erhöhte Bruchgefahr.

Links: In den gemäßigten Breiten kann ein Rückeschaden von dieser Esche *(Fraxinus excelsior)* noch abgeschottet werden, Deutschland. Rechts: In den Tropen gelingt das nicht: 12-jähriger Rückeschaden an Basralokus *(Dicorynia guianensis)*, Surinam.

Rückeschaden an Erle *(Alnus glutinosa)* mit Rindeneinwachsung, Verfärbung und Fäule

In der Stangenholzphase verletzte Lärche *(Larix decidua)* hat erfolgreich überwallt, Rindeneinschlüsse und fehlerhafte Holzstruktur sind geblieben.

Stammfußverletzung an dieser Fichte *(Picea abies)* führt nach Jahrzehnten zu Rotfäule *(Heterobasidion annosum)* und Ameisenbefall *(Formica ssp.)*.

Alter, überwallter Rückeschaden entwertet diese Furniereiche *(Quercus robur)* einseitig.

Ein Kopi-Stamm *(Goupia glabra)* wird gerückt, indem das Rückeseil um einen stehenden Stamm, statt über eine Umlenkrolle gelegt wird. Dieser Stamm wird an der Verwundung sterben, Surinam.

Bildteil 6.2.3 – 4
Poltern

Wertholz (vorn) und Profilzerspanerholz (hinten) liegen vorbildlich auf Unterlagehölzern am ausgebauten Abfuhrweg

Rücken und Poltern im Schlamm ohne Unterlagehölzer führt bei der Weiterverarbeitung des Holzes zu technischen Schäden (Werkzeugverschleiß und -zerstörung). Das ist im Spessart (links), Deutschland, nicht anders als in den Tropen (rechts), Surinam.

Überwallende Verletzung an Eiche *(Quercus ssp.)* an einem Stammholzpolter. Die zu erwartende B- Qualität wird zu D abgewertet.

Für Stammholzpolter benutzte Randfichte *(Picea abies)*, inzwischen rotfaul *(Heterobasidion annosum)*. B/C- Qualität wird zu D abgewertet.

Der beim Poltern entstandene Schaden an Lärchenwertholz (Larix) in Deutschland, verursacht durch den Greifer des Forwarders, unterscheidet sich nicht grundsätzlich vom Schaden beim Poltern von Wana *(Ocotea rubra)* auf dem Holzplatz eines Sägewerkes in Surinam.

Bildteil 6.2.3 – 5
Nutzung pflanzlicher Exsudate (Forstliche Neben-nutzungen)

Kiefernharzung *(Pinus silvestris)* im Spätsommer des dritten Jahres (einlachtig), Brandenburg 1989, Deutschland

Starke Überwallung der Kiefernlachte *(Pinus sylvestris)* nach 17 Jahren, darüber Trokkenriss. Lausitz, Deutschland

Stammdeformationen von zwei Kiefernstämmen mit einer Lachte (links) und zwei Lachten (rechts)

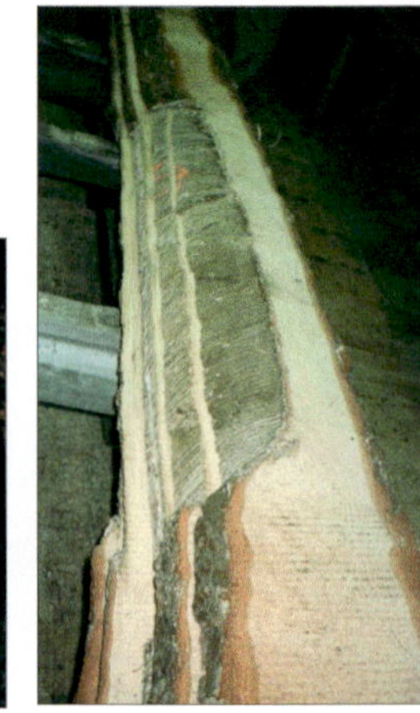

Deformierte und verkiente Kiefernbretter aus einem Stammteil mit Harzlachte

Harzgewinnung in einem Aleppo-Kiefernbestand *(Pinus halepensis)* zur Herstellung von Retsina- Wein, Peloponnes, Griechenland

Schwach sichtbar sind noch diagonale Einkerbungen an Bolletrie *(Manilkara bidentata)* zur Latexgewinnung, Surinam.

Harz von Rode prokoni *(Inga alba)* wird lokal als Hautpflegemittel verwendet, Surinam.

Gallertartiger Saftfluss an Stammfuß von Basralokus *(Dicorynia guianensis)*, Surinam.

Der Saft von Hoogland Mataki *(Symphonia globulifera)* wird lokal zum Imrägnieren von Geweben und Seilen verwendet, Surinam.

6.2.4 Splitterbefall

Beschreibung des Merkmals

Der Maschinenführer in einem Sägewerk, der Anlagenfahrer an einer Spanplattenanlage oder ein Tischler – jeder von ihnen hat schon leidvolle Erfahrungen mit metallischen Einschlüssen im Holz machen müssen, die seine Werkzeuge beschädigt oder zerstört haben und – selbst rechtzeitig bemerkt – immer zu Störungen in betrieblichen Arbeitsabläufen führen. Stets wird die Qualität des splitterhaltigen Holzes beeinträchtigt.

Metallische Einschlüsse verursachen, je nach Größe, Form und Art des Eindringens, Holz- und Rindenschäden unterschiedlichen Ausmaßes. Ein vor Jahrzehnten in den Stamm geschlagener Nagel, das Geschoss eines Jägers oder der Splitter aus Kampfhandlungen – sie alle hinterlassen Spuren. Die Wundüberwallungen sind meist an Verwachsungen und charakteristischen Rindenmerkmalen zu erkennen. Werden diese übersehen, ist dies immer zum Schaden des Holzverarbeiters.

Unter „Splitterbefall" wurden ursprünglich alle bei **Kampfhandlungen** durch metallische Fremdkörper entstandenen Verletzungen im Baum bezeichnet (Bild 6.59) (siehe Bildteil 6.2.4 – 1). Aber seit den 70er Jahren des 19. Jh. wurden zunehmend Nägel und Draht statt Holz für Umfriedungen verwendet. Mitte des 20. Jh. erweiterten Elektrozäune mit Isolatoren, gehärtete Schrauben und korrosionsbeständige Nägel das Befestigungsarsenal. Deshalb werden heute alle durch **Gedankenlosigkeit** (Bild 6.60) und **Mutwillen**, forstliche und landwirtschaftliche **Betriebsorganisation** (Bild 6.61 und 6.62) und **Interessengruppen** (Bild 6.63 und 6.64) verursachten „metallischen Kontaminationen" mit Bäumen, die bei ihrem Einwachsen die Holzstruktur (zer)stören, das Holz verfärben und häufig Ursache von Fäulen sind, als *Splitterbefall* bezeichnet (siehe Bildteil 6.2.4 – 2 und – 3).

Bild 6.59 Panzerabwehrgeschoss, Granat- und Bombensplitter, alle angesägt

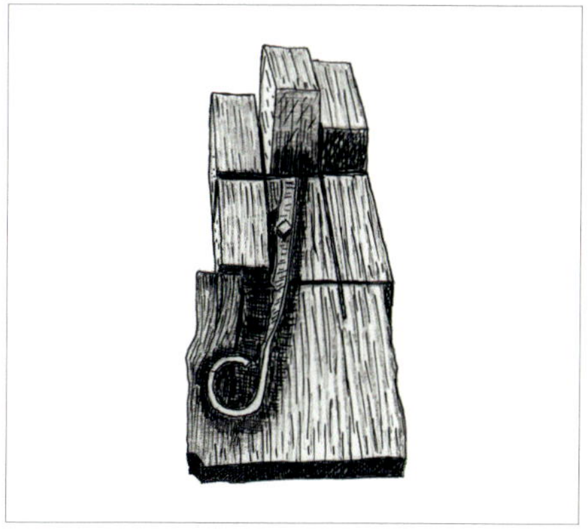

Bild 6.60 Eingewachsenes Türscharnier in Eiche *(Quercus)* mit Schnittnuten von Sägeblättern

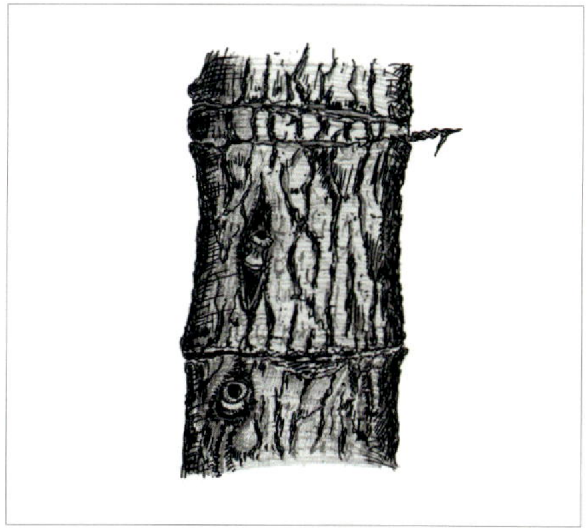

Bild 6.61 Einwachsungen von Spanndraht und Weidezaun- Isolatoren in einem Baum an der Wald- Feld- Grenze

Bild 6.62
Kiefer *(Pinus)* an einem Waldweg mit angeschraubtem Verkehrsschild und angenagelter Forstabteilungsnummer

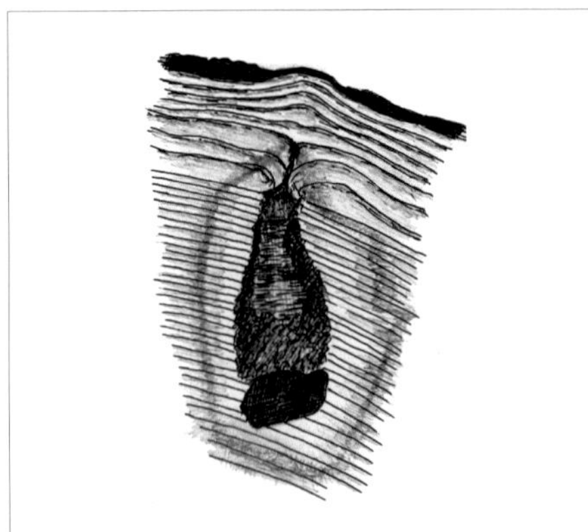

Bild 6.63
Flintenlaufgeschoss in Buche *(Fagus)*: Schusskanal mit zerstörter Holzstruktur, oxidativen Verfärbungen, Überwallung des Einschusses und Rindennarbe

Bild 6.64
Eingewachsenes Blechschild an einer Eiche *(Quercus)* in einem Naturschutzgebiet

Messung:

Splitterbefall wird nicht gemessen. In der gültigen Sortiervorschrift RVR (2012) finden sich keine Hinweise. Aber in den (nicht mehr gültigen) Kommentaren zur Holzaushaltung der deutschen Bundesländer Brandenburg und Thüringen wurde auf Splitterbefall näher eingegangen. In Thüringen galt: *„Äußerlich erkennbarer Splitterbefall ist durch Aushieb oder Trennschnitte zu beseitigen. Für verdeckte Mängel übernimmt der Verkäufer i. d. R. keine Haftung. Holz aus bekannten Splitterflächen ist dem Käufer grundsätzlich anzuzeigen“* (Thüringer Landesforstdirektion 1997, S. 27).

Dieser Argumentation kann entgegnet werden, dass im allgemeinen Geschäftsverkehr die Produkthaftung auch für einen versteckten Mangel gilt, wenn dadurch der ursprünglich geplante Verwendungszweck nicht erreicht wird oder dem Nutzer sogar ein materieller Schaden an Maschinen und Werkzeugen entsteht. Warum sollte also ein Holzverkäufer für einen verdeckten Splitterbefall nicht haften, zumal er als Waldeigentümer großen Einfluss auf metallische Kontaminationen in seinen Waldbeständen hat? So stellte Kirbach (2008) fest, dass in einem stadtnahen Revier 84% aller metallischen Kontaminationen vom Forstpersonal selbst verursacht worden sind (Beschilderungen, jagdliche Einrichtungen, Zäune etc.).

Richtig ist aber der Zusatz aus dem deutschen Bundesland Brandenburg, dass *„Durch metallene Fremdkörper wertgemindertes Holz …wie sonstiges Schadholz auch, nur den Güteklassenmerkmalen entsprechend objektiv und nachprüfbar zu sortieren …“* ist. *„Die Zuweisung von wertgemindertem Holz zu einer niedrigeren Güteklasse ist unzulässig. Der Preis richtet sich nach dem Grad der Wertminderung (Preisabschlag)“* (Frommhold 2001).

Fazit: Splitterverdacht muss angezeigt werden. Erkannte Splitter sind zu beseitigen bzw. zu kennzeichnen. Wird Holz gemäß Kundenvereinbarung mit Splittern verkauft, dann ist *mit Preisabschlägen und nicht mit Absortierung* zu arbeiten.

Ursachen

Splitterbefall kann vier Ursachengruppen zugeordnet werden:

1. **Kampfhandlungen** und Übungsschießen verursachen durch Gewehrkugeln, Geschoss- und Bombensplitter den größten Teil des in den Holzkörper reichenden Splitterbefalls.
2. **Gedankenlosigkeit** beim Anbringen von Befestigungsmitteln (Weidezaunisolatoren, Absperrungen, Drähte etc.) aber auch **Mutwillen** (Baum als Zielscheibe) sind Ursachen für Fremdkörper, die allmählichen ins Holz einwachsen.
3. Innerhalb der forstlichen **Betriebsorganisation** einschließlich **Jagdausübung** und **Naturschutz** sowie in der **Landwirtschaft** wird beschildert, markiert und gekennzeichnet. Die Befestigungsmittel (Nägel, Haken) wachsen oft zusammen mit den befestigten Objekten ein (Jagennummern, Verkehrsschilder, jagdliche und Naturschutz-einrichtungen sowie Weidezäune).
4. **Interessengruppen** (Kultur, Tourismus, Sport und Wellnessbereich) wollen ihre Klientel informieren. Dies geschieht häufig mit entsprechenden Beschilderungen zu Sehenswürdigkeiten, Wander-, Rad-, und Reitrouten etc., die an Bäumen dauerhaft befestigt werden.

Vermeidung

Kampfhandlungen müssen durch politisches Handeln ersetzt werden. Konflikte sind dauerhaft nicht mit militärischer Gewalt zu lösen. So lange geschossen wird, gibt es diese spezielle Art von Splitterbefall.

In Waldgebieten, in denen während des Zweiten Weltkrieges Kampfhandlungen stattgefunden haben, sind betroffene Bestände auf entsprechende Verletzungen zu untersuchen (z. B. Großraum Berlin / Seelower Höhen oder Westerwald). In den neuen Bundesländern sind bis 1993 durch sowjetische Truppen auf Manövergelände neue Splitterschäden verursacht worden, die als „Splitterbestände" ausgewiesen werden. Dem Holzkäufer ist ein möglicher Splitterbefall anzuzeigen, wenn Holz aus diesen Beständen angeboten wird.

Bild 6.65
Gut haftende Wegmarkierung mit selbstklebender Folie auf der gereinigten Rinde einer Altbuche *(Fagus sylvatica)*

Bild 6.66
Ansitz vor und nicht an einem Baumzwiesel in einem Privatjagdgebiet

Bild 6.67
Naturschutz im „Sinne" des Baumes: Der Nistkasten hängt an einem Ast

Bild 6.68
Holzverfärbung an Furniereiche *(Quercus ssp.)* durch Granatsplitter

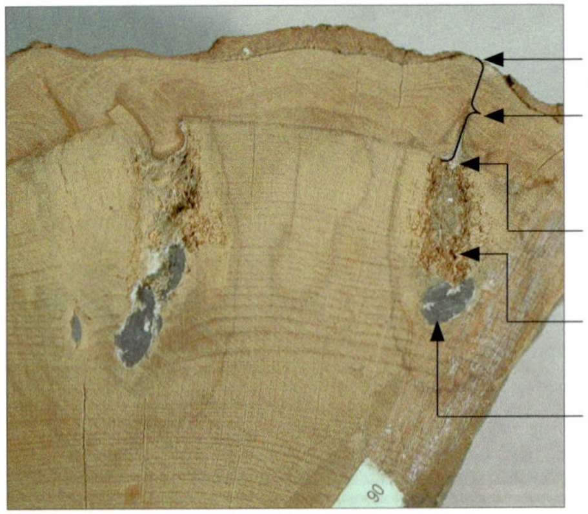

Bild 6.69
Auswirkungen von Einschüssen durch Bleigeschosse in einer Buche *(Fagus sylvatica)*

Bild 6.70
„Verbrannte" Brettoberfläche von Robinie *(Robinia pseudoacacia)* durch abgestumpfte Sägezähne nach Durchtrennen eines Nagels, Holzverfärbung im Nagelbereich

Ständige Aufklärung und gutes Beispiel könnten **Gedankenlosigkeit** und Leichtfertigkeit bei der Verwendung von Bäumen als Befestigungsmittel zurückdrängen (Bild 6.65). **Mutwillen** kann nur durch Erziehung (allgemeine Anerkennung eines Verhaltenskodex') bzw. durch Sanktionen verringert werden. Die Mitarbeiter im forstlichen **Betriebsvollzug** sind darauf hinzuweisen, dass eine sparsame Farbmarkierung statt Schilder, Plastenägel statt Metall oder eigene Pfähle für Beschilderungen zu verwenden sind.

Jäger und **Naturschützer** sollten jagdliche und Naturschutzeinrichtungen (Ansitze, Aufklärungstafeln, Schilder, Nisthilfen etc.) nicht an Bäumen befestigen (Bild 6.66 und 6.67).

Interessengruppen (Kultur, Tourismus, Sport und Wellnessbereich) sind über die schädigenden Auswirkungen von Befestigungsmitteln an Bäumen aufzuklären. Wo möglich, sind Interessengruppen durch zuständige Institutionen anzuweisen (Anonymus 2000; DIN 2004a).

Der achtsame Umgang von uns Menschen mit den Bäumen ist letztlich eingebettet in die alles Leben umfassende „Ethik der Ehrfurcht vor dem Leben" (Schweitzer 1960).

Auswirkungen auf die Verwendung

Splitterschäden wirken sich sowohl auf die Holzqualität als auch auf Werkzeuge und betriebliche Abläufe aus (Vogelpohl 1987).

Holzqualität: Holzinhaltsstoffe, besonders Gerbstoffe, reagieren mit Metallen. So wird das Holz von Eiche *(Quercus ssp.)* und Kastanie *(Castanea ssp.)* durch Eisen im Splitterbereich weitreichend schwarzblau verfärbt. Metalle werden durch Holzfeuchte und Luftsauerstoff oxidiert, so dass es auch hier zu sichtbaren Verfärbungen kommt (Schute 1972a). Allein die Farbveränderungen im Holz lassen kaum noch eine Verwendung für höherwertige Erzeugnisse im sichtbaren Bereich zu (Bild 6.68). Je nach Zerstörungsgrad der Holzsubstanz ist Splitterholz für statische Zwecke nicht mehr einsetzbar. Eine Verwendung unter Auflösung des Holzgefüges kommt wegen der vorher notwendigen mechanischen Zerkleinerung nicht in Frage (Bild 6.69 und 6.70).

Werkzeugschäden: Der Kontakt von Holzbearbeitungswerkzeugen mit metallischen Fremdkörpern schädigt im günstigsten Fall nur die geschärften Schneiden, so dass diese abstumpfen. Dadurch verkürzen sich die Standzeiten von Sägen, Fräsern und Messern. Es entstehen Scharten, die sich in Holzoberflächen markieren. Der Energieverbrauch steigt.

Werkzeugzerstörungen führen zu erheblichen Kosten für Neubeschaffungen (Bild 6.71). Damit verbunden sind Maschinenstillstandszeiten (Schute 1964).

Betriebliche Abläufe: Splitterbedingte Havarien an Anlagen führen zu Produktionsunterbrechungen und können ganz empfindlich technologische Abläufe stören (Schute 1972b). Die ohnehin niedrigen Gewinnspannen in der holzverarbeitenden Industrie werden durch Splitterbefall zusätzlich beeinträchtigt. Am Beispiel eines Sägewerkes mit 13.000 Fm Jahreseinschnitt beziffert Fronius (1991) für einen von Splittern verursachten Schaden Schärfkosten und Nutzbreitenverluste an der Säge von 50 DM. Die jährlichen Stillstandszeiten betragen 82 Std., verbunden mit 600 Fm weniger Einschnitt. Das entspricht einem Gewinnentgang von ca. 25.000 DM.

Eine orientierende Hochrechnung des derzeitigen Splitterbefalls (Kirbach 2008) ergibt, auf 11,1 Mio. Hektar Waldfläche in Deutschland bezogen, folgende vorsichtigen Schätzwerte (Tabelle 6.6):

Technologische Anpassung

Meist sind metallische Einschlüsse überwachsen und bilden im Vergleich zur Astnarbe untypische Rindennarben. Diese Narben zeichnen sich durch einen scharfen Rand zwischen alter Rinde bzw. Borke und junger, über der Wunde gebildeter Rinde aus. Außerdem entsteht bei der Überwallung der geschädigten Holzoberfläche eine Quetschrinne. Splitternarben unterscheiden sich somit deutlich von Astnarben glattrindiger und von Rosen grobborkiger Holzarten (Bild 6.72 a – d).

Schute (1971) stellte fest, dass Buchen und Fichten mindestens 6 Jahre benötigen, um Infanteriemunition und Splitter vollständig einzuwachsen. Die 7,62mm-Kupfermantelgeschosse verursachen i.d.R. wesentlich kleinere Narben (12-99 cm²) als Stahlsplitter (9-368 cm²).

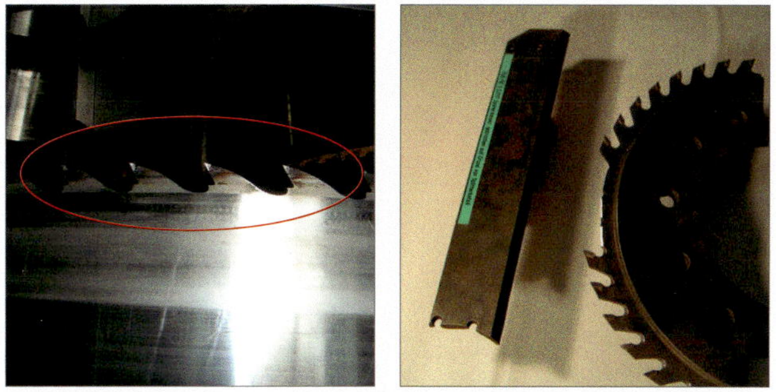

Bild 6.71
Links: Zahnausbrüche an einer stellitierten Bandsäge, verursacht durch Nägel
Rechts: zerbrochenes Spanermesser (Messerringzerspaner), Zahnausbrüche an einem Vorschneider (Profilzerspaner)

Bild 6.72 a – d:
Visuelle Unterscheidung zwischen Astnarben und alten Splitternarben, Bad Muskau

Geschossnarben (a) und Astnarbe (Chinesenbart) (b) an Buche *(Fagus sylvatica)*

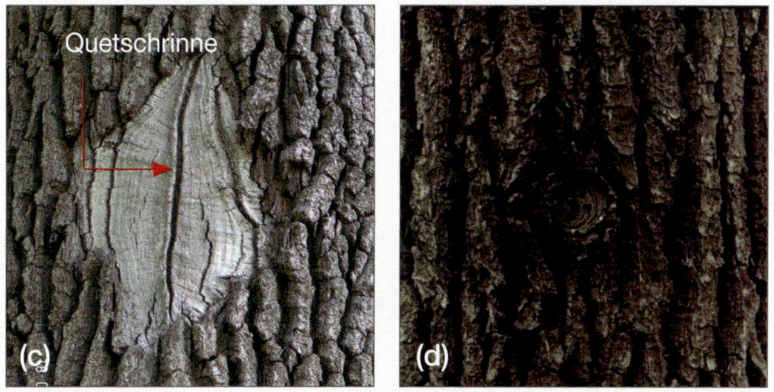

Splitternarbe (c) und Astnarbe (Rose) (d) an Eiche *(Quercus ssp.)*

Tabelle 6.6
Schäden durch metallische Einschlüsse in Deutschland (Schätzwerte) Kirbach 2008

Anzahl splitterbefallener Bäume	6,4 Mio.
Splitterbefallenes Holzvolumen (unteres 6-m-Stammstück)	4 Mio. fm
Anzahl befestigter Objekte	7 Mio.
Anzahl metallischer Befestigungsmittel	13,7 Mio.
Mindererlöse Holzverkauf (erntekostenfrei)	**68,5 Mio. €**

Bild 6.73
Einsatz eines Metalldedektors vor dem Einschnitt von Langholz mit Splitterverdacht

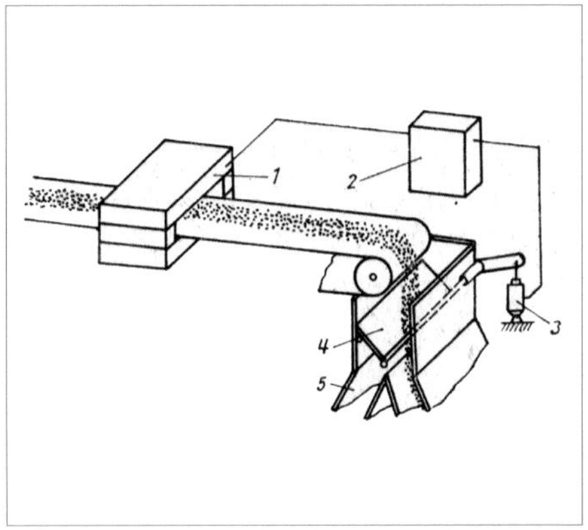

1 Suchspule
2 Verstärker
3 Stellmotor
4 Steuerklappe
5 Hosenstück

Bild 6.74
Splittersuchgerät an einem Gurtbandförderer für Hackschnitzel (Autorenkollektiv 1988)

Nach 20-30 Jahren sind die Narben kaum noch von Narben zu unterscheiden, die durch Steinschlag oder Stammverletzungen bei der Holzernte und durch Mutwillen entstanden sind.

Holzverarbeiter wenden deshalb verschiedene Diagnoseverfahren an, um metallische Einschlüsse vor der Holzverarbeitung zu orten und zu beseitigen. Das einfachste Verfahren ist die *visuelle Prüfung*, besonders an Bäumen mit Splitterverdacht in der Nähe menschlicher Ansiedlungen, an Straßenrändern und Wald-Feld- Grenzen.

Das Aufspüren metallischer Einschlüsse mit technischen Hilfsmitteln ist inzwischen gängige Praxis (Vogelpohl 1987). Für Waldbesitzer und Betreiber kleiner holzverarbeitender Betriebe bieten sich transportable *Splittersuchgeräte* an, deren Leistungsfähigkeit den zu diagnostizierenden Holzdimensionen angepasst sein sollte (Bild 6.73). Beim Einsatz solcher Geräte ist darauf zu achten, dass metallische Gegenstände außer Reichweite des Ortungsbereichs liegen (i. d. R. über 5 m).

Unternehmen mit größerem Holzdurchsatz (Säge- und Profilzerspanerwerke, Span- und Faserplattenwerke, Zellstoff- und Papierhersteller) bedienen sich stationärer, eingehauster Metallsuchgeräte und -abscheider, durch die das entrindete Rundholz bzw. die Hackschnitzel geführt werden (Bild 6.74).

Zerspanerwerkzeuge werden mit Hartmetall bestückt, um ihre Standzeit zu verlängern (Fräser, Bohrer, Kreissägeblätter) oder Band- und Gattersägeblätter werden stellitebezahnt. Allerdings sind Hartmetalle schlagempfindlich gegenüber Metalleinschlüssen.

Bildteil 6.2.4 – 1
Splitterbefall durch Kriegseinwirkungen und jagdliches Schießen

Wirkung einer Sprengbombe an einer Eiche *(Quercus)*, Dresden, 13. Februar 1945, Deutschland

Wirkung von Granatsplittern und Infanteriegeschossen an einer Eiche *(Quercus)*, Bad Muskau, Januar 1945, Deutschland

Narben von Granatsplittern an einer Buche *(Fagus)*, Neiße- Übergang, Januar 1945, Deutschland

Harzfluss nach Einschuss eines Kupfermantelgeschosses (Jagdmunition) in eine Fichte *(Picea)* (links); Holzverfärbung im Bereich des Geschosses nach wenigen Jahren (rechts)

Verletzung einer Altkiefer *(Pinus)* durch MP- Garbe, Forst, Januar 1945, Deutschland
Foto: E. Bäucker

Einschussnarbe eines Kleinkaliber- Projektils an einer Erle *(Alnus)*

Ca. 15 Jahre alte Einschüsse von Kleinkaliber- und Blei-Flintenlaufgeschossen an einer Esche *(Fraxinus)*

Esche *(Fraxinus)* als Kugelfang an einem Schießstand für jagdliches Schießen

Bleikugeln in einem Balken (Befreiungskriege 1812), Rietschen, Oberlausitz, Deutschland

Bildteil 6.4.2 – 2
Forstbetriebsorganisation, einschließlich Tourismus, Jagdausübung und Naturschutz (1)

Diese metallene Abteilungsnummer aus dem 19. Jahrhundert wurde einem Sägegatter zum Verhängnis.

Die touristische Beschilderung hat diesen Ahornstamm *(Acer)* entwertet.

Vorbildliche, separat angebrachte Beschilderung von Wanderwegen

An diesem idyllisch gelegenen Ort haben Generationen von Malern dokumentiert, dass sie hier nach der Natur gemalt haben.

Bäume am Waldrand müssen viel ertragen: Rückeschäden, Splitterbefall, geheime Privatdaten, aber auch ein altes Jagenzeichen, mit Farbschablone angemalt

Das Reitwegschild (Hartmetallschraube und Nagel) wurde vom Waldeigentümer (Staatsforst) selbst an dieser Lärche *(Larix)* angebracht.

Wachsen die Schrauben zur Befestigung dieses Schildes für einen Wasserlehrpfad in den Buchenstamm ein, ist nach der Nutzung ein Werkzeugschaden beim Holzeinschnitt vorprogrammiert (links). Warum nicht dauerhafte Abziehbilder verwenden (Mitte) oder noch besser flexible Manschetten zur Wegemarkierung, wie in diesem schwedischen Nationalpark (rechts)?

Der Nistkasten ist an einem Eichen- Z- Stamm *(Quercus)* festgeschraubt. Naturschutz kontra Holzqualität?

Dieser Kiefernstamm *(Pinus)* (B-Qualität) wurde als Ansitzbefestigung verwendet Ergebnis: 7m Splitterholz

Die Befestigung eines ehemaligen Schutzzaunes für einen Buchen-Voranbau wächst in den Fichtenstamm *(Picea)* ein.

Der eingewachsene Maschendraht sollte den Ahorn *(Acer)* einst vor Wildverbiss schützen Foto: J. Schubert

Stark überwallte Blechmarkierung an Bergigronfolo *(Qualea rosea)* in einer Versuchsfläche des tropischen Regenwaldes, Surinam

Bildteil 6.4.2 – 2 Forstbetriebsorganisation, einschließlich Tourismus, Jagdausübung und Naturschutz (2)

Bildteil 6.4.2 – 3
Landwirtschaft, Verkehr (1)

Eingewachsener Weidedraht in einem Ahorn *(Acer)* regte diesen zur Bildung von Wasserreisern an.

Esche *(Fraxinus)* am Waldrand mit eingewachsenen Isolatoren und Weidedraht

„Dauerhafte“ Weideabgrenzung mit Hilfe von Feldbahngleis- Schienen ist von der Esche *(Fraxinus)* überwallt worden.

Ein Weidedraht hat diese Eiche *(Quercus)* so stark abgeschnürt, dass sie abgestorben ist.

Ein Bandsägeblatt und eine Motorsägenkette fielen diesem verdeckten Isolator in einem Eichenstamm *(Quercus)* zum Opfer.

Eichensägeholz *(Quercus)* mit Hufeisen als Zaunhalterung aus einem Garten am Waldrand

Dieser Eisennagel hat das Eichenholz *(Quercus)* in 60 Jahren großräumig verfärbt.

Sammlung zerschnittener Nägel in einem Sägewerk. Abgesehen von den Holzverfärbungen bedeutet jeder Nagel zusätzlichen Werkzeugwechsel und anschließende Instandsetzung.

Bildteil 6.4.2 – 3
Landwirtschaft,
Verkehr (2)

Der eingewachsene Nagel verfärbt das Holz der Birke *(Betula)*. Dies wird besonders nach dem Schleifen sichtbar (rechts).

Eingewachsenes Stahlseil und Kette zur Befestigung einer Falle an einer Eiche *(Quercus)*

Unangemessenes Verkehrsverhalten kann auch tragisch enden: Die Wucht des Aufpralls zerstört das Auto und den Pflaumenbaum (links). Ob die Insassen überlebt haben, ist unbekannt. - Plötzlich endete das Leben des Autofahrers (rechts). Langsam wird auch die verletzte Esche absterben.

Bild 6.75
Haustorien von Tannenmistel *(Viscum album ssp. Abietis)* sind in den Tannenast eingewachsen.
A: Ältere Mistel mit tief eingewachsenen Haustorien
B: Jüngere Mistel mit Haustorien in den äußeren Jahrringen des Astes

Bild 6.76
Laubbaummistel *(Viscum album)* mit Früchten

6.3 Einfluss durch Pflanzen: Epiphyten und Kletterpflanzen (Lianen)

Beschreibung des Merkmals
(Strasburger et al. 1978, Kehl 2013, Lilienthal 2004)

Epiphyten und Kletterpflanzen (Lianen) wachsen überwiegend in tropischen Regenwäldern, sind aber auch in den gemäßigten Breiten mit einigen wichtigen Arten vertreten. Sie siedeln sich im oberen Stammbereich der Bäume an oder nutzen das Stützgerüst der Bäume als Kletterhilfe, vermögen deshalb bei geringer eigener Holzbildung mit Dornen, Stacheln, Haftwurzeln, Ranken und Krümmungsbewegungen in die lichtüberfluteten Baumkronen vorzudringen.

Epiphyten sind Aufsitzerpflanzen die von den feuchten Tropen bis in die ozeanisch beeinflussten Regenwälder der gemäßigten Breiten verbreitet sind. Sie benutzen die Äste, Astkehlen, Beulen und die Rinde der Bäume als Befestigungspunkte, um vom Licht in den oberen Etagen des Waldes zu profitieren. Hierzu gehören u. a. Bromelien *(Bromeliaceae)*, Orchideen *(Orchidaceae)*, (Laub-)Moose *(Bryophyta)* und Sukkulenten (auch Kakteen). Unter günstigen Wachstumsbedingungen für diese Epiphyten können ganze Stämme unter ihrer Last zusammenbrechen.

Verschiedene Aufsitzerpflanzen leben **halbparasitisch**, indem sie Senkwurzeln (Haustorien) in die Äste ihrer Wirtsbäume wachsen lassen (Bild 6.75). Unter den tropischen Pflanzen sind die Riemenblumengewächse *(Loranthaceae)* zu nennen. Sie sind verwandt mit der im gemäßigten Klima verbreiteten weißbeerigen Mistel *(Viscum album)*, die als immergrüne Pflanze auf Laubbäumen, Tannen und Kiefern lebt. Ihre in klebrigen weißen Scheinbeeren enthaltenen Samen werden von Vögeln verbreitet (Verdauungsverbreitung). Meist werden Äste befallen. Die Mistel ist Nahrungs- und Lichtkonkurrent für die Assimilationsorgane des Zweiges, auf dem sie wächst (Bild 6.76).

Bartflechten *(Usnea ssp.)* sollen bei den Aufsitzerpflanzen mit genannt werden, obwohl sie von der Systematik her den Pilzen zugeordnet sind. Flechten bilden eine Symbiose zwischen Pilzen, die Nährstoffe aufnehmen und Grünalgen bzw. Cyanobakterien, die Assimilate produzieren. Besonders baumbewohnende Bartflechten können das Geäst ganzer Bäume in lichten Baumbeständen besiedeln. Sie wirken nicht schädigend. Sie sind Anzeiger für hohe Luftfeuchte und gute Luftqualität (Bildteil 6.4.3 – 1).

Hemi-Epiphyten sind ebenfalls Aufsitzerpflanzen in den feuchten Tropen, deren Samen im Vogelkot unverdaut auf Ästen ausgeschieden werden. Allerdings treiben diese Pflanzen Luftwurzeln bis *in* den Boden. Die Luftwurzeln verstärken sich. Weitere Luftwurzeln treiben aus und verwachsen miteinander. Sie umwachsen den Wirtsbaum, der schließlich abstirbt. Zu diesen sog. Baumwürgern gehören die Würgefeigen *(Ficus ssp.)*, (Bild 6.77) (Bildteil 6.4.3 – 2).

Zu den **Kletterpflanzen (Lianen)** zählen über 2500 Arten, die verschiedenen Pflanzengattungen angehören, von denen ca. 90% in den Tropen wachsen. Sie keimen am Boden und benutzen Bäume als Kletterhilfen, um rationell, ohne eigenen Stützapparat, möglichst schnell in den lichtdurchfluteten Kronenbereich zu gelangen. Je nach ihrer „Kletterstrategie" werden Spreizklimmer, Wurzelkletterer, Windenklimmer und Rankenklimmer unterschieden:

Zu den tropischen **Spreizklimmern** gehören die umfangreichen Gattungen der Rotangpalmen bzw. Rattanpalmen *(Calameae)*, die sich mit Spreizästen und Stacheln an Bäumen hochranken (Bild 6.78). Mit ihrem umfangreichen Blattwerk werden sie zum Lichtkonkurrenten für den Wirtsbaum. Spreizklimmer in den gemäßigten Breiten sind Brombeere *(Rubus sectio Rubus)* und verschiedene Kletter-Wildrosen *(Rosa)* (siehe Bildteil 6.4.3 – 3)

Wurzelkletterer bilden am Spross Haftwurzeln aus, mit deren Hilfe sie an Bäumen zum Licht des Kronenraums vordringen. Die Haftwurzeln verletzen nicht die Baumrinde. Der Baumbewuchs führt aber zu Licht- und Nährstoffkonkurrenz.

Wurzelkletterer der Tropen und Subtropen sind u. a. Kletterfeigen *(Ficus ssp.)*, der Schwarze Pfeffer *(Piper nigrum)*, die Vanille *(Vanilla planifolia)* und die Kletterhortensie *(Hydrangea petiolaris)*. Der wichtigste Wurzelkletterer der gemäßigten Klimazonen ist der immergrüne Efeu *(Hedera helix)*. Er wächst mit Hilfe seiner Haftwurzeln bis in die Baumkronen (Bild 6.79). Efeu ist Schatten ertragend. Er kann bis zu 450 Jahre alt werden. Weit verbreitet, aber forstlich unbedeutend ist der Wilde Wein *(Parthenocissus ssp.)*, (siehe Bildteil 6.4.3 – 4).

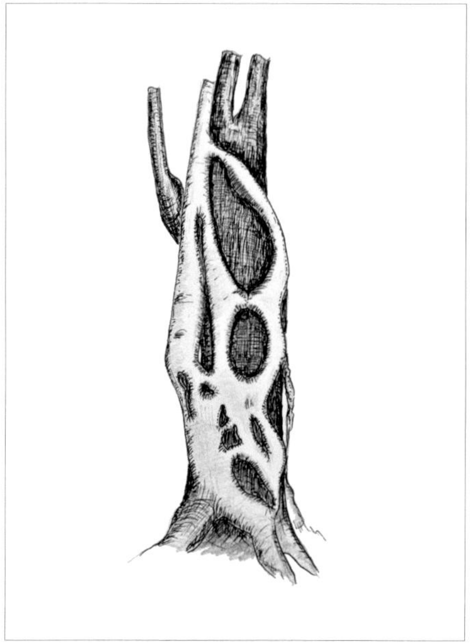

Bild 6.77
Würgefeige *(Ficus ssp.)* umwächst ihren Wirtsbaum.

Bild 6.78
Rotangpalme *(Calamus adspersus)*
Bild: f8f5847_w; Hausschatz des Wissens (1900)

Bild 6.79
Junger Efeu *(Hedera helix)* mit Schattenblättern

Bild 6.80
Weiblicher wilder Hopfen *(Humulus lupulus)* mit Blüten

Zu den **Windenklimmern** gehören viele Arten aus der Familie der Hülsenfrüchtler *(Fabaceae)*. Windenklimmer führen mit ihren langen Internodien kreisende Bewegungen (Circumnutation) aus, bis sie eine Kletterhilfe finden und ranken sich an dieser zum Licht empor. In den gemäßigten Breiten ist besonders der wilde Hopfen *(Humulus lupulus)* verbreitet. Er ist ein einjähriger, links windender Klimmer, der besonders den Trauf an Bestandesrändern überwuchert (Bild 6.80) und zum Lichtkonkurrenten der Stützpflanze wird (siehe Bildteil 6.4.3 – 5).

Bei **Rankenklimmern** sind Spross, Wurzeln bzw. Blätter zu schlanken Ranken verändert. Mit nutierenden Bewegungen suchen sie eine Kletterhilfe. Trifft eine Ranke auf Widerstand, wird sie gereizt und rollt sich ein (Thigomonastie) und stabilisiert den Spross beim Klimmen. Der wilde Wein *(Vitis vinivera subsp. sylvestris)* ist eine der vielen Lianenarten, die sich bis in die gemäßigte Klimazone ausgebreitet hat (siehe Bildteil 6.4.3 – 6).

Zu den forstlich bedeutenden Lianen zählt die Waldrebe *(Clematis vitalba)*, deren bis zu 6 cm dicker Stamm den Kronenraum mehrerer Bäume überwachsen kann (Bild 6.81). Die Waldrebe ist – wie viele Lianen der Tropen auch - in der Lage, Bäume so fest zu umschlingen, dass deren Stämme deformiert werden und schließlich absterben.

Ursachen

Die Ursache dafür, dass Pflanzen an und auf Bäumen wachsen, besteht im Bestreben dieser Pflanzen, möglichst mit wenig eigenem stofflichen und energetischen Aufwand zum Licht zu gelangen, um effektiv assimilieren zu können. Dabei schädigen sie in unterschiedlichem Maße ihre Wirtsbäume.

Epiphyten beeinträchtigen ihren Wirtsbaum, indem sie sich als Aufsitzerpflanzen ein eigenes Wachstumsmilieu aus Humus und Wasserspeicherung bilden, das auf den Wirtsbaum Infektionsdruck ausüben kann. Des Weiteren beschweren sie den Baum und beschatten dessen Blätter. Die Halbparasiten unter ihnen entziehen den Wirtsbäumen zusätzlich Nährstoffe und Wasser, indem sie Haustorien (Senkwurzeln) in das Holzgewebe der Äste treiben (Bild 6.82).

Sie nutzen das Lichtangebot im Kronenraum für die Assimilation. So kann starker Mistelbefall zum Absterben des Wirtsbaumes führen. Auf bestimmte Wirtspflanzen spezialisierte (Zwerg)-Mistelarten *(Arceuthobium spec.)* lösen die Wucherung von Hexenbesen an nordamerikanische Kiefernarten *(Pinus ssp.)*, Wachholder *(Juniperus ssp.)*, Douglasie *(Pseudotsuga taxifolia)* und Zypresse *(Cupressus ssp.)* aus.

Die Wachstums“strategie“ der **Hemi-Epiphyten** besteht darin, den Wirtsbaum so lang als Trägerpflanze zu benutzen, bis das eigene Geflecht an Luftwurzeln selbsttragend geworden ist. Stirbt der umschlungene Wirtsbaum ab, wird er zum Nährstofflieferanten des Hemi-Epiphyten.

Die am Boden keimenden **Kletterpflanzen (Lianen)** nutzen Dornen, Stacheln, Haftwurzeln, Ranken und Krümmungsbewegungen, um mit Hilfe des Wirtsstammes zum Licht zu gelangen.

Während die Spreizklimmer, Wurzelkletterer und Windenklimmer die Kletterhilfe in der Regel nicht beschädigen, sondern im Wesentlichen nur als Licht- und Nahrungskonkurrenten auftreten, können die baumumschlingenden Rankenklimmer zusätzlich den Baum in seinem Dickenwachstum behindern, denn der besonders zugfeste Lianen“stamm“ folgt nicht dem Dickenwachstum des Baumes, sondern schnürt den Stamm ein.

Vor allem kronenüberwachsende Wipfellianen mit bis zu 300 Meter langen Stämmen (Rotang *[Calameae]*) sind als Lichtkonkurrenten in der Lage, die Wirtsbäume stark in ihrem Wachstum zu beeinträchtigen. In wärmeren Lagen der gemäßigten Breiten kann besonders die Waldrebe, weniger der wilde Hopfen, ganze Baumkronen überwachsen (Bild 6.83).

Bild 6.81
Waldrebe *(Clematis vitalba)* mit Fruchtständen

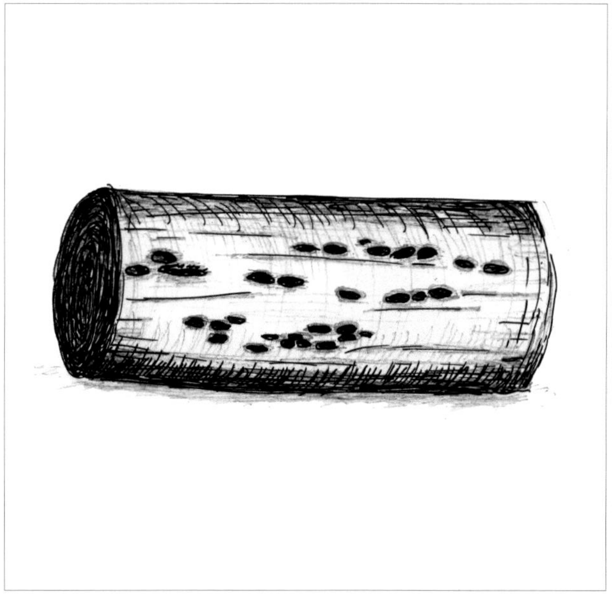

Bild 6.82
Spuren von Senkwurzeln (Haustorien) der Tannenmistel *(Viscum album ssp. Abietis)* auf einem Ast

Vermeidung

Epiphyten und **Hemi-Epiphyten** lassen sich kaum erfolgreich bekämpfen; entweder müssten die Vögel als Samenüberträger vertrieben oder alle Aufsitzerpflanzen mechanisch entfernt werden.

Bild 6.83
Von Clematis überwucherter, absterbender Ahorn *(Acer)*

Kletterpflanzen (Lianen) können am Stammfuß abgeschnitten werden. Waldbaulich sollte darauf geachtet werden, dass Bäume bei Hiebsmaßnahmen nicht seitlich freigestellt werden, da sich an diesen Steilrändern schnell Lianenvorhänge bilden können.

Prinzipiell sollte immer bedacht werden, ob die Anwesenheit dieser Gewächse in intakten Biogeozoenosen nicht höher zu bewerten ist als ein möglicher Schaden an den betroffenen Bäumen.

Auswirkungen auf die Verwendung

Die Halbparasiten unter den Epiphyten (Misteln *[Viscaceae]*) beeinträchtigen i. d. R. nur die Holzstruktur von Ästen, sind demnach kaum nachteilig für den Stamm. Stark schädigend sind Misteln dann, wenn sie als Nahrungskonkurrenten Bäume zum Absterben bringen (Pappelplantagen *[Populus ssp.]*), Obst- und Parkbäume, ganze Nadelwaldbestände in den USA und Kanada. Mistelzweige sind als Wintergrün und „Glücksbringer“ zum Jahreswechsel begehrt.

Untersuchungen zufolge können Misteln als Indikator für die Schwermetallbelastung von Böden verwendet werden. Schwermetalle verringern bei Pappeln die Widerstandsfähigkeit gegen Mistelbefall (N.N. 2009).

Lianen können Bäume einschnüren, deformieren und zum Absterben bringen. Sie sind deshalb im Wirtschaftswald i.d.R. zu entfernen *(Clematis)*. Beim Wilden Hopfen *(Humulus lupulus)* ist abzuwägen, ob sein verdämmender Einfluss besonders an Waldrändern schwerer wiegt als sein hübsches Erscheinungsbild. Außerdem enthält er als Hanfgewächs psychoaktive Substanzen, die pharmazeutisch interessant sind. Efeu *(Hedera helix)* ist eine willkommene „Dekoration“ der Bäume. Spät blühend ist er eine wichtige Bienenweide; die Früchte werden von vielen Vogelarten angenommen. Der Inhaltsstoff Saponin ist eine Droge, die bei Bronchitis entkrampfend wirkt.

Einschnürungen tropischer Lianen können aber auch die Form eines Stammes so verändern, dass bei Furnieren wunderschöne bizarre Texturen auftreten, die als Drapé bezeichnet werden (Bild 6.84).

Technologische Anpassung

In Wirtschaftswäldern sollten Bäume mit starkem Mistelbefall geerntet werden, bevor sie absterben.

Werden in tropischen Primär- und Sekundärwäldern Hiebsmaßnahmen durchgeführt, so sollten Lianen vorher an den zu fällenden Stämmen abgeschnitten werden, damit sie nicht andere Stämme beim Fällvorgang beschädigen oder gar umreißen. Derartige Kollateralschäden können auch für die Beschäftigten gefährlich werden.

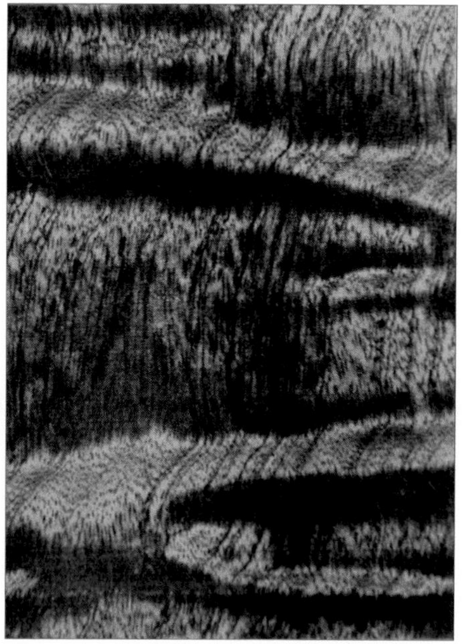

Bild 6.84
Drapé- Textur an Sapeli *(Entandophragma cylindricum)*
Foto: Wagenführ, R.

Bildteil 6.3 – 1
Epihyten (1)

Tannenmisteln *(Viscum album ssp. Abietis)* und Bartflechten *(Usnea ssp.)* an Weißtanne *(Abies alba)*, Pyrenäen 1250 m Höhe, Spanien

Links: Starker Mistelbefall *(Viscum album)* in einer Pappelplantage *(Populus ssp.)* mit Absterbeerscheinungen, Loire, Frankreich. Rechts: Früchte der weißbeerigen Mistel *(Viscum album)* an Pappel

Laubholzmisteln auf einer Linde *(Tilia ssp.)*

Moorbirke *(Betula pubescens)* mit reichem Mistelbesatz

Mistel *(Viscum spec.)* auf Zypresse *(Cupressus sempervirens)*, Evvoia, Griechenland

Zwergmistel *(Arceuthobium spec.)* auf Western Juniper *(Juniperus occidentalis)*, verursacht Harzausfluss, Arizona, USA.
Diese Mistel verursacht gleichzeitig Hexenbesen an Lodgepole Pine *(Pinus contorta)*, Wyoming, USA.

Haustorien (Senkwurzeln) einer Mistel markieren sich auf der Oberfläche des Astholzes einer Tanne, Tharandt, Deutschland.

Bildteil 6.3 – 1
Epihyten (2)

Desmaria mutabilis, ein tropisches Riemenblumengewächs *(Loranthaceae)*, Chile (Wikipedia, Pato Novoa, 10.1.2009)

Aufsitzerpflanzen an einem Stamm im Primärurwald, Surinam

Freistehender Stamm unter der Last von Epiphyten, Surinam

Während der Regenzeit gedeihen Bromelien *(Bromeliaceae)*, Farne *(Polypodiopsida)* und Flechten *(Lichen)* üppig, Surinam.

Moose, Farne und Kräuter auf Sitkafichte *(Picea sitchensis)* im Regenwald der gemäßigten Breiten, Ucluelet, Kanada

3000 mm Niederschlag führen an der kanadischen Pazifikküste zu üppigem Flechtenwachstum, Vancouver Island, Kanada

Moose besiedeln viele ausladende Bäume am Watson Lake, Kanada

Der Gewöhnliche Baumbart *(Usnea filipendula)* hat eine Gruppe Esskastanien *(Castanea sativa)* besiedelt. Er profitiert von häufigen Nebeln auf 1600 m Höhe, Gran Canaria, Spanien.

Bildteil 6.3 – 2
Hemi-Epiphyten (Würger)

Würgefeige *(Ficus ssp.)* umschließt eine Palme, nachdem eine Senkwurzel den Boden erreicht hat, Surinam.

Eine Würgefeige *(Ficus ssp.)* hat mit mehreren Senkwurzeln den Boden erreicht. Die Senkwurzeln entwickelten sich zu Stämmen (links), die den Stamm umschließen. Das Blattwerk der Würgefeige bildet eine lebensbedrohliche Konkurrenz für den Wirtsstamm (rechts), Brokopondo, Surinam.

Ficus macrophylla, gepflanzt 1792. Die Senkwurzeln sind zu Stämmen verdickt. Die Würgefeige hat in 200 Jahren ihren Standraum auf über 400 m² ausgedehnt. Puerto de la Cruz, Teneriffa, Spanien

Bildteil 6.3 – 3
Kletterpflanzen: Spreizklimmer

Brombeere *(Rubus sektio Rubus)*, bildet Stacheln aus, Deutschland.

Wildrose *(Rosa fedtschenkoana)*, bildet Stacheln aus, dringt bis ins Geäst der Bäume vor, Mittelasien.

Bougainvillea *(Bougainvillea glabra)*, der Spross ist oftmals mit Stacheln besetzt, Ägäis, Türkei.

Rotangpalme (Rattan) *(Calamus reinwardtii)*, Blattscheiden und Stamm sind stachelbewehrt, Java.

Bildteil 6.3 – 4
Kletterpflanzen: Wurzelkletterer

Die Esche leidet unter Wasser-, Nährstoff- und Lichtkonkurrenz des Efeus. Sie überlebte als letzter Stamm eines Eschenbestandes, Südschweden.

Efeu *(Hedera helix)* überwächst, aber schnürt die Esche (Fraxinus excelsior) nicht ein, Deutschland.

Die Lärche *(Larix decidua)* hat als Wirtspflanze für den Efeustamm dank eines ausreichenden Nährstoffangebotes überlebt.

Beeren des Efeus reifen zwischen Januar und April, Samen verbreiten sich über Vögel durch Endochorie.

Efeu als invasive Art. Selbst diesen Palmen wird er als Wasserkonkurrent gefährlich, Gran Canaria, Spanien.

Betelpfeffer *(Piper bettle)*, ein nur wenige Meter hochreichender Wurzelkletterer, Indien

Kletterhortensie *(Hydrangea ssp.)*, Deutschland

Kletterhortensie *(Hydrangea ssp.)* an Douglasie, Vancouver, Kanada

Selbstkletternde Jungfernrebe *(Partenocissus quinquefolia)*, Nordamerika

Bildteil 6.3 – 5
Kletterpflanzen: Windenklimmer

Wilder Hopfen *(Humulus lupulus)*. Die Rhizome treiben jährlich bis in 6 m Höhe.

Wilder Hopfen *(Humulus lupulus)* mit Fruchtständen. Sachsen-Anhalt, Deutschland

Wilder Hopfen rankt sich in eine Erle. Er stirbt nach der Fruktifikation im Herbst ab.

Amerikanische Pfeifenwinde *(Aristolochia macrophylla)* windet sich bis in 20 m Höhe.

Spaltkörbchen *(Schisandra repanda)*, ein verholzender Windenklimmer. Japan, China

Bildteil 6.3 – 6
Kletterpflanzen:
Rankenklimmer (1)

Waldrebe *(Clematis vitalba)* erstickt einen Ahorn *(Acer)*. Thüringer Becken, Deutschland.

Dichtes Geflecht verholzter Sprosse der Waldrebe *(Clematis vitalba)* hängt von einer Kiefer *(Pinus)* herab, Hörselberge, Deutschland.

Fruchtstände der Waldrebe *(Clematis vitalba)* an Eiche *(Quercus ssp.)*

Von Waldrebe *(Clematis vitalba)* umschlungene, deformierte, absterbende Weißtanne *(Abies alba)*, Niedersachsen, Deutschland

Liane windet an Douglasie *(Pseudotsuga taxifolia)*, Vancouver, Kanada.

Wilder Wein *(Vitis vinivera subsp. sylvestris)* überwächst eine Esche *(Fraxinus velutina)*, Zion-Nationalpark, Utah, USA.

Chinesische Wistarie *(Wistaria sinensis)* umschnürt eine Kletterhilfe, Ostasien.

Lianengewirr im Dschungel, Surinam, Foto: Kenter

Liane strafft ihren Stamm zwischen Wirtsbaum und Boden, indem sie sich verwindet.

Bildteil 6.3 – 6
Kletterpflanzen:
Rankenklimmer (2)

Die Liane *Bauhinia guianensis* besteht aus teilweise gewellten, verwickelten Stammteilen.

Hauptbaumarten wie Bergigronfolo *(Qualea rosea)* (links), der wertvolle Bolletrie *(Manilkara bidentata)* (Mitte) oder die Sapote *(Pouteria ssp.)*, ein Baum mit pharmazeutisch wirksamen Bestandteilen, werden gleichermaßen von den verschiedensten Lianen besiedelt, Surinam.

Nach dem Holzeinschlag bedeckt ein grüner Teppich abgerissener Lianen den Waldboden.

Wer wird überleben? Eine Liane würgt einen Stamm. Der Stamm überwächst teilweise die Liane, Surinam.

Diese Liane verursacht am Wirtsbaum einen Assimilatstau. Der Stamm verdickt sich über der Einschnürung, Surinam.

Die Liane hat den Stamm deformiert, ist aber abgestorben. Der Stamm kann die Deformation nicht auswachsen, Surinam. Foto: Kenter

Von Liane markierte Druckstellen. Der Stamm hat die Einschnürung gesprengt und könnte im Inneren eine Drapé-Textur aufweisen. Foto: Kenter

Drapé- Textur an Sapeli *(Entandophragma cylindricum)*, entstanden durch Lianeneinschnürung, Foto: Wagenführ, R.

7. Abiotisch verursachte Holzmerkmale

7.1 Temperatur- Feuchte- Einwirkung

7.1.1 Rindenbrand / Sonnenbrand / Sonnennekrose

Beschreibung des Merkmals

Wer aufmerksam frisch gepflanzte, am Stamm ungeschützte Straßenbäume betrachtet, wird häufig feststellen, dass deren Rinde bereits nach der ersten Vegetationsperiode an der sonnenzugewandten Seite aufplatzt. Dieser Schaden wird als Rindenbrand oder Sonnennekrose bezeichnet. Die Stämme wurden nicht gegen Sonneneinstrahlung geschützt – eine Sparsamkeit mit verhängnisvollen Auswirkungen.

Besonders die Rinde dünnrindiger Baumarten wie Rotbuche *(Fagus sylvatica)*, Hainbuche *(Carpinus betulus)*, Bergahorn *(Acer platanoides)*, Spitzahorn *(Acer pseudoplatanus)*, Linde *(Tilia cordata)*, Fichte *(Picea abies)*, weniger Tanne *(Abies alba)* und Weymouthskiefer *(Pinus strobus)* reißt unter starker Sonnenstrahlung streifenweise bzw. plattig auf (Bild 7.1). Die absterbende Rinde verfärbt sich. In der Folge bricht die Rinde, hebt sich ab und der Holzkörper wird freigelegt. Holzverfärbungen, Pilz- und Insektenbefall entwerten das Holz. Der volkswirtschaftliche Schaden durch Rindenbrand liegt *„…nach vorsichtigen Schätzungen bei mehreren Millionen Euro jährlich…“*, bezogen auf Deutschland (Stobbe 2009).

Achtung! Dieser abiotische Schadeinfluss darf nicht mit Schadbildern von Bäumen mit Trockenstress aus Wassermangel verwechselt werden. Gleiches gilt für Rindenkrankheiten, die von pilzlichen Schaderregern verursacht werden, wie z. B. die Pappelrindenkrankheit durch *Cryptodiaporthe populea.*

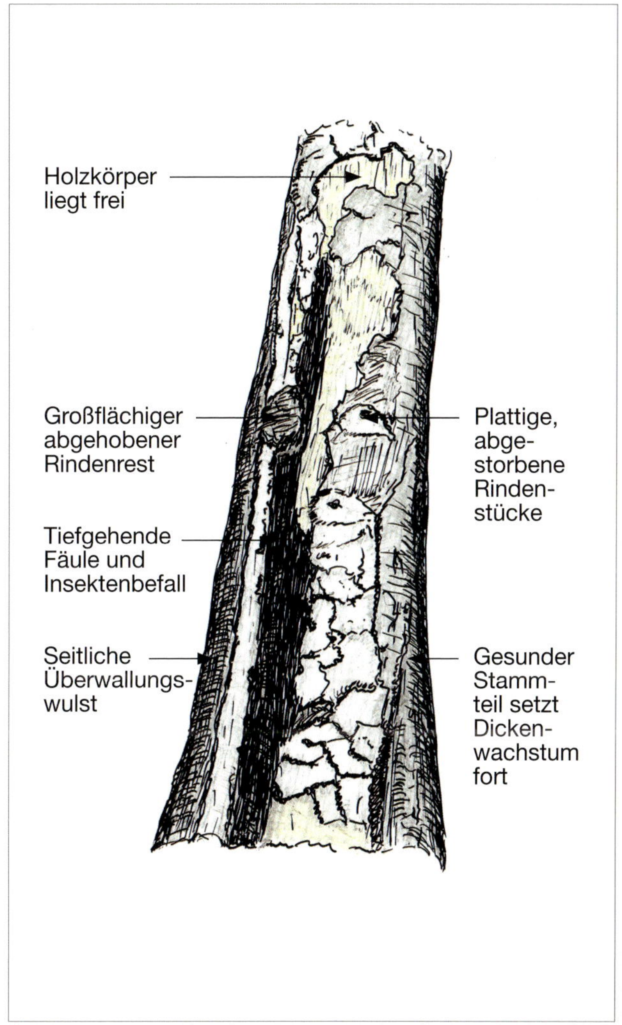

Bild 7.1
Rindenbrand mit Folgeschäden an einer Altbuche *(Fagus sylvatica)*

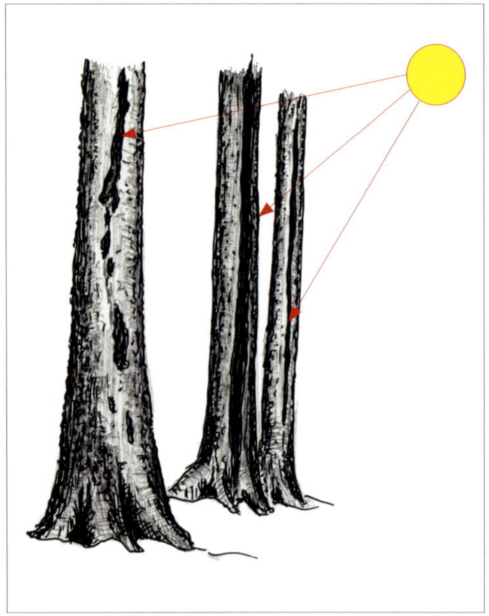

Bild 7.2
Teilweise überwallter Rindenbrand an Altfichten *(Picea abies)* an einer Schlagfront

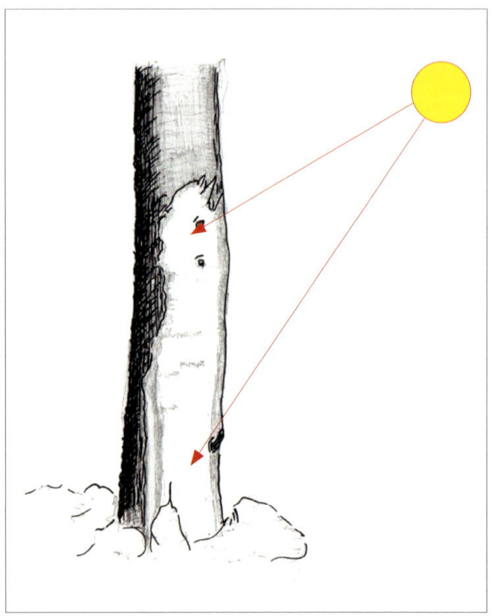

Bild 7.3
Winterlicher Strahlungsschaden an junger Linde *(Tilia ssp.)* einer Straßenbepflanzung

Ursachen

Werden Bäume mit dünner Rinde in SO- bis SW- Exposition plötzlich freigestellt oder als Solitärstämme gepflanzt, kann starke Sonneneinstrahlung im Sommer die Rinde überhitzen, das Kambium austrocknen, so dass es abstirbt. Uehre (2012) hat unter der Innenrinde von Spitzahorn *(Acer platanoides)* Temperaturen von 46,2°C gemessen. Kritische Temperaturen, bei denen das Kambium abstirbt, werden mit ca. 40°C angegeben. Hartig wies bereits 1894 den engen Zusammenhang zwischen Rindenstruktur der Baumart und der Gefährdung durch Rindenbrand hin. Seinen Untersuchungen zufolge wurde bei identischer Einstrahlung bei Buche 37°C, bei Fichte 28°C und bei dickborkiger Kiefer nur 20°C unter der Rinde gemessen (Hartig, zit. bei König 1957). Lediglich die dünnrindige Birke bleibt wegen ihrer hellen Rinde von Sonnenbrand verschont.

Freistellungen in Waldbeständen sind in der Regel die Folge von Flächenbrüchen durch Wind und Schnee oder Trassenaufhiebe für Straßen und Leitungen. Aber auch waldbauliche Fehlplanungen, wie der Anhieb von Beständen von Süden bis Südwesten her, das Entfernen von Traufbäumen, die plötzliche Lichtstellung von Bäumen, deren Stämme Jahrzehnte lang vom Blätterdach geschützt gewesen sind sowie die Missachtung der räumlichen Ordnung bei der Einrichtung und Bewirtschaftung von Waldbeständen können zu Rindenbrand führen (Bild 7.2).

Strahlung im Winter kann ebenfalls Rinde und Kambium wegen Wassermangels austrocknen. Während die Verdunstung in der Baumkrone bereits einsetzt, verhindert noch der Bodenfrost, dass der Baum Wasser aufnehmen kann. Gefährdet sind besonders flach wurzelnde Baumarten und junge (Straßen-)bäume (Bild 7.3).

Die natürlichen Standorte vieler Baumarten der Tropen sind dichte Primärwälder. Ihre Rinde muss nicht gegen direkte Sonnenstrahlung schützen. Die Bäume verwenden ihre begrenzten Ressourcen vorrangig zum Kronenwachstum und nicht zur Ausbildung dicker Rinde. Werden diese dünnrindigen Bäume plötzlich freigestellt, kann das – selbst bei steilem Einstrahlungswinkel der Sonne - zu Rindenbrand führen.

Vermeidung

Auflichtungen durch Schlagfronten, Lochhiebe und Trassenhiebe sind besonders in strahlungsexponierten Richtungen zu vermeiden. Der Trauf der Bestandesränder ist in jedem Falle zu erhalten. Haben natürliche Ereignisse wie Windwurf und Schneebruch zu Steilrändern geführt, dann sind von Rindenbrand geschädigte Bäume vorerst zu belassen, damit der dahinter liegende Waldbestand nicht erneut gefährdet wird.

Waldränder sind vorrangig mit grobborkigen Baumarten und Sträuchern zu gestalten. Auflichtungen sind sofort wieder zu bepflanzen, damit der Strahlung ausgesetzte Bäume rasch wieder beschattet werden.

Neuanpflanzungen im Freiland (Straßenbäume) sind unbedingt gegen Sonnenstrahlung und wegen des Verdunstungsschutzes am Stamm zu schützen (Bild 7.4). Bewährt haben sich organische Anstriche von weißer Farbe (Latex), gemischt mit Quarzsand oder flexible textile Bandagen. Die Schutzwirkung wird mit ca. 5 Jahren angegeben (Stobbe, Dujesiefken 2006). Der Schutzanstrich bzw. die Bandagierung sind gleichzeitig ein zusätzlicher Schutz gegen Nage-, Schäl- und Fegeschäden.

Auswirkungen auf die Verwendung

Der Gebrauchswert des Holzes sinkt mit zunehmender Rindenschädigung. Stammtrocknis, Pilz- und Insektenbefall schließen jeden höherwertigen Verwendungszweck aus bzw. entwerten das Holz zur Qualitätsklasse D.

Rindenbrand an jungen Bäumen wird in der Regel überwallt, führt aber später häufig zu Kernfäule im Stamm. Besonders Straßenbäume müssen dann vorzeitig aus Verkehrssicherungsgründen gefällt werden.

Technologische Anpassung

Nicht geschädigte Stammteile sind bei zweckmäßigem Einschnitt für die Weiterverarbeitung geeignet (Bild 7.5). Oftmals scheitert dies aber an der genauen Qualitätsansprache und am zu großen Manipulationsaufwand.

Bild 7.4
Richtige Baumartenwahl, Stammschutz und Traufbildung verhindern Rindenbrand.

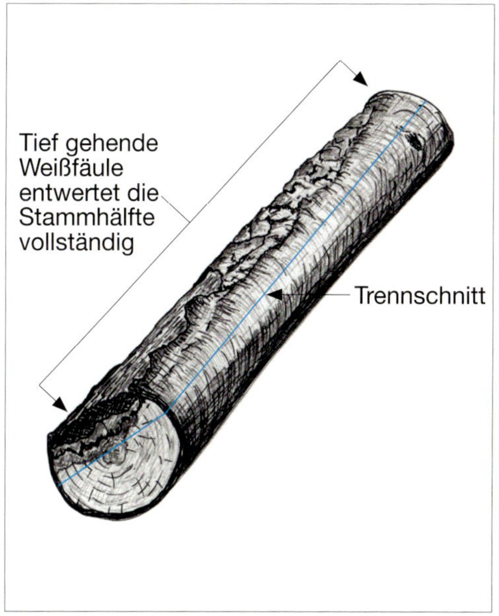

Bild 7.5
Empfohlene Schnittführung an einem durch Rindenbrand geschädigten Buchenstamm *(Fagus sylvatica)*

Bildteil 7.1.1
Rindenbrand / Sonnenbrand

Das Buchenaltholz *(Fagus sylvatica)* wurde nach Süd-Osten freigestellt. Der verbliebene Bestand ist nach 20 Jahren abgestorben bzw. stark vom Rindenbrand geschädigt.

Diese Buche konnte mit Borkenbildung auf die plötzliche Freistellung reagieren.

Diese Buche ist stark geschädigt, hat aber die vertrockneten Rindenflächen überwallt.

An dieser Buche hat der Rindenbrand zu umfangreicher Fäule unter der Überwallung geführt.

Plötzlich freigestellte, nach wenigen Jahren abgestorbene Altbuchen

An einem Saumschlag mit nach SO freigestellten Fichten *(Picea abies)* setzte bereits nach wenigen Jahren Rindenbrand ein (links). Nach 30 Jahren hat Rindenbrand alle randständigen Fichten entwertet (rechts).

Diese mit Rindenbrand geschädigte Fichte *(Picea)* ist bereits bruchgefährdet.

Diese Fichte am Waldrand hatte genügend Zeit, Schuppenborke zu bilden, die Rindenbrand erfolgreich verhinderte.

Bildteil 7.1.1
Rindenbrand / Sonnenbrand

Eine Straßenrandbepflanzung von Hainbuche *(Carpinus betulus)* (links) und Linde *(Tilia cordata)* (Mitte) ohne Bandagierung erlitt starke Strahlungsschäden. Die Leistungsbeschreibung des Auftraggebers war mangelhaft. Der Auftragnehmer verzichtete deshalb auf einen Stammschutz. Der entstandene Rindenbrand ist auch nach 12 Jahren nicht überwallt. Eine Ersatzpflanzung wurde nach 7 Jahren erforderlich – diesmal mit Stammschutz aus Rohrmatten (rechts).

Eine freigestellte Linde wird in einem Park vorsorglich mit Rohrmatten gegen Rindenbrand geschützt, Sanssouci, Deutschland.

Der Sonnenbrand vertrocknete das Kambium der freigestellten Bergahorne *(Acer platanoides)*. Die Rinde fällt streifenweise ab.

Parkplatzbepflanzung mit Feldahorn *(Acer campestre)* ohne Stammschutz in 1600 m Höhe (Pyrenäen) führt zwangsläufig zu Rindenbrand.

Linde *(Tilia cordata)* ohne Bandagierung mit Strahlungsschäden bei Frost (angebackene Rinde, Überwallungswulst)

Ein Polterplatz im Primärwald verursacht ein Lichtloch. Dies führt an freigestellten Stämmen zum Rindenbrand, Surinam.

Dieser nach Holzeinschlag im tropischen Regenwald freigestellte Zwarte Pintolokus *(Talisia pedicellaris)* ist ein Anwärter für Rindenbrand.

Bild 7.6
Überwallte Blitzrinne an Esche *(Fraxinus)*, Blitzeinschlag schwach

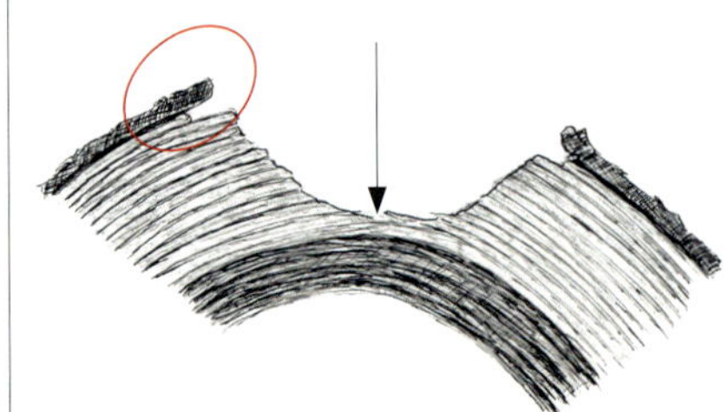

Bild 7.7
Stammquerschnitt mit Blitzrinne an Scheinzypresse *(Chamaecyparis)*, mittlere Blitzstärke

7.1.2 Blitz: Blitzrinne, Blitzloch

Beschreibung des Merkmals

Wohl jeder Mensch, der in den gemäßigten Breiten lebt, hat schon einen vom Blitz getroffenen Baum gesehen. Je nach Art der Berindung des Stammes, der durch den Gewitterregen verursachten Benetzung der Rindenoberfläche und der Stärke des Blitzes ergeben sich unterschiedliche Schadbilder.

An regennassen, glattrindigen Bäumen kann der Blitz an der Stammoberfläche entlang in den Erdboden schlagen, ohne einen sichtbaren Schaden zu hinterlassen. An grobrindigen Bäumen entsteht durch Blitzschlag eine **Blitzrinne**, bei der die Borke als schmales Band absprengt wird. In unmittelbarer Nähe einer Blitzrinne stirbt das benachbarte Kambium ab, über dem sich die Rinde langsam breitflächig ablöst. Ist der Baum noch lebensfähig, versucht er, die Schadfläche mit Wundgewebe zu überwallen (Bild 7.6).

Starker Blitzschlag kann auch eine Holzlasche aus dem Stamm herausreißen oder sogar den Stamm in wesentlichen Teilen zerschmettern (Bild 7.7 und 7.8). In jedem Fall ist ein derartiger Blitzschaden beeindruckend, hinterlässt er doch die Vorstellung, dass hierbei ungeheure Naturkräfte am Werk gewesen sind.

Als **Blitzloch** wird eine Gruppe von Bäumen in Nadelholzbeständen bezeichnet, die infolge eines Blitzschlages geschädigt wurde und langsam abstirbt. Die Nadeln färben sich an den Ästen, die in das Zentrum des Blitzloches ragen, braun und fallen ab. Fälschlicherweise wird als Ursache für das Absterben der Bäume Borkenkäferbefall verantwortlich gemacht, obwohl dieser erst in der Folge eines Blitzschlages und den damit verbundenen Vitalitätsverlusten der beeinträchtigten Bäume auftritt. Das größte bisher beobachtete Blitzloch wird mit 3500 m², das kleinste mit 200 m² angegeben (Bild 7.9) (Heß-Beck 1927/1930).

Ursachen

Ein Blitz ist eine sehr helle, kurzfristige Lichterscheinung, die durch Ladungsausgleich in den bis zu 12.000 m aufgetürmten und bis 800 m über den Boden reichenden Gewitterwolken selbst oder zwischen den Wolken und der Erde hervorgerufen wird (DWD 2007). Dabei wird je nach Vorzeichen der Spannungsdifferenz zwischen aufwärts und abwärts gerichteten Blitzen unterschieden. Die Spannungsunterschiede können einige 100 Mio. Volt betragen, wobei Ströme von mehreren 100.000 Ampére fließen. Für eine Millionstel Sekunde erhitzt sich die Luft unmittelbar um den Blitz auf über 30.000 °C. Der Durchmesser eines Blitzes kann einige Zentimeter bis mehrere Meter betragen (Anonymus 2018). Die plötzliche Ausdehnung der Luft im Blitzkanal verursacht den Donnerknall. Trotz des grellen Lichtblitzes und des gewaltigen Donnerschlages wird nur eine Energie freigesetzt, die dem Energieinhalt von ca. 10 Litern Heizöl entspricht (Aaftrink et al. 2005).

Drei Arten von Blitzentladungen werden unterschieden:

Die erste Art entsteht durch Ladungsausgleich *innerhalb einer Wolke*, deren Ränder durch ein bläuliches Aufleuchten sichtbar werden.

Die zweite Art kommt durch Ladungsausgleich *zwischen einer Wolke und einem Raumladungsgebiet* irgendwo in der Luft zustande (Wolke-Wolke-Blitz). Bis zu 60 km lange Linienblitze können die Folge sein. Die Blitzrichtung wird fast ausschließlich von der Verteilung der elektrischen Ladungen in der Atmosphäre bestimmt. Es können aber auch exponierte Punkte in Bodennähe, wie Baumwipfel, als Einschlagstellen in Frage kommen.

Die dritte Art entsteht durch Ladungsausgleich *zwischen einer Wolke und der Erde* (Wolke-Erde-Blitz). Nur etwa 10 % aller Blitze entladen sich zwischen einer Gewitterzelle, deren unterer Teil negativ geladen ist und dem Erdboden mit positiver Ladung. Dabei findet zuerst eine Vorentladung von der Wolke zur Erde statt. Sie ist sehr stromschwach (1 - 10 A), von negativer Polarität und bewegt sich ruckweise entlang einer hell erleuchteten, häufig verzweigten Zickzackspur vorwärts.

Sobald sie die Erde erreicht hat, steigt die Hauptentladung (eventuell mehrere nacheinander) zur Wolke. Sie ist positiv geladen und hat eine Stromstärke von 10^4 bis 10^5 A.

Bild 7.8 Zerborstener Fichtenstamm *(Picea)*, Blitzeinschlag stark

Bild 7.9 Blitzloch mit Absterbeerscheinungen in einem Fichtenbestand infolge eines Flächenblitzes

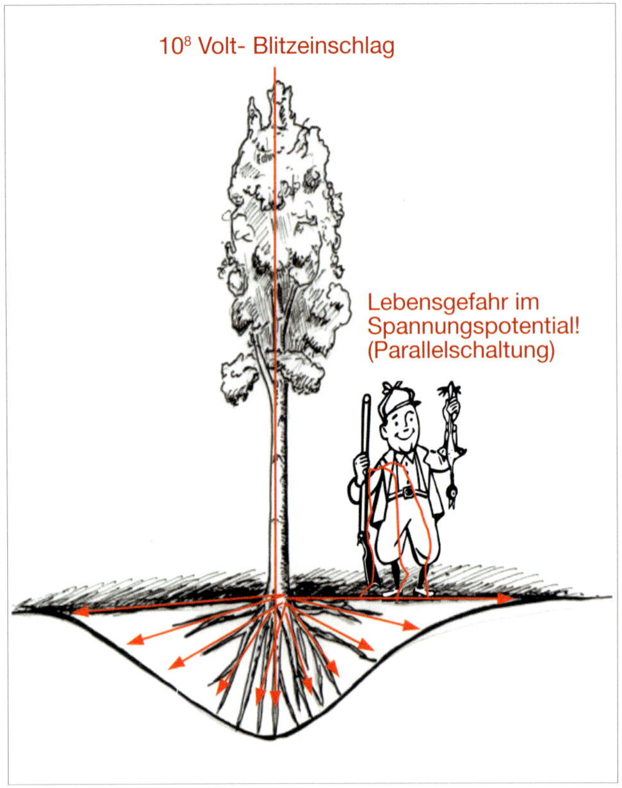

Bild 7.10
Spannungstrichter und damit verbundenes Gefährdungspotential bei einem Blitzschlag

Wird ein Baum von der Vorentladung getroffen, fließt auch die Hauptentladung durch ihn. Hat er einen Widerstand von 10^4 Ohm/m, so ergeben sich längs des Stammes Spannungen von 10^5 bis 10^6 V/m. Das führt zu Überschlägen längs des Stammes. Ein Überschlag wird durch grobe, geschichtete Borke erschwert. Der Strom fließt daher durch das feuchte Splintholz (Baatz 1985). Er folgt dabei dem Faserverlauf. Bei der Blitzableitung erhitzt sich das im äußeren Stammmantel befindliche Wasser derartig, dass es in einer Art *Dampfstoßeffekt* „explodiert". Der Blitzschaden hängt somit von der Rindenbeschaffenheit und der Stärke des Blitzes ab. Bäume mit glatter Rinde können ohne nennenswerten Schaden einen Blitzschlag erleiden. In der Regel wird der Splint geschädigt, indem eine rinnenförmige Vertiefung herausgerissen wird.

Achtung! Ein so genannter Blitz"riss" entsteht erst in Folge der Austrocknung des freigelegten Stammmantels unter den Fasersättigungspunkt des Holzes.

In der forstlichen Praxis werden **Flächenblitze** für die Entstehung von Blitzlöchern verantwortlich gemacht. Ein Flächenblitz entsteht, wenn die einzelnen Teilentladungen eines Linienblitzes durch die räumliche Spannungsverteilung und rasche Bewegung der Luftmassen flächenhaft auseinander gezogen werden und sich über einem größeren Teil eines Waldgebietes entladen. Durch die vom Blitzschlag verursachten Induktionsströme sterben nicht nur die vom Blitz getroffenen Bäume ab, sondern auch über längere Zeiträume hinweg die benachbarten Bäume, deren Feinwurzeln durch die Spannungsunterschiede im Erdungstrichter geschädigt bzw. abgetötet werden (Gäbler 1962).

Der radiale Spannungsabfall im Erdungstrichter bewirkt Spannungsdifferenzen, die so groß sein können, dass sie Mensch und Tier gefährden. Die Größe des Spannungstrichters ist neben der in den Boden eingeleiteten Strommenge von der Bodenstruktur und der Leitfähigkeit des Bodensubstrates abhängig. Die Größe des Spannungstrichters bestimmt weitgehend die Fläche des Blitzloches (Bild 7.10).

Im Unterschied dazu wird aber meteorologisch ein Flächenblitz als ein flächenhaftes Aufleuchten von hohen Wolken als Reflexwirkung von sehr weit vom Beobachtungspunkt entfernten Linienblitzen verstanden, als „Wetterleuchten" bezeichnet (Berger 1966). Häufig ist der Linienblitz selbst durch Niederschlagsteilchen und dichte Wolken gar nicht zu erkennen (Anonymus 2003). Die Entstehung von

Blitzlöchern durch derartige Flächenblitze ist daher nicht wahrscheinlich.

In den Tropen sind bei Gewittern Wolke-Erde-Blitze selten, weil die Gewitterwolken-Untergrenze meist über 3000 m Höhe liegt. Blitzüberschläge von 3000 m zum Erdboden sind nahezu ausgeschlossen (DWD 2007).

Vermeidung

Blitze können nicht verhindert werden. Die Gewittertätigkeit und Blitzhäufigkeit schwankt regional sehr stark. Für Bayern (Deutschland) werden im Durchschnitt 5010 Blitze (3500 bis 17990) pro Quadratkilometer und Jahr registriert (Bosshard 1984a). Jedoch kommt es nur zu 0,5 bis 10 Einschlägen je km². In Deutschland wurden im Jahre 2017 ca. 443.000 Blitzeinschläge registriert (Anonymus 2017).

Jährlich sterben in Deutschland 3 bis 7 Menschen infolge von Blitzschlägen; wesentlich mehr werden verletzt (Anonymus 2003). Da Blitze aus einem Raumladungsgebiet heraus entstehen, können sie auch seitlich in Baumkronen oder unterhalb der Krone in den Stamm einschlagen. Sie treffen deshalb auch Bäume, die weder exponiert stehen, noch auf Wasser führenden Bodenformationen stocken. Blitze sind nicht berechenbar und können praktisch in jeden Baum mit fast gleicher Wahrscheinlichkeit einschlagen. Deshalb sollte man bei Gewitter nie unter Bäumen Schutz suchen, sondern mindestens mehrere Meter abseits, möglichst mit geschlossenen Füßen hocken, damit der Körper während des Spannungsausgleiches im Boden kein Spannungspotential aufnehmen kann! Die alte Volksweisheit *„vor den Eichen sollst du weichen, die Buchen sollst du suchen“* ist keine, denn der glattrindigen Buche sieht man meist den Einschlag nicht an, aber der für den Menschen gefährliche Erdungstrichter ist nicht geringer als bei einer Eiche.

Achtung! Ebenso lebensgefährlich ist es, einer durch Fakten widerlegten Meinung zu folgen, einen von Mondregeln abgeleiteten unsinnigen Zusammenhang zwischen der Drehwüchsigkeit der Bäume und der Blitzgefährdung herzustellen: *„Zudem schlagen Blitze ausschließlich in linksdrehende Bäume ein - eine nützliche Information, wenn Sie im Wald von einem Gewitter überrascht werden. Stellen Sie sich nur unter geradelaufenden oder rechtsdrehenden Bäumen unter“* (Paungger

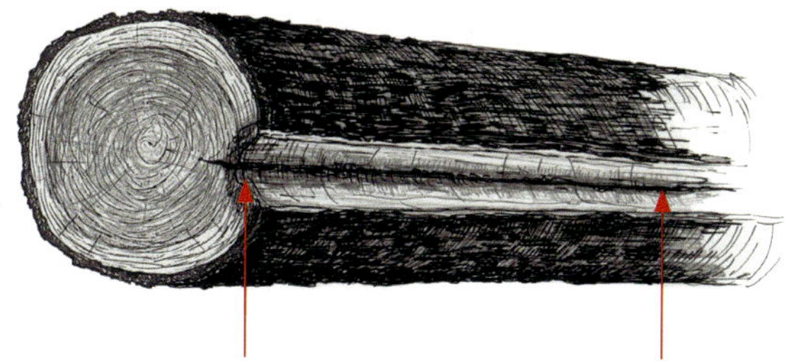

Bild 7.11 Holzentwertung an einem Eichenstamm *(Quercus)* mit älterer Blitzrinne

Bild 7.12 Einschnitt eines Stammes mit Blitzrinne im Model-Vorschnitt

Bild 7.13
Achtung! Wäre ein Mensch dem esoterischen Rat der Autoren gefolgt, hätte dies wahrscheinlich tödlich geendet. Physik lässt sich nicht überlisten, auch nicht an einer rechtsdrehwüchsigen Eiche!

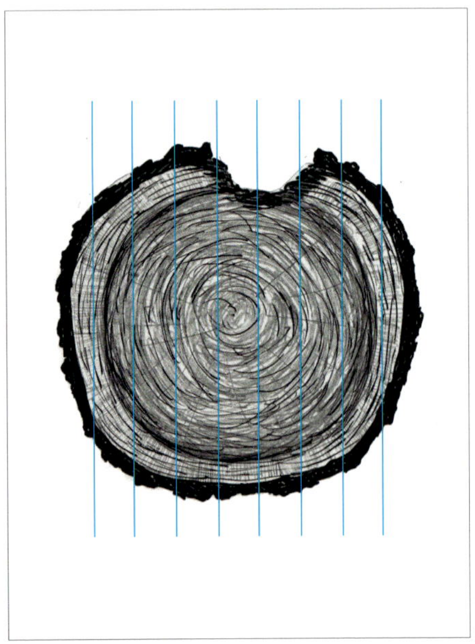

Bild 7.14
Einschnitt eines Stammes mit Blitzrinne im Vollgatter bei Einfachschnitt

und Poppe 2000, S. 175). Diesen völlig abwegigen Ratschlag zu befolgen kann tödlich sein (vgl. nebenstehendes Bild 7.13) Guten Schutz hingegen bieten Gebäude und Autos, da ihre Metallkonstruktion einen Faradayschen Käfig bildet.

Auswirkungen auf die Verwendung

Schäden am Holz treten in der Regel nur unmittelbar an der Blitzrinne im wasserführenden Splint auf. Wenige Millimeter unter der Blitzrinne sind die Holzfasern nicht geschädigt. Da aber der unberindete Teil des Stammmantels rasch unter den Fasersättigungspunkt (rd. 30% Holzfeuchte) austrocknet, bilden sich Trockenrisse, durch die in den Folgejahren Insekten und Pilze in den Stamm eindringen können. Spechtlöcher weisen schließlich auf eine zunehmende Stammschädigung hin (Bild 7.11).

Untersuchungen zufolge konnten nach einem Blitzschlag, der auf 0,23 ha 153 neunzigjährige Fichten zum langsamen Absterben brachte, weder in der Darrbezugsfeuchte, noch in der rohdichteabhängigen prozentualen Wasserfüllung, der Rohdichte und der Druckfestigkeit signifikante Unterschiede zu ungeschädigten Bäumen nachgewiesen werden (Bues et al. (1989).

Die statische Festigkeit des nicht unmittelbar beschädigten Holzkörpers leidet nicht infolge eines Blitzeinschlages. Ein frischer Blitzschaden sollte deshalb in der Sortierung nur dann zu einem Preisnachlass bzw. einer Durchmesservergütung führen, wenn die Stammmantelfläche über den Schwartenanteil hinaus geschädigt worden ist. Dieser Fall könnte beispielsweise dann gegeben sein, wenn die Blitzrinne, dem Faserverlauf eines drehwüchsigen Stammes folgend, große Bereiche des Stammmantels eines Sägeholzabschnittes überstreicht.

Technologische Anpassung

Wird ein vom Blitz geschädigter Stamm im Modelschnitt verarbeitet, so sollte der schadhafte Stammteil bereits beim Vorschnitt als Schwarte abgetrennt werden (Bild 7.12). Beim Einfachschnitt kann die Blitzrinne an der Brett- Schmalfläche liegen, so dass der geschädigte Bereich später als Säumling abgetrennt werden kann (Bild 7.14).

Bildteil 7.1.2
Blitzrinne, Blitzloch

Wolke- Wolke- Blitz zwischen einer Wolke und einem Raumladungsgebiet, das sich über viele Kubikkilometer erstrecken kann

Wolke- Erde- Blitz schlägt in einen Baum ein.

Starker Blitzeinschlag zerstört eine Buche *(Fagus)* und spaltet eine zweite auf.

Sehr starker Blitzeinschlag zerstörte diese Fichte *(Picea)*.

Starker Blitzeinschlag in Linde *(Tilia)*. Typisch: Größter Schaden im unteren Stammbereich

Die Blitzbahn folgt stets dem Faserverlauf, in dieser Eiche *(Quercus)* rechtsdrehend. Wörlitzer Gartenreich, Deutschland

Zwei frische Blitzrinnen in einem Eichenstamm *(Quercus)*

Blitzrinne mit seitlich fortgeschrittener Überwallung des Schadens an einer drei Jahre gelagerten Eiche *(Quercus)* (Foto: J. Schubert)

Bildteil 7.1.2
Blitzrinne, Blitzloch

Überwallende Blitzrinne an Lärche *(Larix)*, Blitz geringerer Stärke.

Blitzeinschlag an Lebensbaum *(Thuja occidentalis)*. Kräftige Blitzrinne (li.) Die schwächere Blitzrinne auf der gegenüber liegenden Stammseite wurde in 10 Jahren fast vollständig überwallt. Tharandt, Deutschland

Starker seitlicher Blitzeinschlag an Fichte *(Picea)*. Größter Schaden im unteren Stammbereich, Oberhof, Deutschland

Flächige Blitzentladung sind auch Ursache von Blitzlöchern in Waldbeständen

Großräumige flächige Blitzentladung führte zu Blitzloch (Stamm- u. Kronenschäden). Bayern, Deutschland (Foto: C.-T. Bues)

Flächige Blitzentladung schädigt mehrere Fichtenkronen. Bayern, Deutschland (Foto: C.-T. Bues)

7.1.3 Waldbrand

Beschreibung des Merkmals

Als im August 2018 bei Treuenbrietzen in Brandenburg ein Kiefernwald zu brennen begann und die Flammen sich auf 4 km² ausbreiteten, ehe sie von Feuerwehren und Löschflugzeugen gelöscht werden konnten, da rückte das Thema „Waldbrand“ in Verbindung mit der Klimaerwärmung, dem notwendigen Waldumbau und dem vorbeugenden Brandschutz kurzzeitig wieder in das Bewusstsein der Menschen.

Inzwischen vergessen ist die größte Waldbrandkatastrophe in Deutschland im August 1975 in der Lüneburger Heide, bei der 74 km² Wald- und Heidelandschaft vernichtet wurden und 5 Feuerwehrleute in den Flammen umkamen (Anonymus 2019).

Im Jahre 2015 weist die deutsche Waldbrandstatistik (Lachmann 2016) 1.071 Waldbrandflächen mit einer Gesamtgröße von 526 ha aus. ⅔ der Flächen waren mit Nadelholz, ⅓ mit Laubholz bestockt. In Mitleidenschaft gezogen wurden 150.000 Fm, von denen 15.600 Fm, davon 2.900 Fm Stammholz und 12.700 Fm Industrieholz, nicht mehr verwertbar waren. Der wirtschaftliche Schaden betrug 535.000 €.

Einer der größten Waldbrände überhaupt brach im September 2017 in British Columbia aus. Betroffen waren riesige, teils unberührte Nadelwaldgebiete.1300 einzelnen Brandherde vereinigten sich und vernichteten 12.000 km² Wald. Der geschätzte Schaden lag bei 560 Mill. C$. - Immer häufiger stellen Waldbrände auch eine Gefahr für Siedlungen in Waldgebieten dar. In der Ortschaft Paradise in Kalifornien wurden im November 2018 6.450 Häuser vernichtet, Menschen starben (Anonymus 2019).

Goldammer (2009) schätzt die weltweiten Brandflächen (Wald-, Busch- und Grasbrände) pro Jahr auf 3-4 Mill. km². Das entspricht einer Fläche 10mal so groß wie Deutschland.

Waldbrände können recht unterschiedlich verlaufen: Anfangs entsteht in der Regel ein Bodenfeuer, das in den Kronenbereich übergreifen kann und sich als Wipfelfeuer rasch ausbreitet. Bei heftigen Winden oder an Hanglagen wird der Brand weiter angefacht. Es entsteht eine Feuerfront. Funkenflug lässt die entstehende „Feuerwalze“ mit großer Geschwindigkeit weiter „springen“ (Bild 7.15, 7.16).

Bild 7.15
Waldbrand entsteht mit einem Bodenfeuer, Taiga, Westsibirien.

Bild 7.16
Das Bodenlauffeuer ist in die Baumkronen übergesprungen.

Bild 7.17
Der Regen hat den Waldbrand gestoppt, Kaskadengebirge, Kalifornien.

Bild 7.18
20 Jahre nach dem großen Brand im Yellowstone-Nationalpark sind die Brandflächen wieder vollständig mit Murraykiefer *(Pinus contorta)* bestockt.

Bild 7.19
Ein Buschbrand zerstörte während einer zu langen Trockenzeit einen Sekundärwald, Coronie, Surinam

Nach dem Brand sind die Humusauflage, der Bodenbewuchs und das am Boden liegende Dürrholz verbrannt. Die Baumstämme sind, je nach Hitzeentwicklung, an der Rinde angekohlt oder haben Brandstellen im Holz, oder der gesamte Stamm ist mit Krone verbrannt (Bild 7.17). Die Brandschäden sind bei grobborkigen Baumarten (Kiefern, Lärchen, Mammutbaum) wesentlich geringer als bei glattrindigen Baumarten (Fichten, Birkenaufwuchs, Eukalyptus, Sträucher).

In Ökosystemen, die feuertolerant sind oder die sogar Feuer benötigen, um sich zu regenerieren, beginnt auf der Asche der Vorgängerpflanzen neues Pflanzenleben zu sprießen (Bild 7.18). Dies trifft auf die meisten Nadelwälder der borealan und kühlgemäßigten Klimazone zu.

Zu den empfindlich auf Feuer reagierenden Ökosystemen gehören Tropenwälder, deren Böden nach der Vernichtung der Pflanzen schnell erodieren und deren organische Substanz und Mineralstoffe durch große Niederschlagsmengen in den Regenzeiten ausgewaschen werden. Hier kann die natürliche Sukzession bis zur ursprünglichen Waldgesellschaft Jahrhunderte dauern (Bild 7.19).

Ursachen

Ein Waldbrand kann nur dann entstehen, wenn drei Voraussetzungen erfüllt sind:
1. Brennbares Material, 2. Sauerstoff, 3. Zündmittel.

Brennbares Material: *Urwälder* produzieren Holz, Nadeln, Blätter. Jährlich fallen Laub, Äste und Stämme zu Boden; die Wurzelmasse stirbt ab. Die Biomasse wird von Mikroben allmählich wieder mineralisiert. Während in den Tropen die zu Boden fallende Biomasse rasch und vollständig mineralisiert wird, wird sie in der gemäßigten, noch stärker in der borealen Klimazone zum Teil akkumuliert (Bild 7.20). Eine längere Trockenzeit und ein Blitz reichen dann aus, um diese Biomasse zu entzünden. Das Feuer verbrennt die Streu, greift auf die Bäume über und reduziert die überlebende Biomasse. Nun ist das Keimbett für viele Pflanzensamen bereitet, um in einer neuen Generation in die überlebenden Bäume einzuwachsen. Das Feuer ist die Voraussetzung für einen ewigen natürlichen Zyklus von Wachsen, Verbrennen oder Überleben und Keimen (Krauhausen 2009) – bis der Mensch diesen Zyklus unterbricht.

In einer *geregelten Forstwirtschaft* wird dem Wald periodisch, einem angemessenen Hiebssatz entsprechend, Rohholz entzogen. Das vermindert die potenzielle Brandgefahr. (Bild 7.21). Gleichzeitig stehen aber in Deutschland auf 48% der Waldfläche Fichten und Kiefern; der Anteil von Totholz beträgt durchschnittlich 20,6m³/ha und ist zwischen 2002 und 2012 um 10% angestiegen (BWI 2012). Befördert wird der Zuwachs an Totholz, weil bei überwiegend maschinell durchgeführter Bestandespflege Äste und Wipfel im Bestand verbleiben. Gleiches geschieht bei Läuterungen in Jungbeständen. Die potenzielle Waldbrandgefahr wird in den letzten Jahrzehnten in Europa zusätzlich erhöht, weil die Bodenvegetation durch große Stickstoffeinträge von Industrie und Verkehr förmlich explodiert. Aus ökologischer Sicht ist ein großer Totholzanteil in der absterbenden Biomassse erwünscht, hat aber zur Folge, dass brennbare organische Substanz akkumuliert wird. Grimm (2012) vermutet, dass es *„...auch bei Wäldern Schwellenwerte gibt, in denen sich das Waldbrandregime drastisch ändert."*

Sauerstoff: Ein Waldbrand kann nur unter Zufuhr von Sauerstoff entstehen. Die Hitze führt zu starker Thermik, die dazu führt, dass Frischluft seitlich zugeführt wird und den Brand weiter anfacht. Brandbeschleunigend wirkt starker Wind.

Das Feuer kann aber auch Rohhumusauflagen entzünden, so dass trotz Sauerstoffmangel ein Schwelbrand entsteht (Bild 7.22). Werden Torfschichten entzündet, kann dies zu unterirdischen Verkohlungen unter Luftabschluss führen, selbst in Permafrostböden. Goldammer (2009) schätzt ein, dass ca. 13 Mill. km² der russischen Taiga von Torfböden bedeckt sind. Zusammen mit dem darauf stockenden Baumbestand stellen sie ein erhöhtes Waldbrandrisiko dar. Würden sich diese seit Jahrtausenden gewachsenen Kohlenstoffspeicher entzünden, hätte dies katastrophale Auswirkungen auf das Weltklima.

Zündmittel: Auf natürliche Weise ist nur ein Blitz in der Lage, in Wäldern trockenes, brennbares Material zu entzünden. Im Blitzkanal erhitzt sich in Millisekunden die Luft auf etwa 30.000°C (Anonymus 2018). Das reicht aus, um trockenes, brennbares Material sofort zu entzünden. Die Zündtemperatur von Fichtenholz liegt bei 280°C, bei Hartholz steigt sie bis auf 340°C. Torf entflammt bereits bei 230°C (Anonymus 2019a).

Bild 7.20
Borealer Nadelwald mit großer Anhäufung nichtverrotteter Biomasse.Naturreservat Börningsberget, Schweden

Bild 7.21
Auf einem Schirmschlag wird der Zwischenstand entnommen, gleichzeitig wird der Boden verwundet und das Keimbett für die natürliche Verjüngung geschaffen, Südschweden.

Bild 7.22
Der heiße, niederschlagarme Sommer 2018 hat die dicke Rohhumusauflage austrocknen lassen. Ein Blitz hat den Waldbrand verursacht, Naturreservat Börningsberget, Schweden.

Bild 7.23
Kettenreaktion: Ungepflegtes Straßenbankett wurde entzündet, ein Feuersturm hat das Blattwerk der Olivenbäume verdorren lassen, Funkenflug führte zum Waldbrand (Hintergrund), Euböa 2008, Griechenland.

Bild 7.24
Brandrodung eines Primärurwaldes für eine Ananasplantage. Hier wächst nie wieder ein Urwald, Saramacca, Surinam.

Bild 7.25
Eine Maniok und Bananenplantage wird im Wanderfeldbau betrieben.

Inzwischen werden aber 95% aller Waldbrände von Menschen verursacht, entweder durch *Fahrlässigkeit, Gedankenlosigkeit* oder aus *Vorsatz*. Möglichkeiten sind: Weiden werden „sauber" gebrannt, Entgrasung, Entbuschung, Maschinenteile laufen heiß (Land- und Forstwirtschaft), Funkenflug durch Feuerstellen (Grillfeuer) oder heiße Radlager im Bahnverkehr, Militärmanöver etc. (Bild 7.23)

Die Gründe, warum Menschen absichtlich Waldbrände verursachen, sind mannigfaltig; sie entstehen in den Abgründen einer gestörten Psyche.

Allerdings gibt es auch in bestimmten Weltregionen (noch) akzeptierte Brandrodungen, mit denen Wald dauerhaft zu Plantagen oder in Viehweiden verwandelt wird (Bild 7.24). Im Unterschied dazu werden im Wanderfeldbau Brandrodungsflächen nur solange genutzt, bis der Boden erschöpft ist (Bild 7.25). Auch hier entstehen große Probleme bei der Wiederbewaldung.

Vermeidung

Waldbrände sind für *natürliche Waldökosysteme*, ebenso wie Insektenkalamitäten, normale Begleiterscheinungen. In manchen dieser Ökosysteme sind Feuer Voraussetzung für ihre ständige Regenerierung. Die Erkenntnis hat sich durchgesetzt, Waldbrände in natürlichen Ökosystemen möglichst nur dort zu bekämpfen, wo sie die menschliche Zivilisation bedrohen (Krauhausen 2009).

In *bewirtschafteten Wäldern* ist eine Strategie der Waldbrandvermeidung angebracht, denn hier hat Wald eine wirtschaftliche, ökologische und soziale Bedeutung für die Gesellschaft. Aus diesem Grunde bemüht sich die Gesellschaft, Waldbrandgefahren rechtzeitig zu erkennen. So ermittelt der Deutsche Wetterdienst täglich Waldbrandgefahrenklassen, in die Mittagswerte von Lufttemperatur, relative Luftfeuchte, Windgeschwindigkeit und die Niederschlagssumme der letzten 24 Stunden einfließen. Diese Werte werden mit dem Zustand der Vegetation in Verbindung gebracht. Daraus ergeben sich fünf Gefährdungsstufen, die *Waldbrandgefahrenindizes* (WBI) (Tabelle 7.1).

Aus den Waldbrandindizes werden *Waldbrandwarnstufen* für das Forstpersonal abgeleitet (Bild 7.26). Mit steigender Warnstufe werden Dienststellen und Bereitschaftsdienste aktiviert. Die höchste Waldbrandwarnstufe kann mit einem Betretungsverbot für Wälder verbunden werden. Über das Internet (www.dwd.de/waldbrand) kann die tägliche Waldbrandgefahr für jede Region abgelesen werden. Zu Waldbrandvermeidung und -bekämpfung wird auf zahlreiche Literatur und Internetbeiträge verwiesen, u.a.: Goldammer (2009, 2016), Kaulfuß, Hofmann (2011). Prognostisch ist davon auszugehen, dass im Zusammenhang mit dem Klimawandel (wärmere, trocknere Sommer) und einer höheren Akkumulationsrate der im Wald verbleibenden Biomasse die Waldbrandgefahr auch in Mitteleuropa zunehmen wird (Grimm 2012).

WBI-Stufe	Gefährdungsstufe
1	Sehr geringe Gefahr
2	Geringe Gefahr
3	Mittlere Gefahr
4	Hohe Gefahr
5	Sehr hohe Gefahr

Tabelle 7.1
Beschreibung der international gültigen Waldbrandindizes (WBI 2019)

Bild 7.26
In Deutschland übliche Beschilderung zur Bekanntgabe der aktuellen Waldbrandgefährdung

Auswirkungen auf die Verwendungen

Die Hinterlassenschaften von Waldbränden bestehen aus der Asche der Begleitvegetation, bei Wipfelfeuer auch der Blätter, Nadeln und Feinäste. An Baumstämmen reichen die Brandspuren von verkohlter Rinde bis zu verkohltem Holz. Im Extremfall ist das relativ trockene Kernholz mit verbrannt (Bild 7.27). Der Schadensumfang an den Bäumen ist abhängig von der Intensität und der Zeitdauer der Hitzeeinwirkung.

Unterstellt man die Angaben von Lachmann (2016), so kann nach einem Waldbrand davon ausgegangen werden, dass noch ca. 90% des Holzes technisch verwertbar sind. Allerdings haben sich die physikalischen Eigenschaften des Holzes mit Brandschäden sehr unterschiedlich verändert, je nachdem, wie stark und wie lang die Hitze auf die Stammoberfläche eingewirkt hat. Im günstigsten Fall ist die Rinde mit Bast und Kambium vertrocknet. Hat sich das Holz auf über 150°C erhitzt, so entweicht Holzessig (Essig- und Ameisensäure, Formaldehyd, Methanol). Als wasserlösliches saures Medium ist Holzessig in der Lage, mit Hemicellulose und Lignin zu reagieren (Azetylierung). Zu erkennen ist dies an bräunlich eingefärbten Schnittflächen des derartig erhitzten Holzes (Bild 7.28). Bei Temperaturen zwischen 280°C und 340°C beginnt der inzwischen darrgetrocknete Holzkörper in einem exothermen Prozess zu verbrennen (Bild 7.29). Bei über 400°C verbrennen die Gase zusammen mit dem Kohlenstoff des Holzes zu Kohlendioxid und Wasserdampf. Dieser ungezügelte

Bild 7.27
Während ihres langen Lebens wurden die Bergmammutbäume *(Sequoiadendron giganteum)* mehrfach von Feuern heimgesucht. Schließlich schützte auch die ursprünglich bis zu 30 cm dicke Borke nicht mehr vor einem Brandschaden, Sequoia-NP, Sierra Nevada, USA.

Bild 7.28
Braun eingefärbter Stamm von Kanarischer Kiefer *(Pinus canariensis)* durch Acetylierung

Bild 7.29
Vor ca. 20 Jahren wurde der Splint dieser Fichte verbrannt. Der verkohlte Stammmantel bildet eine dauerhafte Schutzschicht gegen Fäule. Russische Taiga, Westsibirien, Foto: G-E Weber

Bild 7.30
Ein Bodenfeuer hat das Laubwerk der Bäume in diesem Mischbestand geschädigt, kaum aber die Stämme, Kalifornien, USA.

thermische Prozess führt zu ganz unterschiedlicher Qualität des Holzes, das nach dem Brand übriggeblieben ist. Deshalb ist nur der Stamm aus einem Waldbrand weiter zu verarbeiten, bei dem der Holzkörper noch nicht thermisch beeinflusst worden ist, also noch keine äußerlichen Brandspuren aufweist (Bild 7.30).

Technologische Anpassung

Schon steinzeitliche Jäger merkten, dass sich angekohltes Feuerholz wesentlich schwerer mit Steinwerkzeugen bearbeiten ließ als frisches Holz. Sie härteten ihre Speerspitzen in der Glut und schabten sie spitz. Ihre Jagden wurden erfolgreicher. Experimentell konnte nachgewiesen werden, dass sich z.B. Eschen- und Eibenholz im Feuer gut härten lassen (Fehrenbacher (2007). Physikalisch gesehen wird der Zellverband darrtrocken; lebende Parenchymzellen sterben ab; das Holz wird dichter, steifer und dadurch fester. Chemisch werden Hemicellulosen abgebaut. Der Lignianteil steigt. Flüchtige Stoffe, die nicht zur Verfestigung der Holzstruktur beitragen, entweichen.

Als die Menschen begannen, Metalle zu schmelzen, lernten sie Holzkohle herzustellen. Dabei veränderten sie die spontane Verbrennung, indem sie das Holz unter Sauerstoffabschluss erhitzten. Flüchtige Substanzen entwichen (ca. 40% des Volumens und ca. 70% der Masse) und Holzkohle (Kohlenstoffanteil ca. 90%) mit seinem großen Heizwert blieb übrig. Im Unterschied zum spontanen Verlauf eines Waldbrandes können seither mit einer gesteuerten Verbrennung unter Luftabschluss gezielt Holzkohle und Holzdestillate mit bestimmten Eigenschaften hergestellt werden. In den 1990er Jahren begann man, einen bestimmten Temperaturbereich im Verkohlungsprozess näher zu untersuchen. Man stellte fest, dass Holz unter Luftabschluss zwischen *„… 170 und 250°C … in seinen chemischen, physikalischen, mechanischen und strukturellen Eigenschaften dauerhaft verändert…“* wird (Buchelt et al 2011). Dieses thermisch modifizierte Holz kann vielfältig eingesetzt werden: Sein Quell- und Schwindverhalten sowie seine Dauerhaftigkeit im Außenbereich verbessern sich. Es ist furniertauglich. Seine Braunfarbtöne sind gestalterisch interessant. (Siehe Bildteil 7.1.3 – 4.).

Jetzt wird auch deutlich, warum die Menschen in früheren Zeiten ohne chemischen Holzschutz Holz im Erdverbau verwenden konnten: Sie verkohlten den Teil des Pfahles, der im Boden und im erdnahen Bereich stehen sollte. Die Holzkohle und das darunter liegende hitzebehandelte Holz wirkten fungizid.

In Tabelle 7.2 wird dargestellt, wie sich die Eigenschaften thermisch behandelten Holzes in Abhängigkeit von der Sauerstoffzufuhr verändern.

In diesem Kapitel ging es bisher immer darum, wozu man das vom Brand in Mitleidenschaft gezogene Holz noch sinnvoll verwenden könne. Im Bild 7.31 wird gezeigt, dass Holz auch als störend empfunden werden kann, wenn Wald zu Agrarland werden soll und für das Holz wegen nicht vorhandener Infrastruktur keine Verwendung gefunden wird, außer: es wird verbrannt. Der Widersinn solchen Handelns wird besonders deutlich, wenn wertvolles Furnierholz thermisch vernichtet werden soll (Bild 7.32).

Brandrodung ist nicht nur die Entscheidung eines Unternehmens, sondern weist immer auch auf die wirtschaftspolitischen Defizite von Ländern und der Weltklimapolitik hin.

Bild 7.31
100 Hektar Wald sind abgebrannt worden. Die verkohlten Holzreste werden in langen Wällen aufgetürmt. 10 Jahre später verbleibt auf dem ausgelaugten Boden mageres Grasland, Surinam.

Bild 7.32
Ein Stamm mit sichtbarem Drehwuchs, einer Wimmerung und vielleicht sogar einer Riegelung *(Pommelé)* wird verbrannt, statt zu wertvollem Furnier aufgearbeitet zu werden, Surinam.

Tabelle 7.2: Darstellung der verschiedenen Etappen der thermischen Beeinflussung von Bäumen/Holz in Abhängigkeit von der Sauerstoffzufuhr (Lohmann 2005, Autorenkollektiv 1988, Anonymus 2019b).

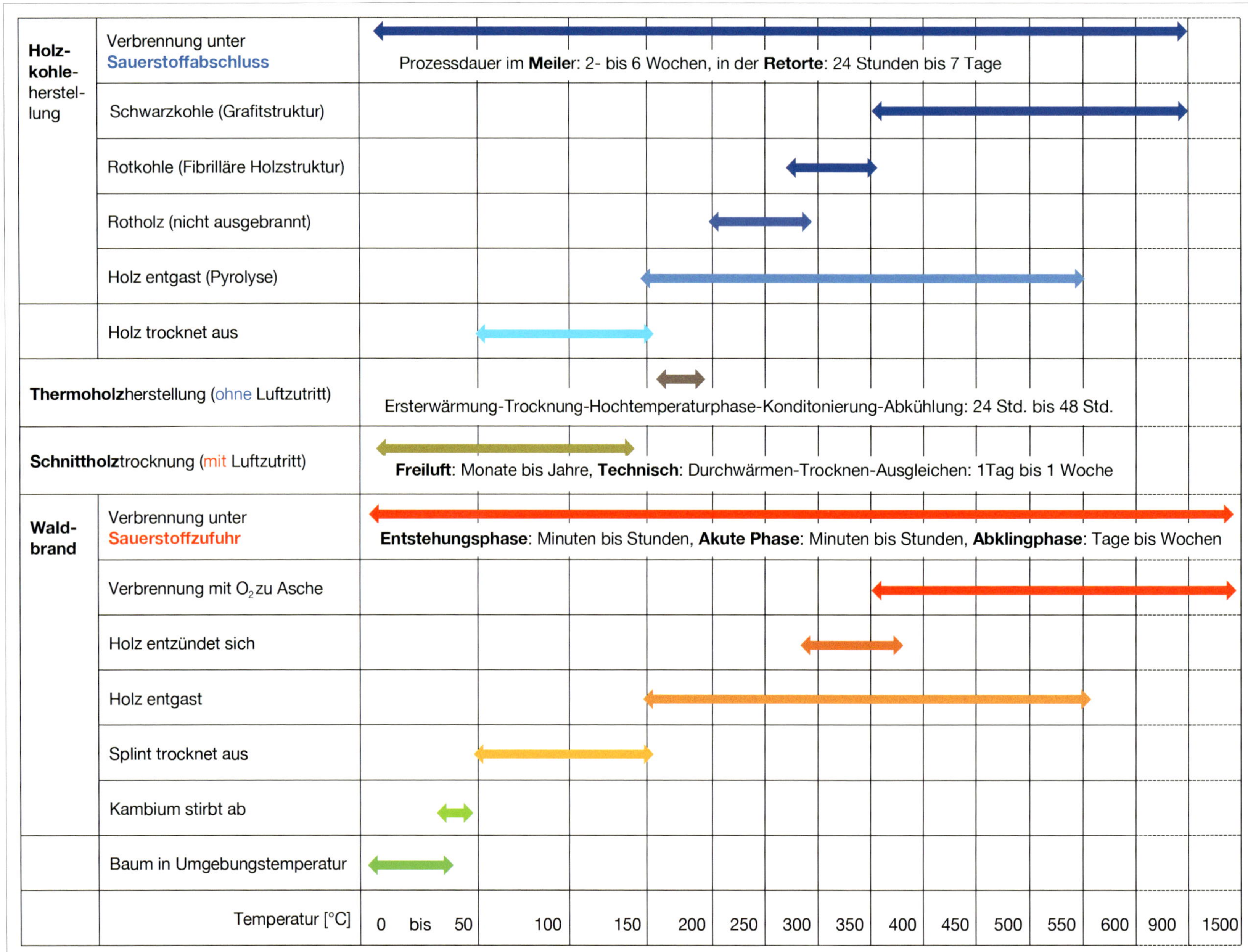

Bildteil 7.1.3 – 1
Einfluss von Waldbrand auf die Richtung der natürlichen Verjüngungsdynamik in borealen Urwäldern, Beispiel: Schweden

Verjüngung von Kiefern (ca. 40 Jahre alt), darunter Fichtenaufwuchs, Store Mosse-NP

Der Brand ist gelöscht, Fichten- und Weichlaubholz- Aufwuchs sterben ab. Die 70-jährigen Kiefern wachsen unbedrängt weiter, Börningsberget Naturreservat.

Vor 9 Jahren wurde künstlichein Brand gelegt. Inzwischen sprießt die Kiefern-Fichten-Birken-Verjüngung. Weidenröschen zeigen die Stickstoffumsetzung an, Hamra-NP.

Vor etwa 40 Jahren hat es in diesem Wald das letzte Mal gebrannt. Die Fichte wird dem Oberbestand nicht gefährlich, Hamra-NP.

300-jährige Kiefern behaupten sich gegenüber 100-jährigen Fichten. Ein neuer Brand würde die Verjüngung der Kiefern sichern, Norra Kvill- NP.

Ohne Waldbrand wachsen die Fichten in den nächsten Jahrzehnten in den Kronenraum der Kiefern ein, Hamra-NP.

Die Fichten bedrängen die Altkiefern. Diese sterben ab, Naturreservat Börningsberget.

Fichten bildet jetzt die Klimaxgesellschaft, Naturreservat Börningsberget.

Bildteil 7.1.3 – 2
Natürliche Verjüngungsdynamik in Urwäldern der kühlgemäßigten Zone, Beispiele: Kalifornien, Oregon, Wyoming (USA)

Riesiger Waldbrand im Kaskadengebirge, Oregon. Alle Straßen sind auf viele Kilometer um den Brandherd gesperrt.

Kurz nach dem Brand ist das Keimbett für den Nachfolgebestand bereitet, Yellowstone-NP, Wyoming.

Seit 1960 wurden im Yellowstone-NP ca. 60% aller Flächen „waldbranderneuert“, Wyoming.

Im Redwood-NP des Küstengebirges von Kalifornien wird seit wenigen Jahrzehnten wieder mit kontrolliert gelegten Bodenfeuern das Keimbett für Küstenmammutbäume *(Sequoia sempervirens)* gelegt (rechts). Seitdem begrünen junge Bäume wieder den Unterstand (Mitte). Die ehemals durch natürlich entstandene Waldbrände abgestorbenen Althölzer werden vom Aufwuchs eingeschlossen (links).

Die ehemaligen Waldbrandflächen differenzieren sich in wiederbewaldete Gebiete und Großwildweide, Yellowstone-NP.

Bildteil 7.1.3 – 3
Verjüngungsdynamik der Wälder der warmgemäßigten Zone (Subtropen), Beispiele: Griechenland, Gran Canaria, Madeira

Ein Brand hat hinter der Olivenplantage auf einen Mischwald übergegriffen und hat sich zum Kronenfeuer entwickelt (links). Unweit von diesem Brand hat ein riesiger Flächenbrand selbst alte Olivenbäume verbrannt (rechts). Hier ist eine Wiederbewaldung nahezu ausgeschlossen. Euböa, Griechenland

Die kanarische Kiefer *(Pinus canariensis)* ist ausgesprochen feuertolerant (links). Sie ist nach einem Waldbrand in der Lage, aus allen Stammteilen und Ästen neu auszutreiben (rechts), Gran Canaria, Spanien

Ursprünglich in Australien beheimatet, wird der Eukalyptus *(Eucalyptus)* wegen seiner Wüchsigkeit und Holzqualität in den Subtropen auf riesigen Flächen angebaut. Seine Blätter enthalten aber leicht brennbare ölige Substanzen, abgeworfenes Laub und Starkäste erhöhen die Brandgefahr (links). Ein Campingfeuer war Ursache eines verheerenden Waldbrandes (Mitte links).

Nach einem Brand öffnen sich die Samenschalen, Stämme und Wurzelstöcke schlagen rasch aus (Mitte rechts). Eukalyptus verschafft sich so Standortsvorteile gegenüber der ursprünglichen Vegetation. Wenige Jahre nach einem Brand hat sich erneut Streu angesammelt – das nächste Feuer ist nur eine Frage der Zeit und des Zufalls (rechts). Madeira, Portugal

Bildteil 7.1.3 – 4
Verwendbarkeit von hitzebeeinflusstem Holz

Ein Bodenlauffeuer hat nur die Rinde der kanarischen Kiefer *(Pinus canariensis)* verkohlt (links). Das Holz darunter ist unversehrt (rechts). Das Holz ist normal einsetzbar.

Nach einer Stunde Beflammung ist die Rinde von *Pinus canariensis* würfelig verkohlt und der Splint teilweise verkohlt oder gebräunt. Als Industrie- und Schnittholz nur bedingt einsetzbar.

Feuergehärtete Speerspitze aus Eibe *(Taxus baccata)* (links). 10 Minuten in die Glut gelegt, verkohlte Holzanteile abgeschabt. Im Schnittbild die asymmetrisch angeordnete Markröhre

Holzkohlereste (oben) und Pottasche (unten) sind alles, was ein Waldbrand hinterlässt.

Traditionell betriebener offener Kohlenmeiler vor ca. 50 Jahren in Thüringen, Deutschland. Rund ⅓ der ursprünglichen Holzmasse bleibt als Holzkohle zurück.

Thermisch modifizierte Laubholzbohlen (links); bei unterschiedlichen Temperaturen thermisch modifizierter Ahorn (rechts oben), darunter Ahorn, unbehandelt, Foto: Scheiding, W.

7.1.4 Frostriss, Frostleiste

Beschreibung des Merkmals

Es hört sich wie ein Gewehrschuss an, wenn an einem frostigen Wintermorgen plötzlich ein Eschenstamm über mehrere Meter Länge aufreißt. Der frisch entstandene Riss klafft so weit auseinander, dass man die Finger hineinstecken kann. Der **Frostriss**, auch Eiskluft genannt, ist ein Mantelriss am stehenden Baum, der sich, dem Faserverlauf folgend, von der Stammoberfläche in radialer Richtung bis zum Kernholz oder bis ins Mark des Stammes erstrecken kann. Er beginnt in der Regel am Stammfuß und kann sich bis in obere Stammregionen fortsetzen (Bild 7.32).

Die **Frostleiste**, auch Entenschnabel genannt, markiert sich auf dem Stammmantel als Überwallungswulst über einem wiederholt aufgebrochenen Frostriss (Bild 7.33). Frostrisse treten besonders an Hartlaubhölzern wie Eiche *(Quercus ssp.)*, Esche *(Fraxinus excelsior)*, Ulme *(Ulmus ssp.)*, Ahorn *(Acer ssp.)* und Esskastanie *(Castanea sativa)*, weniger an Weichlaubhölzern mit Ausnahme der Pappel *(Populus ssp.)*, seltener an Nadelhölzern *(Coniferales)* auf. (siehe Bildteil 7.1.4)

Messung:

Frostrisse und Frostleisten werden in der Regel nicht gemessen, aber in jedem Fall bei der Beurteilung der Güte berücksichtigt. Eingeschätzt werden das Alter, die Tiefe des Mantelrisses zum Mark hin und seine Längsausdehnung. Ebenso wird sein Verlauf über dem Stammmantel eingeschätzt.

Bild 7.32 Wiederholt aufgerissene alte Frostleiste an Esche *(Fraxinus excelsior)*

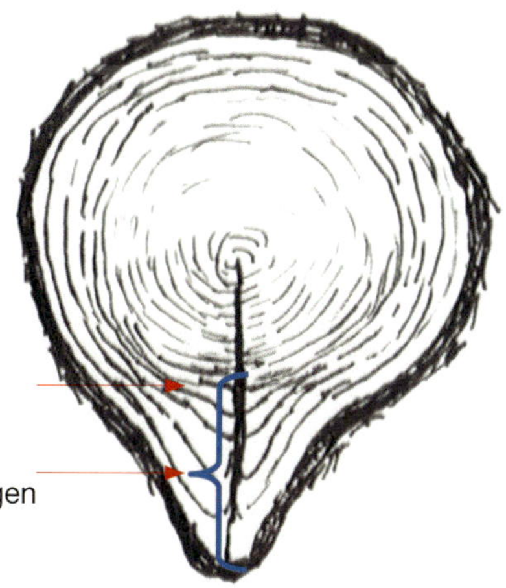

Bild 7.33 Stammquerschnitt mit Frostriss und Frostleiste

Ursachen

Frostrisse treten als Folge plötzlicher Temperaturstürze unter den Gefrierpunkt auf. Dabei wird der Stamm äußerlich schockartig abgekühlt. Auf Grund des Temperaturgefälles kommt es zu einer ungleichen thermischen Kontraktion der Zellen zwischen kaltem Stammmantel und wärmerem Kern, die rissauslösend wirken kann (Kollmann 1942). Die thermische Kontraktion allein sollte aber nicht überbewertet werden. So beträgt die *tangentiale Wärmeausdehnungszahl* von Eiche $\alpha_{wtan} = 42{,}3 * 10^{-6}$ [m/m*K].

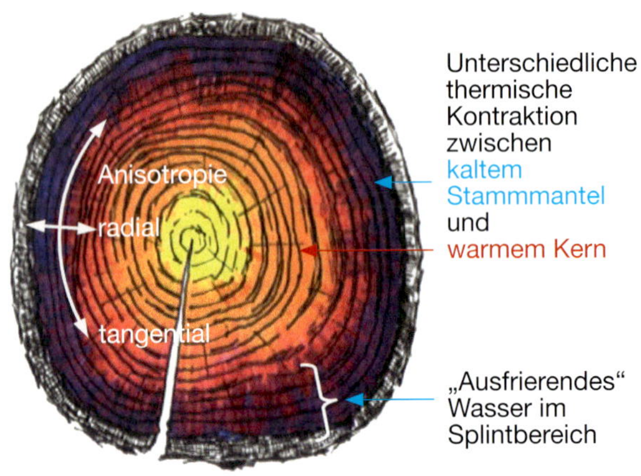

Bild 7.34 Spannungsverhältnisse an einem aufbrechenden Stamm nach Temperatursturz

Bild 7.35 Bäume mit Frostrissen in einem Bachtälchen-Standort. Abfließende Kaltluft verursacht den Riss häufig an der „Prallfront“ des Stammes.

Das bedeutet bei einer Eiche von 3 m Brusthöhenumfang, die einen Temperatursturz von 20°C erleidet, dass ihr Stammumfang um lediglich 2,54 mm schrumpfen würde (Niemz 1993). Für andere Baumarten liegen die Werte für die Wärmeausdehnung in gleicher Größenordnung.

In geringem Maße Spannung verstärkend wirkt die *radial- tangentiale Anisotropie* des Holzes bei der Abkühlung des äußeren Stammmantels. Holz schrumpft bei Kältekontraktion tangential zu radial etwa im Verhältnis 1,5 : 1 (Niemz 1993).

Maßgeblich rissauslösend ist der Effekt der *Gefriertrocknung*. Dabei tritt Wasser aus den Zellwänden in die Zelllumina aus und gefriert, so dass die Zellwände schwinden. Dies geschieht wiederum tangential stärker als radial (Kübler 1962; Schirp 1967), (Bild 7.34).

Die Initialstellen der Rissbildung befinden sich in der Regel an Schwachstellen im Holzkörper (Dujesiefken 2001). Dies können z. B. alte Rindenverletzungen und Anomalien im Stammumriss sein, von denen aus sich der Riss ausbreitet. Das heißt: Die eigentlichen Ursachen der Rissbildung sind die Schwachstellen im Stamm, und der Auslöser ist die plötzliche Abkühlung des Stammmantels *unter den Gefrierpunkt*. Die Rissanfälligkeit wird durch hohe Holzfeuchte, einen geraden Faserverlauf, große Gefäße, breite Holzstrahlen und einen großen Parenchymanteil begünstigt (Wagenführ und Scheiber 1989).

Frostleisten sind das Ergebnis vergeblicher Versuche des Baumes, den Frostriss zu überwallen. Frostleisten heben sich markant von der Stammoberfläche ab.

Achtung! Untersuchungen an Eichen mit äußerlich sichtbaren Rissen in Stammfußnähe haben ergeben, dass wahrscheinlich auch *Bakterien* Radialrisse in lebenden Bäumen verursachen können, die sich aber vom Mark her bis zum Splint ausdehnen können und mit einer sog. „Frostleiste“ abschließen (Schmidt et al. 2001). Vermutet wird, dass die Auflösung der Holzstruktur (Abbau von Parenchym, Pektin und Cellulosederivaten) mit einer Ausweitung der Risse verbunden ist.

Vermeidung

Risse auslösende Faktoren können abgeschwächt werden: So sind Baumarten, die von Frostrissen häufiger betroffen werden, besonders an Bestandesrändern, Talunterhängen, Schluchten, in denen Kaltluft bevorzugt abfließt und Standorten, an denen sich Kaltluftseen bilden, gefährdet. Hierzu gehören besonders Eiche *(Quercus ssp.)* und Ahorn *(Acer ssp.)* mit einer sehr unterschiedlichen Tangential-Radial-Kontraktion und breiten Holzstrahlen, die als potenzielle Spaltflächen wirken. Neben der Wahl geeigneter Baumarten sind die Standortsbedingungen mit waldbaulichen Mitteln so zu verbessern, dass Frostlöcher vermieden werden und der Zufluss von Kaltluft in die Bestände möglichst gebremst wird (Bild 7.35).

Auswirkungen auf die Verwendung

Frostrisse sind wegen ihrer Ausdehnung auf dem Stammmantel und der gewöhnlich großen Risstiefe in der Regel als schwerwiegende Fehler einzuschätzen, die die Qualitätsklassen A und B ausschließen. Besonders bei drehwüchsigen Bäumen, in denen sie, dem Faserverlauf folgend, aus der Bearbeitungsebene heraustreten, beeinträchtigen Frostrisse die Verwendbarkeit des Holzes erheblich (Bild 7.36).

Letztendlich entscheidend für die qualitative Einordnung ist - abgesehen von der sonstigen Qualität des Stammstückes - das Alter des Frostrisses und die damit verbundene Gefahr oxidativer Verfärbungen an den Spaltflächen des Risses und eines Pilzbefalls. Das Alter eines Frostrisses ist am liegenden Stamm an der Anzahl der Jahrringe festzustellen, die die Überwallungswulst bilden.

In der Vergangenheit wurden die Besonderheiten von Frostrissen in Sortiervorschriften verschieden interpretiert. In der CEN wurde ausdrücklich nur bei Eiche *(Quercus ssp.)* und Pappel *(Populus ssp.)* auf Frostrisse hingewiesen (DIN 1997e; DIN 1998); bei den anderen Holzarten gab es einen Interpretationsspielraum. Insgesamt wurden hier die Forderungen bezüglich der Rissbildungen strenger beurteilt als in den ehemals gültigen HKS- Vorschriften der Bundesländer (HKS 2002).

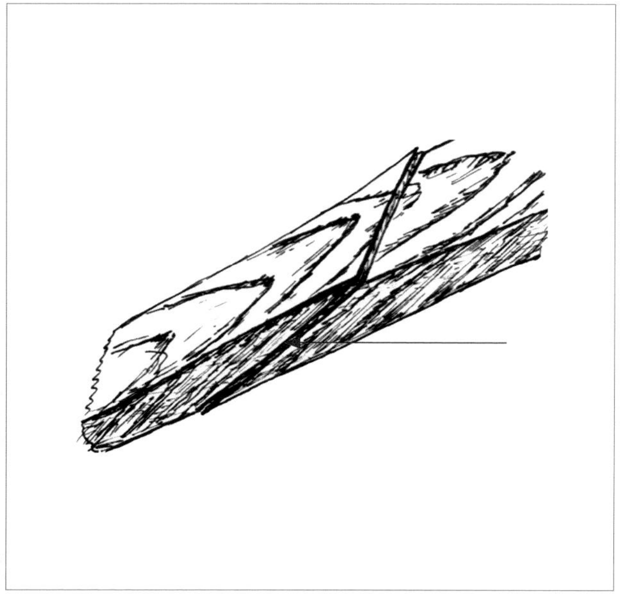

Bild 7.36
Markierung des Frostrisses an einer Leiste aus einem drehwüchsigen Stamm

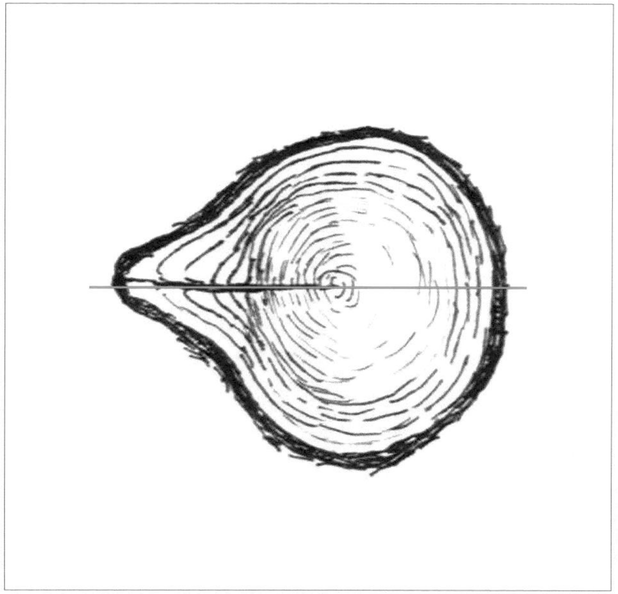

Bild 7.37
Bei Aushaltung von Messerfurnier liegt die Messerebene im Riss.

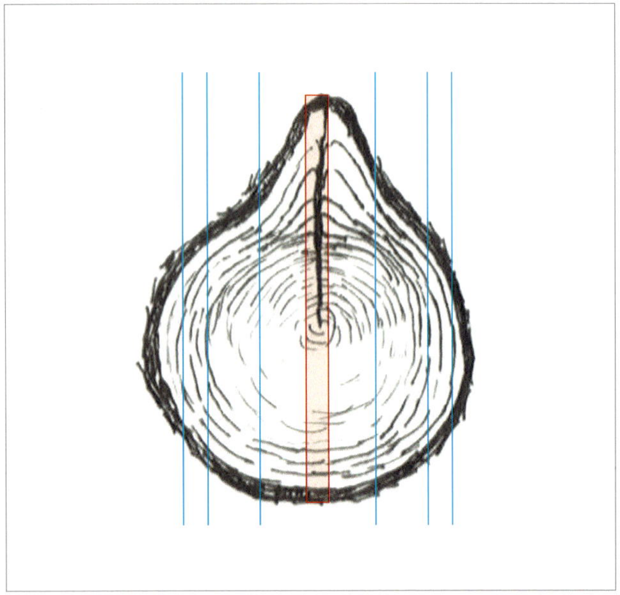

Bild 7.38
Einfachschnitt, der Frostriss liegt in der Kernbohle

In der jetzt gültigen Rahmenvereinbarung für den Rohholzhandel in Deutschland ist ein Frostriss nur bei Eiche *(Quercus ssp.)* relevant (RVR 2018), (Tabelle 7.3).

Baumart		Qualitätsklasse nach RVR			
		A	B	C	D
alle Holzarten außer Eiche		Keine quantitativen Aussagen			
Eiche	Frostriss:	unzulässig	unzulässig	zulässig ein gerader Frostriss	zulässig

Tabelle 7.3
Auswirkungen von Frostrissen / Frostleisten auf die Qualitätsklassen nach RVR 2018

Technologische Anpassung

Frostrisse schließen Schälfurnier aus. Das Furnierband würde nach jeder Stammumdrehung getrennt. Wertvolle gerade Stammabschnitte mit einem achsparallelen Frostriss sind als Messerfurnier geeignet, wenn die Messerebene in den Riss gelegt werden kann (Kollmann 1942), (Bild 7.37). Wird bei Sägeholz der Riss in Schnittrichtung gelegt, kann ebenfalls noch eine relativ günstige Ausbeute erzielt werden (Bild 7.38).

Bildteil 7.1.4
Frostriss, Frostleiste (1)

Aufklarender Himmel nach Tiefdruckgebiet, starker Temperaturabfall, Strahlungsfrost – Voraussetzungen für die Entstehung von Frostrissen. Oberpfalz, Deutschland

Frisch entstandener Frostriss an Eiche *(Quercus ssp.)*

Bei einem Temperatursturz auf – 15°C wieder aufgebrochene Frostleiste an Esche *(Fraxinus excelsior)*

Stark ausgeprägte, dem drehwüchsigen Faserverlauf folgende Frostleiste an Eiche *(Quercus ssp.)*

Extrem ausgebildeter „Entenschnabel“ an Eiche *(Quercus ssp.)*

Frostleiste mit Initialriss an Eiche *(Quercus ssp.)*, leider mit Eisenklammern geklammert - führt zu Gerbstoffverfärbungen

Achtung! Wahrscheinlich von Bakterien im Kern initiierte und mit Frostunterstützung nach außen sich fortsetzende „Frostrisse“ an den Stammfüßen von Eichen *(Quercus ssp.)* (Schmidt et al. 2001). Links: Frisch an die Oberfläche gedrungener Riss. Halblinks: mehrere ältere „Frostrisse“ haben die Stammoberfläche erreicht. Halb rechts: frischer Riss, der während der Vegetationsperiode wieder geschlossen wird. Rechts: Querschnitt eines Eichenstammes mit „Frostrissen“

Bildteil 7.1.4
Frostriss, Frostleiste (2)

Schwach ausgeprägte, hoch reichende, junge Frostleiste an Buche *(Fagus sylvatica)*

Starke, hoch reichende Frostleiste an Altbuche *(Fagus sylvatica)*

Starke Frostleiste an Birke *(Betula ssp.)*, in 6 m Höhe beginnend

Spitz- und Bergahorne *(Acer platanoides, Acer pseudoplatanus)* mit Frostleisten. Die Spritzkerne folgen dem Frostriss bis zum Stammmantel.

Klaffender, bis zur Markröhre reichender Frostriss an Esche *(Fraxinus excelsior)*

Starke Frostleisten an Schirm- Magnolien *(Magnolia tripedala)*, Tharandt, Deutschland.

Seltene Frostleiste an Nadelholz Mammutbaum *(Sequoia sempervirens)* in 4 m Höhe, Sopron, Ungarn

Eiche *(Quercus ssp.)* mit achsparallelem Frostriss auf einer Submission, Sachsen, Deutschland

7.2 Wind- und Schneeeinwirkungen

7.2.1 Faserstauchung, Faserbruch (Stauchbruch)

Beschreibung des Merkmals

Faserstauchungen sind quer zur Faserrichtung *zusammengedrückte* Holzfasern (Bild 7.39).

Faserbrüche sind quer zur Faserrichtung *zerrissene* Holzfasern in Bäumen, die solchen Druck- Zug- Belastungen ausgesetzt waren, dass die Druckfestigkeit des Holzes überschritten worden ist (Bild 7.40). Die Faserstauchungen bzw. Faserbrüche verlaufen in Linien oder aufgefächert, senkrecht oder bis zu einem Winkel von ca. 60° zur Stammachse ins Stamminnere und können sich über wenige Jahrringe, aber auch bis auf 50% der Stammquerschnittsfläche ausdehnen (Bues und Stein 1999).

Jede Faserstauchung wird am Stammmantel von besonders kurzfasrigem, ligninreichem Wundholz, dem **Wulstholz**, überwallt (Bild 7.41). Die Zellen dieses Wundholzes haben Zellwände, deren Mikrofibrillen stark zur Zelllängsrichtung geneigt sind (30°... 50°). Dies verhilft dem Wulstholz zu mehr Elastizität (Rosenthal 2009). Größere Faserbrüche können, da das Kambium an der Bruchstelle zerstört ist, nur noch von den Seiten her überwallt werden. Es bedarf einiger Übung, um älteres Wulstholz von Astüberwallungen zu unterscheiden.

Trendelenburg (1940; 1941) fand Faserstauchungen bei 35 Baumarten, davon allein bei 26 Baumarten aus tropischen und subtropischen Regionen. In Deutschland wurden Faserstauchungen u. a. bei Tanne *(Abies alba)*, Fichte *(Picea abies)*, Omorikafichte *(Picea omorika)*, Lärche *(Larix decidua)* und Kiefer *(Pinus sylvestris)* nachgewiesen (Helling 1998).

Stein (1998) stellte fest, dass bei Fichten ⅔ aller Faserstauchungen im unteren Drittel der Schäfte auftreten. In der Regel beginnen die Stauchungen in der Nähe von Astquirlen, den natürlichen Schwachstellen im Faserverlauf.

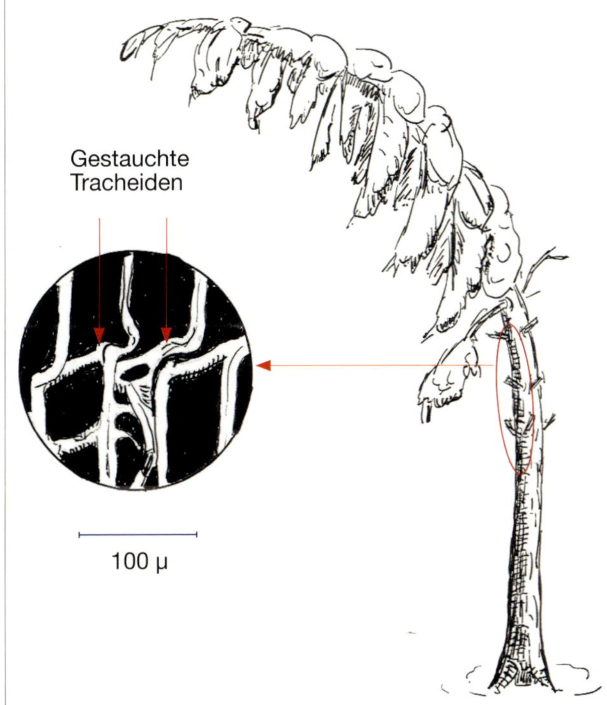

Bild 7.39
Raufrost und Schneeauflage stauchen einen Fichtenstamm *(Picea abies)*.

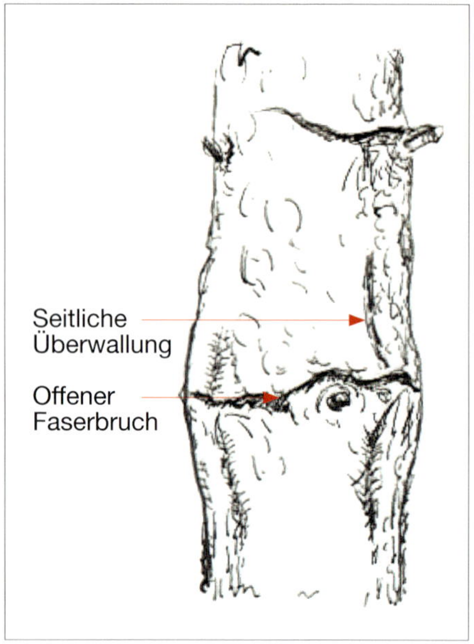

Bild 7.40
Offener Faserbruch im Quirlbereich einer Fichte *(Picea abies)* mit seitlichen Überwallungen

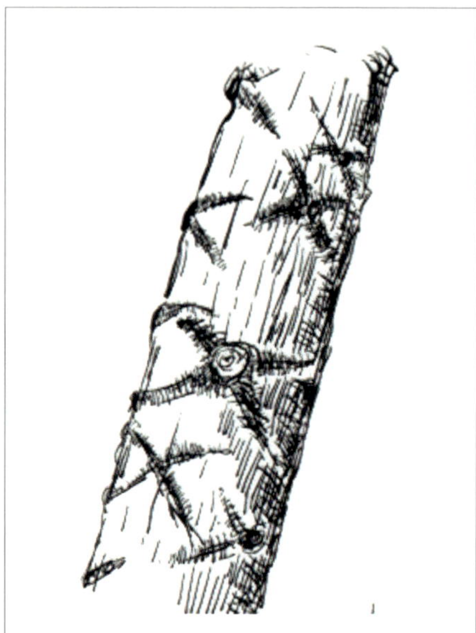

Bild 7.41
Charakteristisches Wulstholz über Faserstauchungen an einem entrindeten Fichtenstamm aus einer windexponierten Hochlage

Faserstauchungen und -brüche sind mehrere Jahre nach dem Schadereignis an Wulstholzbildungen auf der druckbelasteten Seite des Stammes zu erkennen. Mit zunehmendem Dickenwachstum des Baumes verschwindet die Wulst, so dass Bäume mit Faserstauchungen und -brüchen nach wenigen Jahren nur noch indirekt diagnostiziert werden können. Die Wahrscheinlichkeit von Faserstauchungen bleibt groß, wenn Bäume in einem von Wind bzw. Schnee stark durchbrochenen Bestand oder vereinzelt an windexponierten Standorten übriggeblieben sind.

Ursachen

Extreme Windbelastung, Schneedruck, Eisanhang, begünstigt von einer einseitigen Kronenausbildung, beanspruchen den gesamten Stamm auf Biegung. Da die Zugfestigkeit der Holzfasern etwa doppelt so groß ist wie deren Druckfestigkeit, kann eine extreme Biegebeanspruchung zu **Faserstauchungen** in der über die Druckfestigkeitsgrenze hinaus belasteten Zone führen (Delorme 1974). Der Stamm wird gestaucht, obwohl er unter einer Zugvorspannung steht, die bei Druckbelastung erst kompensiert werden muss (Kübler 1959). Diesem Prinzip folgt z. B. die Spannbetonbauweise, bei der die Stahlarmierungen vorgespannt werden.

Wechseln Druckbe- und -entlastungen durch Windböen ständig, so staucht und streckt der schwingende Baum die Fasern, bis schließlich der Faserverbund zerreißt. Es kommt zum Stauchbruch, der sich am Stammmantel markiert.

Initialbereiche für Faserstauchungen und -brüche sind die Astquirle. Der an diesen Stellen unregelmäßige Faserverlauf stellt physikalisch eine Schwachstelle bei Druckbelastung dar (Trendelenburg 1940).

Das Kambium reagiert auf die Beanspruchung mit verstärktem Zellwachstum, verbunden mit sehr breiten **Wulstholz-** Jahrringen. Deren Tracheiden sind stark verkürzt; erhöhter Ligningehalt führt zu größerer Dauerhaftigkeit. Trotz höherer Dichte als im „Normalholz" verringern sich E-Modul und Druckfestigkeit; Wulstholz verformt sich bis zum Bruch wesentlich stärker, hält aber nur einer geringeren Maximalkraft stand (Koch 1999).

Drehwuchs wirkt Stauchbrüchen entgegen. Der gewundene Faserverlauf im Stamm führt zu höherer Biegesteifigkeit (vgl. Kapitel 5.3.2.1 Drehwuchs, sowie Mayer-Wegelin 1956, König 1957).

In den Regenwäldern der Tropen mit hoher Bestandesdichte sind die Bäume auf Grund der großen Kronenkonkurrenz gezwungen, rasch in die Höhe zu wachsen. Dies geschieht auf Kosten des Dickenwachstums. Die Höhen-Durchmesser-Verhältnisse liegen häufig bei über 100:1. Deshalb können bei Starkwinden die Grenzen der Biegebelastbarkeit überschritten werden. Stauchbrüche sind die Folge (Trendelenburg (1940; 1941).

Bild 7.42
Vertikal strukturierte Mischbestände, verbunden mit günstiger Waldrandgestaltung, sind bei Wetterextremen vor großen Biegebeanspruchungen besser geschützt als Altersklassenbestände.

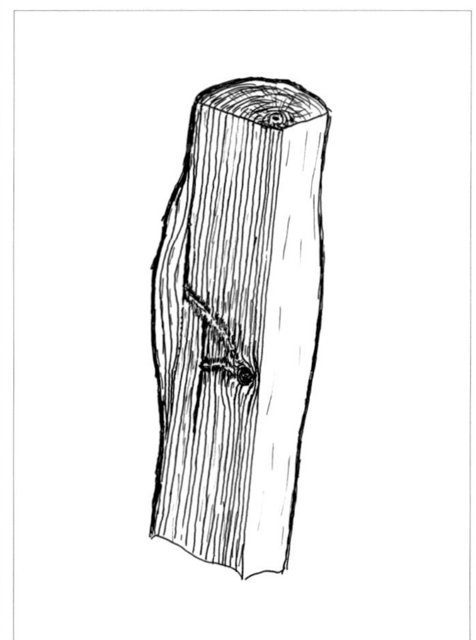

Bild 7.43
Stammstück mit Stauchfalten und Wulstholzbildung

Vermeidung

Von Schadereignissen wie extremen Nassschneeauflagen oder Orkanböen abgesehen, sind Faserstauchungen an Bäumen häufig auf waldbauliche Ursachen zurückzuführen. Mit folgenden Maßnahmen kann das Risiko von Stauchbruchschäden vermindert werden:

- In wind- und schneebruchgefährdeten Regionen ist dem Einzelstamm bereits im Stangenholz ($D_{1,3}$ < 19 cm) ausreichender Standraum zu gewähren (Standraumregulierung), damit er eine tief reichende Krone, verbunden mit einem Höhen- Durchmesser- Verhältnis von unter 80 : 1, entwickeln kann, die extremen Biegebelastungen stand hält (Butin 1996).
- Neben der Einzelstabilität ist auf die kollektive Stabilität des Bestandes Wert zu legen, indem bei Durchforstungsmaßnahmen - vor allem im fortgeschrittenen Alter - der Kronenschluss nicht zu stark durchbrochen wird.
- Vorteilhaft auf die Bestandesstabilität wirken sich Mischbestände und ein vertikal strukturierter Bestandesaufbau aus (Bild 7.42).
- Die räumliche Ordnung ist behutsam zu beeinflussen, damit der Deckungsschutz der Waldbestände untereinander erhalten bleibt.

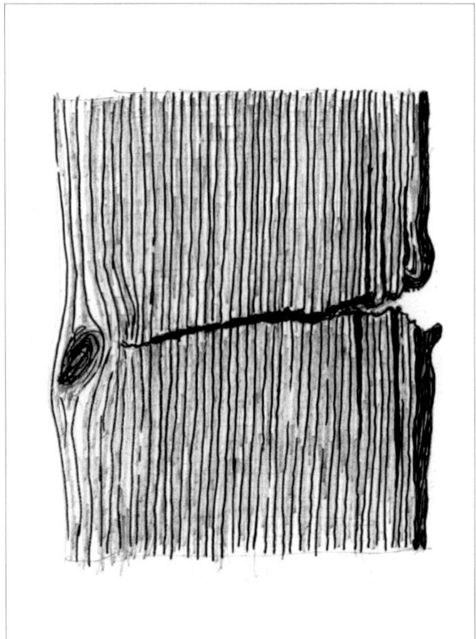

Bild 7.44
Frischer Stauchbruch an Fichtenstamm *(Picea abies)*, bei dem die Fasern gerissen sind. Das Holz ist nicht mehr für tragende Konstruktionen geeignet.

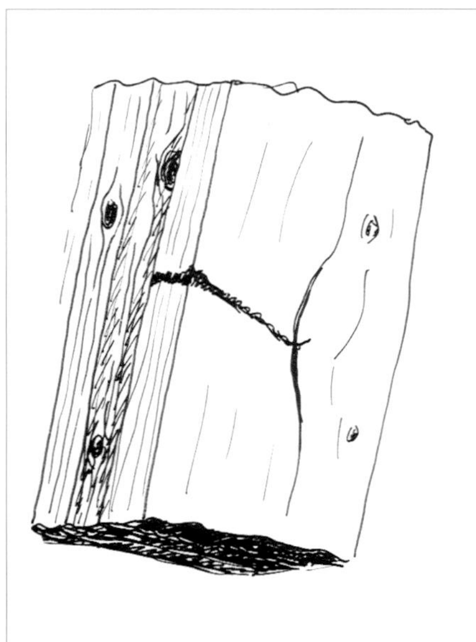

Bild 7.45
Faserbruch in der vorderen von vier Brettlamellen eines Leimbinders. Die Lamellen wurden weder einer visuellen noch einer maschinellen Prüfung unterzogen.

Auswirkungen auf die Verwendung

Stämme von Nadelbäumen, insbesondere von Fichten *(Picea abies)* aus Randzonen von Schnee- und Windbruchnestern oder von Standorten mit extremen Expositionen, gelten als besonders vom Stauchbruch gefährdet. Faserstauchungen, die bereits an der ungehobelten Holzoberfläche sichtbar sind (Bild 7.43) und Stauchbrüche (Bild 7.44) beeinträchtigen die Holzfestigkeit entscheidend. Schnittholz aus derart geschädigtem Holz darf nicht für konstruktive Zwecke bzw. für tragende Funktionen verwendet werden (EMPA 1990), (Bild 7.45). Gleiches gilt für Masten: So brachen bereits imprägnierte, äußerlich einwandfrei erscheinende Telefonmasten beim Abladen. Das Bruchbild war stumpf und muschelförmig – ein sicheres Zeichen für großflächige Faserstauchbrüche, die zunächst bei der Stammdiagnose nicht erkannt worden sind.

In den Rohholzsortierungen der Vergangenheit wurden Faserstauchungen und -brüche als Einzelmerkmale nicht beurteilt. Wurde aber *Wulstholzes am Stammmantel* erkannt, ist dies auch in der Qualitätsbeurteilung des Rundholzes berücksichtigt worden. In der allgemeinen Gütebeschreibung nach HKS (2002, S. 12) durfte dieses Rundholz als *„Holz, das wegen seiner Fehler nicht in die Güteklassen A/EWG oder B/EWG aufgenommen werden kann, jedoch in der Industrie verwendbar ist“*, in die Güteklasse C sortiert werden. Weil aber nicht ausgeschlossen werden konnte, dass das Holz irrtümlich für konstruktive Zwecke verwendet wird, sollte es Gebrauchsklassen zugeordnet werden, bei denen das Holzgefüge aufgelöst wird (z. B. Industrieholz). Nach CEN (DIN 1999a, S. 4) war solches Rundholz nur noch in Qualitätsklasse D einzustufen, da ein Faserbruch auf einem erheblichen Teil der Stammquerschnittsfläche *„...die natürlichen Eigenschaften des Holzes ... beeinträchtigt...“* hätte.

In der gültigen Rahmenvereinbarung für den Rohholzhandel in Deutschland (RVR 2015, 2018) werden Faserbruch und Faserstauchung auch nicht im Stichwortverzeichnis erwähnt. Trotzdem gilt: Ein Stauchbruch mit Wulstholzbildung, der am Rundholz sichtbar ist, ist ein schwerwiegender Holzfehler, der die Qualitätsstufen A, B und C ausschließt.

Technologische Anpassung

Bei visueller Diagnose sind Faserstauchungen, die nur an gehobeltem Holz sichtbar werden, unbedenklich für die weitere Holzverwendung. Diese Faserstauchungen treten bei einer Biegebeanspruchung von etwa 50% der Bruchlast auf. Im Unterschied dazu entstehen makroskopisch sichtbare Faserstauchungen bei Biegebeanspruchungen von etwa 75% der Bruchlast (Kisser und Steininger 1952). In diesem Fall ist das Holz nicht mehr für statische Zwecke einsetzbar.

Mit einer maschinellen Festigkeitssortierung lassen sich Stauchbrüche in der Schnittware relativ sicher erkennen, da sie in der Regel den schwächsten Querschnitt darstellen. Aus Prüfanordnung, Holzabmessungen, Prüflast und Durchbiegung wird der Elastizitätsmodul berechnet. Dieser korreliert mit der Biegefestigkeit, die ein Maß für die Festigkeit der Schnittware ist (Bild 7.46), (DIN 2008, DIN 2012).

Ultraschallprüfungen zur Feststellung von Stauchbrüchen in Kanthölzern verliefen noch nicht eindeutig (Kessel 1990).

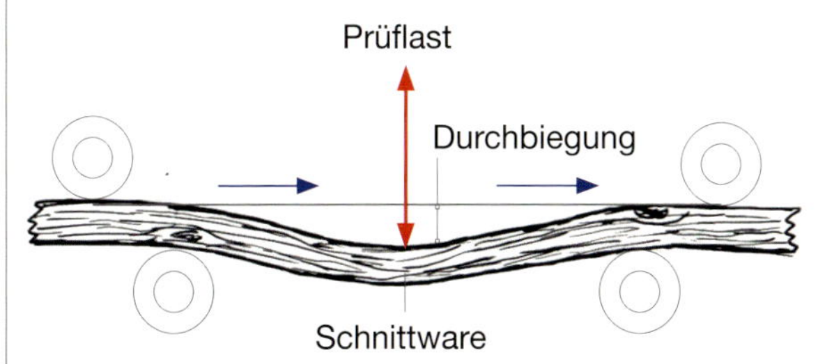

Bild 7.46
Prinzip der maschinellen Festigkeitssortierung (Stressgrading)

Bildteil 7.2.1 – 1
Ursachen von Faserstauchungen und Faserbrüchen an Bäumen

Ein Orkan mit Windspitzen von 125 km/h „selektierte" alle flach wurzelnden Fichten *(Picea abies)* auf Pseudogley- Boden aus. Bei allen Bäumen besteht der Verdacht auf Faserbrüche, auch bei den noch stehenden Kiefern *(Pinus sylvestris)*, Tharandt, Sachsen.

Ein Tornado vernichtete in wenigen Minuten diesen Kiefern-Fichten- Bestand. Die Bäume sollten nicht zu Schnittholz, sondern nur noch zu Industrieholz aufgearbeitet werden, Quirla, Thüringen.

Bei diesem stark von Rauhfrost und Schnee durchbrochenen Mischbestand sind Faserbrüche sehr wahrscheinlich. Schnittholz sollte deshalb nicht mehr aus diesen Bäumen hergestellt werden, Oberes Erzgebirge, Sachsen.

Sturmschaden in einem Wald aus Monterey-Kiefern *(Pinus radiata)* am Teide-Massiv,Teneriffa, Spanien

Ein Tornado verwüstet einen Mangrovenwald *(Rhizophoraceae)* im Uferbereich des Cottica River, Commewijne, Surinam.

Diesen Stamm in einem tropischen Regenwald hat ein Sturm gefällt. Das große Höhen-Durchmesser-Verhältnis vieler Bäume führt zu starker Biegebelastung und kann Auslöser von Stauchbrüchen sein, KABO, Surinam.

Bildteil 7.2.1 – 2
Faserstauchung und Faserbruch am Baum

Langfasrige Schaftbrüche an Fichten *(Picea abies)*, verursacht durch plötzliche Krafteinwirkung (Orkan) (links) unterscheiden sich stark von einem flächigen Faserbruch nach häufig wechselnder Druck – Zug – Beanspruchung (rechts), Erzgebirge, Deutschland. (Foto rechts: G.-E. Weber)

Eine Vegetationsperiode nach einem Orkan: Sichtbarer Faserbruch mit Harzaustritt an Fichte (links). Im selben Bestand frisches Wulstholz an Fichte *(Picea abies)*, Thüringer Schiefergebirge, Deutschland (Fotos: G.-E. Weber)

Faserstauchungen, Faserbrüche, schließlich Schaftbruch an Linde (*Tilia cordata)* als Folge eines Orkans. Lausitz, Deutschland

Dieser schlanke Zwart Riemhout-Stamm *(Micropholis guianensis)* hat trotz ausladender Brettwurzeln einen Faserbruch im Brettwurzelbereich erlitten – ein Zeichen starker Biegebelastungen, KABO, Surinam.

Starke Wulstbildungen an Fichte *(Picea abies)* in exponierter Hochlage (800 m), Oberharz, Deutschland

Wulstholz an Kiefer *(Pinus sylvestris)*, Quetschfalten ca. 60° zur Stammachse. Norra Kvill, Schweden

Aufgeschnittener Fichtenstamm mit Stauchfalten und Wulstholz

Bildteil 7.2.1 – 3
Erkennung von Faserstauchung und Faserbruch am verarbeiteten Holz

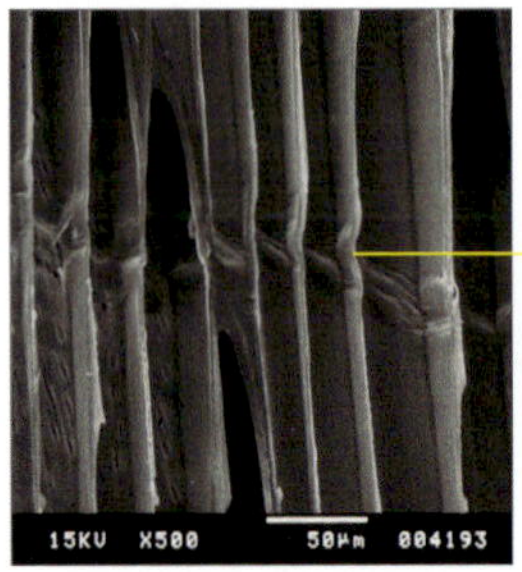

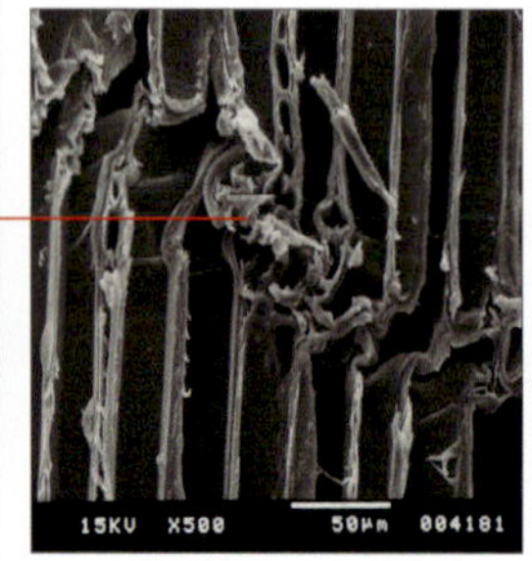

Rasterelektronenmikroskopische Aufnahmen von leichten Stauchungen der Zellwände von Fichtentracheiden *(Picea abies)*, (links) und von zusammengequetschten Tracheiden (rechts) (Fotos: E. Bäucker)
Am mittleren Bild lässt sich die Lage der Stauchungen an einem Holzkörper aus Fichte mit Faserstauchungen und Wulstholz ungefähr lokalisieren. (Foto: G.-E. Weber)

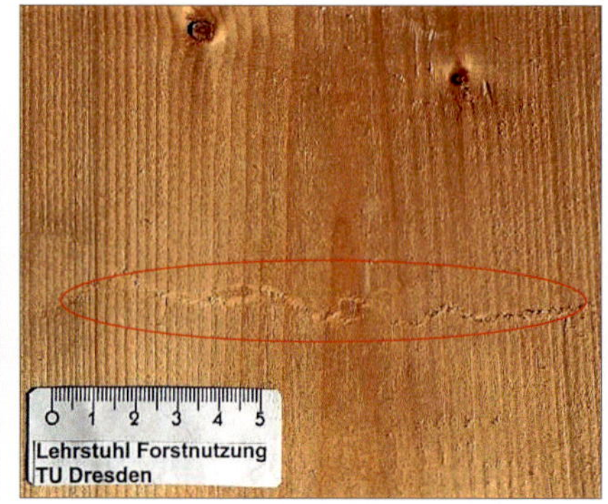

Die Faserstauchungen an diesem Fichtenbrett *(Picea abies)* wurden erst nach dem Hobeln erkennbar. Es kann noch für statische Zwecke verwendet werden.

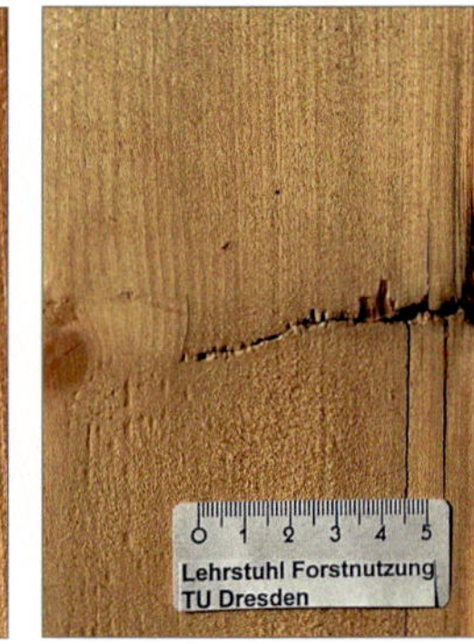

Faserbruch, das Fichtenbrett *(Picea abies)* ist für statische Zwecke nicht mehr verwendbar.

Nach dem Einschnitt sichtbarer Faserbruch an Brett von Wanakwari *(Vochysia tomentosa)*.

Die Holzpfeiler dieser neuen Sägewerkshalle aus Kwatapatu *(Lezythis zabucajo)* (links) weisen Faserstauchungen (Mitte) oder Faserbrüche (rechts) auf. Während die Faserstauchungen für die Statik des Gebäudes unbedeutend sind, ist solch ein umfangreicher Faserbruch problematisch, Surinam.

Faserstauchungen (links) und Faserbruch (rechts) am Pfeiler eines Bauwerkes aus Walaba *(Eperua ssp.)*. Der Faserbruch vermindert die Restfestigkeit des intakten Teils des Pfeilerquerschnittes erheblich.

7.2.2 Schubspannungsriss

Beschreibung des Merkmals

Schubspannungsrisse können als *Querschnittsflächenrisse* in älteren Nadelbäumen, besonders in Fichten *(Picea abies)* auftreten und sich bis zu mehreren Metern durch den unteren Stammteil ziehen (Bild 7.47). Das Typische für diese Rissform ist, dass der Riss den gesamten Stamm quer spaltet. Erste Anzeichen sind Harzaustritt an den Rissspuren, die sich beiderseits der Stammoberfläche markieren.

Bei Lärchen *(Larix ssp.)* tritt der Schubspannungsriss entweder als harzgefüllter Kernriss im Stammfuß *(Pechlarse)* auf, der den Splint (noch) nicht erreicht hat; oder der Stamm spaltet auf (Bild 7.48).

Insbesondere in Kiefern *(Pinus ssp.)*, aber auch in Tannen *(Abies ssp.)*, Fichten *(Picea abies)*, und Douglasien *(Pseudotsuga menziesii)* tritt der Schubspannungsriss als teils verzweigter Kernriss in der Nähe des Stammzentrums des Erdstammstücks auf. Diese sich radial durch den Stamm ziehenden Rissformen werden als Schiferrisse bezeichnet. Alle genannten Risse sind bereits im lebenden Stamm ausgebildet.

Ursachen

Schubspannungsrisse können durch *Winddruck*, insbesondere auf vorherrschende Bäume und in *überalterten Nadelbäumen*, durch *einseitige Bekronung* und *Schiefstellung* des Baumes entstehen (Bild 7.49). Einseitige Dauerbelastungen und Pendelbewegungen der Baumkrone führen zu Schubbeanspruchungen, besonders am Stammfuß. Dabei wird der konkav ausgebildete Wurzelanlauf an der Zugseite gestreckt. Da der Wurzelanlauf in seiner „Konstruktion“ optimiert ist (Mattheck 2019), entladen sich die Schubspannungen, indem der Schaft aufreißt, weil die Querzugfestigkeit des Faserverbundes überschritten wird (Bild 7.50).

Eine weitere Voraussetzung für Schubspannungsrisse ist ein fester Untergrund auf der druckbeanspruchten Seite des Wurzelanlaufs (flachgründige Böden mit fester Zersatzzone, felsiger Untergrund). Die auf Zug beanspruchten Wurzeln müssen

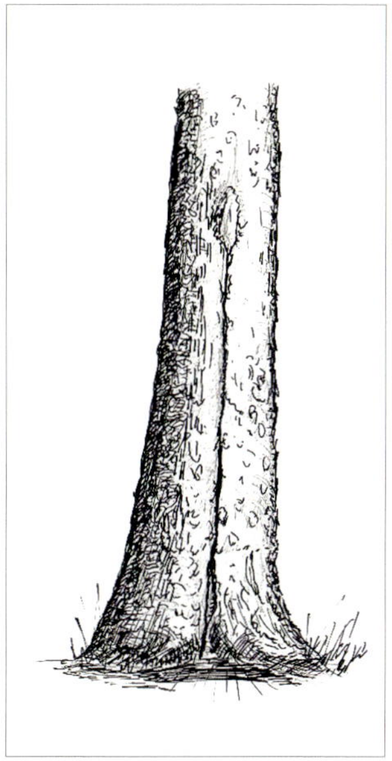

Bild 7.47 (li.) Schubspannungsriss an Fichte mit Harzausfluss, am oberen Ende Überwallungsversuch

Bild 7.48 (re.) Aufgerissener säbelwüchsiger Lärchenstamm

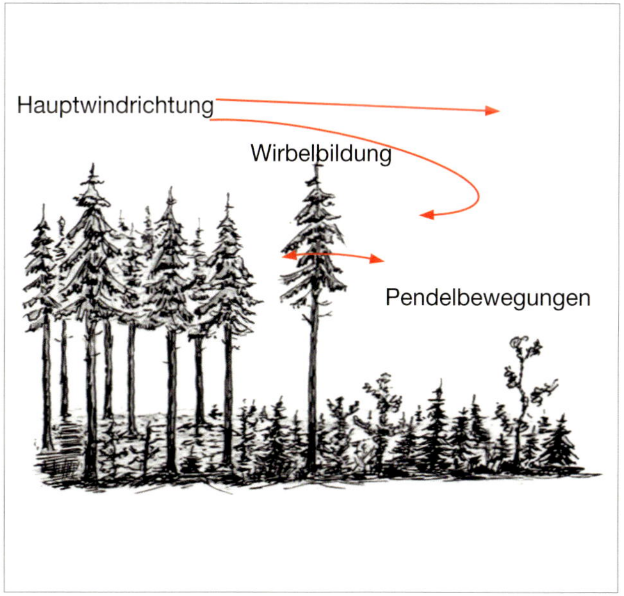

Bild 7.49 Überalterte Fichten auf einer stillgelegten Schlagreihe sind zügig zu ernten.

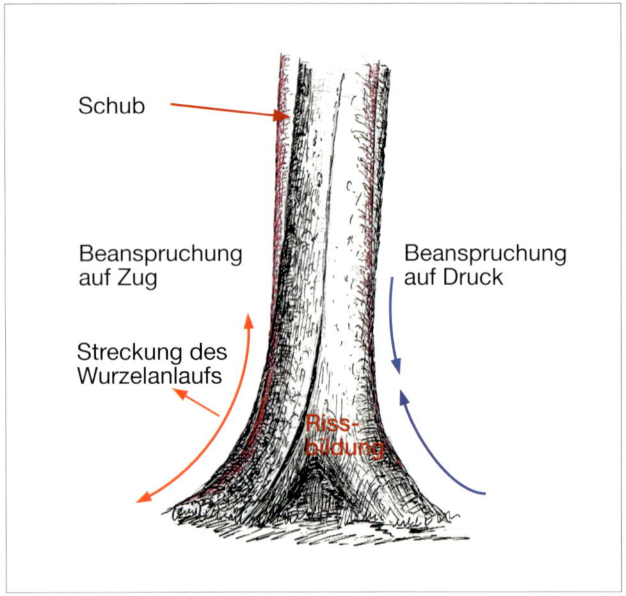

Bild 7.50
Prinzip der Entstehung eines Schubspannungsrisses

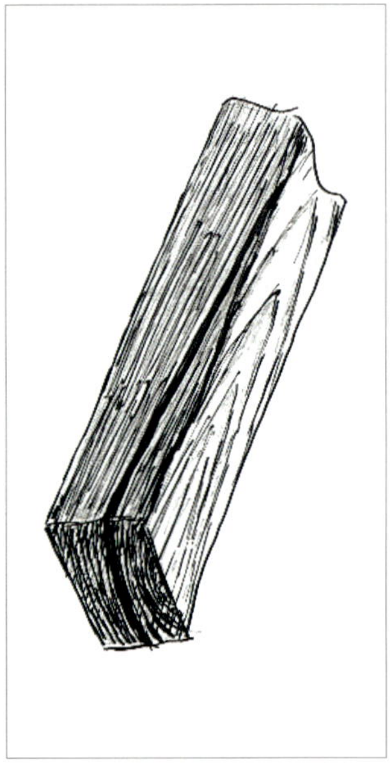

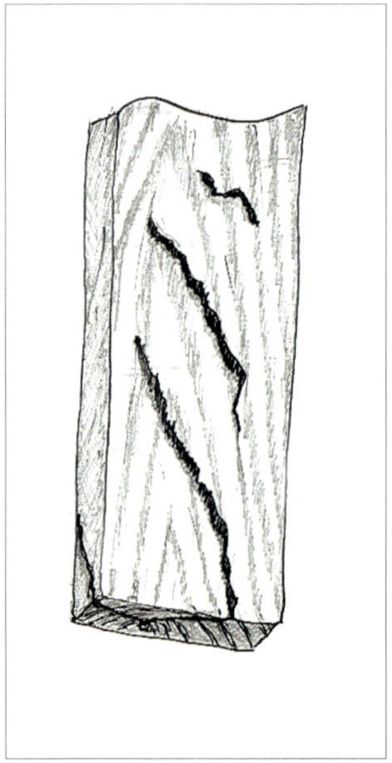

Bild 7.51 (li.)
Leiste mit Schubspannungsriss

Bild 7.52 (re.)
Schilferrisse an Tannenbrett *(Abies)*

gut im Boden verankert sein. Die stabile Bodenverankerung verhindert einerseits den Windwurf. Andererseits reichen die Schubkräfte noch nicht zu einem Schaftbruch aus.

Bäume mit Drehwuchs sind weitgehend vor Schubspannungsrissen gefeit. Der gewundene Faserverlauf führt dazu, dass Druckspannungen in Zugspannungen übergehen. Außerdem ergäbe sich im Stamm eine verdrehte Spaltfläche, die einerseits zusammengepresst, andererseits aber auseinandergezogen würde – unmöglich für die Entstehung eines Querschnittsflächenrisses im stehenden Stamm.

Säbelwuchs fördert Schubspannungsrisse, vor allem dann, wenn die konkav gekrümmte Schaftseite der Hauptbelastungsrichtung zugewandt ist. Das trifft besonders für säbelwüchsige Stämme von Lärchen *(Larix ssp.)* bestimmter Provenienzen zu. Ist der Riss nur als Kernriss ausgeprägt, füllt er sich mit Harz, das aus den zertrennten Harzkanälen in den Hohlraum austritt und *Pechlarsen* bildet.

Schilferrisse sind Kernrisse in älteren Nadelbäumen, besonders Kiefern *(Pinus ssp.)* und Tannen *(Abies ssp.)*, die auf Biegebeanspruchung zurückzuführen sind. In diesem Fall reißt das trockene Kernholz infolge mangelnder Elastizität radial und stufig übereinander auf. Die Risse sind äußerlich nicht zu erkennen (Volkert 1940). Die Risse markieren sich im Schnittholz.

Alle Ursachen von Schilferrissen und Pechlarsen lassen sich mit den genannten Begründungen noch nicht hinreichend erklären.

Auch in weit ausladenden, waagerecht stehenden Ästen können sich Schubspannungsrisse bilden. Sie entstehen bei Überbelastung durch die eigene Masse, in Kombination mit Schneeauflage und Wind. Diese längs aufgerissenen Äste werden auch als „Unglücksbalken" bezeichnet. Sie treten an Laub- und Nadelbäumen auf (siehe Bildteil „Lebendast 5.2.1 – 2 Spontane Astabbrüche").

Vermeidung

Werden Hiebszüge und Schlagreihen im Altersklassenwald stillgelegt, oft verbunden mit Bestandesumwandlungen, führt dies häufig zur Überalterung der Nadelholz- Reinbestände. Diese Althölzer sind zügig aufzulösen, da sie mit ihren herausragenden Kronen an der ehemaligen Schlagfront stark von Winden belastet werden, so dass ständig neue Schubspannungsrisse entstehen.

Bäume, die über das Kronendach hinaus ragen oder plötzlich freigestellt werden, sind besonders rissgefährdet. Deshalb ist auf Deckungsschutz innerhalb der Bestände und zwischen den Beständen zu achten.

Wenn Waldbestände in der Jugend feinästig erwachsen sind, so ist das ein angestrebtes Qualitätsziel. Allerdings fördert das unter ungünstigen Standortsbedingungen die Bildung von Schubspannungsrissen, weil den Stämmen die „Dübelwirkung" stärkerer Äste im unteren, inneren Stammbereich fehlt.

Zum Säbelwuchs neigende Lärchen- Provenienzen sind nicht für Bestandesbegründungen zu verwenden.

Bei Durchforstungen ist auf gleichmäßig ausgebildete Baumkronen zu achten.

Bild 7.53
Lärchenstamm *(Larix decidua)* mit aufgeschnittener Pechlarse

Auswirkungen auf die Verwendung

Querschnittsflächenrisse an Fichte *(Picea abies)*, Lärche *(Larix ssp.)*, Douglasie *(Pseudotsuga menziesii)* und Schilferrisse an Tanne *(Abies alba)*, Fichte *(Picea abies)*, Kiefer *(Pinus sylvestris)* entwerten den wertvollsten unteren Stammteil, da sie in der Regel durch das Sägehauptprodukt verlaufen (Balken, Bohle, Brett), (Bild 7.51 und 7.52).

Verschiedentlich füllen sich Risse mit Harz, nachdem die radial verlaufenden Harzkanäle durchtrennt worden sind (Pechlarsen der Lärche *[Larix ssp.]*) (Bild 7.53). Der Holzeinschnitt wird durch verharzende Werkzeuge erschwert. Der betroffene Schnittholzbereich lässt keine höherwertige Verwendung mehr zu. Schilferrisse sind oft in der Schnittware verborgen und werden erst beim Hobeln und Fräsen des getrockneten Holzes bemerkt. Ausschuss in der Endbearbeitung beeinträchtigt erheblich das Betriebsergebnis.

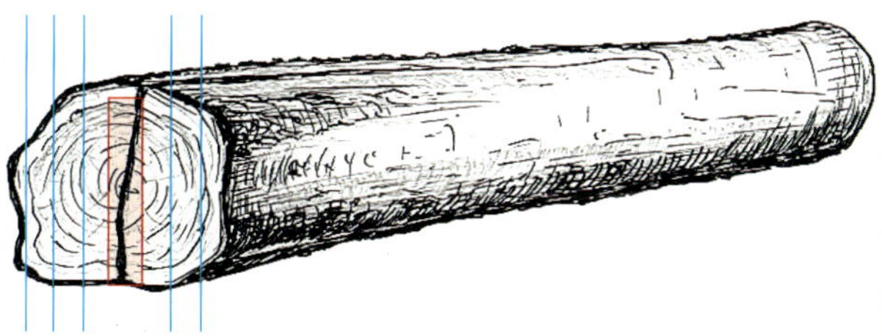

Bild 7.54
Schnittführung an Stammabschnitt mit Schubspannungsriss

Technologische Anpassung

Stammteile mit Querschnittsflächenrissen sind so zu trennen, dass die Rissebene möglichst in Schnittflächenrichtung und in nur einem Brett oder in einer Bohle liegt (Bild 7.54).

Bildteil 7.2.2
Schubspannungsriss

130-jähriges Fichtenaltholz *(Picea abies)* mit Buchenvoranbau *(Fagus sylvatica)*; ursprünglich war 15 Jahre vorher ein Kahlschlag vorgesehen. Dieser Bestand ist Schubspannungsriss gefährdet, Tharandt, Deutschland.

Schubspannungen führen an dieser Fichte zu einem *Initialriss* mit Harzausfluss

Im Verlaufe von wenigen Jahren bilden sich an dieser dem Wind ausgesetzten Fichte, auf beiden Stammseiten sichtbar, typische Schubspannungsrisse.

120-jährige Hochlagenfichte auf *windexponiertem* Standort mit Schubspannungsriss

Hoch reichender, doppelseitiger Schubspannungsriss an Altfichte auf *Felsstandort*

Einseitig bekronte Fichte in *Hanglage* mit Schubspannungsriss.

An dieser Fichte führte ein Sturm zum Schubspannungsriss, und gleichzeitig gab die Bodenverankerung der Wurzeln nach.

Gebrochene Fichte mit Stammaufspaltung entlang eines alten Schubspannungsrisses

Bildteil 7.2.2
Schubspannungsriss

Alte säbelwüchsige Lärche *(Larix decidua)* mit einem durchgehenden Schubspannungsriss

Der Kernriss an Lärche *(Larix decidua)* ist als Pechlarse ausgebildet und ist auf Schubspannungen zurückzuführen.

Säbelwüchsige, schräg stehende, vorherrschende Lärche *(Larix decidua)* mit offenem Schubspannungsriss

Schilferrisse an einer aus Einzelbrettern zusammengesetzten Türfüllung aus Tannenholz *(Abies alba)*

Stufig abgesetzter Schilferriss an Fichtenbrett *(Picea abies)*, ausgelöst durch Schubspannungen im Stamm

Offener Schubspannungsriss an schräg stehender, einseitig bekronter Douglasie *(Pseudotsuga menziesii)* in einem Urwald in 2300 m Höhe. Wyoming, USA

8. Übersicht der Rissformen und -ursachen

Der Sprachgebrauch bei der Beschreibung von Rissen ist mitunter unscharf, weil nicht exakt zwischen den Rissformen, ihrer Lage im Stamm und den zu Grunde liegenden Rissursachen unterschieden wird. Einerseits können gleiche Rissformen unterschiedliche Ursachen haben. Z. B. kann ein Kreuzriss durch Austrocknung oder durch Wachstumsspannungen hervorgerufen werden. Andererseits können gleiche Ursachen zu unterschiedlichen Rissformen führen. Z. B. können Wachstumsspannungen zu Querschnittsflächenrissen, Kreuzrissen oder Sternrissen führen. Mit einer Übersicht zu den Rissformen und Rissursachen soll dieser Zusammenhang eindeutig dargestellt werden (Kollmann 1951; Knuchel 1954; König 1957; Erteld, Mette, Achterberg 1963; Knigge und Schulz 1966; Mette 1984; Wagenführ und Scheiber 1989; Steuer 1990; Richter 2007).

Rissbild

Bild 8.1
Trockenriss, gleichzeitig Kreuzriss und Kernriss an Eiche

Bild 8.2
Schilferriss, gleichzeitig Kernriss an Tannenbrett

Beschreibung des Risses nach der Rissform und Lage im Stamm

Kernriss / Markriss, ausgeprägt als **einfacher Riss, T- Riss, Y- Riss, Kreuzriss** oder **Sternriss,** der durch die Markröhre verläuft. Vom Mark des Stammfußes ausgehende radiale Risse, die *nicht* bis zur Stammmantelfläche reichen. Mit zunehmender Lagerdauer und Austrocknung können sich diese Risse zu Querschnittsflächenrissen ausbreiten und sich im Stammmantel fortsetzen.

In alten Fichten *(Picea abies)*, Lärchen *(Larix decidua)*, Kiefern *(Pinus sylvestris)*, und Tannen *(Abies alba)* können diese besonderen Kernrisse als „Schilfer" vom Stammfuß aus mehrere Meter hoch reichen.

Beschreibung des Risses nach der Rissursache

1. Trockenriss: Entsteht durch *Austrocknung* des Holzes bis unter die Fasersättigungsfeuchte von ca. 30%. Dies kann bei Kern- bzw. Reifhölzern bereits kurz nach der Fällung im trockeneren Kernbereich des Stammes eintreten (Initialrissbildung), (Bild 8.1).

2. Schilferrisse: Treten meist in alten Nadelbäumen auf. *Windbelastungen* und *Schneeauflagen* haben diese Bäume derartig auf *Biegung und Schubspannung* beansprucht, dass Risse im trockneren Kernbereich des noch lebenden Baumes entstehen (Bild 8.2). Diese Risse treten erst im Schnittholz zutage. Schilferrisse sind auch bei Tropenhölzern nachgewiesen.

Bäume aus tropischen Regenwäldern reißen wegen ihrer ausgeprägten Wachstumsspannungen nach dem Fällschnitt häufig auf. Kernrisse bilden hier in der Regel nur ein kürzeres Übergangsstadium bis zum Querschnittsflächenriss.

3. Pechlarsen: Im lebenden Stamm säbelwüchsiger Lärchen *(Larix decidua)* können *Schubspannungen* (Windbelastung) in der Stammkrümmung Markrisse hervorrufen, die sich mit Harz füllen (Bild 8.3).

(Vgl. Kapitel 7.2.2 Schubspannungsriss)

Querschnittsflächenriss, ausgeprägt als **einfacher Riss, T- Riss, Y- Riss, Kreuzriss** oder **Sternriss**, der *durch die Markröhre* verläuft

Vom Mark des Stammfußes eines Baumes ausgehender Riss (auch als Kreuz- bzw. Sternriss), der bis in den Stammmantel reicht. Besonders bei Buche *(Fagus sylvatica)*, Pappeln *(Populus ssp.)*, Weiden *(Salix ssp.)*.

Bei Bäumen aus tropischen Primär- und Sekundärwäldern treten auf Grund von Wachstumsspannungen häufig Querschnittsflächenrisse auf, besonders dann, wenn kein Wechseldrehwuchs den Zusammenhalt der Holzfasern im Stammmantel sichert.

1. Spannungsriss: Wachstumsspannungen, die sich nach dem Fällschnitt am Stammfuß „entladen". Sie entstehen durch Ligninquellung bzw. Cellulosekontraktion der jeweils in den letzten Jahrringen bzw. Wachstumsringen angelegten Zellen. Dies führt zu derartigen Zugspannungen im Stammmantel und Druckspannungen im Kern, dass dieser bereits kurz nach dem Fällen (Bild 8.4) oder bei anschließenden Trennschnitten aufreißt (Bild 8.5).

(Vgl. Kapitel 3.4 Licht / Strahlung)

Beachte: Spannungsrisse sind keine Trockenrisse!

2. Schubspannungsriss: Windbelastungen und Schneeauflagen können den Baum derartig auf Biegung beanspruchen, dass ein Querschnittsflächenriss entsteht (Bild 8.6).

Bild 8.3
Pechlarse, im Kernriss ausgebildet, mit exzentrisch gelegener Markröhre an Lärche

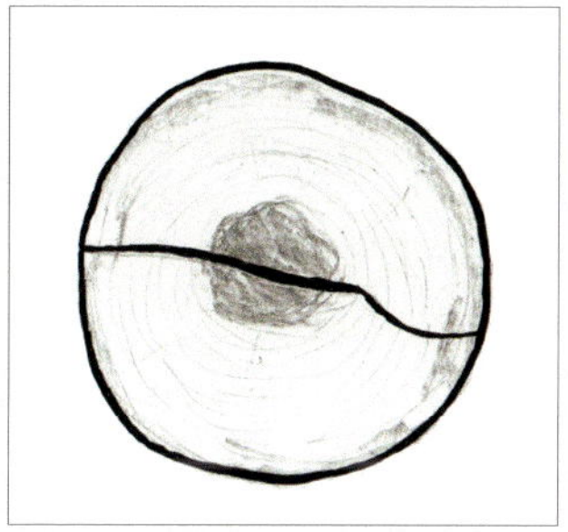

Bild 8.4
Spannungsriss, gleichzeitig Querschnittsflächenriss an Buche

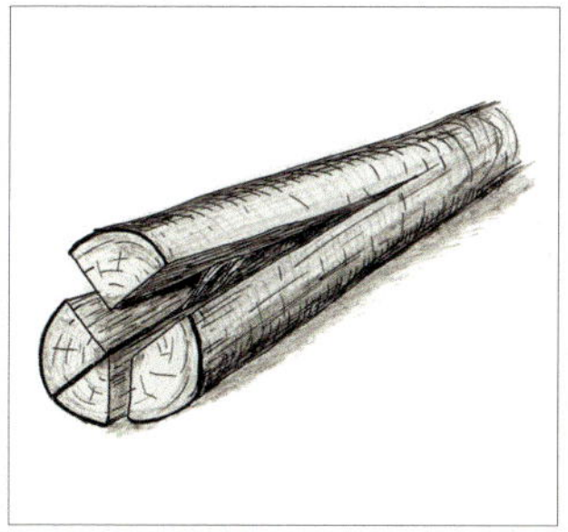

Bild 8.5
Spannungsrisse, gleichzeitig Kreuzriss an Buchenstamm

Bild 8.6
Tangential verlaufender Schubspannungsriss an Lärchenstamm, als Querschnittsflächenriss ausgebildet

Bild 8.7
Trockenrisse, ausgebildet in Kombination von Mantelrissen, einfachen, radial verlaufenden Rissen, einem Y-Kernriss und einem Ringriss an Esche

Schwindungsrisse sind in der *Rissform* auch Querschnittsflächenrisse, die über die gesamte Querschnittsfläche als feine Rissspuren verteilt sind, die aber erst mit zunehmender Austrocknung des Holzes tiefer in den Stamm eindringen und sich markanter abzeichnen.

3. Trockenriss: *Rasche Austrocknung* von frisch gefälltem, entrindetem Holz (Sommereinschlag) und von totem Holz weit unter die Fasersättigungsfeuchte von ca. 30%. Die Anisotropie des Holzes bewirkt, dass es beim Austrocknen longitudinal : radial : tangential im Verhältnis von 1 : 10 : 20 schwindet. Dies führt zu radial verlaufenden Rissen. Die Holzstrahlen wirken bei der Rissbildung zusätzlich als Spaltebenen. Trockenrisse treten bei Lufttrocknung nach entsprechend langer Lagerdauer bei jeder Holzart auf (Bild 8.7).

Bild 8.8
Schwindriss, ausgebildet als Ringriss im Bereich stark unterschiedlicher Jahrringbreiten an Lärche

Ringriss

Dem Jahrringverlauf folgender Riss, besonders zwischen Jahrringen, die in ihren Breiten stark kontrastieren. Auffällig bei sehr alten, spät freigestellten Fichten *(Picea abies)*, Tannen *(Abies alba)*, Eichen *(Quercus ssp.)*, Pappeln *(Populus ssp.)* und Weiden *(Salix ssp.)*.

Bei Tropenhölzern markieren sich bevorzugt Ringrisse am Übergang von den juvenilen zu den adulten Wachstumszonen.

Auch: Dem Jahrringverlauf folgender Pilzbefall, besonders zwischen breiten Jahrringen der Eiche *(Quercus ssp.)* und Kastanie *(Castanea sativa)*.

1. Schwindriss: *Unterschiedliches Quellen und Schwinden von benachbarten Jahrringen mit sehr unterschiedlichen Breiten und großen Dichteunterschieden* (Lichtungszuwachs, Reaktionsholz), auch im Grenzbereich zwischen juvenilem und adultem Holz. Kann bereits im lebenden Baum zur Vorbildung eines Ringrisses führen, der sich nach dem Fällen an der austrocknenden Trennschnittfläche markiert. Ringrisse werden **physikalisch** verursacht! (Bild 8.8)

2. Ringschäle mit Pilzbefall / Ablösung des Kerns: In die großen Frühholzgefäße *einzelner mangelhaft verkernter Jahrringe* (Frühfrost) ringporiger Hölzer sind *holzzerstörende Pilze eingedrungen (Phellinus-Arten)*. Bei Ringschäle löst sich der von der Schäle betroffene Holzkörper vollständig vom übrigen Holzmantel des gesamten Stammes entlang der geschädigten Jahrringe. Ringschäle hat **pathologische** Ursachen! (Bild 8.9)

Bild 8.9
Ringschäle, ausgebildet als Ring“riss“ an Eiche infolge einer Pilzinfektion

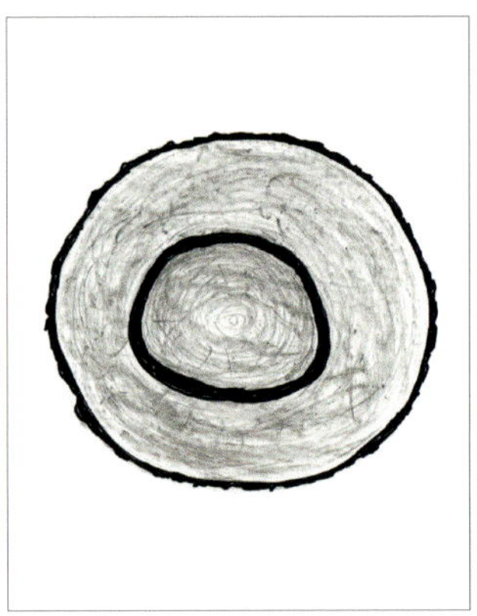

„Spinne", Kombination von Sternrissen und Ringrissen, die den Jahrringen bzw. Wachstumszonen (bei tropischen Baumarten) folgen.

Trockenriss: *Austrocknung* benachbarter, unterschiedlich breiter Jahrringe (Ringriss) und des Kernholzbereichs (Radialrisse). Die Risse sind bereits im lebenden Baum vorgebildet und markieren sich, wenn die Fasersättigungsfeuchte von ca. 30% nach längerer Lagerdauer unterschritten wird (Bild 8.10).

(Siehe auch „Schwindungsriss")

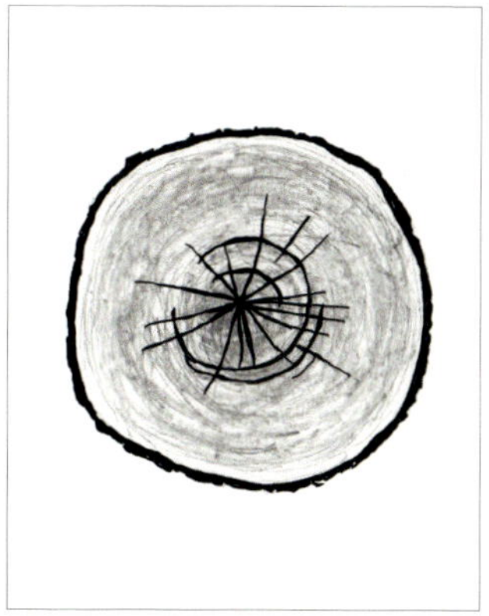

Bild 8.10
Trockenrisse infolge unterschiedlicher Austrocknung, als „Spinne" ausgebildet, an Eiche

Hohlkern

Häufig in Bäumen der feuchten Tropen mit einem inneren, hoch reichenden, von Mikroorganismen angegriffenen Faulkern oder „resorbierten" Kern (z. B. Kopi *[Goupia glabra]*).

Ringriss mit Auflösung des Kerns: Besonders bei tropischen Baumarten der primären Regenwälder verbreitet. Der junge Baum versucht mit möglichst wenig Materialeinsatz rasch der Konkurrenz der Mitbewerber ums Licht nach oben zu entkommen, lagert deshalb ins juvenile Holz keine Kerninhaltsstoffe ein.

Erst das adulte Holz ist dauerhaft. Der juvenile Kern löst sich (physikalisch) infolge seines abweichenden anatomischen Aufbaus während eines längeren Zeitraumes vom adulten Stammmantel ab und wird von Mikroorganismen zerstört (pathologisch), (Bilder 8.11 und 8.12).

(Vgl. Kapitel 3.4 Licht / Strahlung)

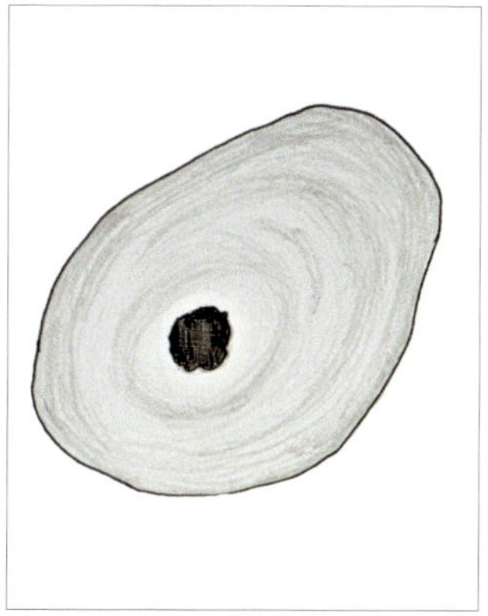

Bild 8.11
Ringriss mit Auflösung des Kerns, ausgebildet als Hohlkern an Kopi (Querschnitt)

Bild 8.12
Ringriss mit Auflösung des Kerns, ausgebildet als Hohlkern an Kopi (Längsschnitt)

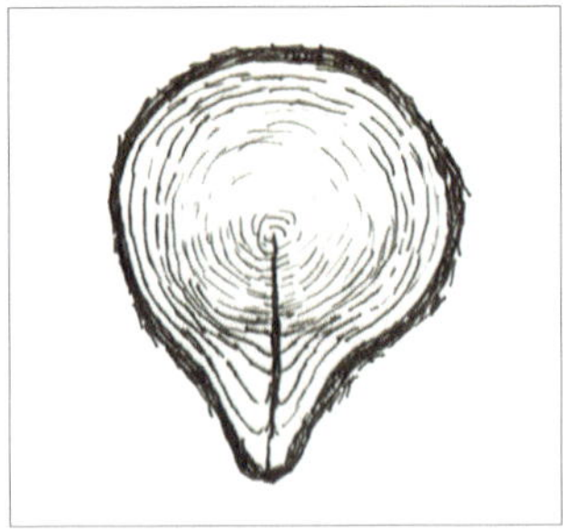

Bild 8.13
Frostriss mit Frostleiste, als Mantelriss ausgebildet, an Ahorn (Querschnitt)

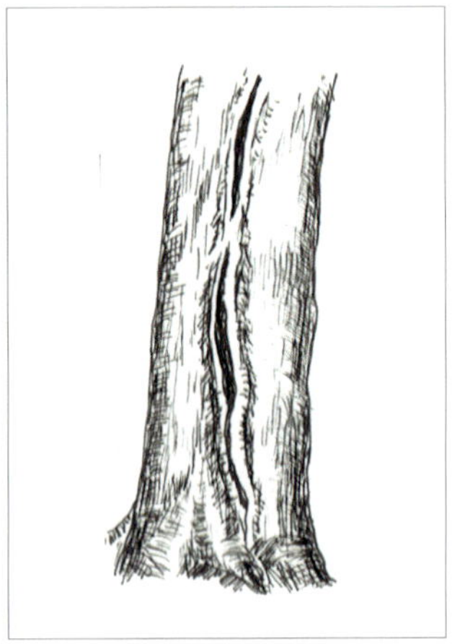

Bild 8.14
Wiederholt aufgebrochener Frostriss mit Frostleiste, als Mantelriss ausgebildet, an Ahornstamm

Bild 8.15
Hitzerisse, als Mantelrisse ausgebildet, an Engelmannfichte (2000 m Höhe)

Mantelriss

Dem Faserverlauf folgender Riss am Stammmantel. Kann bereits am stehenden Stamm auftreten.

1. Frostriss: Tritt als Folge *plötzlicher Temperaturstürze unter den Gefrierpunkt* auf. Die schockartige Abkühlung führt zu ungleichmäßiger thermischer Kontraktion. Die radial- tangentiale Anisotropie des Holzes sowie der Effekt der Gefriertrocknung wirken Spannung verstärkend. Der Riss kann bis zum Mark reichen (Bild 8.13 und 8.14).

(Vgl. Kapitel 7.1.3 Frostriss/ Frostleiste)

2. Trockenriss: *Austrocknung* toten Holzes *unter die Fasersättigungsfeuchte* von ca. 30%. Bei der Rissbildung wirken die Holzstrahlen als Spaltebenen.

(Siehe auch „Schwindungsriss").

3. Hitzeriss: Infolge *Trockenstress* lebender (Nadel)-bäume (flach wurzelnde Fichten) während sehr heißer, trockener Witterungsperioden bzw. im Nachwinter bei einsetzender Assimilation und noch gefrorenem Boden. Dabei kann die Feuchte des wasserführenden Splints kurzzeitig unter 30% sinken (Bild 8.15).

Tangentialriss, ausgeprägt als **Querschnittsflächenriss, der *nicht* durch die Markröhre verläuft**

Vom Stammfuß ausgehender, bis zu mehreren Metern hoch reichender, nicht durch die Markröhre verlaufender Querschnittsflächenriss.

1. Schubspannungsriss: *Windbelastungen und Schneeauflagen* können den Baum derartig auf Biegung beanspruchen, dass ein tangential verlaufender Riss entsteht (Bild 8.16).

(Vgl. Kapitel 7.2.2 Schubspannungsriss)

2. Spannungsriss: *Wachstumsspannungen*, kombiniert mit *einseitiger Austrocknung* von liegendem, lange Zeit gelagertem Holz (Tropen). Dabei heben sich Segmente des Splintholzes ab (Bild 8.17).

(Vgl. Kapitel 3.3 Licht / Strahlung)

3. Verletzungen des äußeren Stammmantels bei der *Holzmanipulation*

Bild 8.16
Tangential verlaufender Schubspannungsriss, als Querschnittsflächenriss ausgebildet, an Fichte (Querschnitt)

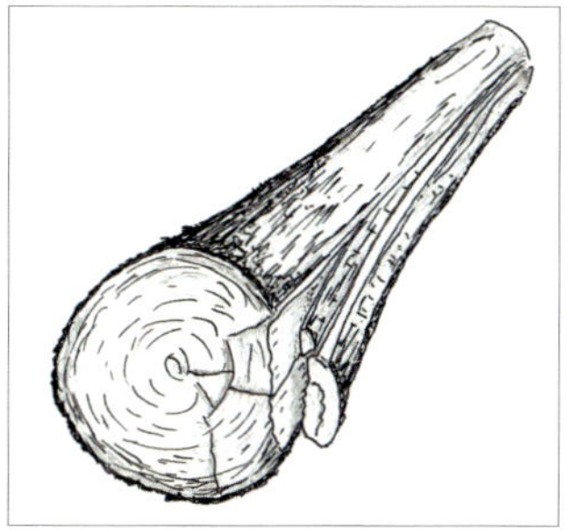

Bild 8.17
Spannungsriss an Wiswiskwari-Stamm, bei dem sich Segmente des Splintholzes vom Stamm gelöst haben

Mantelquerriss

Quer zur Faserrichtung gebrochene Holzfasern am stehenden Stamm, oft von Wulstholz wieder überwallt. Besonders bei Fichte *(Picea abies)*, weniger bei anderen Nadelhölzern; auch an tropischen Baumarten vorkommend.

Faserstauchung / Faserbruch: *Wechselnde Druckbe- und -entlastungen* stauchen und strecken die Holzfasern des schwingenden Baumes bis der Faserverbund zerreißt. Der entstandene Stauchbruch markiert sich am Stammmantel (Bild 8.18 und 8.19).

Werden Tropenhölzer auf Biegung belastet, so begünstigt ihr meist großes Höhen-Durchmesser-Verhältnis Stauchbrüche.

(Vgl. Kapitel 7.2.1 Faserstauchung, Faserbruch).

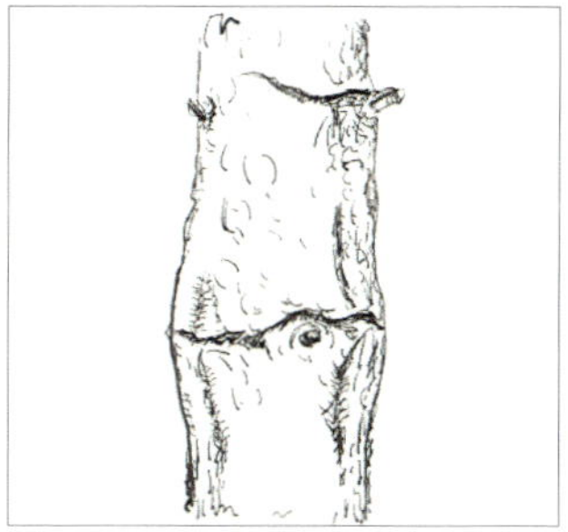

Bild 8.18
Faserbruch (Stauchbruch) an Fichtenstamm

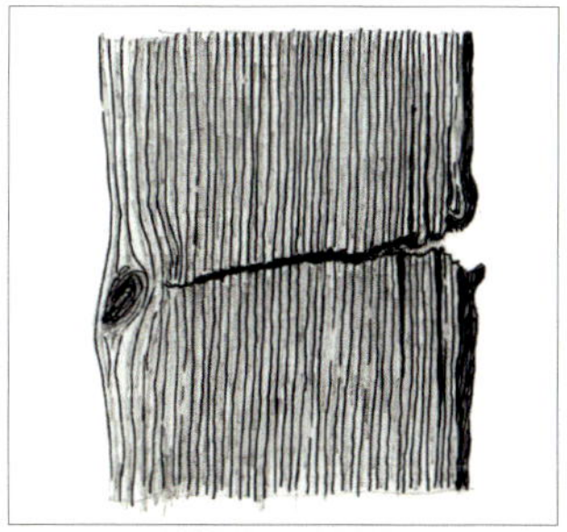

Bild 8.19
Faserbruch (Stauchbruch) an Fichte (Radialschnitt)

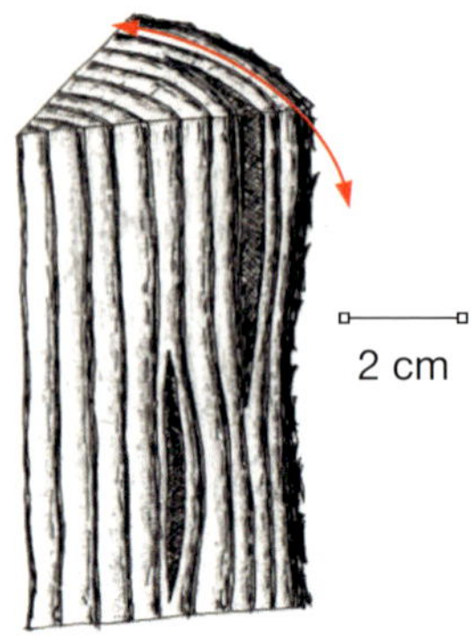

Bild 8.20
Harzgallen, als „Ring"risse ausgebildet, in Fichte

„Ring"riss innerhalb eines begrenzten Jahrringabschnittes

Mit Harz gefüllte Hohlräume innerhalb von Jahrringen von Baumarten mit Harzkanälen: Fichte *(Picea abies)*, Lärche *(Larix deciduaa)*, Douglasie *(Pseudotsuga menziesii)*, Kiefernarten *(Pinus ssp.)*.

Bei Tropenhölzern können weitere Exsudate wie Gummen, Kinos und Latices, aber auch Harze die Risse füllen.

Harzgalle / Harzriss: *Defekt an Harzkanälen* löst hydraulischen Effekt aus, besonders am weitlumigen Frühholz von Jahrringen, bei dem das freiwerdende Harz zwischen zwei benachbarte Jahrringe gedrückt wird und diese dabei voneinander gelöst werden.

Als eine Ursache für den Defekt werden erhöhte Saugspannungen vermutet. Der *Faserverbund wird tangential zerrissen* (Bild 8.20). Dabei werden Harzkanäle getrennt (im Unterschied zum Saugspannungsriss).

Warum bei manchen Tropenhölzern Exsudate zwischen Risse und Zuwachszonen fließen, ist noch unklar, dürfte aber auch mit dem Verschluss innerer Verletzungen zusammenhängen.

(Vgl. auch „Saugspannungsriss").

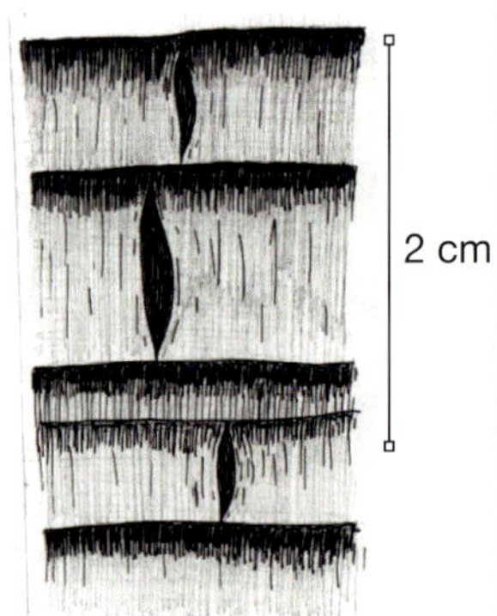

Bild 8.21
Saugspannungsrisse, als Radialrisse ausgebildet, in Fichte

Radialriss von einer Jahrringbreite

Innerhalb eines Jahrrings radial verlaufende, spindelförmige Risse

Saugspannungsriss: Entsteht infolge erhöhter *Saugspannungen*, hervorgerufen durch einsetzende Transpiration im zeitigen Frühjahr bei verhinderter Wasseraufnahme durch Bodenfrost, aber auch durch Trockenheit (Trockenstress), insbesondere im juvenilen Holz von Bäumen mit breiten Jahrringen und Jahrringen niedriger Dichte (Bild 8.21). *Der Faserkollaps verläuft radial.* Dabei werden keine Harzkanäle getrennt.

(Vgl. auch „Harzgalle")

Bildteil 8.
Rissformen
und -ursachen:
1. Kernriss / Markriss

Frische **Kernrisse** (Initialrisse) an Furniereichen *(Quercus ssp.)* infolge der **Trocknung** des inneren Kerns unter die Fasersättigungsfeuchte und leichter **Wachstumsspannungen**

Eichenwertholz wird an den Enden des **Kernrisses** geklammert.

Einfacher Riss, als **Kernriss** (Pechlarse) ausgebildet, infolge von **Schubspannungen** an Lärche *(Larix decidua)*

Kreuzriss als **Kernriss** (Initialriss) ausgebildet, am frischen Anschnitt von Gele Kabbes *(Fatairea guianensis)*

Kernriss an Fichtenwertholz *(Picea abies)* wird mit Plaste-S-Haken geklammert.

Sternrisse im Kernholz von Kiefer *(Pinus sylvestris)*, als **Trockenrisse** ausgebildet

Kernrisse, als **Schilferrisse** im Inneren eines Fichtenkantholzes *(Picea abies)* ausgebildet

Kernrisse, als **Schilferrisse** in Brettern von Ingipipa *(Couratari stellata)*, (links) und Greenheart *(Chlorocardium rodiei)*, (rechts) ausgebildet

Bildteil 8. Rissformen und -ursachen: **2. Querschnittsflächenriss (1)**

Querschnittsflächenrisse an zwei Eichen *(Quercus ssp.)* infolge von **Wachstumsspannungen**. Die Furniereiche (links) muss nach dem Einschlag rasch gegen Aufreißen geschützt werden. Die Eiche (rechts) wird durch ein Spannband am Weiterreißen gehindert.

Mit Plastikklammern gesicherter **Querschnittsflächenriss** an Spitzahorn *(Acer platanoides)* infolge von **Wachstumsspannungen**

Fetthaltiges *Exsudat* fließt aus **Kreuzriss** eines Walaba-Stammes *(Eperua falcata)* infolge von **Wachstumsspannungen**.

Wachstumsspannungen führten schon im Sägegatter zum Aufreißen der Wanakwari-Bretter *(Vochysia tomentosa)*.

Schubspannungsriss als **Querschnittsflächenriss** an Lärche *(Larix decidua)*

Frische Schnittfläche an Eiche *(Quercus ssp.)*. Der **T-Riss** bildete sich infolge von **Wachstumsspannungen**. Wird nicht geklammert, reißt der Stamm weiter.

Y-Riss an Buche *(Fagus sylvatica)* infolge von **Wachstumsspannungen**, geklammert mit stählernen S-Haken

Sofort nach dem Trennschnitt bildete sich an dieser Buchenfurnierrolle ein **Kreuzriss** infolge freiwerdender **Wachstumsspannungen**.

Die **Wachstumsspannungen** dieses Buchenstammes entladen sich noch während des Schneidevorganges in der Bandsäge.

Bildteil 8.
Rissformen
und -ursachen:
**2. Querschnitts-
flächenriss (2)**

Kreuzriss an Esche *(Fraxinus excelsior)* infolge von **Wachstumsspannungen**, mit Plastikklammern gesichert

Sternriss infolge von **Wachstumsspannungen** an Buche *(Fagus sylvatica)*

Sternrisse an spannrückiger Birke *(Betula ssp.)*, ausgebildet als **Trockenrisse** infolge starker **Austrocknung** unter die Fasersättigungsfeuchte

Balken aus Quebracho-Holz hoher Dichte *(Quebracho ssp.)* mit **Sternrissen**, als **Trockenrisse** ausgebildet

Kreuzriss an einem nicht ausreichend geklammerten Buchenstamm *(Fagus sylvatica)*. Die **Wachstumsspannungen** haben sich in klaffenden Spannungsrissen entladen.

Die **Wachstumsspannungen** in der Buche (rechts) sind so stark, dass selbst 10 Plastikklammern den **Kreuzriss** nicht verhindern können. Bei der Buche (links) verhindern die Wurzelanläufe das Aufreißen weitgehend.

Klaffender **Querschnittsflächenriss** an Eiche *(Quercus ssp.)* infolge von **Wachstumsspannungen** (Zugholz an der konkaven Stammseite)

Kreuzriss an Kimboto *(Pouteria ptychantra)*, hervorgerufen durch **Wachstumsspannungen.** Die Klammerung war völlig unzureichend.

Bildteil 8.
Rissformen
und -ursachen:
3. Ringriss / Ringschäle

Ringriss an Lärche *(Larix decidua)* zwischen **Jahrringen unterschiedlicher Breite**, sichtbar aufgrund beginnender **Austrocknung**

Mehrere **Ringrisse** an Eiche *(Quercus ssp.)* aufgrund von **Zugspannungen** (Reaktionsholz) in der Stammfußkrümmung

Ringriss an Eiche *(Quercus ssp.)*, entstanden durch **unzureichende Verkernung** und **Sprung in der Jahrringbreite**

Am Anschnitt von Basralokus *(Dicorynia guianensis)* bilden sich zwei **Ringrisse** infolge von **Dichteunterschieden** zwischen benachbarten Wachstumszonen.

Schwarznuss *(Juglans nigra)* mit **Ringriss** aufgrund einer überwallten **Verletzung** mit gestörter Jahrringstruktur

Ringschäle (Ringriss mit Pilzbefall) an Furniereiche *(Quercus ssp.)*, verursacht durch **mangelhafte Verkernung** benachbarter Jahrringe

Ringschäle an Lärche *(Larix decidua)*, ursprünglich entstanden in **unverkernten Jahrringen**. Überlagerung führte zu Insektenbefall.

Ringschäle bei Pakuli *(Platonia insignis)*. Nach **Pilzbefall** in einer Zuwachszone anschließender **Insektenbefall**. Die Larven wurden durch **Harzaustritt** getötet.

Bildteil 8. Rissformen und -ursachen:
4. „Spinne“

„**Spinne**“ an Eiche *(Quercus ssp.)* als Kombination von **Initialrissen** und Ringrissen (Sprünge in der Jahrringstruktur); wird nach einsetzender **Trocknung** sichtbar.

Bei dieser „**Spinne**“ an Eiche *(Quercus ssp.)* weist ein Ringriss an einem **unverkernten Jahrring** eine **Ringschäle** auf (Pilzbefall).

Schwindungsrisse an Esche *(Fraxinus excelsior)*, ausgeprägt als „**Spinne**“ infolge starker **Austrocknung**

An Basralokus *(Dicorynia guianensis)* (links) und Pakuli *(Platonia insignis)* (rechts) bilden sich nach mehrjähriger Lagerdauer **Radialrisse**. Der ausgeprägte **Ringriss** markiert den Übergang vom juvenilen zum adulten Holz.

5. Hohlkern

Im Bruinhart-Stamm *(Vouacapoua americana)* markiert sich das **juvenile Holz** bereits als **Faulkern**.

Die Stämme von Kopi *(Goupia glabra)* (links), Bolletrie *(Manilkara bidentata)* (Mitte) und Greenheart *(Chlorocardium rodiei)* stammen aus Primärwäldern mit großer Bestandesdichte. Die **Hohlkerne** markieren deutlich den Bereich des rasch ohne Kerninhaltststoffe gewachsenen **juvenilen Holzes**, das während des Wachstums der Stämme in den oberen Kronenraum vollständig abgebaut worden ist.

Bildteil 8.
Rissformen
und -ursachen:
6. Mantelriss

Mantelrisse, ausgeprägt als **Trockenrisse** an rechts drehwüchsiger Kiefer *(Pinus sylvestris)*

Mantelriss, ausgeprägt als **Trockenriss**, der bis zum Mark reicht, an einer links drehwüchsigen Fichte *(Picea abies)*

Mantelriss, ausgeprägt als frischer **Frostriss** als an Eiche *(Quercus ssp.)*

Frostriss und **Frostleiste** entlang eines Spritzkern-Ausläufers an Bergahorn *(Acer pseudoplatanus)*

Trockenstress führte an flach wurzelnder Fichte *(Picea abies)* zu **Hitzeriss (Mantelriss)**

Überwallung eines **Hitzerisses** an Fichte *(Picea abies)* 8 Jahre nach seiner Entstehung

Hitzeriss an Buche *(Fagus sylvatica var. Purpurea)*, entstanden im trocken-heißen Sommer 2018

Bildteil 8.
Rissformen
und -ursachen:
7. Tangentialriss

Tangentialriss an Kiefer *(Larix decidua)*, verursacht durch **Verletzung** beim Poltern

Tangentialriss an Nussbaum *(Juglans regia)*, verursacht beim Trennschnitt unter **Biegespannung**

Tangential- und Radialriss an Jongo Kabbes *(Vataireopsis speciosa)* **(Wachstumsspannungen?)** - Modelschnitt in Ebene des Radialrisses

Wachstumsspannungen führen an Wiswiskwari *(Vochysia guianensis)* zu **Tangentialrissen.**

Wachstumsspannungen und eine lange **Lagerdauer** unter starker **Sonneneinstrahlung** haben den Donsedre-Stamm *(Cedrelinga cateniformis)* tangential aufgerissen.

8. Mantelquerriss

Zwei **Stauchbrüche** an Fichtenstamm *(Picea abies)*, als **Mantelquerriss** ausgebildet

Radialschnitt durch Fichtenstamm *(Picea abies)* mit **Faserstauchung** und Überwallungswulst

Radialschnitt durch Fichte *(Picea abies)* mit einem **Faserbruch**, ausgehend von einem **Mantelquerriss**

Faserbruch unter einem Zwart Riemhout-Stamm *(Micropholis guianensis)*. Der **Mantelquerriss** ist überwallt.

Radialschnitt durch Walaba-Balken *(Eperua ssp.)*. Die **Faserstauchung** ging von einem **Mantelquerriss** aus.

Bildteil 8.
Rissformen und -ursachen:
9. „Ring“riss im Jahrringsegment

Harzgalle an Fichtenstamm *(Picea abies)*, im Querschnitt als **„Ring“riss** erkennbar

Radial gespaltene Fichte *(Picea abies)* mit **Harzgalle**

Harzgallen, tangential angeschnitten, in einem Fichtenbrett *(Picea abies)*

Harzgalle an Walaba-Stamm *(Eperua falcata)* im Querschnitt

Ring- und Radialriss an Rode Lokus-Stamm *(Hymenaea courbaril)* im Querschnitt, mit Harz gefüllt

10. Radialriss im Jahrring

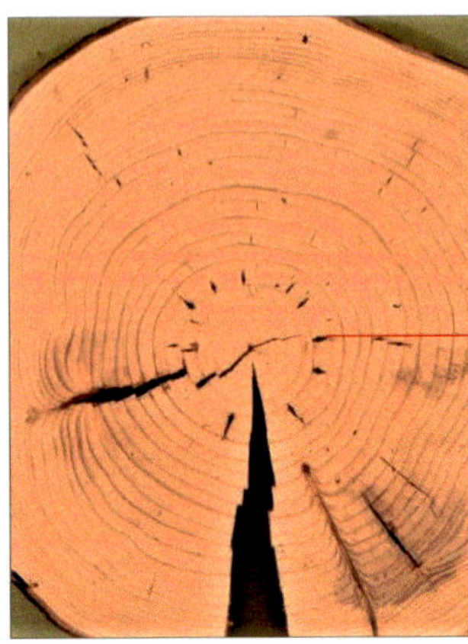
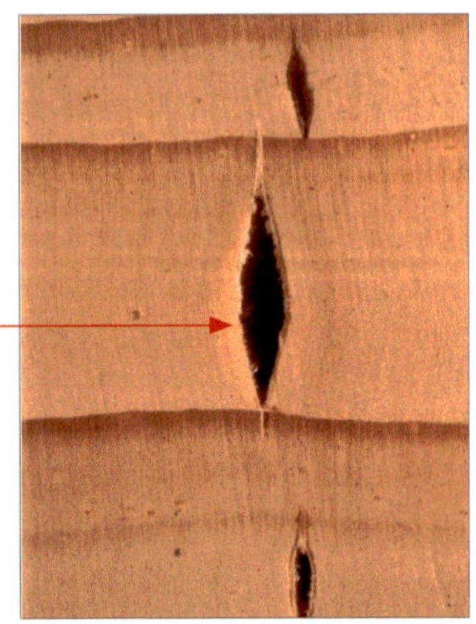
Saugspannungsrisse als Radialrisse an Fichte *(Picea abies)*, (links). Rechts ca. 10-fache Vergrößerung

QUELLENVERZEICHNIS

Abholzigkeit:
Die älteste Eiche *(Quercus robur)* Schwedens zählt über 1000 Jahre. Sie misst 14 Meter in der Höhe und über 4 Meter im Durchmesser (Kvill bei Vimmerby, Schweden).

9. Quellenverzeichnis

Aaftrink H, Hasse P, Weiß A (2005) Leben mit Blitzen. Winterthur-Versicherung

Altenkirch W, Majunke C, Ohnesorge B (2002) Waldschutz auf ökologischer Grundlage. Ulmer, Stuttgart

Anonymus (2000) Quo vadis? – Empfehlungen zum Markieren von Wanderwegen. Landestourismusverband Sachsen (Hrsg.), Dresden

Anonymus (2003) www.top-wetter.de/lexikon 10.04.2005

Anonymus (2018) Blitz www.spektrum.de/lexikon/geographie/blitz/1079 20.12.2018

Anonymus (2019) Waldbrand https://de.wikipedia.org/wiki/Waldbrand 21.02.2019

Anonymus (2019a) Zündtemperatur https://de.wikipedia.org/wiki/Zündtemperatur 23.02.2019

Anonymus (2019b) Holzkohle https://de.wikipedia.org/wiki/Holzkohle 24.02.2019

Anonymus (2019c) Thermisch modifiziertes Holz https://de.wikipedia.org/wiki/Thermisch_modifiziertesHolz 25.02.2019

Autorenkollektiv (1988) Lexikon der Holztechnik. 3. neubearb. Aufl. Fachbuchverlag Leipzig

Autorenkollektiv (2006) Auswirkungen von Rotwildschälschäden auf den finanziellen Ertrag eines Fichtenbestandes. Belegarbeit. Technische Universität Dresden, Lehrstuhl Forstnutzung

Baatz H (1985) Mechanismus der Gewitter und Blitze. VDE-Schriftenreihe, Berlin, 34:17ff.

Bachmann P (1970) Wirtschaftliche Überlegungen zur Waldpflege. HESPA Mitt. 1:1-24

Baltrusch M (2003) Ermittlung von Auswahlkriterien für Resonanzholz für Streichinstrumente. Forschungsbericht. Inst. f. Musikinstrumentenbau Zwota an der Technischen Universität Dresden

Bäucker E, Bues C-T, Günther B, Rosenthal M, Stirl Liane (2015) Bestimmung von Hölzern mit der Lupe. DRW-Verl. Leinfelden-Echterdingen

Berger (1966) In: Aaftrink H, Hasse P, Weiß A (2005) Leben mit Blitzen. Winterthur-Versicherung

Binder B (2008) Hilfstafeln zur Erhebung und Bewertung von Schälschäden an Fichte, basierend auf Untersuchungen der Forstlichen Bundesversuchsanstalt Wien. Diverse Veröffentlichungen / Forstliche Bundesversuchsanstalt 17:9

Bogusch N (2005) Holzwerkstoffe und Holzschädlinge. TÜV-Akademie Rheinland Berlin Brandenburg

Bosshard H H (1984a) Holzkunde Bd 2. Birkhäuser, Basel Boston Stuttgart

Bosshard H H (1984b) Aspekte der Holzbearbeitung und Holzverwertung. 2. überarb. Aufl. Birkhäuser, Basel Boston Stuttgart

Briedermann L (1986) Schwarzwild. Deutscher Landwirtschaftsverlag Berlin

Brienen R J W, Helle G, Pons T L, Guyot J-L, Gloor M (2012) Oxygen isotopes in tree rings are a good proxy for Amazon precipitation and El Niño-Southern Oscillation variability. www.pnas.org/lookup/suppl/doi:10.1073/pnas.1205977109/-/DCSupplemental. 11.10.2013

Brienen R J W (2013) Jaarringen in de tropen. Vortrag CELOS, Paramaribo 15. März 2013

Buchelt B, Scheiding W, Pfriem A, Eichelberger K, Wagenführ A (2011) Thermisch modifizierte Furniere für dekorative Zwecke. Holz- Zentralbl 6:156

Buchner E (2008) Zukunft im Dialog zwischen Theologie und Naturwissenschaft. Kurzreferat im Theologischen Forum, Lehrstuhl f. Genetik, Universität Würzburg

Bues C-T, Braun M, Reubel M (1989) Feuchtigkeitsgehalt und Druckfestigkeit von Fichtenholz aus einem Blitzloch. Holz Roh- Werkst 47:479

Bues C-T, Stein A (1999) Erkennen und richtig handeln: Faserstauchungen und Faserbrüche im Holz von Fichten. AFZ-Der Wald 15:796–797

Bues C-T, Weiß M (2002) Zur Holzqualität unterständiger Häher-Eichen in sächsischen Kiefernbeständen. Tagungsband: Waldumbau im globalen Wandel, Forstwiss. Tagung Göttingen 220–221

Burger H (1941) Der Drehwuchs bei den Holzarten. Drehwuchs bei Fichte und Tanne. Bd XX Heft 1. Mitt. Schweiz. Anstalt für das forstliche Versuchswesen.

Burger H (1950) Der Drehwuchs bei der Lärche. Forstwiss. Centralbl. Bd. 69, H.2-3

Burschel P, Huss J (1997) Grundriss des Waldbaus: Ein Leitfaden für Studium und Praxis. 2. neubearb. und erw. Aufl. Parey, Berlin

Krummschaftigkeit:
Diese Roteiche *(Quercus rubra)* musste ihre Wuchsrichtung dem veränderten Lichteinfall anpassen.

Zwieselbildung:
Diese Altbuche *(Fagus sylvatica)* hat an den Zwieselansätzen eine Quetschfalte gebildet. Wann werden die Druckzwiesel abbrechen? (Weißeritzhänge, Tharandt, Deutschland)

Butin H (1996) Krankheiten der Wald- und Parkbäume: Diagnose, Biologie, Bekämpfung. 3. neu-bearb. u. erw. Aufl. Thieme, Stuttgart New York

Butin H, Nienhaus B, Böhmer B (2010) Farbatlas Gehölzkrankheiten, Ziersträucher, Allee- und Parkbäume. Ulmer, Stuttgart

cgi Deutschland (2012) cgi.Stadtklima-stuttgart.de/mirror/sonne.exe 30.10.2012

Code of Practice (2011) Praktijkrichtlijnen voor duurzame hootoogst in Surinam. SBB und Tropenbos, Paramaribo

Comvalius L B (2010) Surinamese Timber Species, Characteristics and Utilization. 2. Aufl. Celos, Paramaribo

Comvalius L B (2012) Mündliche Auskunft. Centre for Agricultural Research in Suriname 14.09.2012

Conrad J (1971) Der Vogelaugenahorn (Verwechslungsmöglichkeiten, Erkennungsmerkmale, Entstehungstheorien). Forst- u. Holzwirt 20:398-402

Conrad J (1977) Geriegeltes Holz bei Bergahorn und anderen Laubbaumarten. Holz-Zentralblatt 6:71-72

Dadswell H E, Wardrop A B (1955) The structure and properties of Tension Wood. Holzforschung 9:97

Delorme A (1973) Über die Reichweite von Jahrringchronologien unter besonderer Berücksichtigung mitteleuropäischer Eichenchronologien.
In: PZ 48:133-143.

Delorme A (1974) Über das Auftreten von Faserstauchungen in Fichtenholz. Forstarchiv 45(7):121-128

Dengler K (2012) Thesen und Fakten rund um die Spechtringelung. Hochsch. F. Forstwirtsch. Rottenburg. Schriftenreihe Bd. 23-1, 23-2

DIN (1997c) Rund- und Schnittholz Terminologie.
Teil 8: Begriffe zu Merkmalen von Rundholz. EN 844-8. DIN Deutsches Institut für Normung eV, Berlin

DIN (1997e) Laub-Rundholz Qualitätssortierung.
EN 1316-1; 1316-2; 1316-3. DIN Deutsches Institut für Normung eV, Berlin

DIN (1998) Qualitätssortierung von Nadel-Rundholz. ENV 1927-1; 1927-2; 1927-3. DIN Deutsches Institut für Normung eV, Berlin

DIN (1998b) Rund- und Schnittholz. Verfahren zur Messung der Maße. Teil 2: Rundholz. PrEN 1309-2. / EN 1310 DIN Deutsches Institut für Normung eV, Berlin

DIN (2002) EN1611-1 Sortierung nach dem Aussehen von Nadelholz. Teil 1. DIN Deutsches Institut für Normung eV, Berlin

DIN (2008) Sortierung von Holz nach der Tragfähigkeit. Teil 3: Sortiermaschinen für Schnittholz, Anforderungen und Prüfung, DIN 4074-3, Ausgabe 20008-12; Teil 4: Nachweis der Eignung zur apparativ unterstützten Schnittholzsortierung, DIN 4074-4 Ausgabe 2008-12; Teil 5: Laubschnittholz, DIN 4074-5, Ausgabe 2008-12. DIN Deutsches Institut für Normung eV, Berlin

DIN (2011) Schnittholzsortierung nach dem Aussehen von Laubholz – Teil 1+2; EN 975-1/2:2011-08. DIN Deutsches Institut für Normung eV, Berlin

DIN (2012) Sortierung von Holz nach der Tragfähigkeit. Teil 1: Nadelschnittholz, DIN 4074-1, Ausgabe 2012-06. DIN Deutsches Institut für Normung eV, Berlin

Dolch D, Heidecke D, Teubner Jana, Teubner J: Der Biber im Land Brandenburg. In: Naturschutz und Landschaftspflege in Brandenburg. Bd. 11, Nr. 4, 220–234

Douglass A E (1919) Climatic cycles and treegrowth. A study of the annual rings in trees in relation to climate and solar activity. Carnegie Inst. of Washington. 1:1–127

Dritte Bundeswaldinventur (2012) https://bwi.info/inhalt1.aspx Ergebnisdatenbank Bundesminist. f. Ernährung u. Landwirtsch. Berlin

Dujesiefken D, Liese W (2006) Die Wundreaktionen von Bäumen. CODIT heute. In: Jahrb. Baumpfl. 2006. Haymarket Media, Braunschweig, S. 21–40

Dujesiefken D, Liese W (2008) Das CODIT-Prinzip – Von den Bäumen lernen für eine fachgerechte Baumpflege. Haymarket Media, Braunschweig

Dujesiefken D, Liese W (2011) The CODIT Principle. New Results about Wound Reactions of Trees. Arborist News 20(2):28–30.

Dujesiefken D, Peylo A, Liese W (1991) Einfluss der Verletzungszeit auf die Wundreaktionen verschiedener Laubbäume und der Fichte. Forstw. Cbl. 110:371–380

Durst J (1955) Taschenbuch der Fehler und Schäden des Holzes. Fachbuchverl. Leipzig

DWD (2007) Hochspannung! – Deutscher Wetterdienst. 4. Aufl. Offenbach 8/2007

EMPA (1990) Verdeckte mechanische Schäden bei Sturmholz? Internationaler Holzmarkt 23:6

Erteld W, Achterberg W (1954) Narbenbildung, Qualitätsdiagnose und Ausformung bei der Rotbuche. Archiv f. Forstwes. 3 (7/8): 611ff

Erteld W, Mette H-J, Achterberg W (1963) Holzfehler in Wort und Bild. Fachbuchverl. Leipzig

Exzentrizität, Spannrückigkeit:
Ein Basralocus-Stamm *(Dicorynia guianensis)* mit exzentrischem Stammquerschnitt (links) bildet einen „unechten“ Zwiesel mit einem spannrückigen Bruinhart-Stamm *(Vouacapoua americana)*, (rechts), (I-Timbers, Para, Surinam).

Starker Wurzelanlauf:
Dieser Watra Bebe-Stamm *(Pterocarpus officinalis)* verbessert seine Standfestigkeit mit Hilfe von Brettwurzeln (KABO, Sipaliwini, Surinam).

Fehrenbacher M (2007) Steinzeitliche Speere – im Feuer gehärtet? – Experimentelle Überprüfung der Holzhärtung im Feuer. Jugend forscht, Nordrhein-Westfalen, Gymnasium Jüchen

Finsterbusch E, Thiele W (1987) Vom Steinbeil zum Sägegatter. Fachbuchverl. Leipzig

Fleckinger A, Steiner H (2000) Der Mann aus dem Eis. 4. Aufl. Folio Verlag Bozen Wien und Südtiroler Landesmuseum

Fleischer M (2009) Geschichte der Holzernte in Handarbeit. (Zit. Scheifele M [1996] S.129) Projekte Verl. Halle

Frommhold H (2001) Kommentar zu „Rohholzaushaltung Rohholzverkauf" (HKS Brandenburg). 2. überarb. Aufl. Min. f. Landwirtsch., Umweltsch. und Raumordnung des Landes Brandenburg (Hrsg.) Potsdam

Fronius K (1991) Betriebsverluste durch Splitterholz. Holz- Zentralbl. 112:1735

Funke K, Schuster M, Weihs U, Rust S (2011) Zur zeitlichen Entwicklung kodominanter Vergabelungen (Zwiesel) bei Buche *(Fagus sylvatica)*. In: Jahrb. Baumpfl. 2011

Furniermagazin (2003) Mahagoni-Pyramiden haben bei Fritz Kohl eine lange Tradition. Furniermagazin S. 24–27

Furniermagazin (2004) Best of both worlds – Rotierendes Messern als Alternative zur Vertikaltechnik. Furniermagazin S. 58–61

Gäbler H (1962) Allgemeiner Forstschutz. Neumann Verl. Radebeul und Berlin

Gatter W (1972): Das Ringeln der Spechte. J. f. Ornithologie. Bd. 113, 2:207–213

Gayer K, Fabricius L (1949) Die Forstbenutzung. Berlin Hamburg

Georgi E (1965) Einige Bemerkungen zur Rindennekrose der Buche. Die sozialist. Forstwirtsch. 15(3):80–87, Sonderdruck. Dt. Landwirtschaftsverl. Berlin

Gerard A, Liernur AGM (1927) Hexenbesen, ihre Morphologie, Anatomie und Entstehung. Nijgh & van Ditmar´s Uitgevers-Maatschappij, Rotterdam

Goldammer J G (2009) Feuer-Management für Raumschiff Erde. Verl. Supposé

Goldammer J G (2016) Fire Management in Tropical Forests. In: Pancel L, Köhl M (Hrsg.) Tropical Forestry Handbook, Springer Berlin Heidelberg, 2659-2710

GOST (1972) Drevesina Poroki. GOST 2140-71. Gosudarstvenny Komitet Standartov Soveta Ministrov SSSR

Gottwald H (1983) Maserwuchs - eine pittoreske Laune der Natur. Holz aktuell 4, Danzer. Sonderdruck

Grammel R (1989) Forstbenutzung. Technologie, Verwertung und Verwendung des Holzes. Parey, Hamburg Berlin

Greyerz H (1919) Das Hagel-, Ton- oder Mändliholz. Schweiz. Z. f. Forstwes. (5–8):75, 113

Griese F (2004) Das Märchen vom hohen Holzpreis. Holz- Zentralbl 97:1322

Grimm V (2012) Wachsende Waldbrandgefahr in Kanada. Holz-Zentralbl. 3:75

Grüner J, Metzler B (2003) Nectria-Arten an Buchenrinde mit Phloemnekrosen. Poster. Albert-Ludwigs-Universität Freiburg, Forstl. Versuchsanst. Baden-Württemberg, Freiburg / Brsg.

Hansen H (2004) Überprüfung der Festigkeitseigenschaften drehwüchsiger Bäume durch Modellsimulation. Bachelora. Lehrstuhl Forstnutzung, Technische Universität Dresden

Harris J M (1989) Spiral Grain and Wave Phenomena in Wood Formation. Springer, Berlin Heidelberg New York

Hartig R (1901) Über den Drehwuchs der Kiefer. 8. Holzuntersuchungen. Forstl.- naturwiss. Z. 1895, Berlin

Hartig T (1856) Beiträge zur physiologischen Forstbotanik. Über die Vegetationsperioden der Waldbäume und deren Produkte. Allgem. Forst- u. Jagdztg. S. 281–296

Harzmann L J (1988) Kurzer Grundriss der allgemeinen Tropenholzkunde. S Hirzel Verlag, Leipzig

Hatzianastassiou N, Matsoukas C, Fotiadi A, Pavlakis K G, Drakakis E, Hatzidimitriou D, Vardavas I (2005) Global distribution of Earth´s surface shortwave radiation budget. Atmos. Chem. Phys. 5:2847–2867

Helling C (1998) Untersuchungen über durch Schnee und Wind induzierte Holzfehler, speziell Faserstauchungen an Kiefer, Lärche und Omorikafichte. Diploma., Technische Universität Dresden, Lehrstuhl Forstnutzung

Helm A (1982) HKS - Kurzanleitung zur Rohholzaufbereitung nach gesetzlichen Handelsklassen. DRW-Verl. Weinbrenner, Stuttgart

Hennig R, Flechsig J (2000) Türme aus Holz. Praktikumsarb. Inst. f. Baukonstruktionen und Holzbau, Technische Universität Dresden, April 2000

Heß-Beck (1927/1930) Forstschutz. Borgmann W (Hrsg), Neumann, Neudamm

Astigkeit:
Diese Buche *(Fagus sylvatica)* konnte lange Zeit als Solitärstamm eine starkastige Krone ausbilden (Dresdner Heide, Sachsen, Deutschland).

Astnarbe:
Diese Roterle *(Alnus glutinosa)* beginnt, die Astabbrüche mit einem Astsiegel zu verschließen. Die Rindenquetschfalten *(Chinesenbärte)* ziehen sich mit zunehmendem Dickenwachstum in die Breite.

Heussner K-U (1994) Zum Stand der Dendrochronologie in Mecklenburg-Vorpommern. In: Archäologische Berichte aus Mecklenburg-Vorpommern. Deutsches Archäologisches Institut Berlin 24–30

Heymann W (2007) Wissenswertes über Werksvermessung https://www.wbv-lif-sta.de/cms/upload/pdf/InfoblattWerksvermessung.pdf, 25.09.2018

HKS (2002) Verordnung über gesetzliche Handelsklassen für Rohholz (HKS), Zusatzbestimmungen der Bundesländer. In: Die Rohholzsortierung in Deutschland. Euting, 5. Aufl.

Hoadley R B (1990) Holz als Werkstoff Bd. 1. Maier, Ravensburg

Holztechnik Fachkunde (2003): Holztechnik Fachkunde. Verl. Europa-Lehrmittel, 19. Aufl. Haan-Gruiten,119–122

HSA (1935) Anweisung für die Ausformung, Messung und Sortierung des Holzes in den bayerischen Staatsforsten. Holzsortierungsanweisung (HSA), 2. Aufl. Hrsg.: Landesforstverwaltung München

Huber B (1941) Aufbau einer mitteleuropäischen Jahrring-Chronologie. Mitt. der Akademie der Deutschen Forstwissenschaft 1:110–125.

Jänich K (2009) Betriebswirtschaftliche Bedeutung des Nadelholzes aus Sicht der Niedersächsischen Landesforsten. Vortrag www.kompetenznetz-holz.de/aktuelles /nadelholz/6_Jaenich.pdf 13.05.2018

Kaulfuß S, Hofmann F (2011) Waldbrandbekämpfung, Handbuch Waldbrand. Forstliches Krisenmanagement 4/2011

Kehl H (2013) Vegetationsökologie tropischer & subtropischer Klimate/ LV-TWK (Bd. 8). Technische Universität Berlin, Inst. f. Ökologie

Kessel H (1990) Festigkeitssortierung von Fichtenkantholz aus Sturmbeständen und Normalbeständen mittels Ultraschall. Forschungsprojekt-Nr.: E-90/28 Fachhochschule Hildesheim. In: DGfH-Nachrichten 50:23-24

Kirbach C (2008) Metallische Befestigungsmittel im Holz – Auswirkungen auf Holzqualität und technologische Prozesse. Diploma., Inst. f. Forstnutzung und Forsttechnik, Technische Universität Dresden

Kirsche A (1994) Vom Glasmacher zum Reifendreher. Hrsg.: Landesstelle für Erzgebirgische und Vogtländische Volkskultur Schneeberg. Verl. ZUM BUNTEN S, Liestal

Kisser J, Steininger A (1952) Makroskopische und mikroskopische Strukturänderungen bei der Biegebeanspruchung von Holz. Holz Roh- Werkst. 10(11):414-421

Knigge W (1958) Das Phänomen der Reaktionsholzbildung und seine Bedeutung für die Holzverwendung. Forstarchiv 29:4–10

Knigge W, Schulz H (1959) Methodische Untersuchungen über die Möglichkeit der Drehwuchsfeststellung in verschiedenen Alterszonen von Laubhölzern. Sonderdruck aus Holz Roh- Werkst. 17:341–351

Knigge W, Schulz H (1962) Die Holzeigenschaften schleimflussgeschädigter Buchen. Allgem. Forstzeitschr. München. Sonderdruck 12–1962

Knigge W, Schulz H (1966) Grundriss der Forstbenutzung. Parey, Hamburg Berlin

Knuchel H (1934) Holzfehler. Reprint bei Schäfer, Hannover 1995

Knuchel H (1954) Das Holz. Entstehung und Bau, physikalische und gewerbliche Eigenschaften, Verwendung. Sauerländer, Aarau/ Frankfurt Main

Koch G (1999) Sekundäre Veränderungen im Holz dynamisch beanspruchter Fichten (*Picea abies* [L.] Karst.) aus immissionsbelasteten und windexponierten Hochlagenbeständen. Bundesforschungsanstalt für Forst- und Holzwirtschaft Hamburg

Kollmann F (1942) Über das Gefrieren und den Einfluss tiefer Temperaturen auf die Festigkeit der Hölzer. Mitt. Akad. dt. Forstwiss. 2:317–336

Kollmann F (1951) Technologie des Holzes und der Holzwerkstoffe. Bd. 1, Springer Berlin Göttingen Heidelberg, Bergmann, München

König E (1957) Fehler des Holzes. Holz-Zentralbl. Verlags-GMBH, Stuttgart

König J (2000) Standardchronologie der Jahrringbreite der Holzart Eiche in Sachsen. Arbeitsmittel Dendro-Institut an der Technischen Universität Dresden, (unveröff.)

Körner M (1961) Untersuchungen an Haselfichte. Diploma., Inst f. Forstnutzung und Forsttechnik, Technische Universität Dresden

Kraft G (1884) Beiträge zur Lehre von den Durchforstungen und Lichtungshieben. Kessinger Pub Co 2009

Krahl-Urban J (1953) Drehwuchs bei Eichen und Buchen. Allgem. Forstzeitschr. VIII:540–542

Krauhausen J (2009) Nachhaltigkeit im Zeichen natürlicher Waldzerstörungen. Holz-Zentralbl. 4:93–95

Unregelmäßiger Jahrringbau:
Diese Tanne *(Abies alba)* hat ihren Masseschwerpunkt „nachjustiert“, indem sie Druckholz an besonders belasteten Stammbereichen angelegt hat.

Drehwuchs:
Dieser Wachholder *(Juniperus ssp.)* wächst unter extremen Klimaverhältnissen. Er stabilisiert seinen Stamm mit einem Rechtsdrehwuchs (Arches-Nationalpark Utah, USA

Kruszyk R (2005) Odżywianie się sokiem drzew u europejskich dzięciołow Picidae. Notatki Ornitologizne 46:25–34

Kübler H (1959) Die Ursache von Wachstumsspannungen und die Spannungen quer zur Faserrichtung. Holz Roh- Werkst 1:1–9

Kübler H (1962) Schwinden und Quellen des Holzes durch Kälte. Holz Roh- Werkst 20: 364ff

Küthe M (1986) Untersuchungen über die Abhängigkeit des erzielbaren Rundholzwertes von der Ästungshöhe bei wertgeästeten Douglasien. Diploma. Inst. f. Forstbenutzung Göttingen, Forstwissenschaftl. Fachber. Georg-August-Univ. Göttingen

Lachmann M (2016) Waldbrandstatistik der Bundesrepublik Deutschland für das Jahr 2016. Bundesanst. f. Landwirtsch. u. Ernährung, Bonn (www.ble.de)

Landesforstverwaltung Baden-Württemberg (2002) Sortiermerkblätter für Stammholz. Landesforstverwaltung Baden-Württemberg / baden-württembergische Sägewerksverbände. In: Die Rohholzsortierung in Deutschland. Euting 5. Aufl.

Lange W (1998a) Exsudate von Bäumen – Erzeugnisse der forstlichen Nebennutzung (1). Die Gummen – eine Gruppe wasserlöslicher oder wasserquellbarer Exsudate. Holz-Zentralbl 22:334

Lange W (1998b) Exsudate von Bäumen – Erzeugnisse der forstlichen Nebennutzung (2). Die Kinos – eine Gruppe gerbstoffhaltiger Exsudate. Holz-Zentralbl 23:343

Lange W (1998c) Exsudate von Bäumen – Erzeugnisse der forstlichen Nebennutzung (3). Die Latices – Exsudate mit polyterpenoiden Coagula. Holz-Zentralbl 31:450

Lilienthal J (2004) Der tropische Wald als Lebensraum. Examensarbeit. www.GRIN.com

Lienur A G M (1927) Hexenbesen, ihre Morphologie, Anatomie und Entstehung. Nijgh & Van Ditmar, Rotterdam

Linnæus C (1735) Systema naturæ, sive regna tria naturæ systematice proposita per classes, ordines, genera, & species. – ff. [1–12]. Lugduni Batavorum. (Haak). Leiden 1735

Lohmann U (2005) Holzhandbuch. 6. akt. Aufl. DRW-Verl. Weinbrenner, Leinfelden-Echterdingen

Mahler G (1995) Entwicklung der Güteklassen von Stammholz. Staatswald Baden-Württemberg. Forschungsbericht. Forstliche Versuchsanstalt Baden-Württemberg. Freiburg/Brsg.

Mahler G, Richter C, Groß M, Weber A, Maier T, König J (1997) Verfahren zur konservierenden Lagerung von frischem Rundholz. Technische Universität Dresden / Forstl. Versuchs- u. Forschungsanst. Freiburg / Brsg., Europäisches Patentamt München: PCT/DE97/02966, AT:19.12.1997, Patenterteilung 14.11.2001

Mahler G, Willmann U, Wurster M (2001) Güteansprache am stehenden Stamm. Arbeitsanweisung für die Güteansprache am stehenden Stamm im Rahmen der 2. Bundeswaldinventur (BWI 2) in Baden-Württemberg

Maplesden F, Johnson S (2016) Forest Market Standards and Transport. In: Pancel L, Köhl M Tropical Forestry Handbook, Vol. 4, S 3169–3186. Springer Berlin Heidelberg

Mattheck C (1997) Design in der Natur: Der Baum als Lehrmeister. 3. überarb. u. erw. Aufl. Freiburg/Brsg., Rombach

Mattheck C, Bethge K, Weber K (2014): Die Körpersprache der Bäume. Encyklopädie des Visual Tree Assessment. Karlsruher Inst. f. Technologie, Karlsruhe

Mattheck C (2019) Eine Formenlehre der Natur für die Technik. Holz-Zentralbl, 1:29

Matyssek R, Fromm J, Renneberg H, Roloff A (2010) Biologie der Bäume. Ulmer, Stuttgart

Matzek R (1983) Die Herstellung von Maserfurnieren. Holz aktuell 4, Danzer, Sonderdruck

Matzek R (1985) Das größte Flugzeug der Welt: Die Spruce Goose ist aus Holz. Holz aktuell 5, 64–67. Danzer, Sonderdruck

Mayer-Wegelin H (1956) Die biologische, technologische und forstliche Bedeutung des Drehwuchses der Waldbäume. Forstarchiv. 27(12):265–271

Meng, W. (1978): Baumverletzungen durch Transportvorgänge bei der Holzernte – Ausmaß und Verteilung, Folgeschäden am Holz und Versuch ihrer Bewertung. Schriftenreihe der Landesforstverwaltung 53, S. 159.

Meyer A (1949) Sprachliche und literarische Bemerkungen zum Problem „Drehwuchs“. Mitt. Schweiz. Anstalt für das forstliche Versuchswesen. Zitat von Burckhardt H (1879) Aus dem Walde. Heft IX.

Mette H-J, Boss W (1964) Zur Unrundigkeit von Buchenfurnierholz. Holzindustrie 17:83-85

Mette H-J (1984) Holzkundliche Grundlagen der Forstnutzung. Deutscher Landwirtschaftsverlag, Berlin

Mette H-J, Bloßfeld O (1987) Rohholzsortierung. Furnierholz, Klangholz, Bootsbauholz, Zündwarenholz. Hochschulstudium, Forstingenieurwesen, TU Dresden

Wimmerwuchs, Riegelung:
Bei diesem Bergahorn *(Acer pseudoplatanus)* deutet äußerlich nur der Rechtsdrehwuchs und die Wimmerung auf eine wertvolle Maserung hin. Eine wahrscheinliche Riegelung offenbart sich erst im Messerfurnier, (Kloster Altzella, Sachsen, Deutschland).

Nekrosen:
Diese Buche *(Fagus sylvatica)* hielt während ihres langen Lebens dem Infektionsdruck von Nectria-Pilzen nicht stand. Erst im Schnittholz werden die T-Flecke der Rindeneinschlüsse sichtbar.

Meyer A (1949) Sprachliche und literarische Bemerkungen zum Problem „Drehwuchs“. Mitt. Schweiz. Anstalt für das forstliche Versuchswesen

Müller H-J (1963) Untersuchungen zur Bemessung der wirtschaftlich tragbaren Wilddichte im Walde nach Standort und Wildschaden. Dissertation, Forstl. Fakultät Eberswalde

Münch E (1937) Entstehungsursachen und Wirkung des Druck- und Zugholzes der Bäume. Silva 25:337, 345

N N (2009) Misteln deuten auf Schwermetalle hin. Holz-Zentralbl 3:46

N N (2015) www.werksvermessung.org, 25.09.2018

N N (2017) Eiche 6% teurer, Esche – 10%. Ergebnisse der 26. Buntlaub- und Eichenwertholzsubmission Northeim Holz-Zentralbl. 3:78

N N (2018) www.bodensystematik.de, 16.08.2018

Niemeier L (2013) Optimierung der Holzverwendung in Surinam unter besonderer Betrachtung der Holzmerkmale der wichtigsten surinamesischen Holzarten. Masterarbeit, Universität Hamburg, Inst. f. Weltforstwirtschaft

Niemz P (1993) Physik des Holzes und der Holzwerkstoffe. DRW-Verl. Weinbrenner, Leinfelden-Echterdingen

Nienhaus F (1979) Lärchen-Degeneration durch Rickettsien ähnliche Bakterien. Allgem. Forstz. 34:130–132

Nutsch W [Ltg.], Eckhard M, Ehrmann W, Hammerl D, Nestle H,Schulz P, Willgerodt F (2003) Holztechnik Fachkunde. 19. Aufl. Verl. Europa-Lehrmittel. Haan-Gruiten

Oberdörfer E, Schwabe A, Müller T (2001) Pflanzensoziologische Exkursionsflora für Deutschland und angrenzende Gebiete. 8. Aufl. Stuttgart

Oke T R (1987) Boundary Layer Climates. 2. Aufl. Methuen & Co Ltd

Paungger J, Poppe T (2000) Vom richtigen Zeitpunkt. Hugendubel, München S.175

Polge H (1963) A new method for determining the texture of wood. The densitometric analysis of radiographic films. Annales de l'Ecole Nationale des Eaux et Forest de la Recherches et Experiences, XX (4):533–581

Pope D J, Marcroft J P, Whale L R J (2005) The effect of global slope of grain on the bending strength of scaffold boards. Holz Roh- Werkst 63:321–326

Prien S (1997) Wildschäden im Wald. Ökologische Grundlagen und integrierte Schutzmaßnahmen. Parey, Berlin

Prien, S. (2006): Waldrehe sind kein Freiwild. Unsere Jagd 9:8–11

Promis A (2009) Natural Small-Scale Disturbance and Below-Canopy Solar Radiation Effects on the Regeneration Patterns in a Nothofagus betuloides Forest – A Case Study from Tierra del Fuego, Chile. Dissertation, Albert-Ludwigs-Univ. Freiburg/Brsg

Radkau J, Schäfer I (1987) Holz, ein Naturstoff in der Technikgeschichte. (Zit. Jägerschmid, K. F. V. (1827/1828): Handbuch für Holztransport und Floßwesen zum Gebrauche für Forstmänner und Holzhändler und für solche, die es werden wollen. Tafel 6, Bild 10-12, 20-22. Karlsruhe.) Rowohlt, Reinbek

Rahmenvereinbarung Werksvermessung (2005) Erläuterung zur Rahmenvereinbarung für die Werksvermessung von Stammholz des Deutschen Forstwirtschaftsrates eV und des Verbandes der Deutschen Säge- und Holzindustrie eV, Version 2005-01-14; Version 2015-03--13

Rast E D (1982) Photographic Guide of Selected External Defect Indicators and Associated Internal Defects in Northern Red Oak. United States Department of Agriculture, Northeastern Forest Experiment Station

Richter C (2000) Stehendsortierung wertvoller Einzelstämme – eine Möglichkeit zur Verbesserung des Betriebsergebnisses. GIS Aktuell, Belling

Richter C (2005) Die „richtige" Holzschindel aus holzanatomischer und holzphysikalischer Sicht. In: Die Holzschindel im Erzgebirge. Tagungsband 09.04. 2005. Hrsg. Hammerbund Frohnau e.V.

Richter C (2007) Holzmerkmale. 2. Aufl. DRW-Verl. Weinbrenner, Leinfelden-Echterdingen

Richter C (2008a) Eine alte Eichentruhe erzählt. Holz-Zentralbl 5:126–127

Richter C (2008b) Drehwuchs im Ingenieurholzbau nutzbar. Holz- Zentralbl 9:235

Richter C (2010) Holzmerkmale. 3. erw. Aufl., DRW-Verl. Weinbrenner, Leinfelden-Echterdingen

Richter C (2012) Studie zur Qualitätsbeurteilung von Wirtschaftsbaumarten aus Primärwäldern in Suriname. Inst. f. Weltforstwirtsch. Universität Hamburg 15.10.2012

Richter C (2015): Wood Characteristics. Springer Cham, Heidelberg, New York, Doortrecht,

Richter C (2016) The Principles of Wood Characteristic Formation. In: Pancel, L.; Köhl, M. (Hrsg.): Tropical Forestry Handbook. Springer, Berlin, Heidelberg. 2761–2874

Kropf:
Diese Kiefer *(Pinus sylvestris)* lebt mit dem merkwürdigen Kropf, einem Krebs, in Koexistenz. Bisher ist der Verursacher, ein Bakterium oder ein Pilz, noch unbekannt (Lilla Lövö, Store Mosse-Nationalpark, Schweden)

Schälschaden:
Wapitihirsche *(Cervus canadensis)* haben die saftfrische Rinde der Whitebark Pines *(Pinus albicaulis)* in langen Streifen geschält (Yellowstone-Nationalpark, Wyoming, USA)

Richter C (2017) Geografische Lage beeinflusst Astigkeit deutlich. Einfluss pflanzenwirksamer Strahlung in Abhängigkeit von der geografischen Breite auf die Astigkeit der Bäume in Primärwäldern. Holz-Zentralblatt 4:107–108

Richter C (2017a) Eine Eichenholztruhe erzählt Neuigkeiten. In: Geschichtliches und Persönliches über Tharandt. Hrsg.: Demarczyk N, Privatdruck, Wilsdruff

Richter C, Hennig R (2001) Mantel für Holzkonstruktionen mit einem runden Querschnitt. Offenlegungsschrift DE 1001 07 916 A1, AT: 14.2.01; OT: 22.8.02, Dt. Patent- und Markenamt, München

Richter C, Prien S (2006) Holzmerkmale (17): Verbiss-, Fege-, Schälschäden. Äußerlich erkennbare Holzmerkmale und ihr Einfluss auf die Sortierung. Holz-Zentralbl 47:1392–1393

Richter H G, Oelker M (2003 onwards): MacroHOLZdata: descriptions, illustrations, identification and informations retrieval. Version: January 2004. http://delta-intkey.com/

Roloff A (2015) Handbuch Baumdiagnostik. Baum-Körpersprache und Baum-Beurteilung. Ulmer, Stuttgart

Rosenthal M (2009) Entwicklung eines biologisch inspirierten, dreidimensional verformbaren Furniers aus Druckholz. Dissertation. Lehrstuhl für Holz- und Faserwerkstofftechnik, Technische Universität Dresden

Rosenthal M, Bäucker E (2012) Druckholz – Reaktionsholz der Nadelhölzer. Ausgewählte Eigenschaften und wesentliche Unterschiede zum normalen Holzgewebe. Holz- Zentralbl 43:1104–1107

Rubner K (1910) Das Hungern des Kambiums und das Aussetzen der Jahrringe. Naturw. Zeitschr. f. Forst- u. Landw.

Rüegsegger P (1962) Die Haselfichte. Eine Studie über ein bekanntes Tonholz. Das Musikinstrument 4:334–335

Rust S, Roloff A, Sommer U (2011) Untersuchungen zur Eignung des h/d- Verhältnisses zur Beurteilung der Sicherheit von Bäumen. In: Dujesiefken D (Hrsg.) Jahrbuch der Baumpflege. Thalacker, Braunschweig S. 91–97

RVR (2015, 2018) Rahmenvereinbarung für den Rohholzhandel in Deutschland (RVR). 2. Aufl. / 3. Aufl. (Buche, Eiche). Hrsg: Dt. Forstwirtschaftsrat eV (DFWR) und Dt. Holzwirtschaftsrat eV (DHWR) Koordinator: FVA Baden-Württemberg, Abt. Waldnutzung. Freiburg/Brsg

Sachsse H (1984) Einheimische Nutzhölzer und ihre Bestimmung nach makroskopischen Merkmalen. Parey, Hamburg Berlin

Sachsse H (1991) Exotische Nutzhölzer. Parey, Hamburg Berlin

Scheiber C (1965) Tropenhölzer. Fachbuchverlag, Leipzig

Scheiding W, Grabes P, Haustein T, Haustein Vera, Nieke N, Urban H, Weiß B (2016) Holzschutz. Holzkunde – Pilze und Insekten – Konstruktive und chemische Maßnahmen – Technische Regeln – Praxiswissen. 2. akt. u. erw. Aufl. Hanser, Leipzig

Schirp M (1967) Untersuchungen über die Dimensionsänderungen des Holzes durch Kälte und die Ursachen der Frostrisse der Waldbäume. Dissertation, Universität Hamburg

Schmelzer K (1977) Zier-, Forst- und Wildgehölze, In: Klinkowski M, Pflanzliche Virologie 4:276–405

Schmidt O, Moreth Ute, Butin H, Kehr R (2001) Bakterien in Radialrissen von Stiel-Eiche. European Journal of Forest Research. Springer, Berlin Heidelberg 120:1–6

Schulz H (1958) Merkmale überwachsener Holzfehler in der Baumrinde (I). Holz- Zentralbl 71:919–920

Schulz H, Knigge W, Löffler H (2002) Abgrenzung der Güteklassen des Stammholzes in Bayern. In: Die Rohholzsortierung in Deutschland. 5. Aufl. Euting, 164ff

Schute R (1964) Eisen und Blei im Holz. Forst- und Holzwirt 16:345–347

Schute R (1972a) Fäule als Folge von Beschuss an Buche und Fichte. Forst- und Holzwirt 5:108-113

Schute R (1972b) Was kosten Fremdkörper im Holz? Holz- Zentralbl 19:279

Schweingruber F H (2007) Wood Structure and Environment. Springer, Berlin Heidelberg

Schweingruber F H, Isler A (1991) Konstruktionsmappe MASSIVHOLZ. Hrsg: Stiftung Arbeitskreis Schreinermeister. DRW-Verl. Weinbrenner, Leinfelden-Echterdingen

Schweingruber F H, Kaennel M (1995) Multilingual Glossery of Dendrochronology. Definitionen in Englisch, Deutsch, Französisch, Italienisch, Portugiesisch und Russisch. Paul Haupt Publishers, Bern Stuttgart Wien

Schweingruber FH (2012) Der Jahrring. Standort, Methodik, Zeit und Klima in der Dendrochronologie. Reprint v. 1983 Kessel, Remagen-Oberwinter

Schweitzer A (1960) Kultur und Ethik. Becksche Reihe, Beck, CH

Schwerdtfeger F (1981) Die Waldkrankheiten. 4. Aufl. Parey, Hamburg Berlin, zit. Eschrich S. 334

Shigo A (1990) Die neue Baumbiologie. Haymarket Media, Braunschweig

Vögel:
Ein zerborstener Eichenstamm wird zum Brutplatz für eine Amsel. Das Nest verschmilzt mit Farbe und Struktur des Holzes.

Forstlicher Betriebsvollzug:
Im tropischen Regenwald führten unsachgemäße Fällarbeiten an zwei Greenheart-Stämmen *(Chlorocardium rodiei)* zum Kollateralschaden an einem Kopi-Stamm *(Goupia glabra)*.

Sinn T (2009) Baumkontrollen. Das Modell des Ingenieurbaumes und der biologische Baum. httw://www.baumstatik.de/pages/baumkont_sub//zur_wundholzb.html. 17.03.2009

Spanos Y A, Woodward S (1994) The effects of Taphrina betulina infection on growth of Betulina pubescens. Eur. J. For. Path. 24: 277–286

Speer J (1936) Die Reichshoma vom 1. April 1936. Allg. Forst-u. Jagdztg. 112. 305–309.

Spiegel (2006) Luftfahrt; Weißer Riese. Spiegel 52:134, Kurzmitt.

SSLEF (1997) Messung und Sortierung von Rohholz. Sächs. Staatsmin. f. Landwirtsch., Ernährung und Forsten (Hrsg.) 3. unveränd. Aufl. Dresden

Stein A (1998) Untersuchungen von Faserstauchungen/ Faserbrüchen in Fichtenstämmen und ihre Erkennung im Rund- und Schnittholz. Diploma. Inst. f. Forstnutzung und Forsttechnik der Technischen Universität Dresden

Steinert R, Hegewald H (1984) Der Drechsler. 7. Aufl. Fachbuchverl. Leipzig

Stephan G (1973) Die Gewinnung des Harzes der Kiefer. 2. überarb. und erw. Aufl., Min. f. Land-, Forst- und Nahrungsgüterwirtsch. Berlin

Stephan G (2012) Die Gewinnung des Harzes der Kiefer. 3. vollst. überarb. Aufl. Kessel Remagen-Oberwinter

Stepien E, Gadola C, Lenz O, Schär E, Schmid-Haas P (1998) Die Taxierung der Holzqualität am stehenden Baum. Berichte der Eidgenössischen Forschungsanstalt für Wald, Schnee und Landschaft Nr. 344. Birmensdorf

Stobbe H (2009) Stammschäden an Jungbäumen. Baumzeitung 43:26–28

Stobbe, H, Dujesiefken D (2006) Stammanstriche an Jungbäumen. Baumzeitung 1:28–30

Steuer W (1990) Vom Baum zum Holz. 2. überarb. Aufl. DRW-Verl. Weinbrenner, Leinfelden-Echterdingen

Strasburger E, Noll F, Schenck H, Schimper AFW (1978) Lehrbuch der Botanik. 31. Aufl. Fischer, Stuttgart New York

Stübner Simone (2005) Untersuchungen zum Ausmaß und zur langfristigen Entwicklung von Holzernteschäden in den Terra Firme Wäldern Amazoniens. Dissertation, Fak. f. Forst-, Geo- und Hydrowissenschaften der TU Dresden, Lehrstuhl Forstnutzung

TGL (1977) Fachbereichstandard Rohholz. TGL 15799/02 Min. für Land-, Forst- und Nahrungsgüterwirtschaft, Berlin

TGL (1977a) Fachbereichstandard Rohholz. TGL 15799/03 und /04. Min. für Land-, Forst- und Nahrungsgüterwirtschaft, Berlin

TGL (1977b) Fachbereichstandard Rohholz. TGL 15799/05 Min. für Land-, Forst- und Nahrungsgüterwirtschaft, Berlin

TGL (1982) Rohholz. TGL 15799 / 01 bis 12. Hrsg. Inst. f. Forstwissensch. Eberswalde, Verl. f. Standardisierung

TGL (1988) TGL 15799, Sonderheft „Rohholz", Teil I. Inst. f. Forstwiss. Eberswalde vom 15.04.1988

Thinley C, Palmer G, Vanclay JK, Henson M (2005) Spiral and interlocking grain in Eucalyptus dunnii. Holz Roh- Werkst 63:372–379

Thunell B (1951) Über die Drehwüchsigkeit. Holz Roh-Werkst 9(8):293–297

Thüringer Landesforstdirektion (1997) Hinweise zu Aushaltung, Sortierung, Los- und Preisbildung. Hrsg: Thüringer Landesforstdirektion Erfurt

Trendelenburg R (1940) Über Faserstauchungen in Holz und ihre Überwallung durch den Baum. Holz Roh- Werkst 3:209–221

Trendelenburg R (1941) Über innere Schäden (Faserstauchungen und abnorme Sprödigkeit) an einheimischen und tropischen Hölzern. Z. f. Weltforstwirtsch. 8:93–107

Uehre P (2012) Wenn die Rinde stirbt. Stammschäden an Jungbäumen und ihre Ursachen. Vortrag Bund deutscher Landschaftsarch. http://www.bdla.de/pdf/2012_Uehre.pdf 19.02.2019)

Vogelpohl H (1987) Ursachen und Auswirkungen metallischer Fremdkörper im Holz. Holz- Zentralbl 25:336

Vogelpohl H (1987a) Metallsuchgeräte und deren Anwendung. Holz- Zentralbl 32:457ff

Volkert E (1940) Das Schilfern der Kiefer. Untersuchungen über den Einfluss des Baumalters auf die Holzeigenschaften. Mitt. Forstwirtsch. u. Forstwissensch. 3:173-210

Wagenführ R (1966) Anatomie des Holzes. Fachbuchverl. Leipzig

Wagenführ R (2007) Holzatlas. 6. neu bearb. u. erw. Aufl. Fachbuchverl. Leipzig im Carl Hanser Verl., München

Wagenführ R, Scheiber C (1989) Holzatlas. 3. Aufl. Fachbuchverl. Leipzig

Forstliche Nebennutzung:
Alte Schneitelesche, ein Relikt aus der Waldweide von Rindern: Die Esche wurde für die Brennholzgewinnung so hoch geastet, dass das Vieh nicht an die jungen Austriebe gelangen konnte, Heilingen, Thüringen, Deutschland.

Splitterbefall:
Diese Linde erträgt nun schon die Nägel eines zweiten Ansitzes. Irgendwann einmal werden sie einen Werkzeugschaden verursachen. Aber schon jetzt ziehen sich Verfärbungen durch die Leitgefäße des Stammes. Auch Bäume haben Waidgerechtigkeit verdient!

Wakin A T, Polubojarinov OI, Solovjov W A (1969) Albom Porokow Drevesini. Izdatel´stvo „Lesnaja Promischlennost´", Moskva

Walters E L, Miller E H, Lowter P E (2002): Yellow-bellied Sapsucker (Sphyrapicus varius). In: Poole A (Hrsg.): The Birds of North America. Cornell Lab of Ornithology, Ithaca

Wanninger J (1989) Untersuchungen über den Drehwuchs an Fichte, Tanne und Kiefer im Bayrischen Wald. Diploma. Forstwiss. Fak. der Ludwig-Maximilians-Universität München

Wästerlund I (1989) Auswirkungen von Schäden in frisch durchforsteten Beständen durch mechanisierte Holzernte. Vortrag IUFRO-Tagung 17.–22.09.1989 Hyytiälä, Finnland. Schwed.; Univers. f. Landwirtsch., Abt. Betriebswirtschaft Garpenberg

WBI (2019) http://www.wettergefahren.de/warnungen/indizes/waldbrand.html 23.02.2019

Weidner U (2000) Ergänzungsvorschlag zu den neuen EU- Normen zur Rundholzsortierung – Leitfaden zur Sortierung von Laub- und Nadelrundholz – Inst. f. Holzforschung München, Oktober 2000

Weidner U, Schumacher P, Ritter U, Rathke K-H, Mahler G, Wegener G (1999) Rundholzsortierung nach Europäischen Normen, Teil 1: Ergänzungsvorschlag zum EU- Entwurf – Untersuchung der Praxistauglichkeit und Auswirkungen auf die Sortierergebnisse. Holz-Zentralbl 145:1950–1951

Weiß H (2006) Bäume kontrollieren, eingehend untersuchen und statistisch beurteilen. Forst und Holz 61(9):351-361

Willing M (1989) Grundlagen der Rohholzsortierung. Wissenschaftsbereich Forstnutzung, Technische Universität Dresden

Willmann U, Mahler G, Wurster M (2001) Güteansprüche am stehenden Stamm im Rahmen der Bundeswaldinventur II. AFZ-Der Wald 56:1024–1026

Wujciak R (1976) Buchenschleimfluss und Holzqualität. Forstarch. 47:71-78

Ziegenhals G (2009) Über den Zusammenhang zwischen Jahrringstruktur und akustischen Eigenschaften von Resonanzholz Teil 2: Folge der Jahrringbreiten und elastomechanische Eigenschaften. Holztechnologie 50:2

SACHWORTVERZEICHNIS

Pflanzen:
Der Immergrüne Efeu *(Hedera helix)* ist zum ernsthaften Wasser- und Nährstoffkonkurrenten für diese Eschen *(Fraxinus excelsior)* geworden, (Naturreservat Kullaberg, Skåne, Schweden).

10. Sachwortverzeichnis

Abholzigkeit 52, 57 ff., 70, 330
Abholzigkeitsmessung 58, 70
Abschiedskragen 101, 118, 126, 135
Abschottung 44 f., 226
Adventivknospe 101, 189
Anatomie
Laubholz 15 ff.
Nadelholz 15 ff.
- grobborkig 125, 249, 271, 282
- glattrindig 52, 125, 207, 220, 233, 249, 274, 277
Anisotropie 15 f., 294, 314, 316
Anschäler 68, 87 f., 91, 96
Apicaldominanz 225
Assimilatstrom 93, 196
Ast
- angefault 119, 130
- fest 101
- Stärke des Astes 129
- schwarz 101 ff., 119
- überwallt 44, 46, 114, 117 f., 120, 122, 129, 131, 134 ff., 189 f., 205, 209, 212, 216
- Vermorschung 54
Astabbruch 30, 115, 128 f., 132, 134, 136
Astbeule 52, 103, 126, 134, 137
Astdiagnose 118 f.
Astigkeit 21, 34, 51 f., 103, 105 f., 111, 212, 335
- innere 106
Astkragen 104, 118
Astlochdübel 122
Astmessung 103
Astnarbe 22, 52, 103, 117, 189, 125 f., 131, 133 ff. 249, 336
Astquirl 110, 118, 133, 299 f.
Astreinigung 36, 106, 113
Astsiegel 103, 105, 125, 127 ff. 131ff. 136 f.
Aststärke 105
Aststellung 32
Asttyp 111
Astung 120, 133
Astverwachsung 82
ATIBT-Sortierung 25 f.
Aufsitzerpflanze 256 ff.
Ausbeuteverlust 59, 73
Auslesedurchforstung 68
Azetylierung 185

Bajonettwuchs 66 f., 72, 79
Bandagierung 37, 271, 273
Bandsäge 64, 69, 89, 238, 249, 320
Bandsägentechnologie 60, 89
Baumarchäomorphologie 140
Baumplantage 36, 120, 284
Bekronung, einseitige 40, 307
Besenkronigkeit 223
Bestandesaufschluss 233 ff., 239

Bestandespflege 191, 283
- Betriebsvollzug 53, 230, 247, 344
- Faserstauchung, Faserbruch 37, 46 f. 54, 317, 325, 355
- Ovalität 90 f.
Bestandesstabilität 58, 301
Betriebsorganisation, forstliche 53, 245 ff.
Biberfraß 219
Biegefestigkeit 15, 20, 59 f., 303
Biegesteifigkeit 37, 158, 301
Biogeozoenose 20, 260
Blitz 274 ff., 352
Blitzgefährdung 277 f.
Blitzloch 54, 274 ff.
Blitzrinne 46, 54, 274 ff.
Blitzschlag 54, 274 ff.
Bodenfließen 32, 40, 66 f.
Borkenkäfer, holzbrütend 228, 274
Brandrodung 284, 287
Brandursachen 282
Brettwurzel 28, 38, 63, 93, 95, 100, 305, 334
Brittle-heart 115
Brutkolonie 222 ff.
Brutpflege 189, 221, 223 f.
Buchenkrebs 182, 192
Buchenwollschildlaus 181
Buchs 42, 142
Bundgatter 64

Cellulose 42, 67, 294, 357
Cellulosekontraktion 41, 313
CEN-Sortierung 23 f., 105, 295, 302
Chinesenbart 125 ff., 249
CNC-Fräsen 70
CODIT- Modell 45
CODIT- Prinzip 45

Damwild 206, 208
Dampfstoßeffekt 276
Deckungsschutz 301, 309
Dendrochronologie 149 ff.
Dimensionssortierung 235
DNA-Strukturmodell 27
doppelter Jahrring 141
Drapé 260 f., 268
Drehwuchs
- einmalige Richtungsänderung 151
- linksdrehend 161 ff., 167
- periodisch wechselnd 37, 151
- rechtsdrehend 149, 160 ff., 167, 338 f.
Drehwuchsmessung 151
Druckfestigkeit 15, 17, 42, 46, 238, 278, 299 f.
Druckholz 31 f., 40 ff., 46, 52, 67 f., 73, 83, 85, 90, 118, 141, 337, 342,
Druckspannung 37, 40 f., 155, 308, 313
Druckzwiesel 76, 79, 81, 332
Dübelwirkung 110, 309
Durchfallast 121 f.

Efeu 257 ff., 350
Eibe 20, 58, 98, 109, 122, 133, 193, 286, 292
Eichenkropfgallmücke 189, 192

Rindenbrand:
Diese Buche wurde nach Süd-Westen plötzlich freigestellt. Nach kurzer Zeit starb das Kambium unter der Sonneneinstrahlung ab. Fortschreitende Weißfäule und die Arbeit der Spechte werden den Baum in ein Totholzbiotop verwandeln.

Blitz:
Ein starker Blitz sprengte eine große Lasche aus dem feuchten Splintholz der Fichte *(Picea abies)*. Von nun an werden Insekten und Pilze den Baum bewohnen, bis er vom Schnee umgebrochen wird (Oberhofer Schlossberg-Fichte, Thüringen, Deutschland).

Eichenrindenlaus 152, 182, 198
Einfachschnitt 61, 97, 278, 296
Einschnittoptimierung 40, 128
Einschnürigkeit 71, 266, 268
Eisblumentextur 173
Eisenbahnschwelle 183
Eiskluft 293
Elchwild 209
Elefantenhaut 168
Elefantenohr 76, 79
Entenschnabel 293, 297
Epiphyt 114, 199, 256, 258 ff., 263
Eschenkrebs 192, 198
Eschenzwieselmotte 76, 79
Exsudat 44, 46 f., 230, 232, 237 f., 244, 318, 320
exzentrischer Wuchs 42, 52, 83, 90 f.
Exzentrizitätsmessung 84

Fällschaden 230, 240 f.
Fällschnitt 16, 37, 57, 100, 105, 152, 233, 241, 314
Faserausriss 232, 236
Faserbruch 47, 54, 256, 299 f., 302, 305 f. 317, 325
Faserriss 54
Faserstauchung 37, 46 f., 54, 299 ff., 305, 317, 325, 355
Faserstauchbruch 155
Faserverlauf
- ausstreichend 18, 45, 52, 59, 60
- drapé 260 f., 268
- gefeldert 173
- geflammt 173, 178
- gehaselt 173, 178
- gemuschelt 173
- geriegelt 173, 179 f.
- gestreift 173
- pommelé 173
- Riffelung 173
- unregelmäßig 194, 300
Fäule 19, 22, 45 f., 68, 78, 103, 119, 207 f., 212 ff., 218, 221, 224, 230, 232, 236 f., 242, 245, 248, 269, 272, 277, 286
Faulast 101 ff., 118 f., 134, 137
Faulast, tiefgehend 102 f., 119
FAQ-Sortierung 26
Fegeschaden 66, 206, 217
Feinast 118
Festigkeitssortierung 303
Feuchteeinwirkung 54, 269
Fichtentriebwickler 189
Flächenblitz 275 ff.
Flächenträgheitsmoment 86
Fladerung 62, 87
Flitch 87
Flügelast 108, 121 f.
Fototropismus 32, 40, 71
Fraßdruck 208
Frostleiste 46, 54, 293 f., 296 ff. 316, 324, 352,
Frostriss 16, 47, 54, 161, 293 ff., 316, 324, 352
Frostrissmessung 293
Frühholz 16 f., 314, 318
Furnierausbeute 68, 78, 112, 122, 192, 194, 237 f., 287, 296

Furnierlagenholz 25, 91
Furnierqualität 18, 22, 68, 90, 112, 166, 192, 194, 201, 236, 242, 248

Gabelungszwiesel 75
Gallwespe 189
Garbenwuchs 75, 80
Gattersäge 59, 238, 250
Gebrauchssortierung 22, 24, 64
Gedankenlosigkeit 53, 245 ff., 284
Gefriertrocknung 294, 316
Genetische Veränderung 27, 29, 47
Genetische Veranlagung 27 f., 47, 67, 190
Geotropismus 27, 32 f., 40, 67, 71 f.
Gerbstoffe 248
Geschossnarbe 249
Gewitter 274 f., 277
Gewitterzelle 275
Globalstrahlung 34, 36
GOST-Norm 127
Grünast 101, 112, 118
Gummen 44, 232, 318

Halbparasit 258, 260
Handelsklassensortierung 65
Harfenfichte 123
Harz 44, 202, 207, 212, 220, 223 f., 226 f., 232, 237 f., 244, 251, 262, 305, 307 ff., 313, 318, 322, 326
Harzanreicherung 44
Harzgalle 22, 52, 318, 326
Harzlachte 44, 237 f., 244
Harzriss 318
Harzung 53, 232, 237
Hase 206, 208, 215
Haselwuchs 28, 52, 170, 173, 178, 180
Haustorie 202, 256, 259, 262
H-D-Verhältnis 57 f., 63
Heilbronner Sortierung 57
Heliotropismus 27, 31, 33, 40, 67, 72
Hemicellulose 285 f.
Hemi-Epiphyt 257, 259, 264
Hexenbesen 30, 53, 188 ff., 202 f., 259, 262
Hitzeeinwirkung 193, 285
Hitzeriss 224, 316
Höhe-Durchmesser-Verhältnis 60
Hohlkehle 29, 52, 92 f., 95, 97, 98 ff., 137, 151, 161 f.
Hohlkehle, Messung 93
Höhlenbrüter 220, 227 f.
Hohlkern 23, 39, 83, 315, 323
Holz
- adult 38, 314 f., 323
- juvenil 38, 189, 212, 314 f., 318, 323
- thermisch modifiziert 286, 292
Holzanatomie
- Vorspannung Stammmantel 37
- Bandagierung des Stammes 55
- Segmentierung Stammquerschnitt 37
- Stabilisierung Stammbasis 38
- Leichtbauweise 38
Holzdestillat 286
Holzeigenschaft 20

Waldbrand:
Als Denkmal einstiger Größe ragt das Skelett eines Bergmammutbaumes *(Sequoiadendron giganteum)* in den Himmel. Waldbrände ließen ihn absterben. Gleichzeitig sind Waldbrände aber auch eine Voraussetzung für eine natürliche Verjüngung.

Frostriss, Frostleiste:
Diese Esche steht in einem „Frostloch“ im Gebirge. Bei Temperaturstürzen unter den Gefrierpunkt platzt das Splintholz. Frostrisse entstehen und überwallen zu Frostleisten (Gimmlitztal, Osterzgebirge, Deutschland).

Holzeinschlag 63, 72, 78, 207, 231, 233 ff., 239, 268, 273
Holzeinschnitt 57, 60, 69, 97, 137, 144, 213, 238, 249 f., 252, 271, 277 f. 306, 309
Holzernte 137, 206, 230 f., 233 ff., 249
Holzfehler 13, 19 ff., 24, 51, 77, 194, 302
Holzhandelsgebräuche, Schweizer 21
Holzkohle 286 f., 292
Holzmerkmal 13 ff., 17 ff., 30, 39, 43, 46 f., 51 ff., 121 f., 149, 269
Holzmerkmale, Übersicht 49 ff., 51 ff.
Holzmessanweisung HOMA 23 f.
Holzplantage 36, 120, 284
Holzqualität 206, 225, 230, 237, 248, 251, 291
Holzstrahl 15 f., 45, 294 f., 314, 316
Holzverwendung, geschichtlich 18, 64, 150 f.
Holzwertbeurteilung 22, 112 f., 121 ff., 166, 191, 236, 241, 243, 246, 296
Hopfen, wilder 258 ff., 266
Hungerast 93, 98

Imprägnierung 302
Infektion 27, 44 f., 181, 183, 189, 191, 200, 209, 226, 237, 340
Infektionsdruck 30, 45, 114, 122, 185, 236, 258, 340
Initialriss 152, 165, 233, 293, 297, 310, 312, 319, 323
Intelligenz, künstliche 20 f.
Interessengruppen 53, 245, 247 f.,

Jagd 53, 206 ff., 210, 212 f., 246 f., 251 ff., 286
Jäger 206, 208, 245, 247, 286
Jahrring 15 ff., 20 ff., 32 f., 42, 45, 52, 68, 73, 81, 83, 88, 118, 138 f., 141 f., 145, 147 ff., 256, 295, 299 f., 313 ff., 318, 322 f., 326
Jahrringanalyse 149
Jahrringbau, Nadelhölzer 16, 147
Jahrringbau, Ringporer 16 ff., 102, 134 ff., 148, 314
Jahrringbau, Zerstreutporer 16 f., 102, 135 f., 148
Jahrringbau, unregelmäßiger 52, 138, 337
Jahrringchronologie 149
Jahrringverlauf, welliger 94, 168, 314

Kallus 44, 104
Kambium 16, 171, 182, 189 f., 273 f., 285, 299 f., 351
Kampfhandlung 53, 245 ff.
Kantelverleimung 25
Kegelschnitt 60
Keilzinkung 25
Kern, fakultativer 30, 52
Kernholz 144
Kern, unvollständiger 30
Kernbildung 30
Kernfäule 271
Kernriss 54, 307 f., 311 ff., 319
Kernspintomografie 214
Kiefernknospentriebwickler 67, 76
Kinos 44, 232, 318
Klangholz 113, 144, 150 f.
Klebast 22, 101, 103, 116 f., 134
Kletterpflanze 256 f., 259 f., 264 ff.

Klimazone
- boreal 234, 282
- gemäßigt 198, 200, 207 f., 235, 257 f., 282
- tropisch 27
Klopfgatter 64
Knickigkeit 67
Knolle 30, 53, 189 ff., 200 f., 204
Knospensucht 30, 116, 191, 193, 200
Kolophonium 232
Kompartimentierung 44, 46 f., 226
Kontraktion, thermisch 293 f., 316
Korkenzieherwuchs 29
Krafteinwirkung 17, 27, 40, 43, 47, 52, 58 f., 67, 305
Krebs 22, 53, 184, 190 ff., 195 ff., 341
Kreissäge 64, 238, 250
Kreuzriss 54, 312 f., 319 ff.
Kronenbruch 66
Kronenkonkurrenz 17, 33, 36 f., 39, 42, 58 ff., 63, 67, 71, 141, 301
Kropf 111, 189 ff., 197 ff., 341
Krummholz 64
Krummschaftigkeit 52, 64 ff., 71 ff., 331
Krümmungsmessung 65 f., 70
Kurvenschnitt 64

Lärchenkrebs 192, 195 f.
Latices 44, 232, 318
Laubholzkrebs 192, 356
Lebendast 118, 129, 308
Leitgefäß 45, 226, 346, 356
Liane 234, 256 ff., 267 f.
Libriformfaser 16, 45
Licht 27, 29, 31 ff., 39 f., 47, 52, 59, 72, 117, 134, 189, 256 ff, 265, 270, 273, 275, 313, 315 317, 331,
Liegendsortierung 22
Lignin 40, 42, 67, 285 f., 300, 357
Ligninquellung 40 f., 313
Linienblitz 275 f.
Lochhieb 271
L&M-Sortierung 25

Malbaum 207, 218
Malschäden 207 f., 212, 218
Mantelmessung 65
Mantelriss 54, 143, 293, 314, 316, 324
Mantelquerriss 317, 325
Markriss 76, 312 f., 319,
Markröhre, Verlauf 38 f., 67, 75, 83, 85, 88 f., 101, 108, 118, 126, 128 f., 132, 149, 177, 292
Markröhre, exzentrische 83 f., 88 f., 313
Maserknolle 30, 186 f., 190 ff., 194, 200 f.
Messerebene 112, 165, 236, 238, 295 f.
Messerfurnier 20 f., 68, 73, 112, 122, 165, 176 f., 179, 187, 200, 295 f., 339
Messverfahren, optoelektronisch 61, 70
metallische Einflüsse 245 f., 248 ff.
Metallsuchgerät 250
Mikrofibrille 40 f., 46, 299
Milben 189
Mindestlänge 57
Mindeszopfdurchmesser 57
Mistel 189, 193, 202, 256, 259 ff.

Faserstauchung, Faserbruch:
Diese Fichte *(Picea abies)* ist von ihrer Rinde entblößt. Jetzt werden die von Wulstholz überwallten Stauchbrüche sichtbar, verursacht von Stürmen und hohen Schneeauflagen. (Hohneklippen, Hochharz, Deutschland).

Windbruch:
Diese 80-jährigen Eichen *(Quercus ssp.)* wuchsen in einem Feldgehölz, bis sie ein Tornado auf seinem Weg kreuzte und wie Streichhölzer knickte (Quirla, Thüringen, Deutschland).

Mittellinienmessung 65
Mittenstärkesortierung 57
Möbelbau 99
Modelschnitt 89, 278, 325
Molasseboden 42, 72
Mondkrater 181
Mondringe 30
Muffelwild 206, 208 f.
Musikinstrumentenbau 174f.
Mutation 27, 29, 67
Mutwillen 53, 245 ff.
Mykoplasmen 193

Nadelwald, boreal 34, 221, 282, 289
Nagel 126, 131, 133 f., 136, 245, 248, 252, 252 f.
Nageschaden 215
Naturschutz 53, 246 f., 252 f., 360
Nebennutzung 232, 244
Nectria-Pilze 182, 192, 195 f., 198, 340
Nekrose 22, 53, 181 ff., 190, 221, 224, 340
Nekrose, Specht 224

Oberflächenrauigkeit 60
Ordnung, räumliche 54, 270, 301
Ovalität 52, 83 f., 90 f.
Ovalitätsmessung 83 f.

Pappelkrebs 192
Parenchym 16, 18, 45, 139, 286, 294
Pechlarse 163, 307 ff., 311, 313, 319
Pfeilhöhe 65 f.
Pflanzenabstand, geometrisiert 36
Pflanzenparasit 53, 190, 192, 256
Phloem 204, 220 f., 224
Photosynthese 34
Phylogenese 59
Physiologie 29
Pilzbefall 236, 295, 314, 322 f.
Pitch Pine 144 f.
Polterplatz 239, 273
Polterschaden 117, 233, 235, 243, 325
Posthornbildung 67
Primärast 101
Primärwald 17, 33, 36 f., 42 f., 53, 59, 63, 67, 72, 77, 79, 83, 98, 114, 136 f., 147, 208, 231, 233 ff., 238 f., 261, 263, 270, 273, 284, 313, 323
Primärwand 41
Profilspaner 238
Proventivknospe 101, 189 f., 204
Pyramidenfurnier 78, 82
Pyrolyse 288

Qualitätsklassen 23, 25, 26, 60 f., 69 f., 111, 131, 158, 213 f., 295 f.
Qualitätssortierung 131
Querschnittsänderung 43
Querschnittsflächenriss 54, 307 ff., 312 ff., 317, 320 f.
Quetschfalte 76, 305, 332

Radialriss 294, 315, 318, 323, 325 f.
Rahmenvereinbarung Rohholzhandel RVR 23 ff., 58, 60 f., 66, 69, 103, 296, 302

Rammpfahl 110
räumliche Ordnung 54, 270, 301
Rankenklimmer 257 ff., 267 f.
Ranker 53
Reaktionsholz 17, 22, 31 f., 39 f., 42 f., 47, 52, 67 f., 78, 83, 322
Regenwald 19, 46, 215, 251, 263, 273, 304, 344,
Rehwild 206, 208, 215
Reißlänge 17
Rentier 79, 217
Resonanzholz 170, 178, 180
Rickettsien 193
Riegelung 52, 168, 173, 177 ff., 190, 287, 339
Rindenband 125
Rindenbrand 51, 54, 227, 269 ff., 351
Rindeneinschluss 213
Rindenknolle 53, 190, 204
Rindennarbe 181 ff., 246, 249
Rindenquetschfalte 81, 125, 127 f., 133, 136, 336
Ringriss 54, 314 f., 322 f.
„Ring"riss 318, 326
Ringschäle 314, 322 f.,
Rissbildung 67, 144, 294 f., 314, 316
Rissform 49, 54, 55, 307, 312 ff., 319 ff.
Rissursache 49, 54, 312 ff.
Rohholzsortierung, absolute 23 f., 65
Rohholzsortierung
- Abholzigkeit 58 ff., 70, 330
- Astigkeit 21, 103, 105, 111, 212
- Astnarbe 22, 103, 131
- Betriebsvollzug 53, 230, 247, 344
- Blitzschlag 278
- Brandschaden 285, 287
- Drehwuchs 22, 158, 162, 287
- Faserstauchung, Faserbruch 302
- Frostriss, Frostleiste 295 f.
- Hohlkehle, Spannrückigkeit 98 ff.
- Jahrringaufbau 147
- Kropf, Knolle, Hexenbesen 111
- Krummschaftigkeit 66, 69
- Nekrose 22, 224
- Ovalität, Exzentrizität 84, 88
- Riegelung, Wimmer- u. Haselwuchs 168, 173, 177 ff.
- Rindenbrand, Sonnenbrand 271
- Schubspannungsriss 309
- Splitterbefall 249 f.
- Tropenhölzer 233, 238, 242 f.
- Verbiss-, Fege-, Schälschäden 206, 212
- Zwieselbildung 212
Rose 52, 105, 125 ff., 131, 134, 136, 249 f.
Rostpilze 53
Rotholz 42
Rotkern 46, 52, 148
Rotwild 51, 206 ff., 210 f., 213, 215 f., 227
Rückehilfe 234
Rückelinie 233 ff., 239, 242
Rückeweg 233 f.
Rückeschaden 46, 53, 230, 233 ff., 238, 241 f., 252
Rundholzsortierung, geschichtlich 57, 65
Rundschnitt 89, 96
RVR-Sortierung 23 ff., 57 f., 60 f., 65 f., 69 f., 88, 103, 105, 111, 131, 158, 213, 224, 245, 296, 302

Totholz:
Diese Huteeiche *(Quercus petraea)* hat über 800 Jahre mit ihren Samen Haus- und Wildtiere ernährt. Selbst abgestorben ist sie wieder voller Leben: Vögel bauen Nisthöhlen, Larven verpuppen sich und schlüpfen als Insekten, Pilze ernähren sich noch viele Jahre von Cellulose und Lignin des Baumes (Ivenack, Mecklenburg-Vorpommern, Deutschland).

Kinderstube:
Auf dem zerborstenen Bergmammutbaum *(Sequoiadendron giganteum)* wachsen als „Kadaververjüngung“ Hemlocktannen *(Tsuga heterophylla)* heran. Nährstoffe liefert der verrottende Baum, Licht ist genug vorhanden. Nur die Wurzeln müssen in den nächsten Jahren bis zum Mineralboden vordringen. Dann ist die neue Baumgeneration gesichert.

Säbelwuchs 65, 67, 90, 308, 309
Saftschlucker-Specht 221 f, 225, 227
Saugspannungsriss 54, 318, 326
Saumschlag 272
Schaftbruch 19, 54, 212, 216, 308, 363
Schaftpflege 106, 117
Schälfurnier 68, 91, 96, 122, 178 f., 187, 200, 296
Schalltomografie 214
Schälrolle 68, 88, 194
Schälschaden 209, 213, 216, 342
Schälschutz 211 f.
Schalung, verlorene 38 f.
Scharrharz 232
Schattenast 34, 36, 93, 95, 98
Schattenblatt 34, 258
Schiffbau 64, 75
Schildlaus 182
Schilferriss 54, 307 ff., 319
Schindel 150 f., 180
Schindeltanne 170, 180
Schirmschlag 113, 161, 283
schlafende Augen 101, 187, 189 f., 194, 200, 204
Schlagfront 227, 270 f., 308
Schlagschaden 67, 77, 79, 206 ff., 211 f., 217, 230
Schleimfluss 185
Schlinger 53
Schmalkronigkeit 27 ff.
Schneebruch 79, 147, 271
Schneedruck 40, 67, 78, 300
Schnittholzausbeute 22, 69, 137, 238, 292
Schnittholzqualität 22, 163, 236, 292, 302, 304
Schnurlot 64
Schubspannungsriss 54, 307 ff., 313, 317, 320
Schutzgaslagerung 233
Schwarzwild 207, 209, 212, 220
Schwindungsriss 314, 323
Segmentierung 37, 194, 317
Sekundärast 101
Sekundärwald 17, 53, 59, 67, 77, 83, 231, 238, 261, 282, 313
Sekundärwand 40 f.
Senkwurzel 256, 259, 262, 264
Sikawild 209
Solitärbaum 59, 62, 77, 113, 270, 335
Sommereinschlag 235, 314
Sonnenblatt 34
Sonnenbrand 269 ff.
Sonnenscheindauer 34, 36, 39
Sortengrenze 77
Sortiervergleich 23
Sortiervorschrift 21 ff., 65, 103, 245, 295
Spaltbarkeit 16
Spannrückigkeit 28, 52, 92, 98 ff. 161 f., 333
Spannungsriss 37, 42, 52, 233, 313, 317, 321
Spätholz 16 f., 42
Spechtloch 221, 223 f., 228, 278
Spechtring 220, 222 ff.
Spechtschmiede 221 f., 224
Spinne 54, 315, 323
Splitterbefall 53, 245 ff., 346
Splitterbefall, Messung 245
Splitterbefall, Vermeidung 247

Splitterdiagnose 249 f.
Splitternarbe 249
Splittersuchgerät 250
Spreizklimmer 257, 259, 264
Spritzkern 30, 52, 298, 324
Stammanlauf 20, 69, 95
Stammfußverdickung 218, 242
Stammverletzung 45, 230 f., 249
Standfestigkeit 19, 38, 59, 95, 234, 334
Standraumregulierung 68, 87, 301
Standzeit 248, 250
Starkast 114 f., 137, 176, 234
Stärke des Astes 105
Stauchbruch 54, 163, 172, 299 ff., 317, 325, 355,
Stehendsortierung 21
Sternriss 54, 312 f., 315, 319, 321
Stockausschlag 71, 76, 80, 149
Strahlung 27, 31, 34, 36, 39, 270 f, 313
Strahlungsfrost 297
Strahlungsschaden 273
Stress-grading 303
Süntelbuche 29, 67, 71
Symbiose 191, 202, 257

Tangentialriss 54, 317, 325
Tannenkrebs 192
Taphrina-Pilze 189, 193, 203
Tapir 215
Tatzenschaden, Bär 217
Temperatursturz 293 f., 297, 316, 352,
Terminaltrieb 32, 67 f., 76, 79, 207 f., 221, 223,
Terpentin 232
T-Fleck 181 f., 184, 221, 226, 340
TGL-Sortierung 23 f., 65 f., 103, 214
Thermoholz 288
Thylle 16
Torsionsstabilität 17
Totast 101, 103, 108, 118 f., 121, 129, 135, 221
Totastbehalter 118
Totastverlierer 118
Tracheide 15 f., 29, 41 f., 44 f., 169, 299 f., 306
Transportweg 231, 235
Trassenhieb 271
Traufbildung 271
Trauf 258, 270 f.
Trennschnitt 57 f., 69, 73, 78, 82, 97, 132, 147 f., 164, 238, 241, 246, 271, 313 f., 325
T-Riss 320
Trockenast 103, 107
Trockenriss 54, 109, 121, 177, 225, 237, 277 f., 312 ff., 319, 321, 324
Tumor 190, 204
Turgorveränderung 31

Überwallung 45 f., 79, 130, 163, 181, 189, 199, 208, 214, 223, 236, 238, 248 f., 272, 279, 295, 307, 325,
Überwallungstiefe 183
Unglücksbalken 115, 308
Unrundigkeit 39, 43, 46, 52, 70, 83, 91
unschnürig 64, 67, 71
U-Zwiesel 75

Vergehen und Werden:
Ein Baum in einem tropischen Urwald ist scheinbar ohne Grund umgestürzt. Rasch ist sein Holz vermorscht, verfault. Das entstandene Lichtloch füllen in kurzer Zeit junge Bäume – über 200 Arten stehen im Wettbewerb um Licht und Nährstoffe (KABO, Sipaliwini, Surinam).

Naturverjüngung:
Die Krone der alten Buche *(Fagus sylvatica)* ist abgebrochen. Das ist die Chance für die Verjüngung aus Buchen, Ahornen und Fichten, endlich ungehindert dem Licht entgegenzuwachsen (Naturschutzgebiet Weißeritzhänge, Sachsen, Deutschland).

Verbissschaden 53, 77, 206, 208, 210 ff., 215
Verbissschutz 211
Verfärbung 46, 226, 235, 242, 277, 346
Verfärbung, oxidativ 246, 248, 295
Verkehrssicherung 81, 271
Verkernung
- fakultative 30
- unvollständige 30, 322
Verletzung 27, 44, 45 ff., 190, 193, 199 f., 212, 220, 224, 226, 230f., 235, 237f., 243, 245, 247, 251, 317f., 322, 325
Verschnitt 57, 60, 68, 73, 96 f.
Verthyllung 46
Verwachsungszwiesel 52, 75 f., 80
Verzwieselung 27 f., 75 ff., 79
Verwerfen 67
Vögel, Einwirkung auf Holzqualität 220, 225, 227 f.
Vogelaugenahorn 116, 187, 194, 200
Vogelbrutkolonie 222 ff., 229
Vogeltritt 29, 169 f., 173, 178
Vollholzigkeit 63
Vorschnitt 89, 277 f.
Vorspannung 37

Wachstumsbewegung 31
Wachstumsring 205, 313
Wachstumszone 43, 52, 100, 139, 148, 314 f., 322
Waldbrand 54, 117, 120, 281 ff., 289 ff., 351
Waldbrandgefahrenindex 284 f.
Waldkante 61 f., 73
Waldökosystem 284
Waldrebe 258 f., 267
Wärmeausdehnungszahl 293
Waschbrettmuster 168 f.
Wasserreiser 29, 34 ff., 39, 52, 103, 111, 118 f., 122, 126, 133, 189, 192, 252
Wassertopf 80, 119
Wechseldrehwuchs 37, 148, 150, 152, 159, 164 ff., 167, 173, 178 f., 313
Werksvermessung 61, 66, 70, 84
Werkzeugschaden 248, 252, 346
Wertzuwachs 46, 191, 236
Wetterleuchten 276
Wild- Schutzmaßnahmen 210 ff.
Wildbestandsregulierung 210 f.
Wilddichte 207 f., 213, 215
Wildschaden 206, 208 ff., 212 f.
Wildverbiss 77, 251
Wimmerwuchs 51, 168, 172 f., 178 ff., 287, 339
Windbruch 209, 302, 356
Windeinwirkung 17, 19, 27, 40, 42, 54, 59, 67, 141, 167, 270, 281, 283 f., 299 f., 304, 307 f., 310, 312 f.
Windenklimmer 257 ff., 266
Windwurf 271, 307
Wipfelschäftigkeit 43, 67, 72, 77, 90, 118, 227
Wirtschaftswald 207 f., 210, 230, 235, 260 f.,
Wolke-Erde-Blitz 275, 277, 279
Wolke-Wolke-Blitz 275
Wuchsanomalie 191
Wulstholz 46, 47, 52, 172, 299 f., 302, 305 f., 317, 355
Wundverschlussmittel 44, 232
Wundholz 44 ff., 52, 163, 299

Wundperiderm 44
Wundreaktion 235
Wurzelanlauf, starker 42, 47, 52, 58, 98 ff., 334
Wurzelkletterer 53, 257, 259, 265
Wurzelmaser 194, 201

Xylem 220
XY-Zentrierung 89

Y-Riss 320

Zaunbau 145, 150 f., 252
Zielstärkennutzung 231
Zopfschnitt 22, 37
Zugfestigkeit 15, 17, 42, 300
Zugholz 31 f., 37, 40 ff., 52, 67 f., 73, 90 f., 321
Zugholzwulst 83, 86, 91
Zugspannung 37, 73, 155, 308, 313, 322
Zugzwiesel 75 f., 79, 81 f.
Zündtemperatur 283
Zuwachszone 15 f., 18, 140, 318, 322
zweischnürig 64
Zwergmistel 202, 262
Zwiesel, echter 52, 75
Zwiesel, unechter 75
Zwieselbildung 52, 75, 79 ff., 212, 332
Zwieselschnitt 68, 77

Stammstücke von Sumpfzypresse *(Taxodium)* und Mammutbaum *(Sequoia)* lagen seit 33 Millionen Jahren verborgen und wurden verkieselt aus einem Braunkohleflöz geborgen. (Borna, Sachsen, Deutschland).

Dr. rer. silv. Christoph Richter

Der Autor

Dr. rer. silv. Christoph Richter wurde 1943 in Chemnitz geboren.

Nach der Mittelschule absolvierte er eine zweijährige Lehre zum Forstfacharbeiter. Anschließend, nach abgeschlossenem Abitur, studierte er von 1963–1964 an der Technischen Universität Dresden, Fakultät für Forstwirtschaft Tharandt. Aus politischen Gründen exmatrikuliert, arbeitete er bis 1968 wieder als Forstfacharbeiter, setzte sein Studium fort und schloss es 1970 als Diplom–Forstingenieur ab.

1971 war er im Staatlichen Forstwirtschaftsbetrieb Eibenstock / Erzgeb. tätig, anschließend Wissenschaftlicher Assistent am Lehrstuhl für Forstökonomie und Forstliche Betriebswirtschaft an der TU Dresden. Hier promovierte er 1977 zum Thema: "Untersuchungen zur Bestimmung der optimalen Intensität der Durchforstungseingriffe bei der Baumart Fichte".

1976 sah er sich infolge der politischen Verhältnisse veranlasst, den Wirtschaftszweig zu wechseln. 12 Jahre arbeitete er als Wissenschaftlicher Mitarbeiter in der Abteilung Information / Dokumentation sowie in der Abteilung Forschungsprognose im Wissenschaftlich-technischen Zentrum der holzverarbeitenden Industrie (jetzt Institut für Holztechnologie Dresden).

Seit 1988 wieder in der Forstwissenschaft, war er bis 2007 als Wissenschaftlicher Mitarbeiter am Lehrstuhl Forstnutzung tätig.

Der Autor kann auf über 80 Veröffentlichungen und 10 Schutzrechte verweisen. Sie beziehen sich auf seine wissenschaftlichen Betätigungsfelder: Holzmerkmale, Rundholzsortierung, Holztechnologie, Werkstoffe aus nachwachsenden Rohstoffen und Recyclingprodukten, Wärmedämmstoffe mit anorganischer Bindung, Forstliche Nebennutzungen / Forstliches Nebengewerbe und Technologie der geistigen Arbeit (Heuristik). Sein Fachbuch „Holzmerkmale" erschien 2010 in der dritten Auflage und 2015 als „Wood Characteristics".